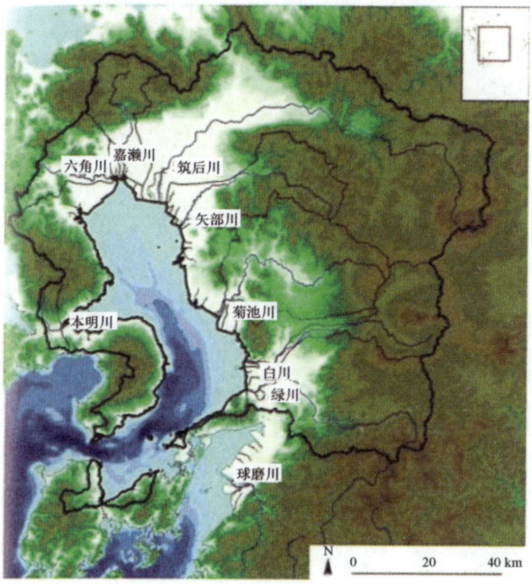

图 1.1　有明海流域的地形

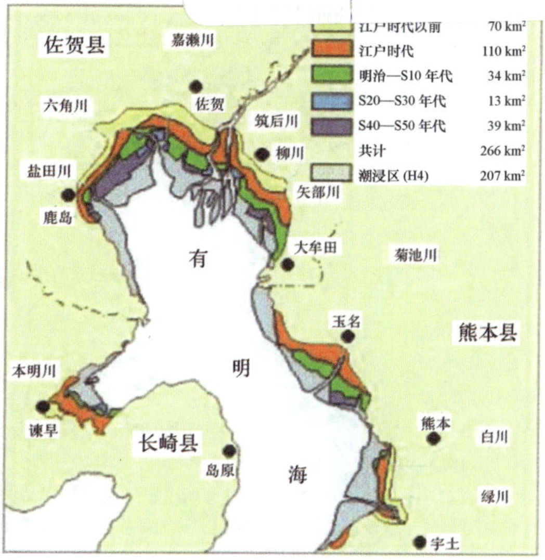

图 1.16　有明海围海造地的历史

（引用环境省[6]资料）

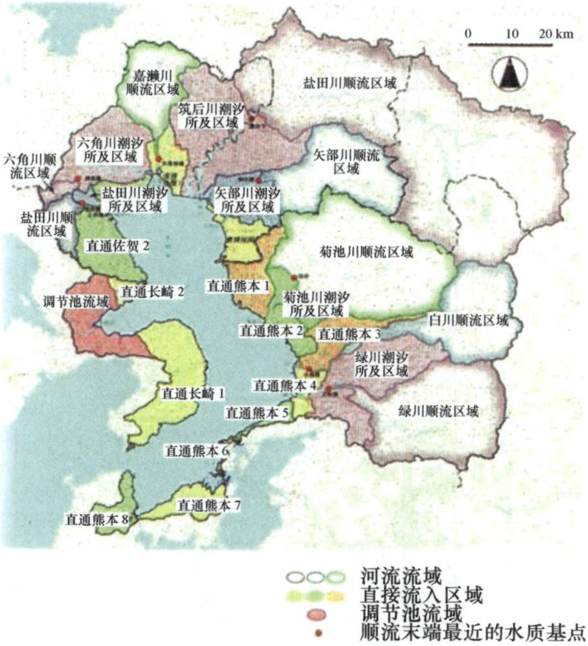

图 1.2　有明海流域详细情况

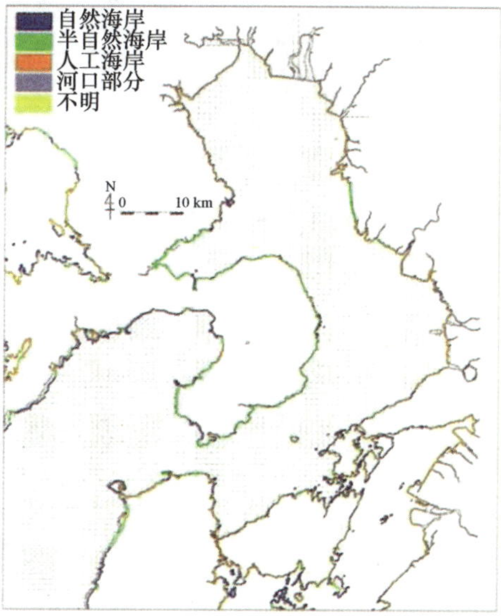

图 1.23　有明海的海岸线划分（1996 年）

（根据环境省《自然环境保护基础调查》编写）

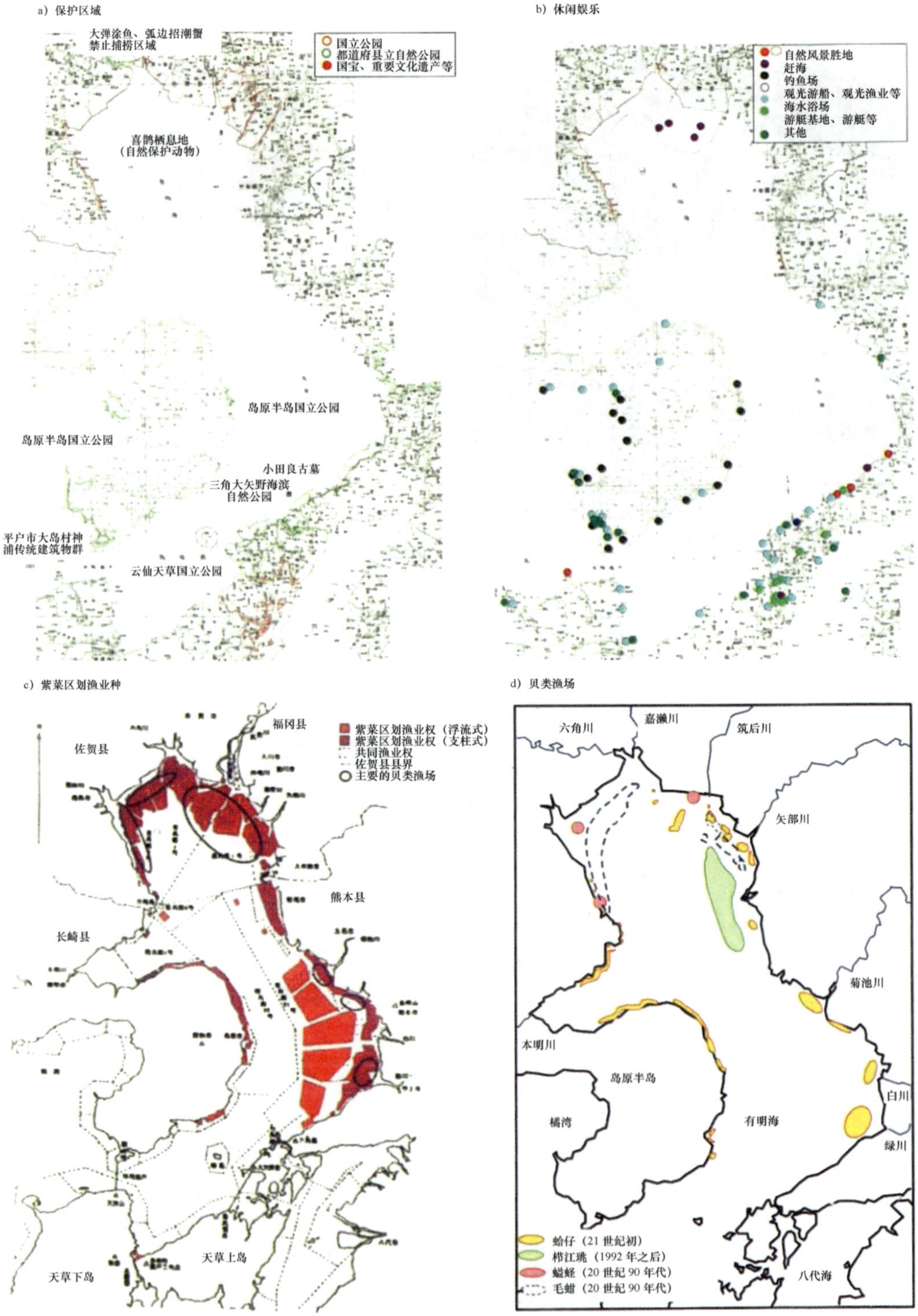

图 1.25　有明海的海域利用

a）、b）根据环境省《脆弱沿岸海域图》编写；c）根据环境省资料编写；d）根据环境省“第 15 届有明海/八代海综合调查评价委员会”资料编写

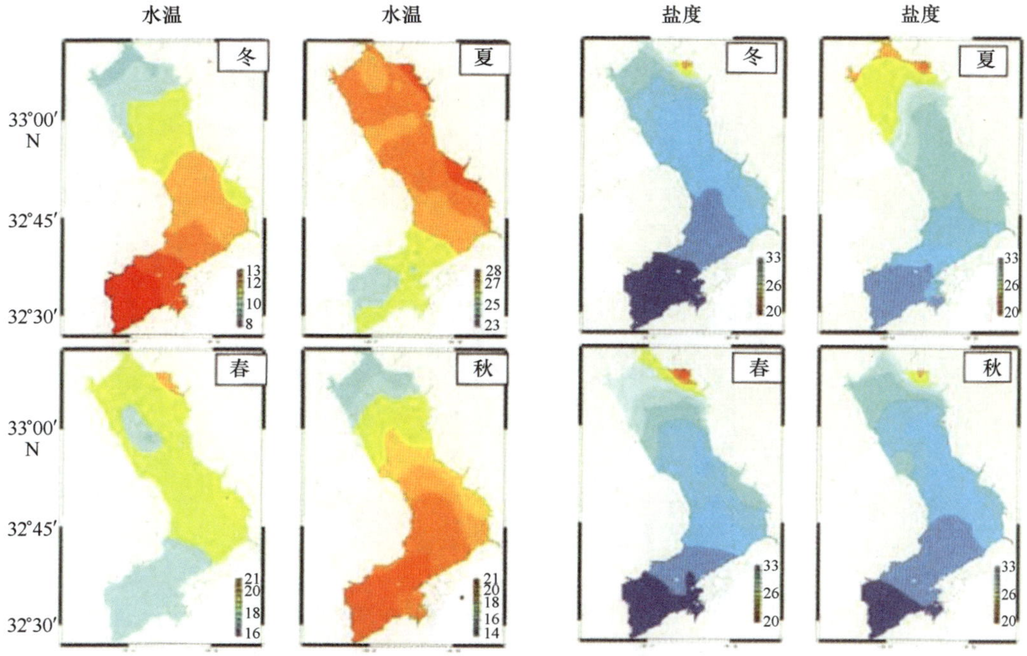

图 2.10　表层水温/盐度的水平分布

冬：1—3 月；春：4—6 月；夏：7—9 月；秋：10—12 月

（根据 2000—2004 年浅海定线调查编写）

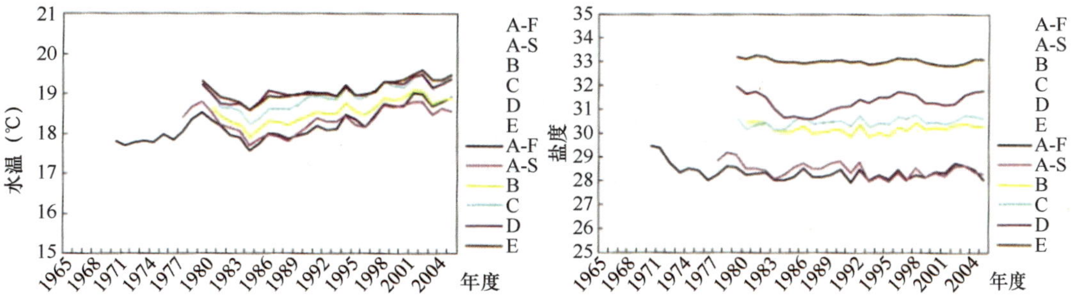

图 2.11　水温/盐度（表层的年平均值）的常年变化

（粗线表示 5 年平均变化，根据浅海定线调查编写）

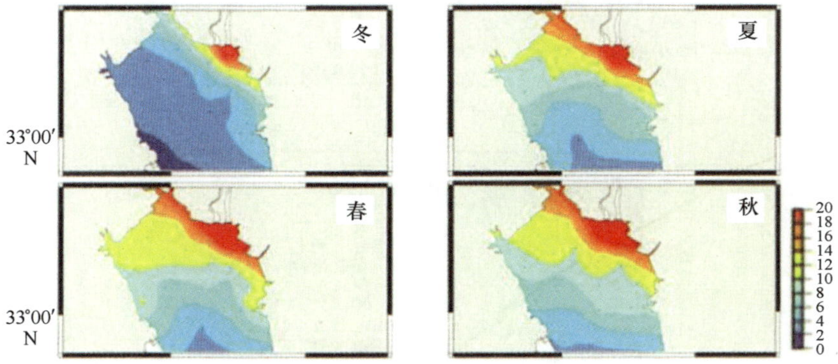

图 2.14　表层 DIN 的水平分布

冬：1—3 月；春：4—6 月；夏：7—9 月；秋：10—12 月

（根据 2000—2004 年浅海定线调查编写）

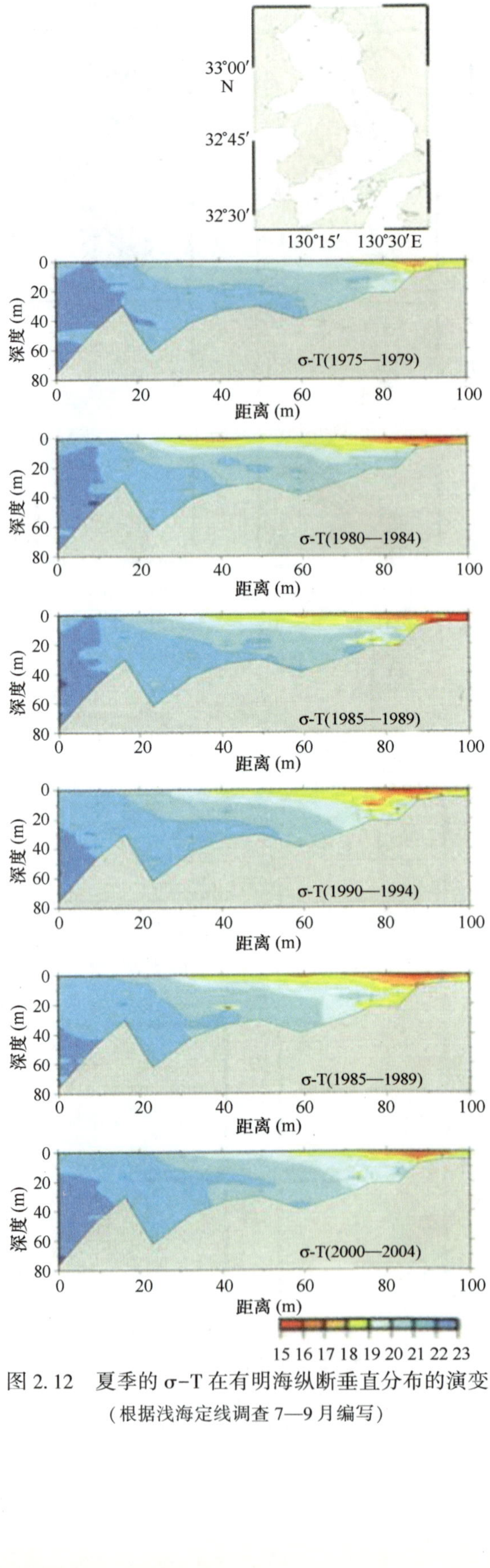

图 2.12　夏季的 σ-T 在有明海纵断垂直分布的演变

（根据浅海定线调查 7—9 月编写）

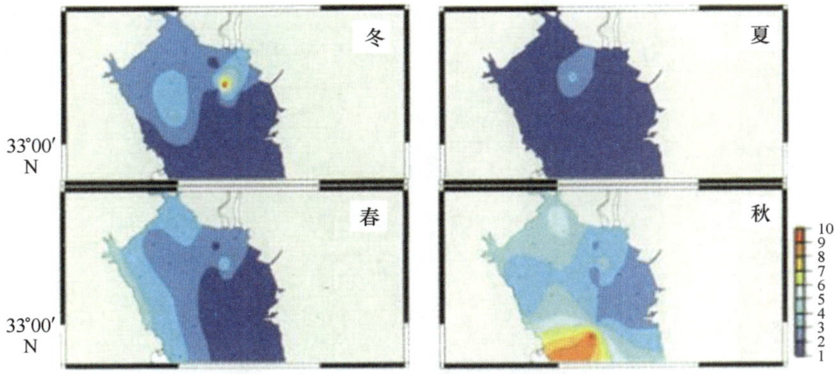

图 2.16　表层 NO_3^-/NH_4^+ 的水平分布

冬：1—3 月；春：4—6 月；夏：7—9 月；秋：10—12 月

（根据 2000—2004 年浅海定线调查编写）

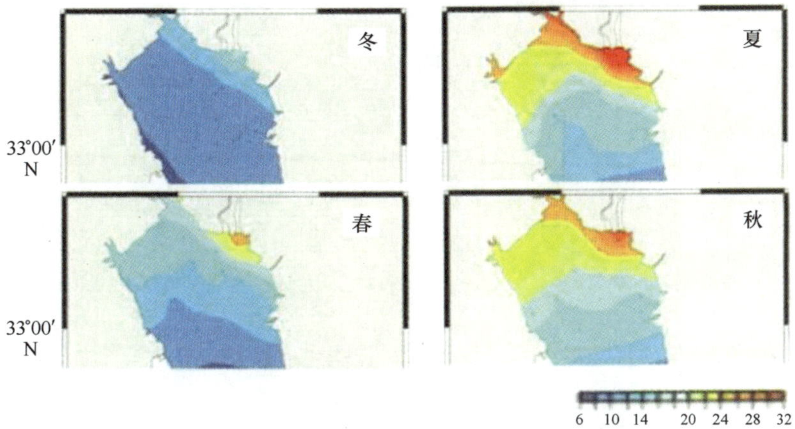

图 2.17　表层 PO_4^{3-}-P 的水平分布

冬：1—3 月；春：4—6 月；夏：7—9 月；秋：10—12 月

（根据 2000—2004 年浅海定线调查编写）

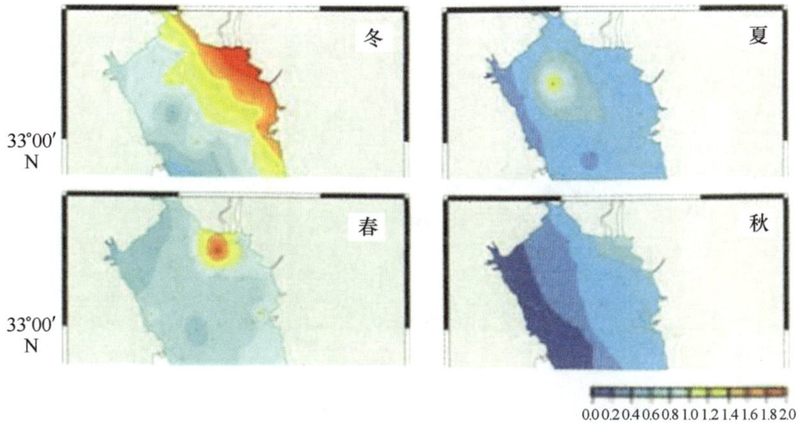

图 2.19　表层 DIN/DIP 的水平分布

冬：1—3 月；春：4—6 月；夏：7—9 月；秋：10—12 月

（根据 2000—2004 年浅海定线调查编写）

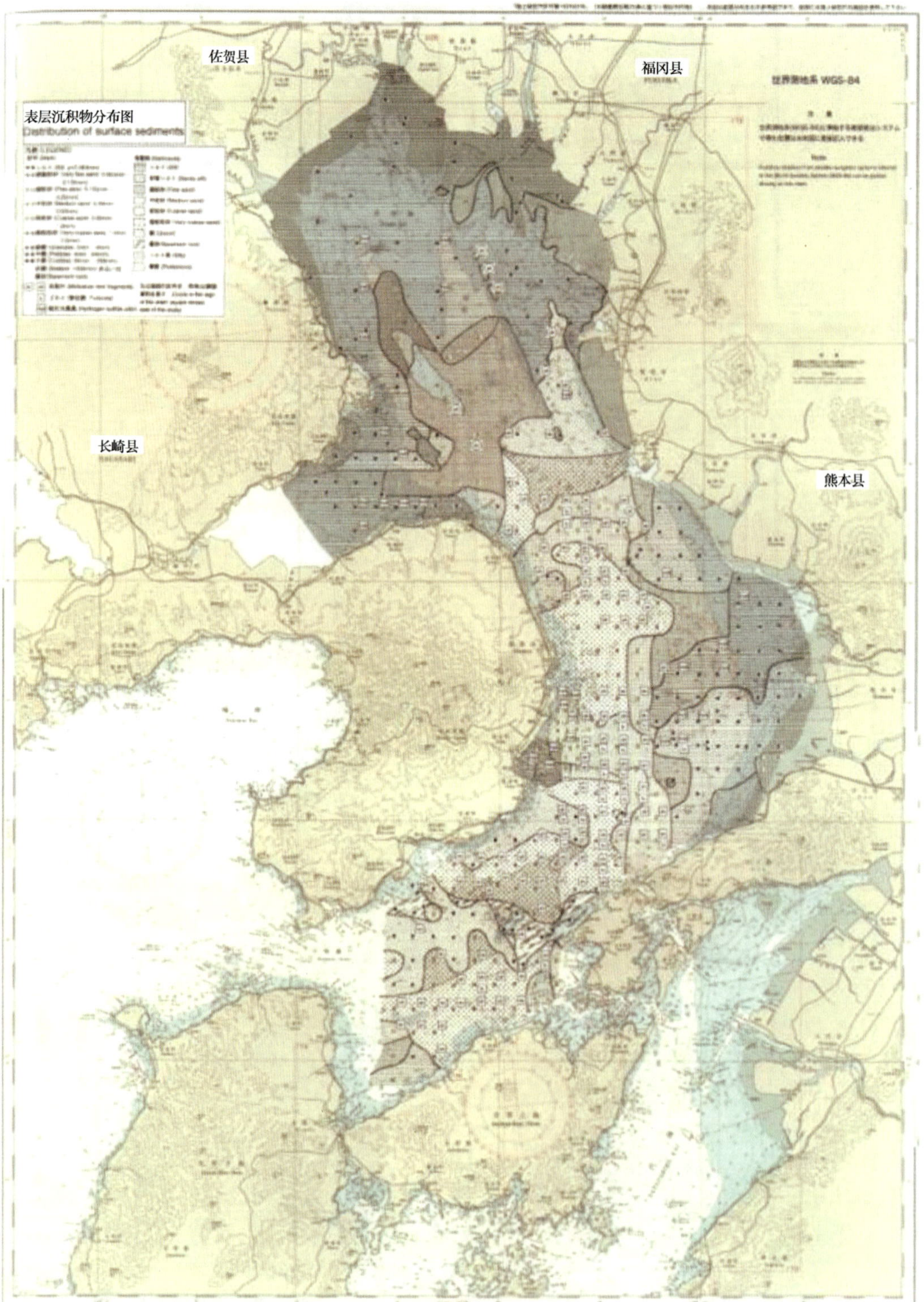

图 2.21　2002—2003 年的底质分布[77)]

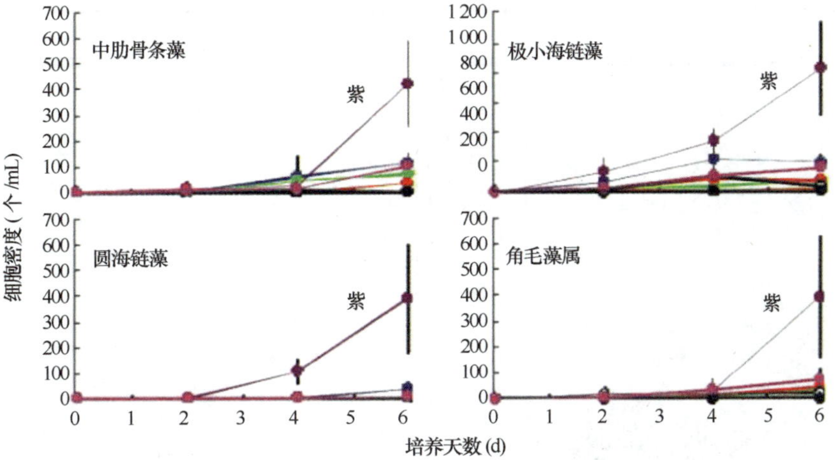

图 2.27　小型硅藻类休眠孢子和营养细胞发芽/增殖的光谱（紫、蓝、绿、橙、赤、近红外线）的影响

图 4.1　有明海流域区域图

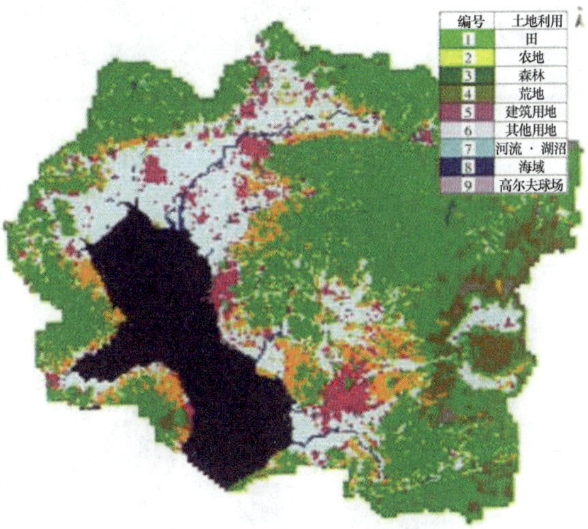

图 4.9　有明海流域的土地利用状况

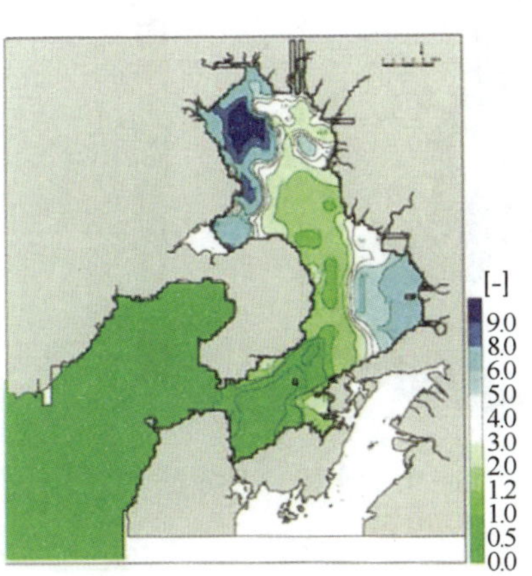

图 4.20　有明海中央粒径值（MdΦ）的分布

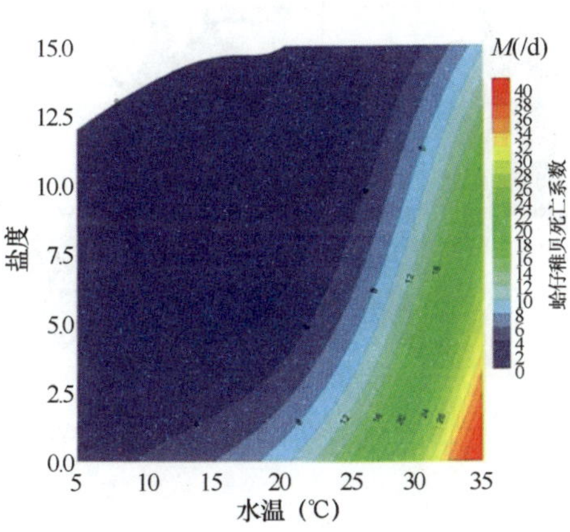

图 4.39　蛤仔稚贝死亡系数与水温/盐度的关系

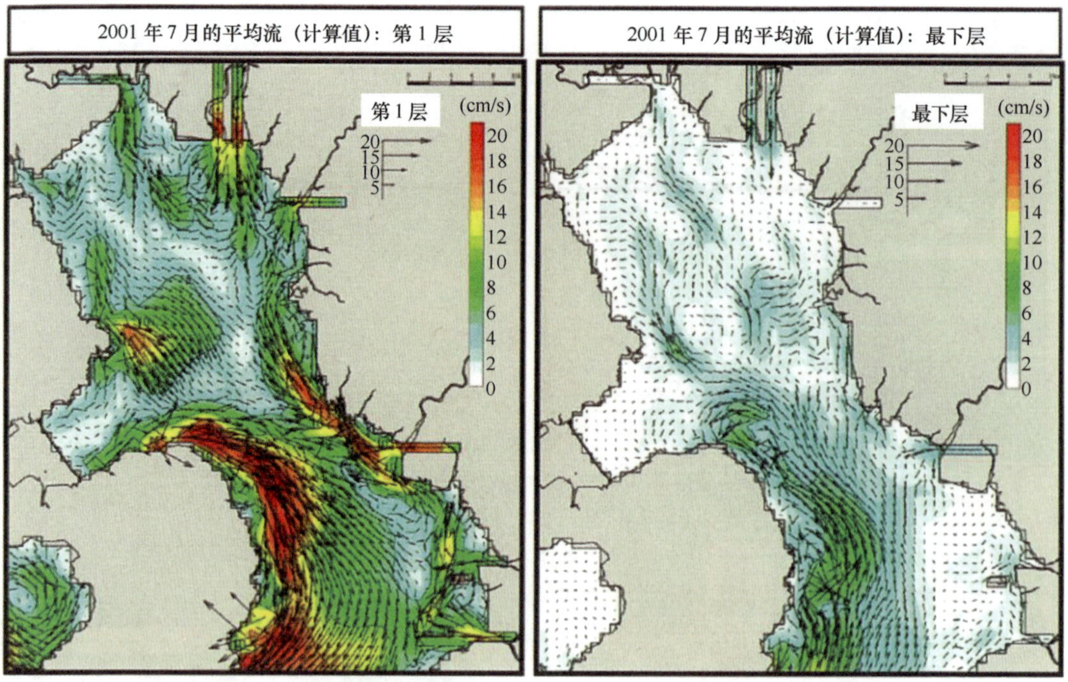

图 4. 49　根据模型计算的有明海平均流分布

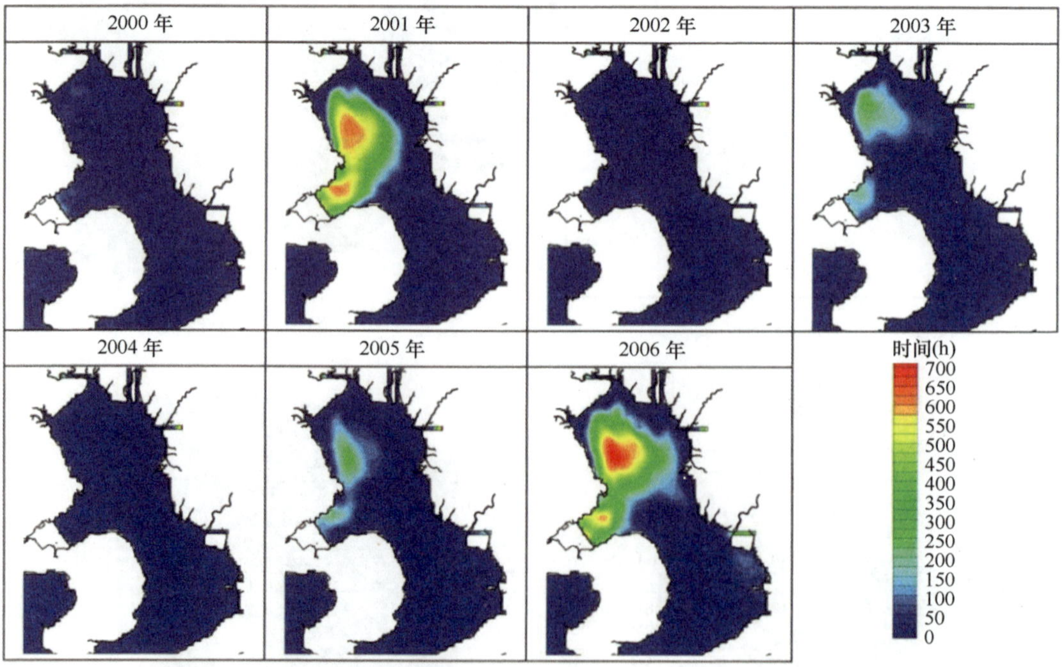

图 4. 52　各年度贫氧水团的持续时间（DO<2. 1 mg/L 的水团）及分布

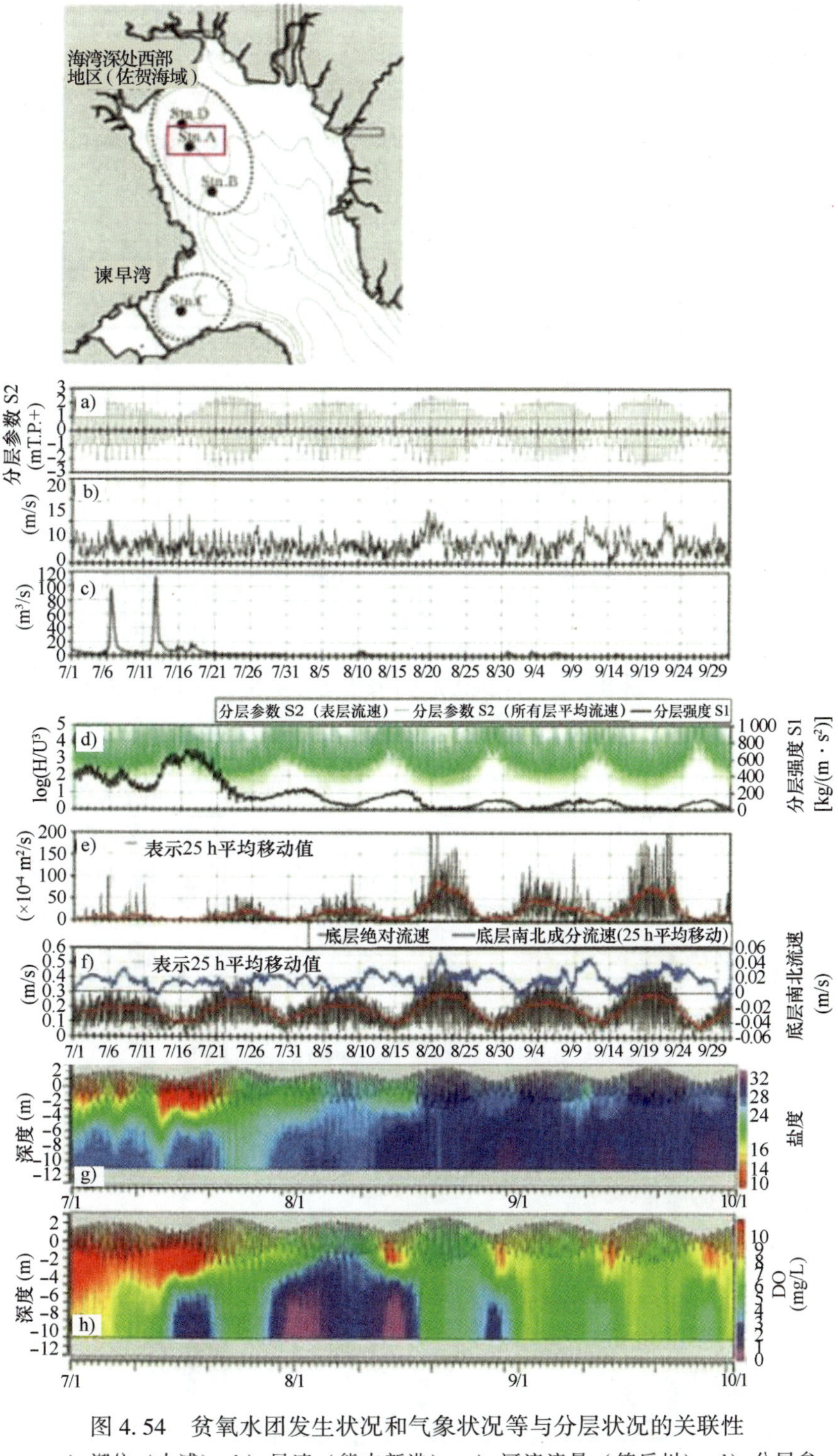

图 4.54　贫氧水团发生状况和气象状况等与分层状况的关联性

a）潮位（大浦）；b）风速（熊本新港）；c）河流流量（筑后川）；d）分层参数；e）垂直扩散系数（计算值）；f）底层流速及底层南北成分流速；g）盐度等值线；h）溶解氧等值线

（所有数据均为 2001 年 7—9 月的数据）

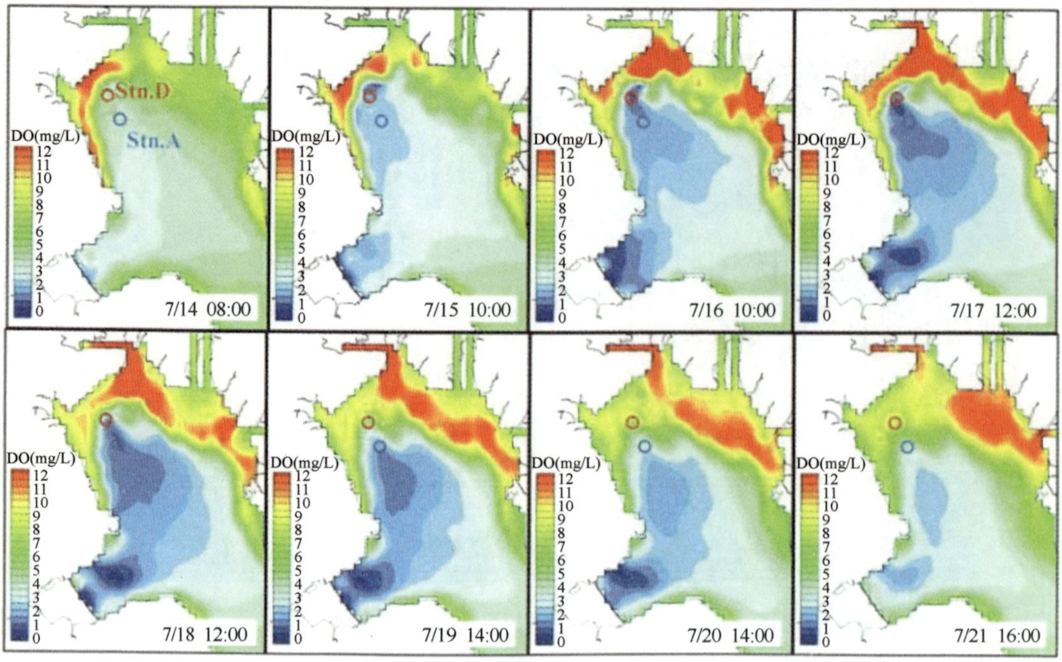

图 4.55　根据模型计算的底层溶解氧浓度的分布（2001 年 7 月）

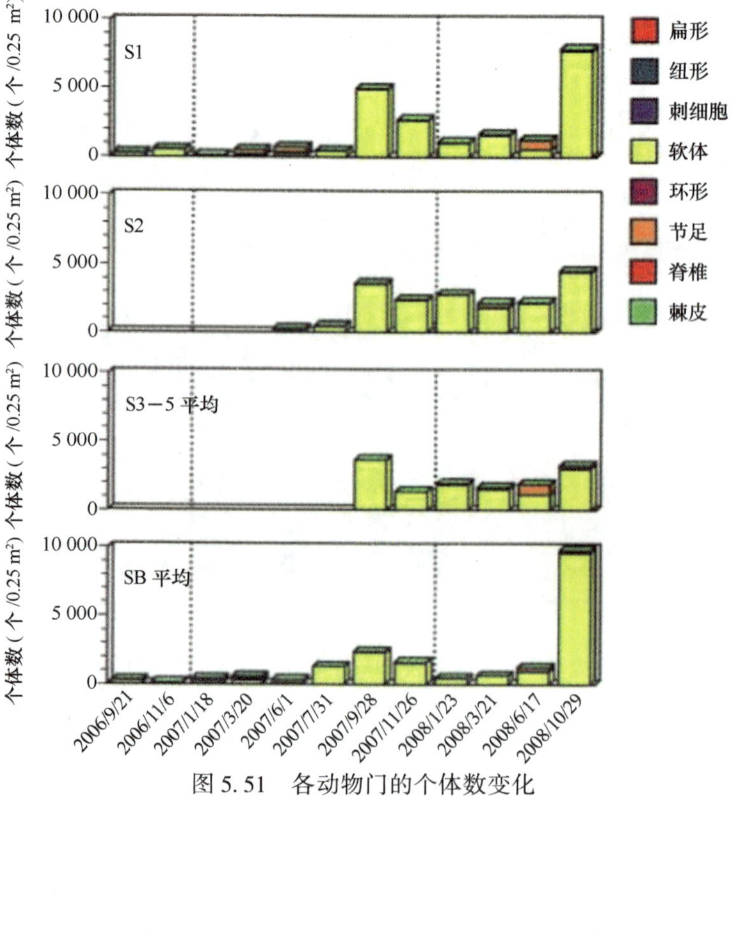

图 5.51　各动物门的个体数变化

有明海的生态修复之路

[日] 楠田哲也　编著

贾后磊　张绍丽　吴玲玲
关春江　严金辉　马　毅　译

海洋出版社

2021年·北京

图书在版编目（CIP）数据

有明海的生态修复之路/（日）楠田哲也编著；贾后磊等译. —北京：海洋出版社，2020. 12
ISBN 978-7-5210-0737-4

Ⅰ.①有… Ⅱ.①楠… ②贾… Ⅲ.①海洋环境-生态恢复-研究-日本 Ⅳ.①X55

中国版本图书馆 CIP 数据核字（2021）第 017088 号

图字：01-2021-3695

责任编辑：杨传霞 赵 娟
责任印制：安 淼
海洋出版社 出版发行
http：//www. oceanpress. com. cn
北京市海淀区大慧寺路 8 号 邮编：100081
鸿博昊天科技有限公司印刷 新华书店发行所经销
2020 年 12 月第 1 版 2021 年 7 月北京第 1 次印刷
开本：787mm×1092mm 1/16 印张：18. 5
字数：450 千字 定价：180. 00 元
发行部：62100090 邮购部：62100072 总编室：62100034
海洋版图书印、装错误可随时退换

前　言

以日本东京湾、伊势湾、濑户内海、有明海等封闭性海域为首，各地沿岸地区的环境质量、生态系统、生物生产基础的恶化不断加剧。为了实现国泰民安，就必须维护生物生产基础，始终确保满足国民的食物需求，保证生态系统健康发展。日本虽然为此付出了诸多努力，但仍未取得显著的成效。对于环境和生态系统的修复来说，必须在环境和生态系统拥有自我恢复机能时才能实施。

作为本书研究对象的有明海，尽管来自陆地的营养盐和有机物的流入量已经出现了减少的势头，但是环境并没有出现恢复的迹象，仍然呈现出恶化趋势，这意味着有明海的自我恢复机能还处于相当低下的状态。为了确保海域内生物生产能够得到可持续发展，应根据自然变化规律，由利用海域的各领域的相关人士共同努力，构建一种能够控制来自陆地的各种物质的产生、输送、负荷的技术体系和社会体系。为了设定具体的改善目标并实现这一目标，高屋建瓴地利用科学知识是燃眉之急。

在有明海地区，实施了以修复有明海/八代海为目标的特别措施，但是仍未取得显著的成效。各个府、省在实施政策时的行政目的不同，导致相互之间的关联性极小。而且，从实际情况来看，现象解释和基础技术开发等基础性的研究成果并没有被直接应用于环境改善方面。

关于有明海的书籍虽然不少，但是几乎都是从物理学、地理学、生物学的某一个视角来阐述有明海的现状，还没有哪本书是专门阐述有明海生态系统修复技术及其效果的。本书就是鉴于这种状况，以纵览全局的方法为基础，设定环境改善目标，明确指出哪些环境条件是应该改善的，提出改善环境条件所必需的技术并进行实证。以科学技术振兴调整费资助的“有明海生物栖息空间的全面修复和实证试验”研究项目的成果为基础，描述实现修复的整体情况。而且，该项目的目的是要开发出可适用于有明海的宏观的修复方法论、提出具体修复方案、技术和修复过程、开发和利用支持修复的生物栖息模型、开发并实际验证用于修复的技术等。为了实现有明海的修复，在经济学和社会学方面的研究也不可或缺，但是这并不仅仅是本书研究的对象。如果本书不仅能够对有明海的修复做出贡献，而且还能有助于其他沿岸地区的修复进程，本人将不胜荣幸。

在参与本项目的九州大学、熊本大学、佐贺大学、长崎大学、熊本县立大学、佐贺县水产振兴中心、日本建设技术株式会社、IDEA株式会社的大力支持下，本书终于能够顺利出版。另外，在研究过程中，科学技术振兴机构的各位相关人士也给予了大力支持和热心帮助。在本书出版之际，亦获得了文部科学省的研究成果出版补助，在此一并表示诚挚感谢。

“有明海生物栖息空间的全面修复和实证试验”项目代表人
楠田哲也
2011年8月

编者、执笔者一览

（按五十音图顺序排序，※指编者）

秋元和实　1956年生，东北大学大学院理学研究科地学专业博士，熊本大学沿岸海域环境科学教育研究中心副教授。

荒木宏之　1952年生，佐贺大学大学院土木工学专业硕士，佐贺大学低平地沿岸海域研究中心教授。

五十岚学　1978年生，横滨国立大学大学院工学府社会空间系统学专业硕士，建设系统工学毕业，东亚建设工业株式会社技术研究开发中心水圈、环境技术组主任研究员。

伊豫冈宏树　1980年生，九州大学大学院工学研究科都市环境工学专业博士，课程学分取得未获学位，福冈大学工学部社会设计工学科助手。

大岛雄治　1958年生，九州大学大学院农学研究科水产学专业博士，九州大学大学院农学研究院资源生物科学部门教授。

大榉恭一　1957年生，京都大学大学院农学研究科农业工学专业博士，课程学分取得未获学位，九州大学大学院农学研究院环境农学部门教授。

龟井勇统　1956年生，北海道大学大学院水产学研究科水产食品学专业博士，佐贺大学海滨台地生物环境研究中心副教授。

川村嘉应　1955年生，长崎大学大学院水产学研究科硕士，佐贺县有明水产振兴中心副所长。

木田建次　1946年生，大阪大学大学院工学研究科发酵工学专业硕士，熊本大学大学院自然科学研究科教授。

木村奈保子　1973年生，京都大学大学院农学研究科应用生物学专业硕士，IDEA（株）大阪支社生态、保全部主要调查研究员。

※楠田哲也　1942年生，九州大学大学院工学研究科土木工学专业博士，课程学分取得未获学位，北九州市立大学国际环境工学部教授。

久野胜利　1962年生，鹿儿岛大学大学院水产学研究科硕士，佐贺县厅水产科副科长。

熊谷朝臣　1966 年生，东京大学大学院农学生命科学研究科硕士，名古屋大学地球水循环研究中心副教授。

久米元　1974 年生，东京大学大学院农学生命科学研究科水圈生物科学专业博士，长崎大学大学院水产、环境科学综合研究科产学官联合研究员。

小松利光　1948 年生，九州大学大学院工学研究科土木工学专业博士，课程学分取得未获学位，九州大学工学研究院环境都市部门教授。

斋田伦范　1976 年生，九州大学大学院工学府海洋系统学专业博士后，鹿儿岛大学大学院理工学研究科（工学系）海洋土木工学专业助教。

紫加田知幸　1980 年生，九州大学大学院生物资源环境科学府生物机能科学专业博士，（独）水产综合研究中心濑户内海区水产研究所研究员。

岛崎洋平　1973 年生，九州大学大学院农学研究科水产学专业博士，九州大学大学院农学研究院资源生物科学部门助教。

神野健二　1947 年生，九州大学大学院工学研究科水工土木学专业硕士，九州大学名誉教授。

末次大辅　1974 年生，九州大学大学院水工土木学专业硕士，佐贺大学低平地沿岸海域研究中心副教授。

田井明　1981 年生，九州大学大学院工学府海洋系统工学专业博士后，九州大学工学研究院环境都市部门特任助教。

高木强治　1960 年生，九州大学农学部农业工学科毕业，农业、食品产业技术综合研究机构农村工学研究所水利工学研究领域水利基础设施首席研究员。

泷川清　1948 年生，熊本大学大学院工学研究科硕士，熊本大学沿岸海域环境科学教育研究中心教授。

竹内一浩　1970 年生，北海道大学大学院理学研究科地球物理学专业硕士，IDEA（株）国土环境研究所水环境解析部组长。

智和正明　1973 年生，广岛大学大学院生物圈科学研究科博士后，九州大学大学院农学研究院环境农学部门助教。

永尾谦太郎　1981 年生，广岛大学大学院工学研究科社会环境系统专业硕士，IDEA（株）国土环境研究所水环境解析部研究员。

长副聪　1977 年生，九州大学大学院生物资源环境科学府生物机能科学专业博士，（独）水产综合研究中心日本海区水产研究所资源生产部资源增殖组研究员。

中达雄　1954 年生，东京农工大学农学研究科硕士，农业、食品产业技术综合研究机构农村工学研究所水利工学研究领域负责人。

中田晴彦　1969 年生，爱媛大学大学院联合农学研究科博士，熊本大学大学院自然科学研究科副教授。

滨田康治　1975 年生，九州大学大学院工学府都市环境系统工学博士，课程学分取得未获学位，农业、食品产业技术综合研究机构农村工学研究所水利工学研究领域水环境主任研究员。

林重德　1945 年生，九州大学大学院土木工学专业博士，佐贺大学名誉教授。

东直子　1977 年生，鸟取大学大学院联合农学研究科博士，JA 西日本肥料研究所职员。

广城吉成　1962 年生，九州大学工学部工学研究科水工土木学科毕业，九州大学工学研究院环境都市部门准教授。

古满启介　1982 年生，长崎大学大学院生产科学研究科博士后，长崎大学大学院水产、环境科学综合研究科产学官联合研究员。

堀家健司　1952 年生，三重大学水产学部水产学科毕业，IDEA（株）大阪支社技师长。

本城凡夫　1944 年生，九州大学大学院农学研究科水产学专业博士，香川大学濑户内圈研究中心特任教授。

增田龙哉　1978 年生，熊本大学大学院自然科学研究科复合新领域科学专业博士后，熊本大学大学院先导机构特任助教。

松原贤　1979 年生，九州大学大学院生物资源环境科学府生物机能科学专业博士，佐贺县有明水产振兴中心技师。

森村茂　1957 年生，大阪大学工学部发酵工学科毕业，上智大学文学部语言学专业硕士，熊本大学大学院自然科学研究科副教授。

森本剑太郎　1973 年生，九州大学大学院工学研究科海洋系统工学专业博士，熊本大学沿岸海域环境科学教育研究中心特定事业研究员。

安元纯　1977 年生，爱媛大学大学院联合农学研究科生物环境保全学专业博士后，琉球大学农学部地域农业工学科助教。

矢野真一郎　1967 年生，九州大学大学院工学研究科水工土木学专业博士后，课程学分取得未获学位，九州大学工学研究院环境都市部门副教授。

山口敦子　1968 年生，东京大学大学院农学生命科学研究科水圈生物科学专业博士，长崎大学大学院水产、环境科学综合研究科教授。

山崎康裕　1980 年生，九州大学大学院生物资源环境科学府生物机能科学专业博士，（独）水产大学校助教。

山西博幸　1964 年生，九州大学大学院水工土木学专业硕士，佐贺大学低平地沿岸海域研究中心教授。

吉田幸史　1980 年生，九州大学生物资源环境科学府生物机能科学专业硕士，佐贺县玄海水产振兴中心副调查员。

目 录

第 1 章 有明海流域的自然和文化 ………………………………………… (1)
1.1 自然环境 ……………………………………………………………… (1)
1.1.1 地形、地质 ……………………………………………………… (1)
1.1.2 气候 ……………………………………………………………… (2)
1.1.3 植被 ……………………………………………………………… (4)
1.1.4 土地利用 ………………………………………………………… (4)
1.2 社会环境 ……………………………………………………………… (5)
1.2.1 人口变化 ………………………………………………………… (5)
1.2.2 产业结构 ………………………………………………………… (6)
1.2.3 围海造田 ………………………………………………………… (10)
1.2.4 河道上的建筑物 ………………………………………………… (12)
1.2.5 港湾 ……………………………………………………………… (13)
1.2.6 沿岸地区的建筑物 ……………………………………………… (15)
1.2.7 海域利用 ………………………………………………………… (15)
1.2.8 经济环境 ………………………………………………………… (17)
1.3 文化/历史 …………………………………………………………… (19)
1.3.1 围海造田的历史 ………………………………………………… (19)
1.3.2 流传于有明海流域的信仰和祭神仪式、祭祀活动 ……………… (20)
1.3.3 祭神仪式/祭祀活动相关的传统艺能 ………………………… (25)
文献 ……………………………………………………………………… (28)
第 2 章 有明海的环境和水产业 ………………………………………… (29)
2.1 日本的封闭性海域和有明海 ………………………………………… (29)
2.2 潮汐振幅的变化 ……………………………………………………… (32)
2.2.1 有明海出现日本最大潮差的原因 ……………………………… (32)
2.2.2 潮汐振幅的长期变化及其主要原因 …………………………… (32)
2.2.3 谏早湾围海造田活动引发潮汐变化 …………………………… (34)
2.3 潮流的变化 …………………………………………………………… (35)
2.3.1 对有关潮流情况的研究 ………………………………………… (35)
2.3.2 属于潮流速度降低海域的有明海 ……………………………… (35)
2.3.3 谏早湾围海造田活动引发的潮流变化 ………………………… (36)
2.3.4 谏早湾口的潮流特性 …………………………………………… (38)
2.3.5 潮间带的物理功能和有明海海湾深处及谏早湾内的物理环境 …… (39)
2.4 水质/水温的变化 …………………………………………………… (40)

2.4.1 水温/盐度 …… (40)
2.4.2 悬浮物 …… (41)
2.4.3 营养盐 …… (42)
2.5 底质的变化 …… (45)
2.5.1 底质的调查史 …… (45)
2.5.2 底质的分布特性 …… (45)
2.5.3 地形/底质的常年变化 …… (47)
2.5.4 水质、底质环境的变迁 …… (49)
2.5.5 对于海水循环/底质分布采取的新措施 …… (51)
2.5.6 重金属和化学物质 …… (51)
2.6 贫氧水团 …… (54)
2.7 赤潮 …… (55)
2.7.1 中肋骨条藻赤潮 …… (55)
2.7.2 血红哈卡藻赤潮 …… (57)
2.7.3 褐胞藻赤潮 …… (57)
2.8 有明海的水产业 …… (61)
2.8.1 生产基础的变迁 …… (61)
2.8.2 海洋渔业的变迁 …… (61)
文献 …… (71)
第3章 有明海修复构想 …… (78)
3.1 修复目标及修复指标的构想 …… (78)
3.2 制订修复计划的方法 …… (79)
3.3 社会经济环境修复方法 …… (80)
第4章 有明海环境解析 …… (81)
4.1 流入有明海的物质 …… (81)
4.1.1 来自陆源的污染 …… (81)
4.1.2 来自地下水的负荷 …… (85)
4.2 有明海生物栖息模型 …… (89)
4.2.1 模型的整体结构 …… (89)
4.2.2 流域径流模型 …… (93)
4.2.3 水动力子模型 …… (97)
4.2.4 悬浮物输送子模型 …… (102)
4.2.5 水质-底质-底栖生物子模型 …… (105)
4.2.6 潮间带模型 …… (113)
4.2.7 指示种评价模型(生活史模型) …… (117)
4.2.8 模拟实验方法 …… (135)
4.2.9 与指示种评价模型的结合方法 …… (138)
4.2.10 模拟实验结果 …… (138)
文献 …… (160)

第 5 章　有明海生态修复技术及其评估 ……………………………… (166)
5.1　技术体系 ……………………………… (166)
5.1.1　前言 ……………………………… (166)
5.1.2　流域改善 ……………………………… (167)
5.1.3　潮流改善 ……………………………… (186)
5.1.4　水质改善 ……………………………… (190)
5.1.5　底质改善 ……………………………… (206)
5.1.6　环绕堤所带来的浅海域底质修复 ……………………………… (219)
5.1.7　岸线修复 ……………………………… (228)
5.1.8　利用生物清除系统内营养盐的效果 ……………………………… (233)
5.1.9　有害赤潮的控制 ……………………………… (239)
5.2　改善技术的评估 ……………………………… (245)
5.2.1　基于生物栖息模型的修复技术评估方法 ……………………………… (245)
5.2.2　计算条件设定 ……………………………… (245)
5.2.3　低级生态系统模型对修复技术的预测结果 ……………………………… (250)
5.2.4　应用指示种评估模型对修复技术的预测结果 ……………………………… (252)
5.2.5　以有明海修复为目标的系统性措施 ……………………………… (259)
文献 ……………………………… (262)
第 6 章　有明海生态修复策略——实现社会的可持续发展 ……………………………… (267)
6.1　调查、分析、研究体制 ……………………………… (267)
6.2　技术策略和评估 ……………………………… (268)
6.3　社会性策略和评估 ……………………………… (268)
6.4　今后的活动计划 ……………………………… (269)
结束语 ……………………………… (270)
鸣谢 ……………………………… (271)

第1章　有明海流域的自然和文化

1.1　自然环境

有明海流域横跨长崎、佐贺、福冈、熊本、大分等县，流域面积达到 8 420 km^2（图 1.1 彩色卷首插图）。流域内人口为 330 万人（2009 年）。绳文时代由于海水入侵，佐贺平原变成了有明海，作为东名遗迹而为世人所熟知的贝冢位于距离现在的海岸线更远的陆地一侧。即使同处于有明海周边地区，各地的地质情况也是不同的。气候总体来说比较温暖且变化不大，植被也相当类似。

流入有明海的一级河流有很多条。如果以位于有明海西南端的岛原半岛为中心点按顺时针方向排序的话，共有 8 条一级河流流入有明海。它们分别是：本明川、六角川、嘉濑川、筑后川、矢部川、菊池川、白川、绿川。二级河流共有 104 条。这些一级河流就占据了有明海流域总面积的 80%，一级河流每年流入有明海的平均淡水量总计达到了 8.2×10^6 m^3。

1.1.1　地形、地质

岛原半岛有一座山叫云仙岳，其最高峰为普贤岳，高达 1 483 m。岛原半岛没有较大的河流，但是河流带走的泥沙量相当大。

流入谏早湾的本明川的发源地位于多良岳（五家原岳）。从地质上来说，多良岳附近分布有凝灰质角砾岩、安山岩；中游地区为砂岩泥岩（谏早层群）；下游地区是冲积层，属松软地基。谏早湾沿岸地区堆积着属于细颗粒黏土的“浅滩土”。

六角川流经多良山系尾端北部，发源地为神六山。上游流域的北部有天山、脊振山系，与福冈县交界。中游流域比较短。下游部分与海岸线平行，沿着围海造地所形成的白石平原缓缓地曲折流动。由于地势低平，所以成为经常遭受水害侵袭的地带。另外，在位于有明海海湾深处的河口地区，星罗棋布着被称为“江湖”的海湾状空间。包括所谓的“江湖”在内，海岸地区的“浅滩土”连绵不断，一直延伸到筑后川河口。

嘉濑川位于六角川东部，自北向南流动。嘉濑川的源头位于背振山系，从山区奔流而下，中途分支流入多布施川之后，沿佐贺平原流入有明海。潮间带延伸至潮汐所及区域的嘉濑川大堰，建有人工草地和公园。嘉濑川的上游流域属花岗岩类，中下游流域属冲积层，表面覆盖有黏土层。

筑后川长 143 km，是九州地区最长的河流。其源头位于阿苏外轮山的熊本县濑之本高原，流经山岳地带，在日田市与来自九重连山的玖珠川汇合，形成山间盆地。经夜明溪谷横穿筑紫平原，最后流入有明海。日田盆地（荒濑）之前的部分由阿苏山的火山喷发物和熔岩构成，其后则属冲积层，河口部分（自筑后大堰为下游）堆积着“浅滩土”。潮汐所及区域曾达到久留米市南部的滩涂，长约 31 km。自 1985 年筑后大堰建成后，海水所及区域至大堰而止，长约 23 km。筑后川的流域面积为 2 863 km^2，约占有明海流域面积的 35%。该流域面积的人口在 2010 年约为 200 万人。

矢部川发源于三国山，沿日向神峡谷向西，在筑紫平原形成山之井川、花宗川、冲端川三个分支，曲折流动，最后汇入有明海。矢部川上游和中游由辉石安山岩构成，下游部分则由黏土层构成。

菊池川发源于阿苏山，形成菊池溪谷，流经属冲积平原的玉名平原，最后流入有明海。受阿苏山火山爆发的影响，上游流域由熔结凝灰岩形成的火山碎屑流堆积而成。

白川发源于阿苏山根子岳，在阿苏外轮山的立野附近与黑川汇合，横穿熊本平原，最后流入有明海。白川的上游流域被阿苏熔岩和被称为“约拿”的火山灰覆盖。穿越阿苏破火山口的中游流域属黑色垆坶土质层。下游流域属冲积层。以 1953 年（昭和 28 年）6 月 26 日发生的大洪水为契机，对白川河道进行了整修，使其笔直流入有明海。

绿川发源于三方山，横穿熊本平原后流入有明海。绿川的上游流域由古生代土层、中生代土层的古代岩类构成。中游流域由片麻岩、花岗闪绿岩构成。下游流域属冲积层。加藤清正统治期间开展了治水工程，将湿地地区开垦成为面积广大的耕作地区。

1.1.2 气候

本明川流域的年平均气温为 16～17℃，年降水量为 2 200 mm。有明海北部流域的分界线为多良山系，梅雨季节末期易发生由湿舌引发的集中性暴雨。六角川流域的年平均气温为 16～17℃，年降水量为 2 000 mm。嘉濑川流域的年平均气温为 16～17℃，年降水量为 2 200 mm。筑后川流域的平均气温为 15～16℃，年降水量为 2 050 mm，且降水集中于梅雨季节和台风季节。另外，位于上游的山岳地区，降水量超过 3 000 mm。矢部川流域的年平均气温为 16～17℃，年降水量为 2 500 mm。菊池川流域的年平均气温为 16～17℃，年降水量为 2 200 mm。白川上游流域阿苏山地区的年平均气温为 9℃，年降水量为 3 250 mm；下游流域的年平均气温为 16℃，年降水量为 2 000 mm。绿川流域的年降水量为 2 100 mm。图 1.2（彩色卷首插图）、表 1.1 列出了流域的详细情况、面积及流量。图 1.3 列出了主要河流流入有明海的水量。

表 1.1　有明海流域的详细划分和流入水量

序号	流域	流量观测点	降水量观测点	流量观测地点流域面积（km^2）	径流区面积（km^2）	感潮区面积（km^2）	淡水流入量（$\times 10^3\ m^3/a$）						
							2000年	2001年	2002年	2003年	2004年	2005年	2006年
1	本明川	里山	嬉野	35.99	35.99	46.25	145	147	141	180	160	121	204
2	六角川	妙见桥	嬉野	95.00	32.30	322.05	683	764	706	856	803	532	890
3	嘉濑川	川上	—	225.40	225.40	0.00	104	195	94	216	181	86	270
4	筑后川	滩涂	佐贺	2 283.71	2 283.71	581.48	3 463	4 275	3 426	5 441	4 763	3 662	6 056
5	矢部川	船小屋	大牟田	474.59	474.59	159.78	679	1 008	634	994	910	687	1 169
6	菊池川	玉名	菊池	910.77	910.77	107.80	1 163	1 292	954	1 579	1 253	1 185	2 181
7	白川	代继桥	—	477.00	480.00	0.00	689	696	610	947	841	748	1 074
8	绿川	城南	熊本	678.53	678.53	367.53	1 611	1 547	1 326	2 092	1 833	1 478	2 596
9	盐田川	六角川	嬉野	95.00	101.82	19.59	139	190	157	235	192	117	296
10	直通长崎 1	本明川	嬉野	—	—	299.33	606	667	622	741	703	469	755
11	直通长崎 2	本明川	嬉野	—	—	31.76	64	71	66	79	75	50	80
12	直通长崎 3（谏早湾）	本明川	嬉野	—	—	133.74	271	298	278	331	314	210	337
13	直通佐贺 1	嘉濑川	佐贺	—	—	103.89	177	200	170	197	206	141	232
14	直通佐贺 2	六角川	嬉野	—	—	258.75	523	577	538	640	608	405	653
15	直通福冈	矢部川	大牟田	—	—	92.80	138	189	130	170	148	140	208
16	直通熊本 1	菊池川	大牟田	—	—	152.89	228	311	214	280	243	230	343
17	直通熊本 2	菊池川	菊池	—	—	78.72	132	132	108	149	129	115	198
18	直通熊本 3	白川	熊本	—	—	20.21	37	36	31	46	36	27	57
19	直通熊本 4	绿川	熊本	—	—	180.95	330	326	281	408	327	240	507
20	直通熊本 5	绿川	熊本	—	—	39.52	72	71	61	89	71	52	111
21	直通熊本 6	绿川	熊本	—	—	16.81	31	30	26	38	30	22	47
22	直通熊本 7	绿川	熊本	—	—	105.50	192	190	164	238	190	140	295
23	直通熊本 8	绿川	熊本	—	—	90.82	166	163	141	205	164	120	254
						（合计）	11 644	13 373	10 880	16 152	14 081	10 977	18 812

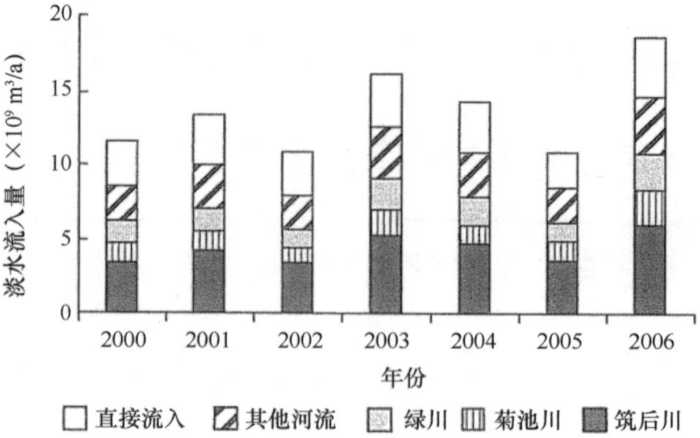

图 1.3　有明海流域情况

1.1.3　植被

有明海流域高度在 1 000 m 以上的地区以照叶林（常绿阔叶林）为主，1 000 m 以下的地区大体上以夏绿林（落叶阔叶林）为主。岛原半岛的植被情况与有明海流域大致相同。云仙普贤岳的熔岩流出后，情况发生了很大变化。本明川上游流域几乎全是杉树、日本扁柏，但是也有少许冷杉和米槠。谏早湾沿岸地区分布由细颗粒黏土形成的“浅滩土”，生长着茂密的芦草，但是现在已经被清除，增加了一枝黄花和大豕草等植物。六角川上游流域几乎全部为杉树林、日本扁柏林和米槠林。下游流域、沿岸地区形成芦苇荡，生长着七面草等盐生植物。河口部和筑后川一样栖息着有明海特有的鲚鱼。沿岸地区栖息着大弹涂鱼（虾虎鱼科）、红鳗虾虎鱼（虾虎鱼科）、弧边招潮蟹（沙蟹科）。从筑后川的源头至夜明溪谷，生长着成片的杉树林和日本扁柏树林，栖息着宽鳍鱲、淡氏鱲、香鱼、瞳石鳜等各种鱼类。另外，还有源氏萤、伯氏树蛙、韩氏溪蟹等动物栖息于此。在夜明溪谷至筑后大堰的田园地区，栖息着宽鳍鱲、雅罗鱼、鲫鱼等。筑后大堰至河口属沟渠地带，栖息着鲚鱼、雷氏新银鱼等。潮间带栖息着大弹涂鱼、弧边招潮蟹等（图 1.4）。位于矢部川上游流域的日向神峡谷一带保留着丰富的自然生态系统，河岸地区群生着樟树林，还栖息着源氏萤，这些动植物都被指定为国家的天然纪念物。菊池川上游流域被榉树、山毛榉、冷杉等混交林覆盖，中游流域是天然纪念物血条苔的发源地。下游流域栖息着酢浆小灰蝶。白川中栖息的鱼类不多，但是能看到宽鳍鱲等。绿川上游流域生长着柞树林和米槠树林，中游流域生长着柞树林，河口流域则栖息着很多蛤仔。

1.1.4　土地利用

有明海流域 85%~96%的面积属农林地带，城市面积仅占 2%~10%。本明川流域、六角川流域 85%的面积为农田，嘉濑川的中下游流域为水田地带。在筑后川流域，夜明溪谷的上游流域 80%为森林地带，农田仅占 8%。上游流域途经日田盆地，因此河中

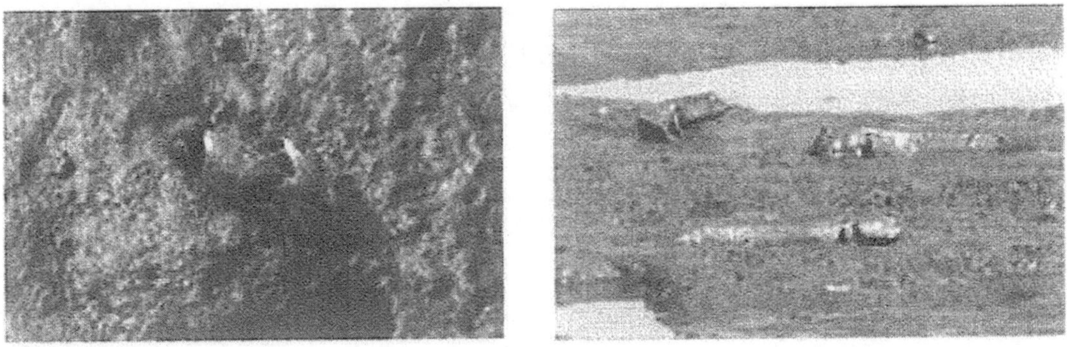

图 1.4　有明海的生物（左：弧边招潮蟹；右：大弹涂鱼）

堆积着大量来自山地等地区的沙土，而带入中下游的沙土较少。带入下游河道中的沙土大多为微细颗粒沙土[1)]。从夜明溪谷至筑后大堰的中游流域形成了主要的农业地带，其平原部分为肥沃的水田地带。从筑后大堰至河口的下游流域是低平的沟渠灌溉农业地带，盛行种植水稻、小麦等农作物，是土地利用型农业的大规模谷仓地带[1)]。白川流域是熊本地下水的来源，正在推进为“漏水田”提供水源的工程。

（楠田哲也 · 伊豫冈宏树）

1.2　社会环境

1.2.1　人口变化

日本主要半封闭性内湾的流域面积和流域人口关系如图 1.5 所示。有明海在规模上与大阪湾、伊势湾、东京湾等大致相当，但是与上述各海湾相比，有明海的人口密度非常低。第一产业的就业人数比例高达 10%以上。因此与人类活动相比，流域的自然环境对海域的影响更大。

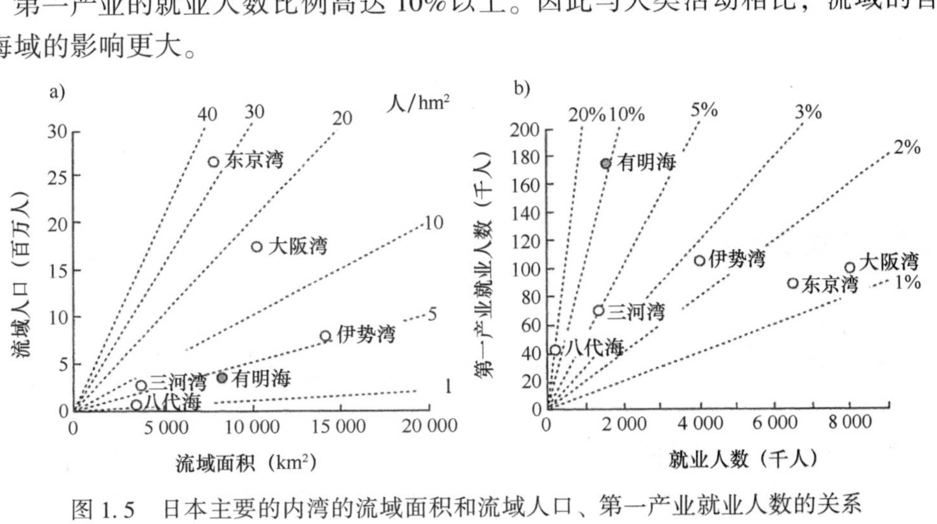

图 1.5　日本主要的内湾的流域面积和流域人口、第一产业就业人数的关系

流域内的人口从1975年至20世纪90年代中期呈增加趋势，这与日本全国人口的变化基本一致，如图1.6所示。其后日本的人口呈微增趋势，但是有明海流域的人口在1997年达到顶峰，为336万人。其后人口数量开始减少，特别是2005年之后人口的减少率增大。2006年流域内的人口数量为331万人。其中熊本县占40.7%，福冈县占31.0%，佐贺县占18.8%。图1.7列出了各县人口数量相对于1975年的增减情况。其中熊本县增加最多，福冈县和佐贺县人口数量增加情况大致相同。

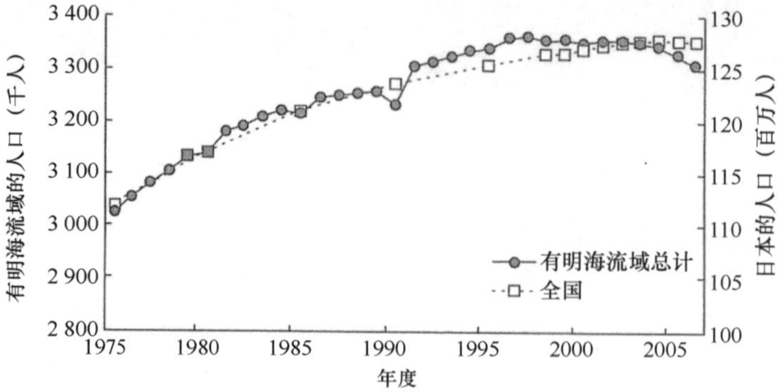

图1.6　有明海流域及日本的人口数量的变化情况

（根据总务省《事务所·企业统计调查报告》编写）

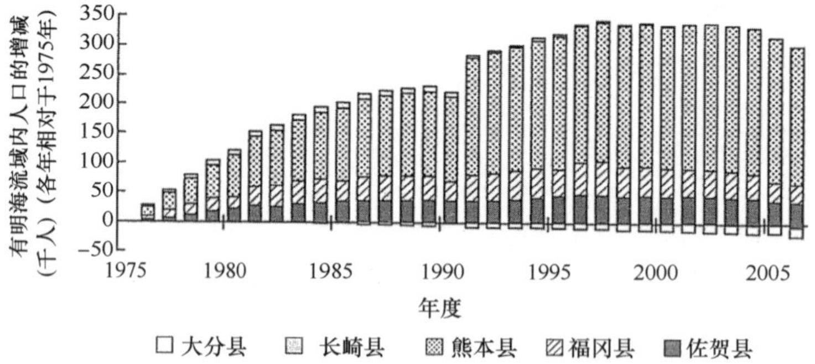

图1.7　有明海流域内各县人口增减的变化情况

（根据总务省《事务所·企业统计调查报告》编写）

1.2.2　产业结构

有明海流域各产业的企业数量变化情况如图1.8所示，员工人数变化情况如图1.9所示。1975年至1996年间，企业数量和员工人数有所增加，但是自1996年之后开始出现减少的趋势。20世纪90年代后五年的减少情况与日本全国的企业数量和员工人数的变化情况大致相同。从各产业的企业数量来看，批发/零售业等的比例较高；在从业人数方面，批发/零售业等服务业的比例较高。与日本全国的情况相比，有明海流域的信息通信业等的比例要稍低一些。

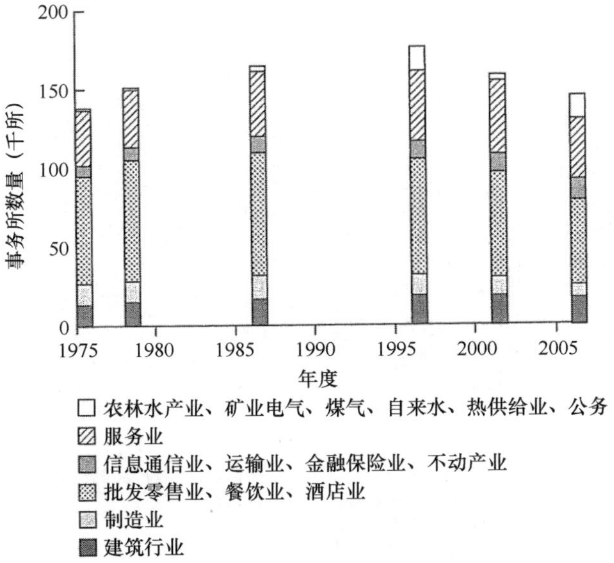

图 1.8　有明海流域各产业企业数量变化情况（根据相关各县《统计年鉴》编写）

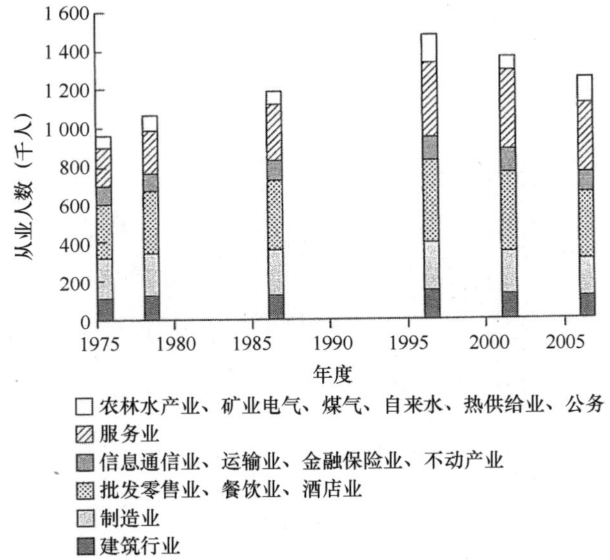

图 1.9　有明海流域各产业从业人数变化情况（根据相关各县《统计年鉴》编写）

工业生产销售金额如图 1.10 所示。从 1975 年至 20 世纪 90 年代初期，工业的生产和销售增长势头良好，但是其后却陷入了停滞不前的境地。从 20 世纪 90 年代末期至 2002 年呈现出了减少趋势。2002 年，食品制造业等行业和电气设备制造业的比例较高，而且电气设备制造业在 20 世纪 80 年代获得了急剧增长。工业从业人数 20 世纪 90 年代呈减少趋势（图 1.11）。这是由于 20 世纪 80 年代仅次于食品制造业的纤维工业相关行业、木材/木制品制造业的从业人数减少所致。从 20 世纪 90 年代开始，电气设备制造业从业人数开始增加，数量仅次于食品制造业从业人数。从各年度整体来看，占比最大的食品制造相关行业从业人数每年的变化都不大。

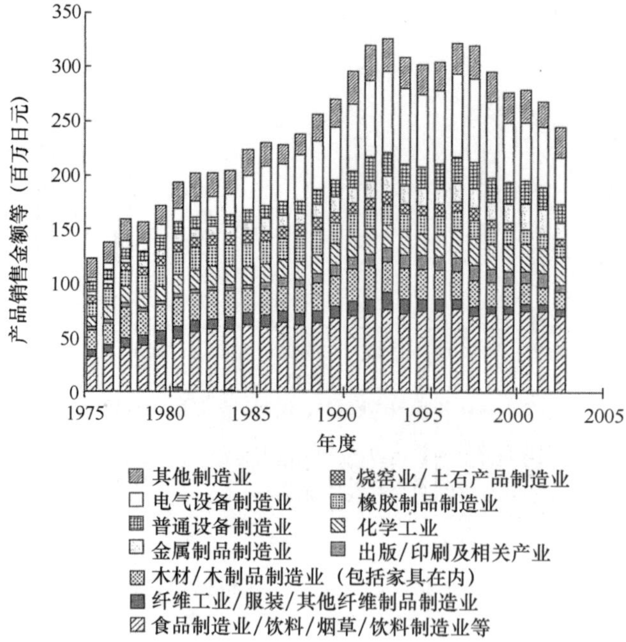

图 1.10　产品销售金额变化情况（根据相关各县《统计年鉴》编写）

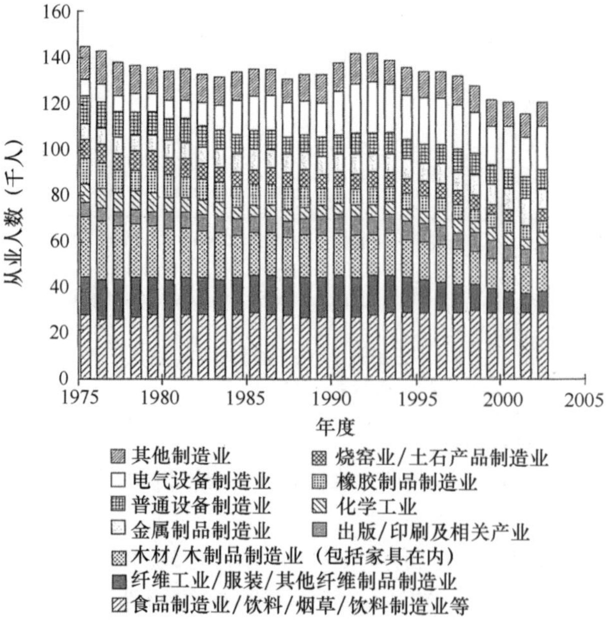

图 1.11　工业从业人数变化情况（根据相关各县《统计年鉴》编写）

有明海流域主要农作物收获量的变化情况如图 1.12 所示。农作物收获量在 20 世纪 80 年代为每年 250×10^4 t 左右，但在 20 世纪 90 年代则减少为 200×10^4 t 左右。主要的农作物收获量为水稻、蔬菜、水果等，但是 1990 年之后水稻和水果收获量减少，蔬菜收获量增加。21 世纪初花卉开始增加。农业总产值自 1980 年起每年在 8 千亿~9 千亿日元之间变动，如图 1. 13 所示，其年度变化幅度与日本全国的变化幅度大致相同。21 世纪初，蔬菜、畜牧业、大米的产值排在前三位。从占总产值的比例来看，蔬菜呈现出增加趋势，畜牧业稍有减少，大米呈现出减少趋势。

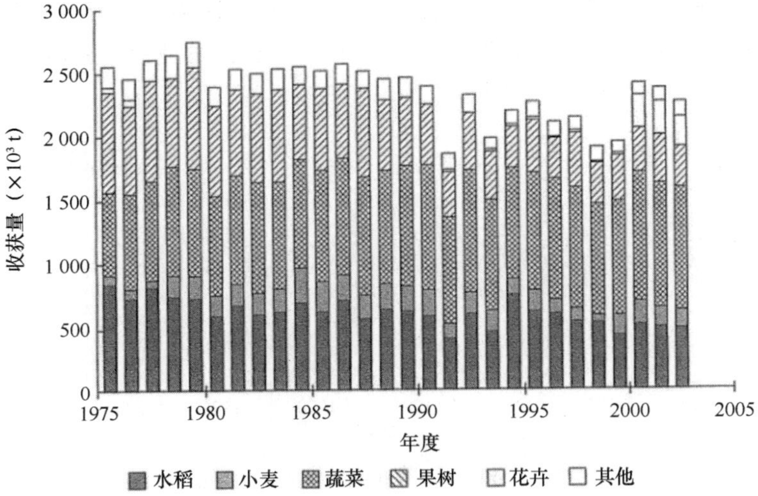

图 1. 12　主要农作物收获量变化情况

（根据农林水产省《农林水产统计年报》编写）

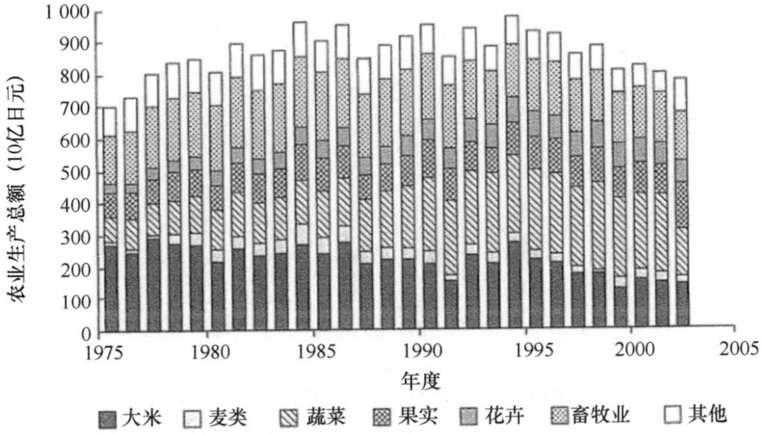

图 1. 13　有明海流域各县的农业生产总额变化情况

（根据农林水产省《农林水产统计年报》编写）

综合有明海海区佐贺县和福冈县的渔业产值，其变化情况如图 1. 14 所示。年度总产值有增有减，但是在 1980 年之后保持在每年 400 亿日元左右。其中 87%为海水养殖，13%为海上渔业捕捞。而海水养殖的 98%为紫菜养殖。因此，有明海渔业经营的特点就是对紫菜养殖的依赖程度极高。有明海鱼类众多，原本就具备了高度的生物生产力，因此，应该改变对紫菜养殖的过度依赖，制定进一步提升有明海潜力和品牌的渔业政策，如恢复传统的潮间带捕捞和浅海渔业、重新开始养殖能够实现水质净化的牡蛎等。必须努力经营，提升有明海特产鱼贝类的价值。渔业不仅对经济活动具有重要意义，而且还承担着保护环境的重要作用。因此，发展渔业有助于实现环境和经济的良性循环，创造物质丰富的社会环境。有明海区域内各县的渔业从业人数如图 1. 15 所示，1983 年度为 29 100 人，随后逐年减少。2003 年度为 12 700 人，降至 1983 年度的 1/2 以下。从各县的渔业就业人数来看，与 1983 年度相比，2003 年度佐贺县减少至 54%、福冈县减少至 44%，熊本县和长崎县则减少至 40%以下。另外，在渔民从业人数减少的同时，与农业一样，还面临着从业人口老龄化的问题。

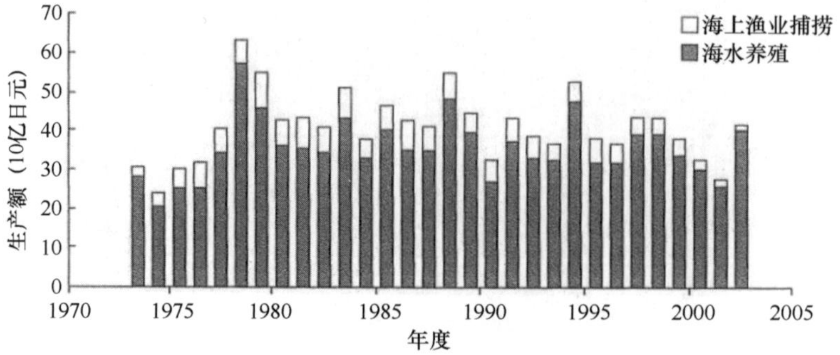

图 1. 14　佐贺有明/福冈有明的渔业生产额变化情况
（根据农林水产省《农林水产统计年报》编写）

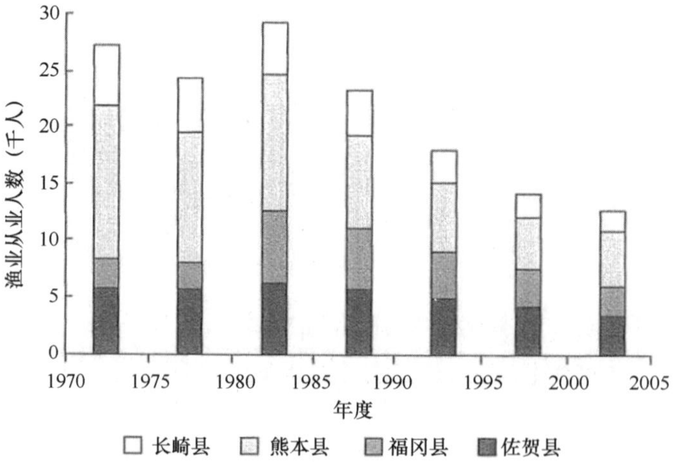

图 1. 15　有明海区域渔业从业人数变化情况
（根据农林水产省《农林水产统计年报》编写）

1. 2. 3　围海造田

河流将大量的泥沙冲入有明海，而且还受到日本最大的潮汐作用的影响，有明海的潮间带以每百年 1 km 的速度正在不断扩大[2)]，已经形成了肥沃的佐贺平原和白石平原。有明海的围海造田历史如图 1. 16[3)]（彩色卷首插图）所示，围海造田累积面积如图 1. 17 所示。在自然陆地化的同时，从古代开始就通过围海造田进行人工陆地化。人工陆地化最早开始于约 700 年前的镰仓时代末期，江户时代之前围海造田的面积约为 70 km^2，而正式进行围海造田的历史则开始于德川时代[2]。在佐贺地区有“50 年完成一块围海造田”之说，人们认为利用自然陆地化进行围海造田是命中注定的[6]。围海造田的基础是藩政时代打下的，首先在建造堤防的位置打下桩子，种植灌木和竹子等，作为栅栏让其自然生长数年时间，静等这些“栅栏”将泥土拦截、堆积下来，让茅草和芦苇茂密生长，使地基变高。江户时代中期用石墙作为海岸堤防，进行大规模围海造田，其面积达到 50~60 hm^2。同时，围海造田技术也取得了显著发展。江户时代的围海造田面积达到 110 km^2。明治时代至 1945 年的围海造田面积为 34 km^2，1945—1955 年的围海造田面积为 13 km^2。1960 年之后的围海造田面积为 7 616 hm^2。20 世纪 60—70 年代，各地进行了大规模的围海造田活动，总面积约 4 000 hm^2。其中约 60%集中于海湾深处（佐贺县）。1997 年谏早湾围海造田工程完成，3 550 hm^2 的海域和 1 550 hm^2 的潮间带消失（围海造田面积增加）[7]。在过去仅仅 50 年间的围海造田面积就占了历史上围海造田总面积的 28%。据松冈[8]统计，如果以每 10 年为单位来计算围海造田速度，17 世纪至江户初期为 0.05 ~ 0.07 hm^2，江户时代为 0.43 hm^2，明治时代—昭和中期为 0.52 hm^2，昭和后期为 1.95 hm^2，1986—1997 年实施的谏早围海造田工程为 3.2 hm^2。从上面的统计可以看出，近年来的围海造田速度已经大幅度加快。目前围海造田的总面积达到 2 700 hm^2 以上，相当于目前的海域面积（1 700 km^2）的 16%。

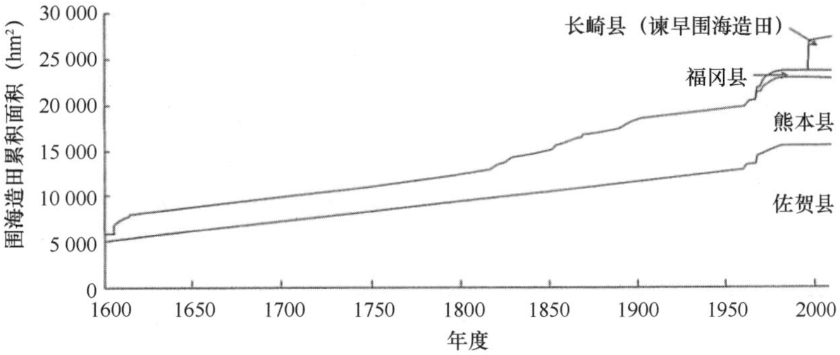

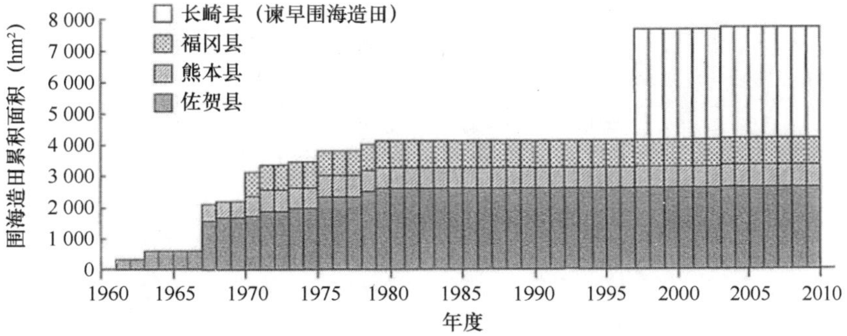

图 1.17　1600 年及 1960 年之后有明海围海造田累积面积

（各地的围海造田面积在围海造田完成时统计。由佐贺县[4]、熊本县[5]编写）

20 世纪 60—70 年代，各地开展了大规模围海造田活动，总面积约为 4 000 hm^2。其中 60%以上集中于海湾深处（佐贺县）。

1.2.4 河道上的建筑物

有明海流域建设的主要水库（图 1.18）累积蓄水量如图 1.19 所示。隶属筑后川水系的松原水库/下筌水库于 1973 年竣工。截至 2009 年，有明海流域的水库总蓄水量达到 $4.0\times10^{8}\ m^{3}$，相当于 2000—2007 年的年平均淡水流入量（$136\times10^{8}\ m^{3}$）的 2.9%。如果加上正在建设的大山水库，预计未来蓄水量将达到 $5.8\times10^{8}\ m^{3}$（相当于年平均淡水流入量的 4.3%）。

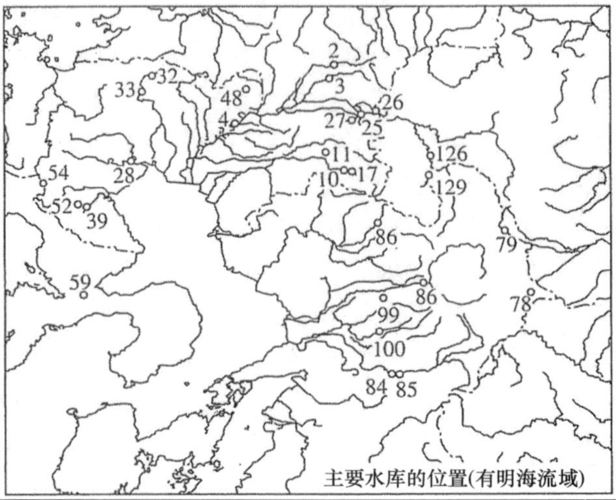

主要水库的位置(有明海流域)

编号	水库名称	水系名称	河流名称	总蓄水量（km^3）	竣工时间（年）
2	江川	筑后川	小石原川	25 326	1972
3	寺内	筑后川	佐田川	18 000	1978
4	筑后大堰	筑后川	筑后川	5 500	1984
10	松濑	矢部川	矢部川	506	1963
11	花宗溜池	矢部川	本分川	3 289	1952
17	日向神	矢部川	矢部川	27 900	1959
25	合所	筑后川	筑后川	7 660	1990
26	夜明	筑后川	筑后川	4 050	1954
27	藤波	筑后川	巨濑川	2 950	2009
28	六角川河口堰	六角川	六角川	19 000	1982
32	北川	嘉濑川	嘉濑川	22 500	1956
33	嘉濑川	嘉濑川	嘉濑川	71 000	2011
39	中木庭	鹿岛川	中川	6 800	2006
48	河内防灾	筑后川	安良川	1 195	1971
52	横竹	盐田川	盐田川	4 290	2001
54	矢筈	六角川	六角川	1 390	1993
59	小仓	本明川	半造川	2 200	1975
84	船津	绿川	绿川	2 495	1970
85	绿川	绿川	绿川	46 000	1970
86	龙门	菊池川	近间川	42 500	2001
99	深迫	白川	深迫川	1 268	1984
100	天君	绿川	矢形川	1 661	1970
126	松原	筑后川	筑后川	54 600	1972
129	下筌	筑后川	津江川	59 300	1972

图 1.18　有明海流域的主要水库

［根据（财）日本水库协会《水库便览》编写］

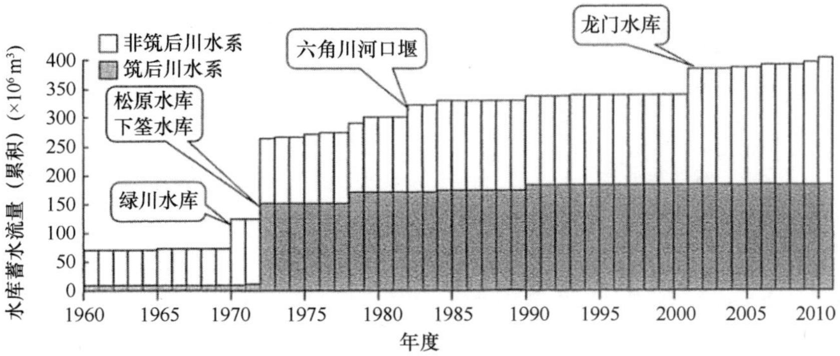

图 1.19　有明海流域的水库累积蓄水量

［根据（财）日本水库协会《水库便览》编写］

河口周边地区形成的潮间带是由河流冲积而来的沙土形成的。建设水库引发的泥沙淤积、河流改建、河道内的采砂采掘等，使河流冲到海中的泥沙量减少，对潮间带的形成也产生了影响。以筑后川为例，河流冲积而来的泥沙量（累积值）如图 1. 20 所示。目前没有进行围海造田、河流改建等活动，采砂量也正在减少。但水库建设导致泥沙淤积增大，使下游河流泥沙运移量和入海量不断减少。

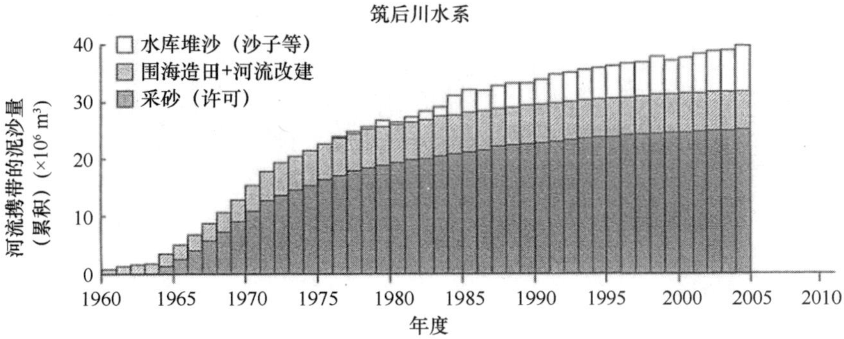

图 1. 20　筑后川水系的河流携带的泥沙量

（由环境省[3]编写）

1. 2. 5　港湾

如图 1. 21 所示，1951 年确定有明海区域的三池港为重要港湾，1974 年确定有明海区域的熊本港为重要港湾。总计有 34 个地方港湾获得了整修。另外，对 80 多个渔港进行了整修。为了在海湾深处形成大面积的潮间带，像筑后川一样，对这些渔港进行了整修。三池港于 1908 年（明治 41 年）开港，最初作为三池炭的装货港口。自从开港以来，拉动了日本的产业、经济的发展。但是，受 1997 年三池炭矿关闭的影响，对于港湾及其周边的地区建设的要求也产生了变化。熊本港属软土地基（层厚 40 m），较大的潮位差是对港口建设极为不利的自然条件。但是由于土木工程技术的进步和当地对于港口建设的迫切要求，还是对熊本港进行了改建，作为熊本都市圈的物流和人员流动的基地发挥了重要作用。1993 年对沿岸地区进行填海造地，建成了熊本新港并正式投入使用。

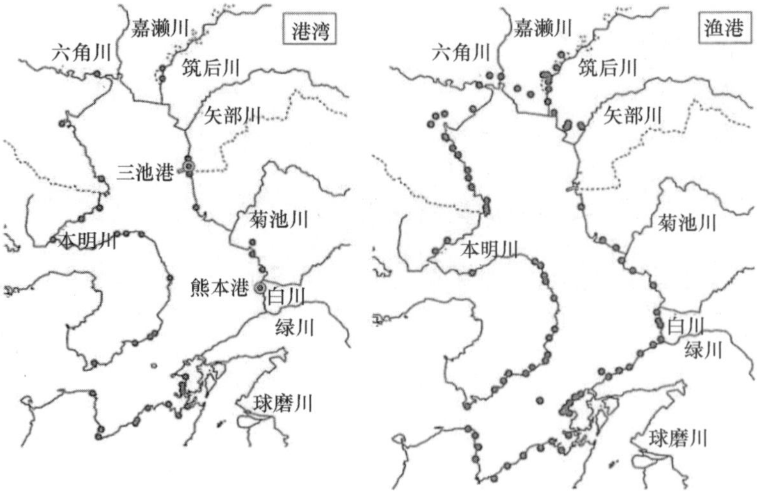

图 1.21　有明海的主要港湾和渔港

（三池港和熊本港为主要港湾，其他为地方港湾。根据海上保安厅网站编写）

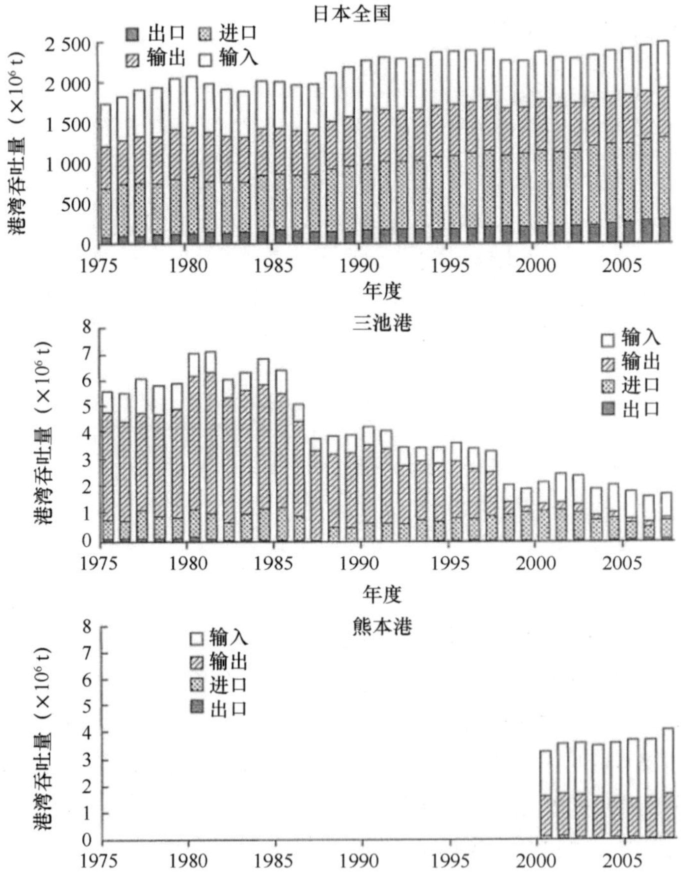

图 1.22　日本全国、三池港及熊本港的港湾吞吐量变化情况

［根据国土交通省《港湾统计（年报）》编写］

日本全国、三池港及熊本港的港湾吞吐量变化情况如图 1. 22 所示。日本全国的港湾吞吐量自 1975 年之后整体以缓慢增长为主要趋势。与此相对的是三池港自 1985 年之后呈现出减少趋势。三池港的出口量较少，而 1975 年至今的进口量则在百万吨左右波动。1975 年之后，输出量占据了绝大部分，但是自 1998 年三池炭矿关闭之后急剧减少，导致输入量超过了输出量。21 世纪初的总吞吐量在每年 2.0×10^6 t 左右波动。另外，21 世纪初熊本港的进出口量很少，总吞吐量在每年 3.6×10^6 t 左右或是微增。

1. 2. 6　沿岸地区的建筑物

环境省实施了自然环境保护基础调查，有明海海岸线划分如图 1. 23（彩色卷首插图）所示。自然海岸是指没有人工建筑物的保持自然状态的海岸。半自然海岸是指海岸（海滩）的部分地区虽然实施了人工建设，但是潮间带仍然保持自然状态的海岸。人工海岸是指潮间带建有人工建筑物的海岸。河口部分是指河流区域的最下游端口。在有明海地区，从海湾深处至东部沿岸的大部分地区为人工海岸，岛原半岛几乎所有的海岸都属于半自然海岸。自然海岸散布在与八代海相连的天草地区的岛屿和岛原半岛。在谏早围海造田工程前，谏早湾属于半自然海岸，但是自 1997 年之后被改建为人工防潮堤。

有明海的潮间带面积、藻类繁殖地面积及不同海岸地区的海岸线长度变化情况如图 1. 24 所示。有明海的海岸线约为 500 km。但是，1978 年至 1996 年期间，人工海岸的比例呈现出增加趋势。第 4 次调查（1996—1997 年）结果显示，自然海岸为 17. 2%，半自然海岸为 24. 6%，人工海岸为 55. 4%。

第 4 次调查（1996—1997 年）结果显示，潮间带面积为 20 391 hm^2，藻类繁殖地面积为 1 599 hm^2。有明海的潮间带相当于日本全国潮间带总面积的 41. 3%。从第 2 次调查（1978 年）至第 3 次调查（1989—1991 年），潮间带面积减少了 6. 1%，藻类繁殖地面积减少了 20. 6%。环境省[3)]指出，潮间带、藻类繁殖地减少的主要原因包括海岸线的人工化（自然海岸线减少）、平均潮位上升、潮差减小（伴随着潮汐的长周期变动的自然变动）、围海造田/填海造地、河流冲下的沙土量减少等，这些对环境和生物造成的影响已经成为重要的研究课题。

1. 2. 7　海域利用

如图 1. 25（彩色卷首插图）所示，在有明海区域进行了多种多样的海域利用活动。如作为保护地区的云仙/天草国立公园、自然公园、国宝/重要文化遗产等，以及自然风景区、赶海、观光、海水浴场、游艇基地等野外教育、休闲活动和渔场等。特别是在海湾深处形成的辽阔的潮间带，作为自然风景区、大弹涂鱼和弧边招潮蟹的保护区，是日本其他海域所没有的珍贵地区。在潮水退去的潮间带，渔民过着自给自足的生活，捕捞大弹涂鱼、红鳗虾虎鱼、全海笋、缢蛏（目前处于灭绝状态）等有明海特产鱼贝类。简单的渔具/捕鱼方法是有明海的固有文化，体现了自然与人们谋生手段的融合。有明海的高度生物生产性是作为富饶之海、宝贵之海给予当地人们不可估量的恩惠。另外，

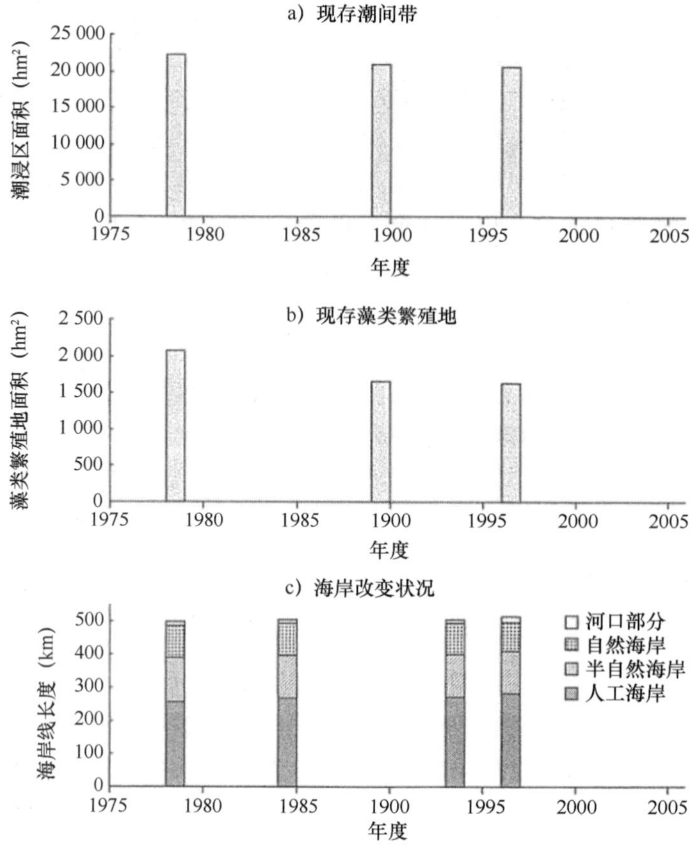

图 1.24　有明海现存潮间带、藻类繁殖地及海岸改变状况

（根据环境省《自然环境保护基础调查》编写）

注：在对潮间带/藻类繁殖地的第 2 次（1978 年）、第 3 次（1989—1991 年）调查中，调查对象水深为 0~20 m；第 4 次（1996—1997 年）调查中，调查对象水深为 0~10 m。

在水田和沟渠面积广阔的佐贺平原等有明海周边地区，被指定为日本保护性物种喜鹊（别名为鸦科鸟）的栖息地。喜鹊是佐贺平原的风情诗，同时也是佐贺县的县鸟。另外，在湾口周边地区，由于海水从这里流过，因此是海水浴场、垂钓、海上运动等的集中区域。

目前，在有明海地区，从秋天到春天，在海湾深处区域和东部沿岸的浅水海域的大部分地区都在进行紫菜养殖作业［图 1.25c)，彩色卷首插图］。在海湾深处区域及沿岸地区采用支柱式养殖方式，在熊本县一侧的东部海域采取浮筏式养殖。在有明海沿岸地区，有很多半农半渔家庭。以中世以来的单堤式围垦（对于将海湾整体用防潮堤划分的大规模复式围垦，称为岸边围垦）为基础，形成了围海造田地区-潮间带-浅海的多样性作业空间，以及围海造田地区农业-潮间带渔业-浅海渔业的连续性作业系统[9]。明治时代之后还开展了牡蛎、蛤仔、齿缘舟蚶（毛蚶）等鱼贝的养殖。但是从 20 世纪 60 年代开始集中进行紫菜养殖，从而使紫菜养殖作为当地的核心产业得到了迅速发展。随着机械化的发展，在期待高收入的紫菜养殖渔民家庭中，传统的潮间带捕鱼业、浅海渔业逐渐衰退，陆地（围海造田地区）和潮间带、浅海的关系正在变得疏远[9)]。

1.2.8 经济环境

环境和经济之间存在着密切的关系。环境省提出了“环境和经济良性循环构想（HERB构想）”，提倡通过良好的环境推动经济发展，通过经济的活跃来改善环境。自古以来有明海地区的人与自然就融为一体，创造出丰富的生活和文化，环境和经济以自然的形式融合在一起，发挥着“故乡之海”的重要作用。所谓的“故乡之海”，根据环境省的定义，是指“人类对陆地和沿岸地区进行一体化的综合性管理，正确维持物质循环功能，保护高度生产性和生物多样性，同时与人们的生活和传统文化密切相关，创造人与自然共生的沿岸海域”。坚持环境保护和开发利用两不误，加深科学理解，创造良好的环境。

但是，近年来经济增长停滞不前，受日元升值和农产品进口自由化等宏观经济的影响，对第一产业造成了直接冲击。从海外进口了低价木材、农产品和水产品，对作为生产基础的森林和沿岸海洋的管理没有采取有效的方法，这就是目前的状况。国内的林业衰退，放弃管理的森林不断增加，对人们的生活直接造成了影响。如森林的生物多样性低下，保水功能降低，导致泥石流的发生等。有明海流域与同等规模的内湾流域相比，占比较大的第一产业中，林业、农业、渔业的从业人数不断减少，老龄化加剧，因此重新认识并复活“故乡之海”的功能，让消费者关心有明海，是有明海重生的第一步。有明海是高度发展的生产地区，同时也是以高品质的紫菜为首，大弹涂鱼、红鳗虾虎鱼、鲚鱼、日本须鳎、全海笋等有明海特产的宝库。必须要宣传安全、放心的有明海品牌等，实现良好的生态循环，使水产品具有高附加值，将剩余资金用于环境保护，创造出依靠生物多样性实现的高度生物生产力。要遏止有明海环境恶化趋势，使之转向环境修复趋势，为此，经济方面的支持是不可或缺的。但是渔业从业人员自身的努力和创意也是必不可少的。

日本的主要经济指标如图1.26所示，对于经济动向进行了概要介绍。同时还尝试环境经济评价，即将自然环境置换为货币价值进行评价。作为统计数据包括农业总产值、渔业产值等。与包括产品销售额在内的过去的生产值进行比较时，必须要考虑物价指数。从工业产品和农林水产品的物价指数来看，在20世纪60年代，工业产品停滞不前，但是农林水产品不断上升。两者在20世纪70年代后半期开始急剧上升，至1982年达到顶峰，其后转入缓慢下降趋势。农林水产品的物价指数在1970年至1982年期间上升了2.1倍，1982年至2005年期间下降了20%。日本的国内生产总值（GDP）在20世纪70—80年代创下了每年增长约18万亿日元的记录，但是进入20世纪90年代之后增长开始停滞，至目前为止徘徊于平均1.4万亿日元的增长幅度。日经平均股价在20世纪80年代出现了高涨，在泡沫经济达到顶峰的1988年创造了38 915日元的最高值。随后则开始动荡下跌，2003年降至7 607日元，是泡沫经济破灭后的最低值。其后出现了恢复趋势，但是以2007年爆发的美国次贷危机为转折点，日经平均股价出现暴跌，目前已形成了世界性的金融危机。1970年外汇市场为1美元兑换300日元，日元不断升值，20 世纪 90 年代汇率上升到 100 日元，2009 年低于 100 日元，2011 年达到 70 日元左右。

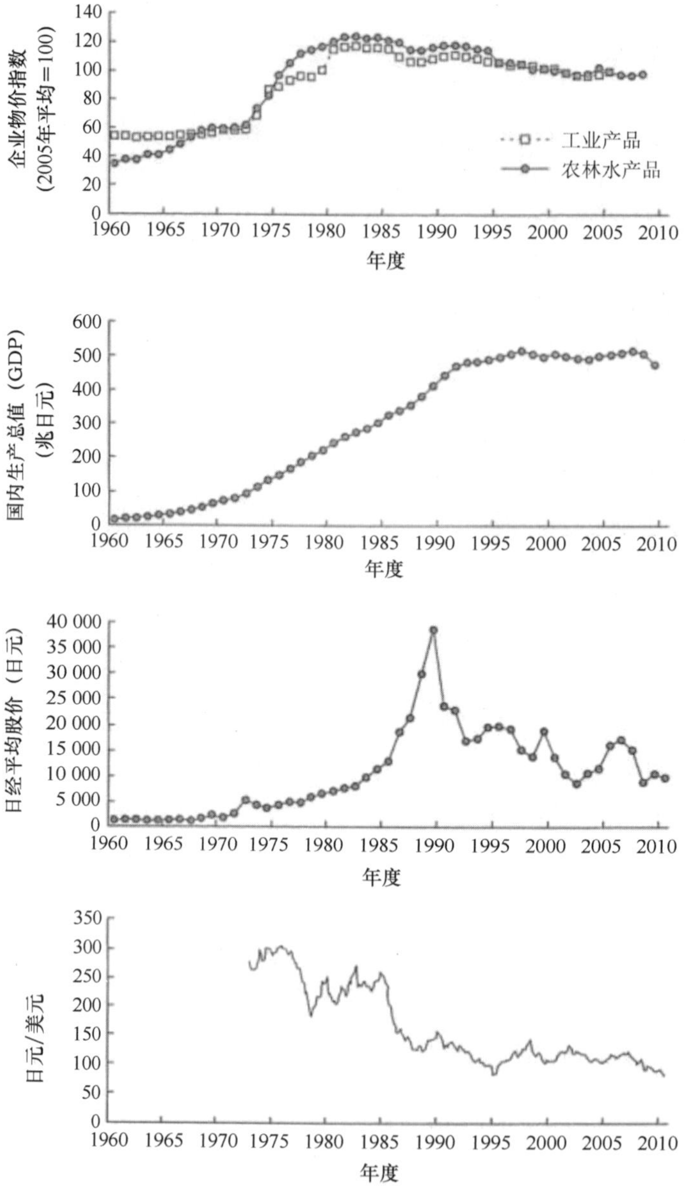

图 1.26　日本主要经济指标的变化情况

（根据日本银行《企业物价指数》、根据内阁府《统计信息/调查结果》编写）

日本的食品自给率（kalorie base）如图 1.27 所示，呈逐年降低趋势。1960 年为 75%，1970 年为 60%，1980 年为 53%，1990 年为 48%，21 世纪初停滞于 40%。1993 年暂时性下降是由于当年出现了冷夏，导致大米严重歉收。从 2008 年有明海周边 4 个县的自给率来看，佐贺县为 107%，高居全日本第 5 位。熊本县为 61%，长崎县为 47%，福冈县为 23%。由于食品自给率较低，所以要从海外进口大量的氮和磷以及用于生产它们的水（虚拟水）。运输过程使用化石燃料又导致食品成本增加，并且释放出温室气体。进口的氮和磷被消费后，经由河流等被净化后进入内湾和湖沼。在内湾和湖沼中，其负荷能力以能够发挥的自然净化能力的最高级别（环境容量）为限。但是超过自然净化能力的过剩负荷将导致水质污染，使生物环境恶化，贫氧化就是其象征。也就是说，食品自给率较低，主要是因为自然系统无法净化处理超过内湾和湖泊环境容量的污染负荷，对生物环境和生态系统造成恶劣影响。

（堀家健司·木村奈保子）

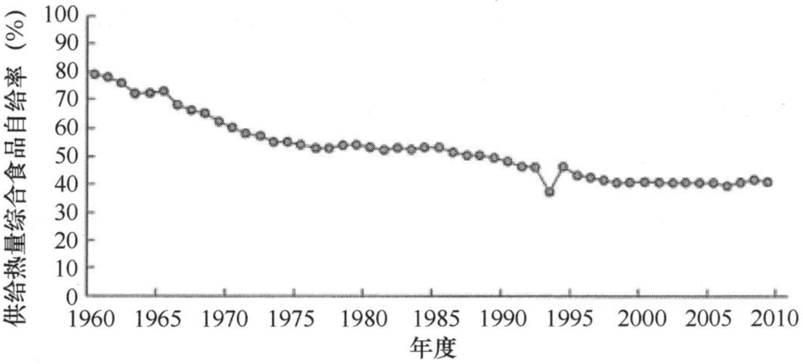

图 1.27　食品自给率（kalorie base）的变化情况（根据农林水产省网络编写）

1.3　文化/历史

有明海对沿岸地区人们的生活有着极大的影响。流入有明海的河流带来大量泥沙，有明海有较大潮差，在漫长的岁月里人们依靠围海造田获得了农地。另外，在大量富含营养成分的河流流入的有明海中，不仅栖息着鱼贝类生物，还有外海的鱼洄游到这里，因此这里变成了物产丰富的渔场。在获得有明海自然环境恩惠的同时，也因大潮、堤防决堤导致的洪水等付出很大代价。从地形上来看，有明海沿岸多为比海面低的平地，必然面临着水的威胁。在当地生活的农民和渔民不知道多少次遭遇到洪水的危害。居住在有明海地区的人们希望能过上平稳、富裕的生活，所以在这个地区产生了各种独特的信仰和祭神仪式。

1.3.1　围海造田的历史[10-12]

镰仓时代末期出现了围海造田的记录。最古老的围海造田文献写于 1284 年（弘安 7 年），其内容是将熊本县饱托郡天明村的潮间带作为新田开发捐赠给名为大慈寺的寺院。在佐贺县发现了一份土地捐赠书，其内容是 1288 年（正应元年）由现在的佐贺市东南的南里向位于大和町久地井的一所寺院捐赠米纳津附近的潮间带。在福冈县发现了一份 1303 年（乾元 3 年）所写的文件，其内容是将柳川市附近的荒地捐赠给位于大川市酒见的风浪神社的净土寺。

从战国时代末期开始正式进行围海造田。佐贺市川副町南里的县农业试验场附近地区在镰仓时代是海岸线，在 300 年后的战国末期，围海造田一直推进到川副町鹿之江

（图 1. 28）。从这条线至今天的海岸线距离约为 4 km。这个距离是经过约 350 年进行围海造田而产生的。佐贺藩为了实现增产兴业，于 1783 年（天明 3 年）设置了名为“六腑方”的机构，在其下设置了一个名为“搦方”的机构，负责围海造田活动，奖励开垦新地。

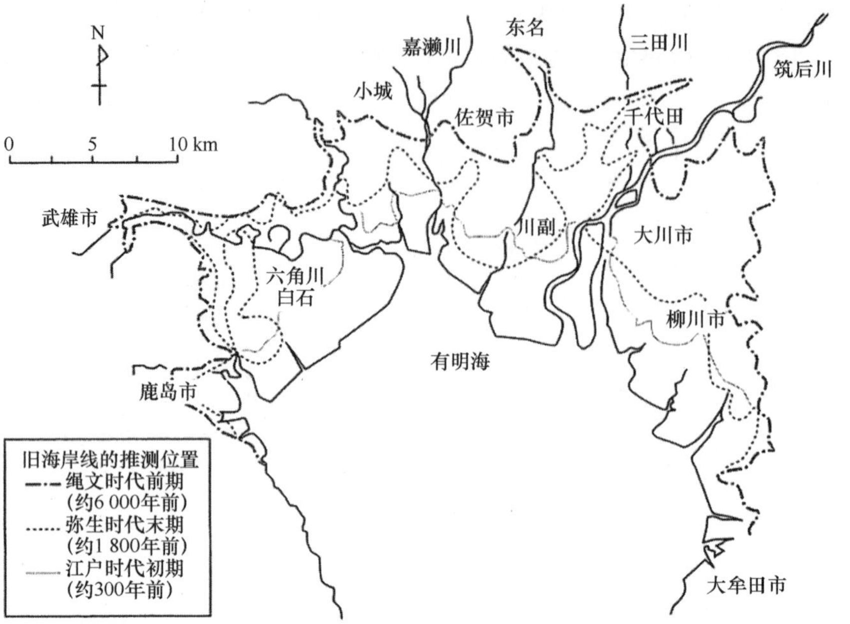

图 1. 28　有明海海岸线的变迁

佐贺平原有很多以古贺、牟田、津等为地名的地区。津是指港口，牟田指不能实现一年两茬的湿田地，古贺与“空闲”相同，指新开垦的土地。古贺是指大化改新（645 年）采用班田收授法分配口粮田时，不列入口粮田的荒地中那些排水情况恶劣或灌溉水不足的土地。但是进入平安时代之后，庄园扩大，荒地得到开发，牟田、古贺作为良田获得开发，但作为地名一直流传至今。

作为表示围海造田地区的地名，包括笼、搦、开。笼、搦都是来自筑堤工程的词语。笼指竹篮。将土和石头放进用竹子编的圆筒形筐中，摆在一起形成堤防，从而建造出新的土地，因此以“笼”为名。“搦”的意思是“捆绑”。作为堤防核心，首先将松木制成的桩子按照约 1 间（1. 8 m）的间隔钉入土中，然后绑上竹子等材料制成栅栏。放置数年后，潮间带泥土附着堆积，内部潮间带上升，“搦”的内部生长出芦苇等植物。此时利用小潮水，用板锹为栅栏培土，加固堤防，这就是“搦”。从年代来说，“笼”比较古老，“搦”比较新。“笼”作为地名在鹿岛地区还留存有很多。

1. 3. 2　流传于有明海流域的信仰和祭神仪式、祭祀活动[10,13-17]

在有明海沿岸地区的农村、渔村，存在着祈祷各自行业安全且能够获得更多收益的信仰。农民的信仰是求雨和祈祷丰收，渔民的信仰则是祈求海上安全和渔业丰收。但是，与渔业丰收相比，祈求海上安全的信仰更加强烈。另外，作为有明海唯一岛屿的冲之岛上的信仰（御发信仰）和保护围海造田开垦出来的土地不受水害侵蚀的信仰，以及祈求海浪平稳和堤防安全的信仰（海童信仰），这些都是超越了农业和渔业的行业范畴的信仰。下面列举一些能够反映有明海沿岸地区特点的信仰。

（1）琴平（金毘罗）信仰

在有明海的渔村，祭祀最多、信仰最广泛的是琴平（金毘罗）神社。琴平信仰是以香川县琴平町的金刀比罗宫为核心的祈求海上安全的信仰。金毘罗是梵语的音译，是鳄鱼的意思，在佛教中是指降雨和救难之神，而在日本作为海上安全之神，受到渔业从业者和从事船运行业的人们的崇信。在有明海沿岸的渔村地区，琴平神社、金毘罗神社在各地受到祭祀，很多都成为渔民的守护神（图1.29、图1.30）。

图1.29　金毘罗大明神石祠（太良町竹崎）

图1.30　和田津海大神（鹿岛市重之木）

佐贺县杵岛郡白石町牛间田区的金毘罗神社建设纪念碑，上面刻有这样一段文字："我牛间田区……自古以来就有很多人以船运业为营生，崇拜金毘罗神灵并非一日之事。明治38年10月（1905年）众议刻石建祠以祭之，祈求海上航路永远平安、无险。"而在白石町深浦的琴平神社于明治28年（1895年）建成的石鸟居上刻有这样的文字："原主大字深浦/坂田渔业者中。"在福富的金毘罗社于明治33年（1900年）建成的石鸟居上刻有文字："神幸丸吉原增太郎、同吉原五左卫门、住寿丸森○龙助。"根据这些遗迹可以了解到琴平神社的祭祀和信仰的由来。

流木是信仰琴平神社的一种特殊风俗。将酒倒入可装一升酒的酒樽中，写上自己的名字和地址后放入海中。如果在海上捡到这种酒樽，就可以带回去喝掉，然后重新倒入酒后放入海中。重复这种行为，以此来敬奉四国的金毘罗。最近也有人用竹筒代替酒樽，将酒倒入竹筒后放入海中。

（2）船灵

船灵是船的守护神。船的建造工程完工时，船舶建造的木工头在竖立帆柱的坚木上开孔，然后将船灵放入其中。在有明海沿岸地区，船灵的神体是用彩纸包裹女性的头发，然后做成人偶形状。放入骰子和十二文钱（或是一日元的铝制硬币）的情况也很多。各地有关船灵的传说多少有些差异。古时候没有潮汐表和天气预报等科技手段，因此船灵信仰就成为渔民的义务，据说要求非常严格。

在烤木船的船底（烤船底是用来杀蛀虫、清除贝壳等附着物的作业）时，需要将船放到陆地上。这种船在海上时，有时会发出像是虫子鸣叫的声音。据说这是船灵在发出鸣叫，是在告诉人们天气情况和捕鱼的收成情况。以前曾有人说："如果听不到船灵的声音就不要乘船。"但是现在都换成了机械动力船舶，所以船灵信仰已经迅速衰落了。

在有明海沿岸地区，有的传说中船灵是两个人，甚至在有的传说中船灵是夫妇。在川副町的有些地区的传说中称："哥哥是船舶建造的木工头，妹妹出嫁后死去，化为海蛇。"以前避讳女性单人乘船，但是据说单独乘船的女性是被船灵选中的，不知不觉就会被当作船灵。另外，在有女性乘船时，要避开祭祀船灵的中心位置，可以乘坐在船首。在船上做饭时，首先要向船灵供奉饭食。盛饭时勺子不要翻过去，在锅盖上供奉两碗饭。不翻勺子是因为"不翻"与"不返"意思相近，供奉两碗饭是因为船灵是夫妇二人。

现在船灵信仰已经日渐式微，很多船上只是贴上从神社求来的纸牌就马虎了事。但是，正月期间很多船上都会供奉年糕来祭祀船灵。

（3）御发信仰

在有明海沿岸地区，有一种其他地区没有的、非常有特色的御发信仰，主要在御发神社或冲发神社和雕刻的石祠处进行祭祀（图 1.31）。御发是有明海地区独一无二的岛屿冲之岛的祭神，一般称为"御发神"和"御岛神"。冲之岛是涨潮时被水淹没、落潮时才会出现的岩礁岛。据说各地的石祠都是冲之岛御发神的分身。

图 1.31　御发大明神和八大龙王的石碑（鹿岛市重之木）

由于御发信仰以冲之岛为祭神，古时候作为航海神、水神，主要是渔民信仰的神。但是与必须要使用水的农民的性格也有契合之处，所以后来随着围海造田活动的不断扩大，农民非常害怕潮汐等带来的危害，御发神也兼具风浪神的性格，形成了非常复杂的信仰形态。

关于冲之岛的情况，鹿岛四代藩主锅岛直条所写的《鹿岛志》中曾指出："浜津东部海上七里余处有小岛，称御发……俗称昔时有神，剃其发投入海中化为岛，因之为名。"这段记录阐述了将冲之岛称为御发的原因。关于称为"御岛神"的原因，传说古时候有一位叫"阿岛"的姑娘，和家中的一位老人生活在一起。某年大旱，农民陷入困境。阿岛向神祈雨，跳入有明海中。随后在冲之岛发现了阿岛的遗体。阿岛的愿望得以实现，天上下起了大雨，农民获得了丰收，所以将阿岛作为丰收之神来祭祀。因为阿岛的遗体被冲到冲之岛，因此将其称为"御岛神"。

参拜冲之岛的时间是旧历7月15日傍晚至16日早晨。落潮时登上冲之岛举行参拜活动，该活动也被称为"参岛"。来自各地的船只挂着各种旗帜汇集到冲之岛，人们敲锣打鼓来祭祀神灵（图1.32）。

图1.32　参拜冲之岛

这项祭祀活动据说是为了祈求丰收，有很多参加者甚至来自距离有明海较远的农村。另外还有一种习俗，就是在干旱时为了祈求神灵降雨，举行浮立，人们边敲锣打鼓，边沿街群舞来参拜冲之岛。发生大旱灾时，佐贺市金立町的金立神社的神舆远道而来，从诸富町乘船出发，举行参拜冲之岛的祭祀活动。总之，冲之岛的御发大明神作为后世丰收之神和祈雨之神受到广泛信仰已为世人所熟知，很难找出与渔业从业者和有明海沿岸居民之间的直接关系。但是，《鹿岛志》中不仅记载称"自佐嘉本庄前往岛原谏早的船只看到此岛，作为海路之标准"，而且根据只在有明海沿岸祭祀御神大明神一事推测，古时冲之岛被有明海沿岸的渔民和从事船业的人们视为神圣，成为人们信仰的对象。

（4）龙王·海童信仰

有明海沿岸有广大冲积平原，地势较低，出现大雨暴风天气时，从古至今发生了多起堤坝决堤导致沿岸居民遭受严重灾害的事件，所以祈求海浪平静和堤防安全的心情最为迫切。有明海沿岸地区的渔村有很多龙王神社和海童神社，祭祀丰玉彦、丰玉姬、锦津见神等神灵。这些神灵都是海神。由于渔村距离海岸比较近，人们祭祀这些海神，祈求堤防安全和风平浪静。这种海神信仰超越了渔业、农业的行业范畴，成为一种广泛的信仰（图 1.33、图 1.34）。

图 1.33　龙王社（川副町大托间）

图 1.34　八大龙王石祠（太良町竹崎）

关于佐贺市川副町的海童神社的由来，有资料记载：原本此地海上波涛汹涌，屡次导致堤坝决堤，田地毁坏。不仅当地遭遇灾害，周边乡村也频繁受水灾侵扰，使居民深感忧愁。向代官成富甲斐守大藏信种提出请求，为坚固堤坝，清除乡村水害，建造了海童神社，祭祀海神锦津见神。白石町福富的龙神社于 1803 年（享和 3 年）建造的石鸟居铭文记载称：龙王祠神门并序，天明卯之岁，官置六腑省……伏愿。赖神灵之德，镇堤防而无决堤之患……从这些记载中可以了解到建造龙王神社和海童神社、信仰海神是为了祈求风平浪静和堤防安全。

（5）祈求渔业丰收

与热心祈求海路平安、风平浪静和堤防安全相比，在祈求渔业丰收方面，从信仰和祭祀来看是非常消极的。

太良町的海岸上建有大鱼神社（图 1.35）。太良地区自古以来就是海产品丰富、渔业兴盛之地。大鱼神社的石鸟居上没有任何有关祈求渔业丰收的记载，但是，根据太良地区的渔业历史和围绕着大鱼神社的传说以及“大鱼”这一神社名称，推断认为大鱼神社应该是有明海沿岸地区感谢、祈求渔业丰收的少数神社之一。

在太良町竹崎的竹崎观音举行流水祭奠仪式。由数十只渔船组成的船队升起大渔旗举行海上游行，在海上转圈航行。船上一边敲锣打鼓，吹螺号，吟诵经文，一边将写有“身体安全、渔业繁昌”的“塔婆”放入海中，凭吊祖先和鱼贝类的灵魂，祈求渔业丰收（图 1.36）。

图 1.35 大鱼神社（太良町多良）

图 1.36 流水祭奠法事（太良町竹崎）

1.3.3 祭神仪式/祭祀活动相关的传统艺能[10,15]

在敬神仪式和祭祀活动中向神灵供奉的艺能来自于人们生活的渔村，这些艺能与人们的信仰有很深的关系。在通过围海造田开垦农田的沿岸地区的渔村及与其相邻的农村，浮立等艺能受当地的风俗习惯和世态人情的影响，在变化中传承下来。传统的艺能包括与祭神仪式和祭祀活动密切相关的艺能，以及以人们每天的生活为主题的娱乐活动中的艺能。与有明海沿岸地区的农业和渔业祭神仪式密切相关的具有代表性的传统艺能主要包括以下三种。

（1）浮立

“面浮立”作为浮立之中最具代表性的一种艺能而为世人所熟知，在有明海沿岸的很多地区，如佐贺市以西、特别是鹿岛市和藤津郡仍然流传着这种艺能。在面浮立中所使用的面具是有区别的。有角并塞住口的是男性面具，有角并伸出舌头的是女性面具。据说男女面具分别代表阴和阳。面浮立起源于战国时代。传说佐贺的龙造寺军戴着鬼面具袭击了进攻肥前的大内军，最终将大内军击溃，面浮立与这段战争历史有关。还有一种传说称“面浮立”是以祈雨和消除恶疾为目的的艺能活动（图 1.37）。

图 1.37 面浮立

“钟浮立”分为敲击同样大小的钲的浮立和敲击大小不同的钲的浮立，这两种浮立的内容是不同的。敲击同样大小的钲的钟浮立称不上音乐很优美的浮立。在这种浮立活动中穿着的服装很美，人们跳起天冲舞等舞蹈，钟浮立主要起伴奏作用，因此这种浮立可以称为“观看浮立”。敲击大小不同的钲的浮立时，不同的钲的音色不同，因此音乐非常优美，所以这种浮立可以称为“倾听浮立”。钟浮立的历史和起源尚无法考证。传说佐贺市锅岛町蛎久地区的钟浮立起源于1 000多年前龙树菩萨像漂流到此地时所举行的祭祀活动，但是根据日本全国各地浮立起源的研究情况，可以判断浮立应该出现于镰仓时代末期。一般认为浮立传承至今的历史是为了慰藉“人柱”，或是在修补围海造田堤防时鼓舞士气。

“大鼓浮立”又名“皮浮立”或“一声浮立”。顾名思义，大鼓浮立中的演奏乐器以大鼓为主，大多由缔太鼓、鼓、大胴（大皮）、大太鼓这四种大鼓构成，另外还加入笛子演奏。与钟浮立相比，大鼓浮立节奏优美，古时曾在驱虫等祭祀活动中表演。大鼓浮立的历史与镰仓时代的能乐密切相关，将之称为“段物”，船弁庆、猩猩乱等能乐的演奏，称为“一声浮立”。

钟浮立或大鼓浮立只是音乐演奏所用的乐器，但是以钟浮立或大鼓浮立为伴奏乐器而跳舞的浮立被称为舞浮立或跳舞浮立。舞浮立和跳舞浮立并没有特殊区别，乐器和伴奏几乎完全相同。从舞蹈方面无法区分舞浮立和跳舞浮立。跳舞浮立分布于佐贺县东部之外的各个地区。其中颇具特点的是流传于嬉野市吉田的小浮立。小浮立作为祭神仪式将舞蹈完美地传承下来，在跳舞浮立中舞蹈要素最为明显，因此于1978年（昭和53年）3月被指定为县重要非物质文化遗产。

（2）御田舞

御田舞模仿少女种田的姿势，赋予秧苗灵魂，祈求种田能够风调雨顺。将这种祈求艺能化，创造出御田舞这种艺能形式。在佐贺县，御田舞流传于神琦市神崎町的仁比山神社和鸟栖市麓町的四阿屋神社。这两处神社都被指定为佐贺县的重要非物质文化遗产。四阿屋神社每年举行1次御田舞活动，而仁比山神社只在12年中的猴年才会举行一次御田舞活动。御田舞在神社内及村落固定场所搭建舞台，在举行祭典时作为祭神仪式艺能向神灵敬奉。御田舞作为神社的祭礼，比实际种田时间提前2个月举行。这是因为人们相信冬天隐于深山的山神在春天下山化为田神，所以要通过祭神仪式唤醒神灵。还有一种传说将这种祭神活动称为“预祝丰收”，即举行祭祀活动预祝种田风调雨顺，能够获得丰收。通过这种祭祀活动，祈求现实也能像人们希望的那样。御田舞正是基于这种朴素的信仰而产生的。

（3）天冲舞

天冲舞是以佐贺市周边地区为中心传承下来的一种艺能，除天冲舞外，它还有其他一些名称，如玄蕃一流浮立、天月舞、天竺舞等（图1.38）。这种舞蹈是跳舞浮立的一种。所谓“天衡”，从文字上推测其原本应该是祈雨时的舞蹈。舞者将长达1.3 m左右的被视为水牛角的“天衡”戴在头上，一边做出跳跃的动作，一边敲击跳舞大鼓。舞者腰间还挂着短刀和席子，意为如果万一将大鼓打坏，就要当场切腹。另外，用白布将脸遮住，这是为了不让污浊的气息吹到神仙身上。将天冲舞称为“玄蕃一流浮立”，据说是因为这种舞蹈是由佐贺市神野町的堀江神社的祠官山本玄蕃所创。据堀江神社的社记记载，1556 年（弘治 2 年），当时 47 岁的山本玄蕃将 20 面大缔太鼓、27 面小缔太鼓编组在一起，又叫之日矛（长柄伞）及女性的带子装饰，首次编成了 47 面缔太鼓组成的简单乐器。目前举行天冲舞活动的地区大多在佐贺市和原佐贺郡附近，如佐贺市上多布施町和富士町、川副町等。每年向当地的神社感谢及祈求渔业丰收和农作物丰收，向神灵敬奉。其中富士町的天冲舞很好地保留了从古代流传下来的祭神仪式艺能，因此于 1965 年（昭和 40 年）被指定为佐贺县重要非物质文化遗产。（末次大辅）

图 1.38　天冲舞

文　献

1) 山下敏彦，藤本直也：筑後川の水利用―その歴史と展望―，農土誌，55（7），49-54（1987）.

2) 佐賀県：佐賀県土地改良史.

3) 環境省：有明海・八代海総合調査評価委員会　委員会報告書，2006.

4) 佐賀県：佐賀の干拓，1994.

5) 熊本県：熊本県の干拓，1971.

6) 喜多輝昭：地域にねざした海岸づくり．海岸，43（1），13-16（2003）.

7) 滝川清，古川憲治，鈴木敦巳，大本照憲："有明海の白川・緑川河口域における干潟環境特性とその評価に関する研究"，海岸工学論文集，土木学会，46（2），1121-1125（1999）.

8) 松岡敷充：堆積物からみた中長期的環境変遷：渦鞭毛藻シスト群集に残された有明海湾奥部環境の中長期的変遷．有明海の環境変化が漁業資源に及ぼす影響に関する総合研究，平成13年度～平成17年度科学研究費補助金（基礎研究S）研究成果報告書，pp.65-93，2006.

9) 五十嵐　勉：海面干拓の展開過程と複合的生業の持続可能性，佐賀大学有明海総合研究プロジェクト成果報告集，第1巻，pp.169-172，2005.

10) 福岡　博：佐賀豆百科，(株)金華堂，pp.61-132，pp.161-198，1956.

11) 下山正一，松本直久，湯村弘志，竹村恵二，岩尾雄四郎，三浦哲彦，陶野郁雄：有明海北岸低地の第四系，九州大学理学部研究報告，地球惑星科学，18（2），103-129（1994）.

12) 下山正一：有明海の地史と特産種の成立，有明海の生き物たち～干潟・河口域の生物多様性～（佐藤正典編），海遊舎，pp.37-48，2000.

13) 佐賀県教育委員会：有明海の漁撈習俗，佐賀県文化財調査報告書第十一集，pp.115-129，1962.

14) 文化庁文化財保護部編：有明海の漁撈習俗，民俗資料叢書15，平凡社，p.24，1972.

15) 高木正人：有明海，福博印刷(株)，pp.20-23，1979.

16) 小城市役所商工観光課：小城市観光ガイドブック.

17) 太良町役場企画商工課，太良町観光協会，太良町商工会：太良町観光ガイド.

第2章　有明海的环境和水产业

2.1　日本的封闭性海域和有明海

有明海被福冈、熊本、长崎、佐贺四个县所围绕，从南部嵌入九州西部，是一个面积极大的内湾。从其规模来说，与东京湾、伊势湾、大阪湾等基本相当。有明海的港湾弯曲成胃状，港湾中心轴长 96 km，平均宽度为 18 km，水面面积约 17×10^4 hm^2，平均水深只有约 20 m。有明海通过早崎海峡与天草滩相连，此外，经天草群岛的本渡海峡、柳之海峡、三角之海峡与八代海（不知火海）相通。早崎海峡、本渡海峡、柳之海峡、三角之海峡与其他海域相连部分的宽度分别约为 5 km、200 m、1. 5 km、300 m。随潮汐出入的海水有 99. 5%以上都要经过早崎海峡（图 2. 1）。

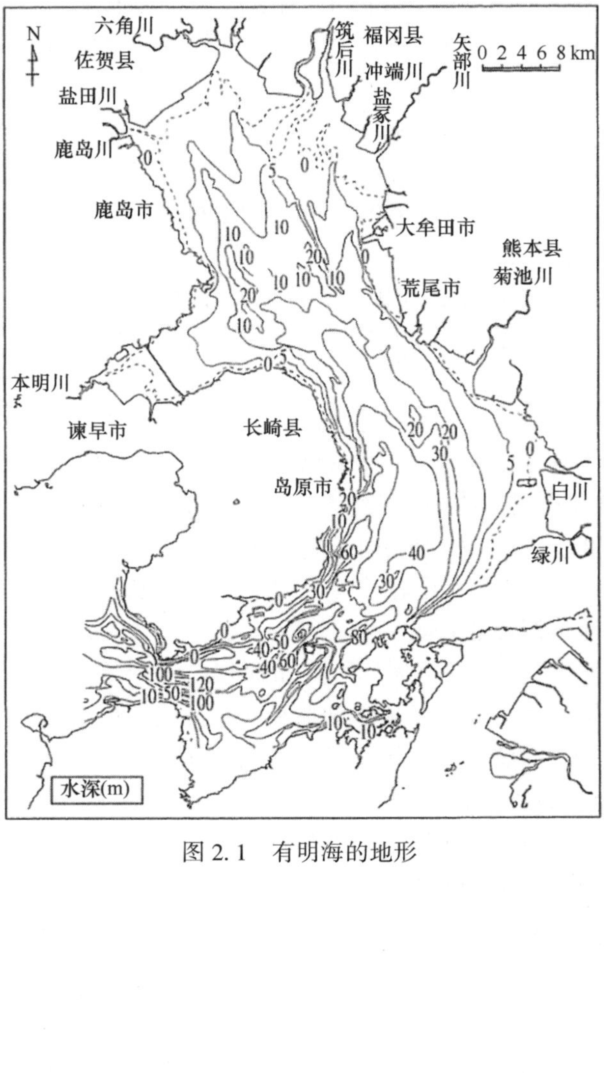

图 2. 1　有明海的地形

在有明海海域，海水交换需要约54天。由于潮汐残差流基本上是逆时针流动，所以物质呈现出自东岸沿海向海湾深处移动、沉积的趋势[1)]。

从海底地形来看，港湾口部分的早崎海峡存在水深110~135 m的海底盆地，春秋季大潮时潮流速度达5.5~6.0 kn。港湾中央部的岛原半岛东部海域有-30~-40 m的宽广而平坦的堆积面和侵蚀面。这里是有明海的海洋沉积冲积层，以有明黏土层为基底的埋没谷的露出部分，被称为岛原海湾层，分布着由中砂、粗砂、细砂构成的砂砾层。海湾深处存在南北走向的巨大海底沙洲，沙洲之间形成了沟状的海底水道。

有明海的最大特点是潮差非常大。从大潮时的潮差来看，位于湾口位置的早崎海峡的潮差为3~4 m，越往海湾深处潮差越大。佐贺县一侧的潮差高达近5 m。造成这种潮差的主要原因是自东向西横贯太平洋的潮汐波进入东海后，水深变浅，使来自湾口部的波浪到达海湾深处后再次返回到港湾口位置的周期（约11个小时）和引起每天2次潮涨潮落的半日潮的周期（约12个小时）很接近。岛原半岛的南端和天草下岛之间的早崎海峡的潮流速度为7~8 kn，虽然越往湾顶越慢，但是受较大的潮差和河流的涨潮退潮的影响，潮流速度还是比较快的。从早崎海峡流入的海水掠过天草下岛、大矢野岛，沿岛原半岛北上，回溯至筑后川河口，然后随着落潮南下至佐贺县的沿岸地区，一部分海水流入谏早湾，并沿着岛原半岛沿岸返回早崎海峡。对于上述海水流动情况来说，由各条河流冲刷而来的泥沙沉积因区域不同而存在差异，形成了潮间带的地域差异。如熊本沿岸地区直至荒尾市一带以沙为主，大牟田市至佐贺县太良的沿岸地区和谏早湾的海湾深处以泥（淤泥、黏土）为主。

受涨潮落潮和河流入海的海域特性影响，在有明海深处和熊本海域形成了大面积的半咸水性海域，并呈现逐渐扩大的特征。这里栖息着大弹涂鱼、大鸭嘴海豆芽、红鳗虾虎鱼、鲚鱼、有明银鱼等有明海固有的生物群。此外，这里也是以上述潮间带生物为食物的候鸟的一处重要落脚地。

有明海潮间带是由来自河流冲刷的大量泥沙、日本最大潮差及大潮差造成的强大潮流的相互作用形成的，结果使有明海潮间带与其他海域的情况不同，细微颗粒的浅滩泥堆积于水深较浅的海岸一侧，而水深较深的岛原半岛沿岸地区，则堆积着粗大颗粒的砂砾，是日本最大的潮间带区域，面积约达到18 840 hm^2。包括从海湾深处的北部到谏早湾的泥质潮间带，以及从大牟田开始沿东海岸向熊本、宇土半岛延伸的砂泥质潮间带。谏早湾的潮间带面积约为2 900 hm^2，约占有明海全部海域面积的1.7%。潮间带的地形随着日常潮流运动和悬浮泥沙的影响而不断变化，但是在出现涨潮和巨浪等异常海洋现象，以及发生洪水时，河流将大量泥沙冲入海中，地形变化非常显著[2)]。关于潮间带的围海造田，请参见第1章1.2.3节。

将海岸分为自然海岸、半自然海岸、人工海岸、河口海岸，从日本全国共88处海域岸线类型构成比率来看，日本全国平均值如下：自然海岸为53.09%，半自然海岸为12.97%，人工海岸为32.99%，河口海岸为0.95%[3)]。在有明海总长约514 km的海岸线中，自然海岸为17.24%，半自然海岸为24.59%，人工海岸为55.39%，河口海岸为2.78%。有明海自然海岸的构成比例在日本88处海域中位居第82位，与日本全国平均值进行比较，可以了解到有明海海岸线的人工化建设得到了很大发展[4)]。有明海的潮间带海岸线人工化发展迅速，自然海岸线只存在于河口部分，其他地方几乎完全消失。根据上述内容，可以认为原本具有丰富生物多样性和高度净化功能的海岸线消失，是造成有明海环境恶化的重要原因之一。

有明海的平均水深约为 20 m，但是从近年的水深分布来看，水深 0~5 m 的海域和水深超过 40 m 海域的面积不断减少，而水深 10~30 m 海域的面积不断增加，水深的平均化进程发展迅速[5]。

以潮间带为中心，紫菜养殖非常兴盛。有研究认为，以 1963 年为节点，养殖面积急速增加。这意味着这一段时间，潮间带需要一直持续提供用于紫菜生长的营养盐类。同时，大面积投放紫菜网，导致海湾深处的海水流速减弱，海水不易流动等原因，对潮流和悬浮泥沙的输送造成了影响[6,7]。

有明海、八代海和日本主要封闭性海域的概况如表 2.1[8] 所示。从水域面积来看，有明海为 1 700 km^2，与陆奥湾规模相同。八代海为 1 200 km^2，与东京湾规模相当。从平均水深来看，有明海、八代海为 20~22 m，而其他海域几乎都是 30~45 m。两者对比，可以认为有明海、八代海是比较浅的海域。另外，从封闭度指数来看，八代海最高，为 32.49；其次为有明海，为 12.89。二者与其他海域相比多出数倍以上。从潮间带面积来看，有明海为 18 840 hm^2，是东京湾的 10 倍以上。八代海为 4 082 hm^2，约为伊势湾的 3 倍。两者的潮间带面积是其他海域远远不能相比的。另外，用河流流入水量占海水容积的比例乘以封闭度指数，得出的数值被定义为河流流入水量负荷率。有明海的河流流入水量负荷率为 3.09，八代海为 5.51，是其他内湾数倍乃至数十倍。因此，可以认为有明海、八代海是容易受到河流流入水量负荷影响的海域。

根据上述内容可以确认：有明海、八代海与其他封闭性海域相比，属于水深较浅、封闭度指数较高的海域，潮间带所占面积很大。另外还有一个特点，就是与其他海域相比，有明海、八代海受来自该流域内的河流流入的影响很大。　（泷川清）

表 2.1　日本的主要内湾（封闭性海域）的各项参数[8]

项目	有明海	八代海	东京湾	大阪湾	伊势湾	陆奥湾	濑户内海
水域面积（km^2）	1 700	1 200	1 380	1 447	2 342	1 700	21 827
容积（km^3）：①	34.0	22.3	62.0	44	39.4	64.6	882
平均水深（m）	20.0	22.2	45	30	17	38	38
湾口宽度（km）	4.5	1.3	20.9	—	34.7	14	130.3
封闭度指数：②	12.89	32.19	1.78	1.13	1.52	2.92	1.13
潮间带面积（hm^2）	18 840	4 182	1 733	78	2 900.9	—	1 171.02
藻类繁殖地面积（hm^2）	1 599	1 141	1 427	109	2 278.2	—	10 885.5
一级河流流入水量（$\times 10^6\ m^3/a$）：③	5 153	3 784	6 368	9 474	22 742.75	无一级河流	44 000
流域面积（km^2）：	8 420	3 409	7 597	5 766	16 191	2 500	67 223
流域内人口（千人）	3 373	504	26 296	15 335	10 516	400	35 258
流域内人口密度（千人/ km^2）：a/b	2.0	0.4	19.1	10.3	4.5	0.24	1.61
河流流入水量负荷率（③/①×②）	3.09	5.51	0.18	0.24	0.88	—	0.06

2.2 潮汐振幅的变化

2.2.1 有明海出现日本最大潮差的原因

有明海出现了日本最大的潮差，形成潮流流速较大和面积广阔的潮间带，与该海域的高生产力密切相关。有明海出现巨大潮差的主要原因是：与东京湾和伊势湾等其他内湾相比，有明海的固有周期比较长，半日周期的潮汐容易出现增幅（表 2.2）。可以利用下列公式，通过海湾进深 l 和平均水深 h 计算出海湾固有周期 T 的近似值。

$$T = \frac{4l}{\sqrt{gh}} \tag{2-1}$$

公式中的 g 代表重力加速度。该公式是水深相同的矩形海湾的理论公式，被称为“MERIAN 公式”。这个公式虽然没有严格考虑真实的海湾形状，但是作为表示海湾特性的公式经常被人们所使用。根据这一公式可以得知，有明海的海湾深处的围海造田不断发展，使海湾进深变短，固有周期也随之变短，增幅作用变小。

特别是对谏早湾围海造田项目引发的半日周期的潮汐运动的变化进行了很多研究[9]。本书着重研究在半日周期的潮汐中，有明海振幅最大的 M_2 潮（周期：12 h 25 min），就其变化和主要原因阐述目前所获得的研究成果。

表 2.2 根据日本主要内湾的进深、平均水深和“MERIAN 公式”计算出的固有周期

日本主要内湾	进深（km）	平均水深（m）	固有周期（s）
东京湾	60	15	5.5
伊势湾	60	20	4.8
鹿儿岛湾	70	80	2.8
八代海	70	15	6.4
有明海	87	20	6.9

2.2.2 潮汐振幅的长期变化及其主要原因

从古时候起，日本各地的验潮站就坚持进行潮位观测，所获得的观测结果对于研究有明海的长期水环境的变化是非常珍贵的数据。有明海内及其周边的主要验潮站的位置如图 2.2 所示。通过对这些验潮站观测到的潮位数据进行汇总、分析，可以计算出 M_2 分潮振幅。

M_2 分潮振幅的常年变化如图 2.3 所示[2]。在这张图中，实线表示 M_2 分潮振幅 a_{M_2}，虚线是指包含周期为 18.6 农历年的升交点运动的影响系数 f 在内的 M_2 分潮振幅，表示为 $f_{M_2} \times a_{M_2}$。在当地实际产生的是包括这个系数 f 在内的 M_2 分潮振幅。首先，从图中来看，与外海海域（枕崎、严原）相比，有明海海域内（大浦、三角），M_2 分潮振幅呈增大趋势。可以认为这是由于上述增幅作用引起的。另外，从 20 世纪 80 年代开始，振幅 a_{M_2}在所有地点均出现了减少趋势，21 世纪初出现了分析期间的最小值。这一趋势与位于北大西洋中的哈利法克斯相同[11]，属于全球规模性现象。

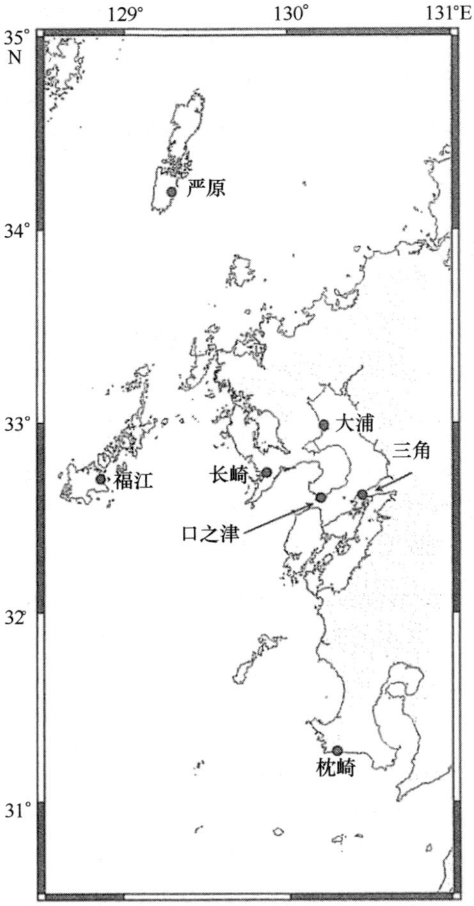

图 2.2　有明海周边验潮站的位置

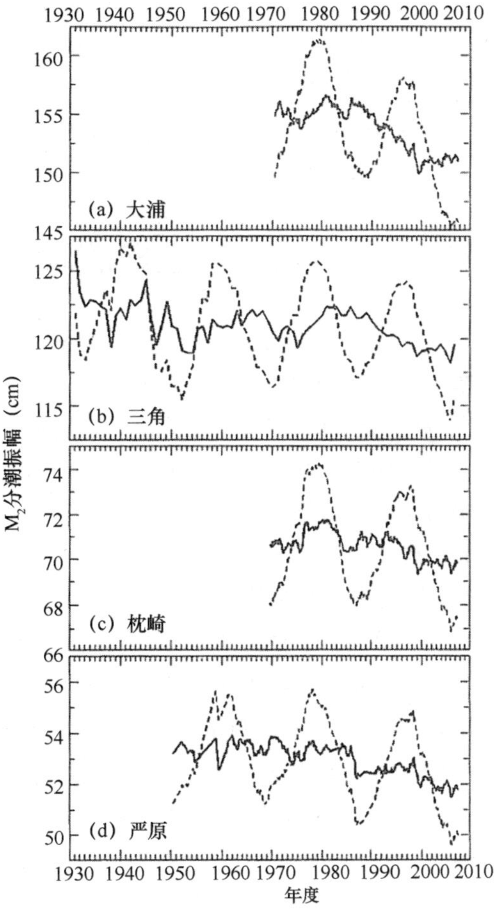

图 2.3　M_2分潮振幅 a_{M_2}的常年变化

实线：振幅；虚线：$f_{M_2} \times a_{M_2}$ [10]

其次，有明海内的 M_2分潮振幅变化的主要原因包括下列因素：①海岸线变化引发的固有周期的变化；②平均潮位的上升；③外海振幅的变化[12]。田井等[10]利用数值模拟试验对 20 世纪中海岸线变化引发的 M_2分潮振幅的变化进行了分析。其结果如表 2.3 所示，海湾深处的围海造田不断推进，固有周期减少，相对于湾口（口之津）到海湾深处（大浦）的潮汐振幅的增加率不断减少。另一方面，湾口的分潮振幅因围海造田的推进而不断增加，相对于湾口，海湾深处的分潮振幅减少率不像增加率那么大。另外，在数值模拟试验中，仅仅通过海岸线的变化，几乎无法再现图 2.3b）所表示的实际减少量（从 20 世纪 30 年代至 21 世纪初减少了约 3.5 cm），因此，20 世纪中有明海海域内的 M_2分潮振幅减少显然是由于外海海域的 M_2 分潮振幅减少所致。

表 2.3　为再现各年代海岸线而实施的数值模拟试验所得出的 M_2 分潮振幅的计算结果（cm）

年代	口之津	三角	大浦
20 世纪初	98.6	119.1（1.208）	154.9（1.572）
20 世纪 60 年代	99.6	119.1（1.196）	154.9（1.555）
20 世纪 80 年代	100.0	118.7（1.186）	153.6（1.534）
21 世纪初	100.5	118.4（1.178）	152.1（1.513）

注：括号内表示相对于口之津，作为边界条件，适用于全部事例的外海的 M_2 分潮振幅的增加率。[10]

2.2.3　谏早湾围海造田活动引发潮汐变化

对于谏早湾围海造田活动引发的潮汐变化，以相对于湾口的口之津和海湾深处的大浦增幅率的变化为中心进行了研究[9]。根据千叶、武本[13]和藤原等[14]的研究成果显示，谏早湾围海造田活动使口之津的潮汐振幅增加。在以口之津为标准所进行增幅率的单纯比较中，对于填海影响的定量评价是非常困难的（例如，即使海湾深处的潮汐振幅没有变化，如果湾口的振幅增加，则增幅率将减少）。因此，为了正确评价谏早湾围海造田活动对于潮汐的影响，必须以外海为标准进行增幅率的变化比较。另外，安田[15]认为，以外海为标准时，有明海的增幅率依存于外海的潮汐振幅，评价填海堤防的影响时要考虑到这一特性。

如图 2.4 所示，将以外海为标准的有明海内的 M_2 分潮增幅率，按照月亮升交点运动引发的 18.6 年周期变动的增减期分为四个期间，表示相对于枕崎的 $f_{M_2} \times a_{M_2}$ 进行构想的结果[16]。其中将后两个期间分别作为拦海前（Ⅲ，黑圆）和拦海后（Ⅳ，白圆），对 M_2 分潮增幅率进行比较。为了研究变动趋势，分别用实线和虚线表示相对于拦海前后的 M_2 分潮增幅率的回归直线。首先，枕崎的 M_2 分潮振幅在期间内变为最大时，大浦拦海前后 M_2 分潮增幅率没有明显差别，而拦海后的口之津 M_2 分潮增幅率却比较大。另一方面，枕崎和长崎的 M_2 分潮振幅最小时，大浦拦海后 M_2 分潮增幅率变小，而口之津则几乎相等。另外，在回归直线的变化趋势方面，拦海后两个地点都变得舒缓，从而推测拦海堤防建成后抑制了有明海内的非线形效果。

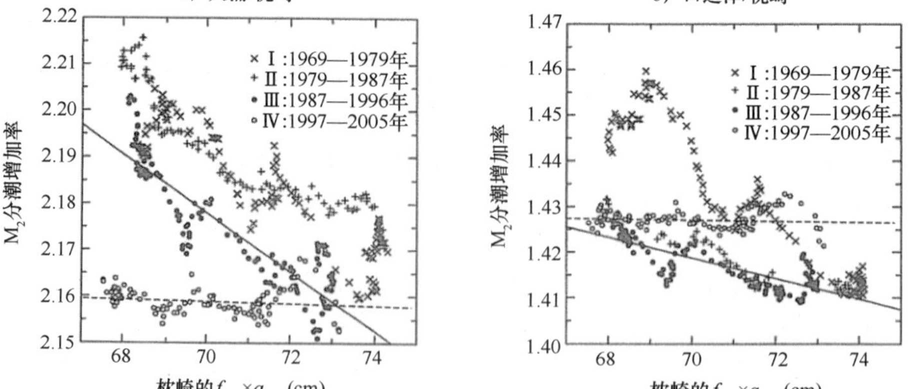

图 2.4　按枕崎的 $f_{M_2} \times a_{M_2}$ 计算的有明海内的增幅率[16]

根据上述内容可以确认，谏早湾围海造田活动给潮汐带来的影响随外海潮汐波的振幅大小而发生变化，其特性在时空上存在明显差异。

（小松利光·田井明）

2.3 潮流的变化

2.3.1 对有关潮流情况的研究

井上等人[17]、小松等人[18,19]对有明海潮流进行了大规模同步观测，多田等人[20]、齐田等人[21]以谏早湾整个区域为对象也进行了观测。在研究来自有明海海湾内部的物质输送情况和谏早湾围海造田活动的影响时，实施了多项着眼于具有重要地位的岛原半岛沿岸和谏早湾口的观测活动。矢野等人[22]在报告书中提出了非常有特点的水平流速分布图（图2.5），指出在连接有明和长洲的狭窄部分的岛原半岛沿岸地区，潮流流速会变大。另外，中村等人[23,24]也指出，根据在谏早湾口进行的流动观测，可以确认岛原半岛沿岸地区产生了比较快速的潮流流速。多田等人[25,26]还利用DBF海洋雷达对谏早湾口附近平面上的流速场进行了观测。而滩冈等人[27]、藤原等人[28]、Manda和Matsuoka[29]等人则利用数值模拟试验进行了研究。通过这些观测和研究，有明海的整体流动情况逐渐变得清晰。但是有明海的潮流运动情况受到海陆风等的日周期现象，“密度成层强度变化”的大潮小潮周期现象，季节风、梅雨季节的降雨、紫菜养殖的影响等年周期现象，潮间带区域的地形变化的长周期现象等的强烈影响，所以单独选择潮流进行研究是非常困难的，关于潮流的特性及其变化仍然存在很多尚待解决之处。

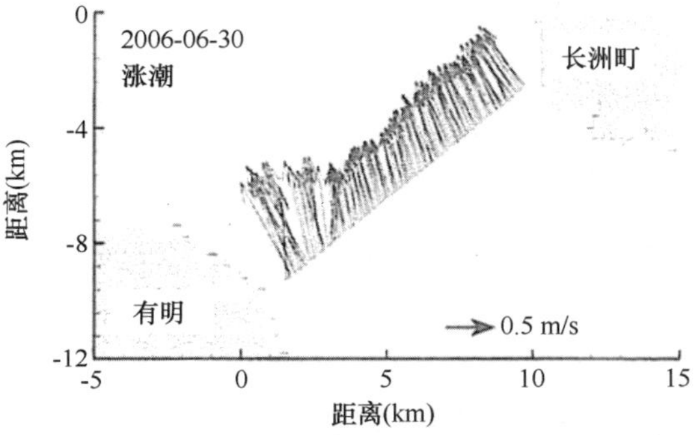

图2.5　岛原半岛沿岸地区具有较大潮流速度的潮流分布

2.3.2 属于潮流速度降低海域的有明海

围海造田时要修建护岸和防波堤，会导致内湾的海域面积减少。也就是说，随着潮涨潮落通过各横截面的海水量（潮涨潮落的海水量）减少，潮流必然会减少。正如滩冈等人[27]所述，由于围海造田使海岸发生了变化，即使潮汐没有变化，潮流也会减少，所以必须对围海造田等活动所引发的潮汐变化和潮流变化分开研究。小松等人[30]利用海域面积的减少量和潮汐数据来概略计算建造防波堤引发的潮涨潮落海水量的减少率（图 2.6）。显然，除了面积没有减少的海湾最深处的部分（大浦—大牟田的横截面以北）之外，整个有明海地区潮涨潮落海水量都有所减少。虽然通过横截面的潮流流速在部分地区可能存在差异，但是从通过横截面的平均潮流流速来看必然会有所减少。也就是说，在完成拦海工程之后，有明海基本上变成了潮流减少的海域。如果回顾谏早湾防波堤拦海工程之前的情形，则会发现：有明海湾顶受历史上围海造田的影响，即使在海湾最深处潮流也大大减少。Manda 和 Matsuoka[29]利用数值模拟试验指出，受有明海湾顶围海造田的影响，海湾最深处的潮流减少了 10%以上。

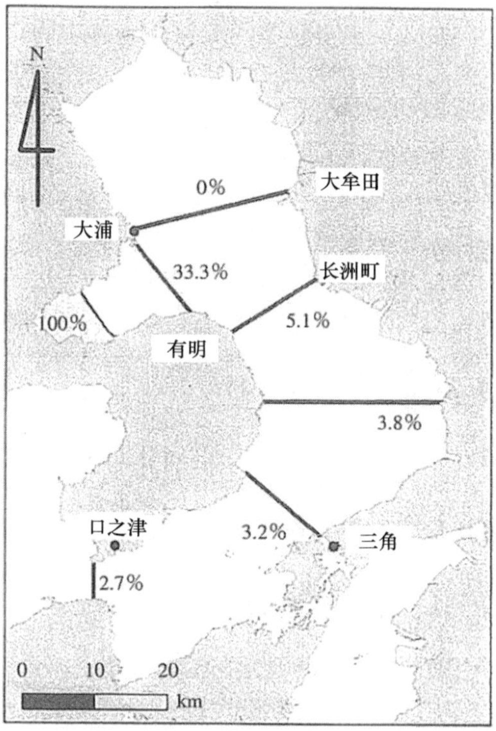

图 2.6　建造防波堤引发的潮涨潮落海水量的减少率

2.3.3　谏早湾围海造田活动引发的潮流变化

谏早湾围海造田活动中，能够直接比较防波堤拦海建造前后潮流变化的数据很少，但为了评价防波堤建造所引起的潮流变化，还是利用现有的极少数珍贵的观测数据，并实施了一些观测活动（图 2.7）。小田卷等人[31]于 2001 年在整个有明海海域实施了对潮流情况的连续观测，并且与海上保安厅[32]于 1973 年实施的调查结果进行了比较。此次调查中，在对四个观测点 15 个昼夜连续观测所获得资料比较来看，除大牟田西南海域的观测点之外，其余三个观测点的潮流与 1973 年的调查结果相比呈相同趋势，都有相当程度的增加，因此得出以下结论：2001 年与 1973 年的调查相比，潮流有的地方增强，有的地方减弱，未发现有明确的减少趋势。根据“涨落潮海水量的减少导致整个有明海海域成为潮流减少海域”这一大前提，四个观测点中有三个观测点出现了潮流增加，其中有的观测点还出现了潮流大幅度增加，这实在令人费解。而且，考虑到1973年至2001年期间其他区域的围海造田等活动导致海域面积的减少量要超过谏早湾围海造田工程所减少的海域面积，所以不得不说小田卷等人的结论是存在问题的。因为观测时的季节不同，而且淡水的流入条件也存在4倍的差异，所以只抽选谏早湾围海造田工程的影响数据并不合适[30]。

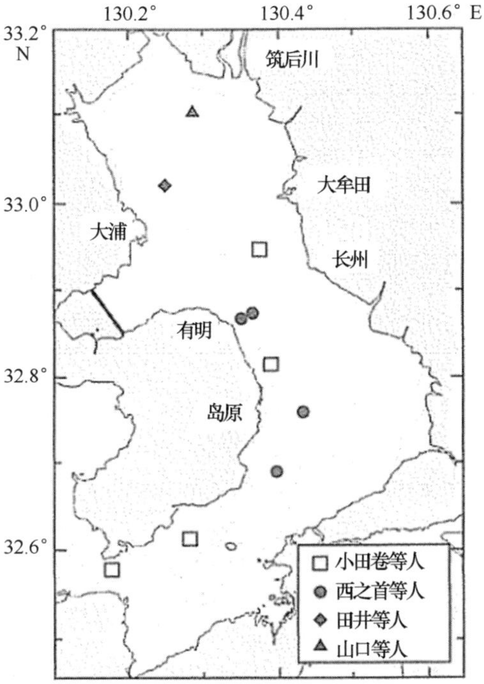

图 2.7 潮流新旧比较的观测地点

西之首等人[33]于2003年和2004年分别在有明海海域和岛原海域进行了连续观测，观测季节、观测设备和观测方法与西之首、山口[34]的研究相同并对观测结果进行了比较。结果显示，在观测期间，有明海海域 M_2 分潮振幅在防波堤建造完成后减少了8.1%，而与之对应的 M_2 分潮流则减少了25.2%~32.3%，且潮流椭圆的长轴在防波堤建造完成后呈顺时针旋转。在岛原海域，M_2 分潮振幅在防坡堤建造完成后减少了9.1%，而与之对应的 M_2 分潮流流速减少了7.8%~27.5%。矢野等人[32]报告中指出的有明海存在不同流速潮流分布的海域，潮流流速减少意味着移流分散效果和垂直混合能力有所减小。

大浦-大牟田以北的研究实例采用了山口等人[35]和田井等人[36]观测、研究的成果。山口等人[35]对在筑后川河口海域的海洋观测塔长期测定的流速数据进行了分析，并指出，在有明海海湾深处，防波堤建造所引发的潮流变化很小，而受紫菜养殖的影响引发的季节性变化很大。田井等人[36]对佐贺县有明水产振兴中心在防波堤拦海工程建设前后于大浦海域获取的流速数据进行了分析，指出在防波堤拦海工程完成后进行观测时发现，尽管 M_2 分潮振幅增加了 4.5%，潮流流速却减小了 3.5%。而且在防波堤拦海工程完成后，主要的 4 分潮的潮流椭圆呈逆时针旋转。这意味着即使在利用数值模拟试验对防波堤的影响评价中认为“无变化”的海湾深处，也出现了部分的潮流变化。另外，前文所说的西之首等人[33]所指出的潮流减少率在数值模拟试验中也不一定会被重现。为了精确评价防波堤的影响，希望今后能够进一步提升实地观测和数据模拟试验的精度。

2.3.4 谏早湾口的潮流特性

前文曾经提及西之首等人[33]和田井等人[36]的研究结果中指出，距离谏早湾口比较近的有明海海域和大浦海域，在谏早湾防波堤拦海工程建设前后，潮流的流向发生了变化。齐田等人[37]指出，根据谏早湾口的流速数据分析，发现大潮期时，有强大的水流进出谏早湾。而中潮期时，通过谏早湾口的水流先流入谏早湾内，随后便流出谏早湾（图 2.8）。对于谏早湾口出现的这种水流情况，松野・中田[38]解释称，这是由于进出有明海湾顶部的潮流在通过谏早湾口之前的海域时，所产生的空泡流与进出谏早湾的潮流出现了合流引起的。如图 2.8 所示，当时的谏早湾口的潮流在大潮期时近似分流—合流流动，而在潮差比较小的中潮、小潮期时，变成了类似空泡流的潮流，形成了上述微妙的流动模式。这是由于谏早湾的潮间带消失之后，潮差较小的中潮、小潮期时，进出谏早湾的潮水量相对于有明海海湾顶部的比率变小所致。防波堤拦海工程完成之前，流向谏早湾海湾顶部的潮流约是目前潮流的 1.5 倍，与目前的大潮时相比，进出的潮水量要大得多，所以可以推测是明确发生分流—合流的稳定潮流流动场所[30]。

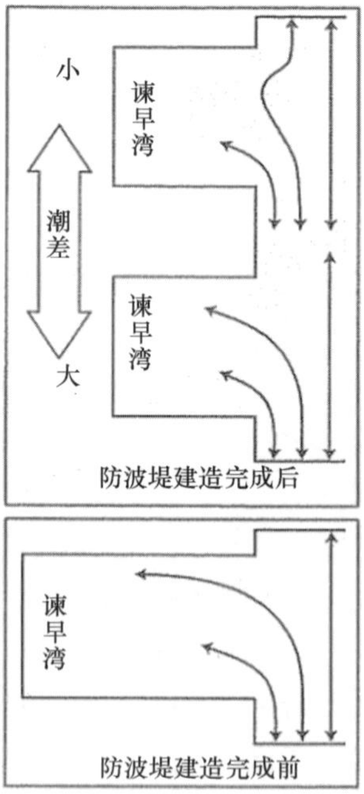

图 2.8　潮汐条件所决定的谏早湾口潮流模式的差异

谏早湾围海造田活动之前的（图 2.8 下面的图）分流—合流的流动模式在防波堤建造完成后，变为中潮、小潮时（图 2.8 上面的图）的空泡流模式。发生这种变化的原因主要是受谏早湾围海造田工程的影响，来自谏早湾的输送物质和水质被潮流送至有明海海湾深处而造成的。另外，千叶等人[39]指出，根据数值模拟试验显示，被排放到有明海海湾深处的很多物质经由谏早湾沿岛原半岛南下，不仅引起谏早湾口的潮流发生变化，来自有明海海湾深处的物质输送也发生了变化。

2.3.5 潮间带的物理功能和有明海海湾深处及谏早湾内的物理环境

有明海的特点之一是存在大面积的潮间带。潮间带受水流和波浪的影响，形成了复杂而且活跃的物理环境（图 2.9），所以不仅具有生物化学性的水质净化功能[40]，还具有促进海水垂直混合的功能。但是另一方面，由于存在这种大面积的浅水海域，所以掌握有明海海湾最深处的潮流特点是非常困难的。齐田等人[41]对潮间带的潮流流速进行了简单的理论性考察，发现了很有意思的结果。考察结果显示，在不存在潮间带的内湾，越是在海湾顶部，潮流的振幅就越小。而在潮间带中，比平均潮位低的区域被水淹没，潮流平均流速比临海一侧（潮下带）的平均流速要快。而且潮间带的纵坡度如果相同，护岸越是靠近临海一侧，建造护岸所带来的影响范围就越远，研究护岸所引起的潮流减少问题时，护岸下端和平均潮位的相对关系是非常重要的。目前，有明海海湾顶部，将护岸设置于高出平均潮位 1 m 左右的位置。在潮差最大超过 5 m 的有明海，只有在满潮前后才会出现因护岸的影响而导致潮流减少的现象。因此，对于潮间带的混合功能还是寄予一定程度的期待。另一方面，从谏早湾防波堤来看，拦海后的海域以前大部分是潮间带，流入谏早湾顶部的河水在潮间带受潮流和波浪的影响，与海水充分混合，流入海湾中央区域。但是，目前调节池的水以淡水形式从防波堤南北的排水口直接排放到潮下带，因潮流及波浪形成的垂直混合作用与以前相比大幅度降低，所以谏早湾内的分层化得到了加强。

（小松利光 · 齐田伦范）

图 2.9　潮间带区域海水形成的涟漪

2.4 水质/水温的变化

2.4.1 水温/盐度

（1）水温

内湾的水温受淡水的流入、外海海水的流入、气温、日照、风等多种因素的影响而发生变化。特别是有明海地区，受5 m以上的较大潮差的影响，水温在涨落潮时的变化较大，而且大潮和小潮时的变化模式是不同的。如测定记录显示，海湾顶部比较浅的潮间带表层水温的日较差达到了7℃。本书并不阐述这种小规模的变化，而是介绍水温的季节性分布以及常年的大规模变化特点。

有明海的表层水温如图2.10（彩色卷首插图）所示，冬季湾口水温较高，海湾顶部水温较低，但是到了4月份，水平斜率变小，6—7月份出现了逆转，湾口水温较低，海湾顶部水温较高。8月份水温最高，9—10月份水平斜率再次逆转，2月份水温最低。越是水深较浅的海湾顶部，气温和水温位相差越小，对气温变化的反应越快。表层水温与气温或陆地地面温度变化密切相关，特别是水深较浅的海湾顶部，出现了表层水温随冬季、夏季的季节变化而变化的趋势[42)]。

水温的长期变化如图2.11（彩色卷首插图）所示，20世纪80年代之后，在整个有明海海域均出现了表层水温上升的趋势。佐贺地方气象台所测定的年平均气温从1900年起的100年间上升了约1.5℃。有明海水深较浅，面积较大，封闭性较高，外部大洋的海水与海湾内的海水交换不畅，因此容易受到气温的影响，所以从长期来看出现了水温上升现象[43)]。从水温上升情况来看，特别是在1997年之后，12月份水温上升显著，所以可以认为与紫菜养殖相比，水温上升对于硅藻更有利[44)]。紫菜增殖的最佳水温为14℃，而硅藻增殖的最佳水温比较高，为21℃。从早津江川观测塔测定的10—12月份平均水温来看，有明海水温在1975年之后的30年间上升了约1℃。另外，在海湾顶部的东部海域，35年间上升了0.8℃[43)]。水温上升使得紫菜采苗期出现了不稳定现象，而且导致紫菜出现了很多病害，可能会导致浮游植物的大量繁殖[45)]。

（2）盐度

有明海的盐度变化与水温变化有异曲同工之妙，受河流水、较大潮差等各种因素的影响而发生变化。正因为其变化非常明显，所以成为判断海洋状态时的非常有利的指标。如图2.10所示，低盐度海域全年都分布于海湾顶部至东部的福冈、熊本两县沿岸地区，这是注入海湾的河流大多是从西向东流动所致。位于湾顶北部海域东侧的筑后川河口地区盐度最低，海湾顶部南部海域与北部海域恰好相反，呈现出东侧海域盐度较高的趋势[43)]。

从季节变化来看，梅雨季节，降水量增加，河水流入量随之增加，盐度就随之降低。河水流入较多的东部海域比西部海域的盐度更低，但是从全年来看，盐度几乎没有差异。在湾顶海域存在逆时针旋转的环流，推测这是受来自三池海域的北向水流的影响[46]。

从盐度的常年变化来看，福冈县沿海水域呈现出明显的降低趋势[44]，但是在其他海域则没有发现任何长期性趋势。在平水期，表底层的盐度都出现了上升现象，这是因为近年来河水流量出现减少趋势，从而引起夏季表层盐度的上升。表层盐度因海面蒸发量增加而上升，据认为平水期的平均风速增大[47]，也是引发表层盐度上升的一个重要原因[48]。

1997 年，谏早湾拦海工程建成后，在潮流发生变化的同时[49]，有明海湾顶的低盐水输送模式也发生了变化，来自筑后川的低盐水向南输送较弱，向西较强[50]。与以前相比，从筑后川流入的河流水受地球自转的强烈影响，更容易向西流动。另外，来自菊池川的低盐河水，在荒尾附近地区出现难以向南输送而被输入谏早湾的趋势。也就是说，在有明海湾顶，因防波堤建设，不仅使来自筑后川的低盐水的流动受影响，也可能使来自熊本县沿岸低盐水的输送模式受到影响。

（3）海水密度、分层

有明海地区曾具有如下特点：气候温暖时期很难形成明显的稳定分层，7 月份在海水表面附近出现了异常低盐水。据认为，这是由于受较大的潮汐振动、垂直方向上混合的强制性、外海海水的影响变小以及 7 月份降水量非常多等因素的影响[51]。在 7—9 月份有明海海水密度（$\delta-T$）的垂直分布如图 2. 12（彩色卷首插图）所示，体现了常年的变化情况。从湾顶至海湾中部海域，因盐度差导致的密度分层大幅度增强，在潮流较强的湾口位置垂直混合比较明显。有报告指出，平水期受河水流量减少的影响导致表层盐度上升，垂直密度差变小，整个有明海海域的平均分层度减少[48]。但是，在利用只改变地形的水动力子模型进行数值实验时，分层度比之前使用的地形条件参数（20 世纪 30 年代、20 世纪 70 年代）要小。

1997 年防波堤拦海工程建成后，表层盐度没有发生很大变化，但是中层出现了盐度下降频度减少、变动幅度减小的趋势。这种趋势反映了在防波堤完成后，中层受到表层的影响变小，密度分层加强的可能性较大。密度分层加强的原因主要包括潮流的减少以及河水流入量发生大面积变化所致。

2. 4. 2　悬浮物

有明海与其他内湾存在差异的一个明显特征就是水体混浊度较高。构成悬浮泥沙的矿物主要是黏土矿物，以蒙脱石为主体[52,53]，一般来说，受黏土矿物的构成和性质影响，蒙脱石类黏土颗粒的凝聚/吸附力要优于高岭石类黏土颗粒，所以有明海的黏土颗粒的特点就是具有极强的凝聚/吸附力[54]。

自 20 世纪 90 年代（特别是 20 世纪 90 年代后半期）出现了透明度上升的趋势（图 2. 13），从“干净混浊的海”摇身一变成了“肮脏透明的海”，这也是有明海环境恶化的象征。中田[55]指出，在有明海海域，河流携带了大量的泥沙，加之受到日本最大的潮汐作用的影响，沿岸地区拥有大面积的潮间带，海水能够保持混浊状态，所以具有抑制富营养化和赤潮发生的作用。但是，在 20 世纪 90 年代后半期，随着赤潮发生次数的急剧增加，赤潮与透明度上升的关系开始受到关注。透明度上升比较显著的是从湾顶西侧的佐贺海域至諫早湾口地区，但是这一海域的表层盐度随着年代变化出现增减的趋势并不明显，流入水量也没有较大变化。另外，根据筑后川水量和悬浮物 SS 推测出的 SS 供给量的级别也没有出现减少趋势，所以，可以认为，海流速度降低导致海底泥沙上升量减少以及供给泥沙的潮间带减少等因素很可能导致了透明度的上升。另外，冬季出现的混浊度降低现象，也有可能是受紫菜养殖网的影响[56]。

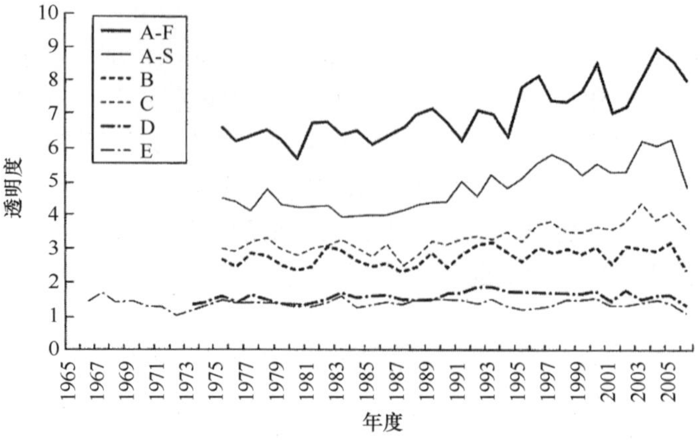

图 2.13　透明度的常年变化（根据浅海定线调查编写）

在湾顶和熊本县东部沿岸地区一侧，全年透明度变化为 0.5～3 m，在筑后川和六角川等地区，在大量泥沙扩散的河口区域有时透明度极低，为 0.1 m 左右。透明度的分布特征和季节变化与盐度的分布特征和季节变化相似，与含有大量黏土矿物的河水流入该海域密切相关，从湾顶到东部透明度逐渐降低。湾顶透明度的年变化程度较小，但在海湾中部以南区域，夏季透明度低，冬季透明高的这一趋势，每年都很明显[57]。

2.4.3　营养盐

（1）无机氮（DIN）

有明海湾顶的 DIN 含量与濑户内海中 DIN 含量最高的大阪湾基本上处于同一水平，湾口部分与濑户内海的燧滩基本处于同一水平[54]。从各海域来看，福冈、佐贺、熊本各县海域的 DIN 含量依次升高[58]，而在湾顶西部海域较低[46]。DIN 含量和盐度存在反比关系，这是由于受河流的供给影响，各海域的营养盐浓度主要受河水流量的影响[54]。DIN、DIP 的季节变化方面，每年从夏天到秋天比较高，从冬天到春天比较低。有的年头在梅雨季节和水田放水时 DIN 含量较高，这种年头称为双峰型；有的年头只有秋季 DIN 含量较高，这种年头称为单峰型。从盐度和 DIN 的关系来看，2 月至 8 月的增水期直线上升，从这一点可以确认 DIN 含量受河水流量影响明显。从 9 月至 12 月是河水流量减少期，随着盐度增加，DIN 浓度反而变高，因此推测除河流之外还有某种供给源（图 2.14，彩色卷首插图）。从 12 月至翌年 2 月 DIN 含量急剧减少，但是这种减少是伴随着紫菜的生长和收获而除去的结果[46]。从 1997 年（諫早湾拦海工程）之后的变化来看，在整个有明海区域 DIN 都呈现出减少趋势（图 2.15），对于受氮限制的紫菜来说，意味着这将是更加难以生长的环境[44]。

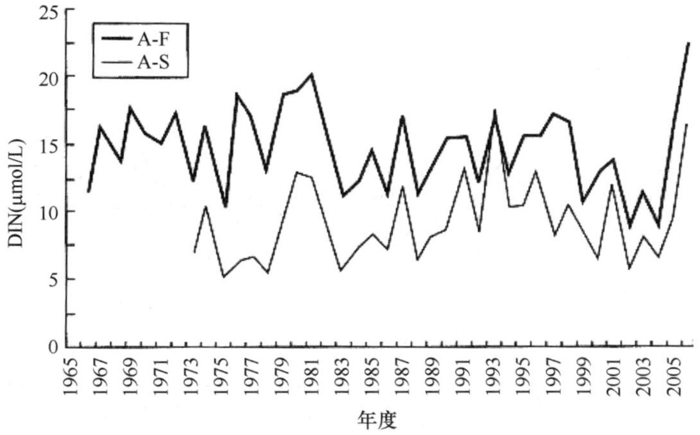

图 2.15　表层 DIN 的常年变化（根据浅海定线调查编写）
（A-F：福冈县一侧；A-S：佐贺县一侧）

从各形态的氮在 DIN 中的比例来看，在 DIN 含量较高的秋天时，NO_3-N 占一半以上，NH_4-N 的比例较小。这一趋势在冬天也会出现。春天整个区域的 NH_4-N 的比例都会增加，一直持续到夏天。据认为 NH_4-N 从春天到夏天都出现增加的原因是由于底质或河流冲积而来的有机物的分解导致的。另一方面，秋天和冬天的 NO_3-N 的比例增加，与秋天水田和沟渠一起大量排水有关，较高的营养盐浓度一直影响到冬天。另外，只有湾顶福冈县一侧海域全年的 NO_3-N 量始终超过 NH_4-N 量。筑后川的流量与 NH_4-N 无关，与 NO_3-N 及 Si 量有关，所以可以认为是由来自河流的 NO_3-N 负荷决定的[54,57]。从湾顶海域表层的 NO_3-N/NH_4-N（图 2.16，彩色卷首插图）、NO_2-N/NH_4-N 来看，可以发现在 1993 年之后急剧减少。据此可推测，在硝化过程中，硝化能力并没有充分发挥。另外，各海域的差比较小，所以有人指出，整个区域的硝化能力可能都在衰减[59]。

（2）活性磷酸盐（PO_4-P）

PO_4-P 在湾顶（特别是在东部）比较高，越接近湾口越少（图 2.17，彩色卷首插图）。这表明受到包含生活废水、工业废水等营养盐类的河水流量的影响。另外，秋天 PO_4-P 较高，与水田放水的时间有关。春天 PO_4-P 较低，应是被浮游植物等消耗掉了[46,54]。从各海域来看，从低到高依次为福冈、佐贺、熊本各县[58]。DIN 同样也存在夏天和秋天较高、冬天和春天较低的趋势，这与河水流量密切相关[54]。但是，8 月份时尽管盐度增加，但是 PO_4-P 也呈现出增加趋势，随后从进入紫菜收获期的 10 月份至翌年 3 月份急剧减少。据认为，夏天 PO_4-P 存在与 DIN 不同的供给源（例如，来自海底和悬浮物的溶出）[46]。

在湾顶东部区域，1965 年至 20 世纪 80 年代前半期，PO_4-P 含量呈现出缓慢减少的趋势，在 20 世纪 80 年代以后长期处于减少趋势（图 2.18）。在湾顶西部区域，与 20 世纪 70 年代相比，20 世纪 80 年代后 PO_4-P 含量稍高，呈现出长期增加的趋势。在海湾中部区域和湾口区域，没有出现固定趋势。1994 年之后 DIN 减少，但是 PO_4-P 呈现出增加趋势。PO_4-P 没有受到盐度变化的影响，其增加趋势可能是由于贫氧水的形成引发 DIP 分解、溶出所致，或是由于滞留趋势增强所致。这也是今后应该研究的一个课题。

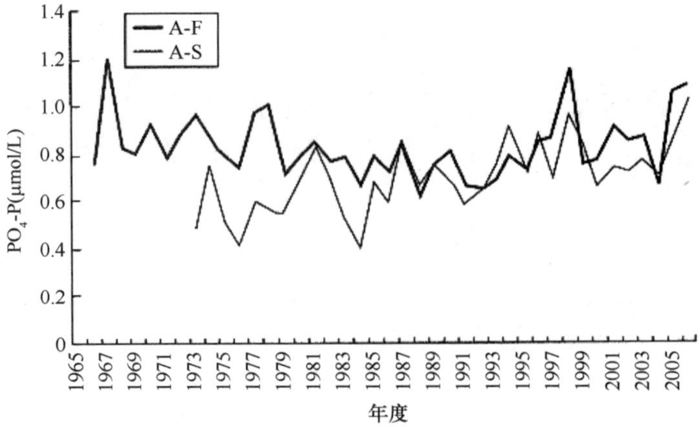

图 2.18　表层 PO_4-P 的常年变化（根据浅海定线调查编写）

（A-F：福冈县一侧；A-S：佐贺县一侧）

（3）DIN/DIP

与 Redfield 比（16）相比，DIN/DIP 整体上呈现出较大值，说明从陆地区域供给的氮过剩而磷不足（图 2.19，彩色卷首插图）。长期来看，DIN/DIP 的数值基本上保持不变，但是最近数年间呈现出减少的趋势，比值越来越接近 Redfield 比，因此有人指出磷供给过剩的程度可能已超过了氮（图 2.20）。有人指出，随着不同形态 N 的变化，受生活污水和工业废水等污染排放的增加和水体自然净化作用减衰影响等，出现了大范围的水质恶化现象[59]。

（堀家健司 · 木村奈保子）

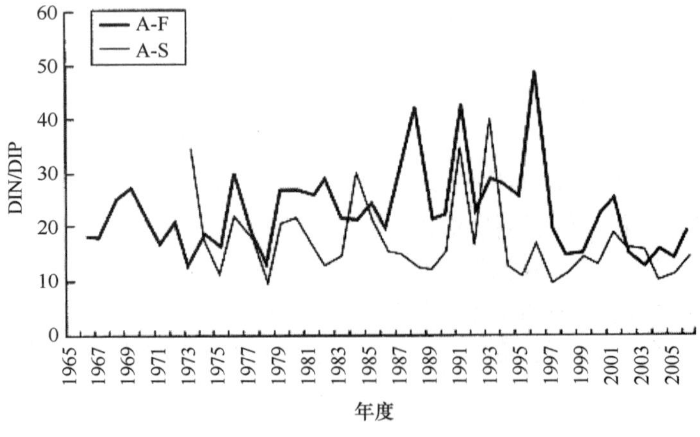

图 2.20　表层 DIN/DIP 的常年变化（根据浅海定线调查编写）

（A-F：福冈县一侧；A-S：佐贺县一侧）

2.5 底质的变化

2.5.1 底质的调查史

有明海的底质涨潮时淤泥分布于盐度较低、水域面积广阔的沿岸地区，沙子分布于潮汐流速较快的海域如海图169号（1/10万岛原湾）所示。由于在沿岸海水和外海海水的交界地带流速降低，以及存在下降流和盐度（阳离子）差的原因，淤泥发生沉淀，形成了具有上述特点的底质[60,61]。为了研究有明海的底质情况，于1957年在北部进行了采集，1959年对全部区域进行了系统性采集，根据沉积学的分类原理制作了分布图[62,63]。在分布有粗颗粒沉积物的中部及南部海域，曾采集过作为矿土资源的铁矿砂[64-66]和海砂[67]。

20世纪50年代至60年代，以完成《有明海大规模围海造田计划》而获取基础资料为目的，对底质进行了调查。结果显示，沉积物的分布与湾顶和海湾中部的逆时针旋转的恒定流有关[68]，这充分说明潮汐对海底地形和底质分布产生了影响[69]。另外，当时水深10 m以浅的海底分布的地层被划分为下层岛原海湾层和上层有明海黏土层[70]。20世纪80年代，日本全国的内湾都出现了严重的海洋污染，于是开展了对水质和底质的详细调查，查明了河口海域悬浮泥沙的扩散范围[71,72]。另外，为了制作1：2.5万海底地形图及底质分布图，利用声波分析查明了地形及地质断面[73-76]。谏早湾围海造田地区防波堤虽然被封闭了（1997年4月14日），但也实施了底质调查[77,78]，并实现了图像的数据化[73]。为了制定针对不同海域环境特性的改善措施，必须对物理、化学因素的常年变化以及环境变动造成的社会环境的污染负荷进行评定，复原有明海东部和谏早湾过去50年间的海域环境[79-83]，查明环境污染的时间及原因。

2.5.2 底质的分布特性

（1）底质成分

在有明海北部（大牟田—竹崎以北）的潮间带，广泛分布着暗灰色的泥土（含泥率90%以上），六角川海域及盐田川海域的海底谷地的泥土含有硫化氢。西部海域在混有泥土（含泥率50%以下）的细微颗粒沙中有大量中等颗粒沙。在东部（筑后川—长洲海域），混杂有大量贝壳碎片的中等颗粒沙分布很广（图2.21，彩色卷首插图）。谏早湾（竹崎—多以良以西）分布着褐色泥土（含泥率70%以上）和混杂有沙子的泥土（含泥率50%以上）。南部大面积分布的泥土含有硫化氢，北部（小长井海域）混杂着砂砾。在湾口海域，中央的沙堆北侧分布着淤泥，南侧分布着混杂有很多贝壳碎片的大颗粒沙。

在有明海中部（大牟田—竹崎以南及三角—深江以北），大致以东经130°25′为界线，东部（熊本县海域）和西部（岛原半岛海域）底质粒度构成存在差异。东部，菊池川分布着混杂灰色沙的泥土（含泥率70%以上），绿川海域分布着褐色泥土（含泥率

70%以上）。白川海域分布着泥土（含泥率 90%以上）。从横岛至横岛西南方向 15 km，宽 2~3 km 的范围内，分布着大量有强烈硫化氢味道的黑泥。西部分布着混杂有贝壳碎片的粗大颗粒沙和极粗大颗粒沙。在多以良海域，分布着分级明显的褐色中等颗粒沙。在岛原海域分布着含有大量黑色火山性沙粒而贝壳碎片较少的黑色粗颗粒沙。岛原—深江分布着呈现褐色的细微颗粒沙及砂砾，越接近早崎濑户，粒径越大，贝壳碎片量越多。在水无川河口，堆积着大面积的泥石流沉积物，这是 1990 年 11 月 17 日至 1995 年 3 月云仙普贤岳火山爆发时产生的。

在有明海南部（三角—深江以南），早崎濑户以东分布着砂砾，天草上岛海域分布着略呈黄色的褐色极粗颗粒沙。在本渡海域，泥土量占绝对优势。

（2）有机物量

有机物因分解而消耗掉海水中的氧，并且与海水中的硫酸离子发生反应，产生出硫化氢。因此，在有机物含量高的地方，生物栖息环境就容易产生急剧变化。图 2. 22 所示为该区域底质中有机物含量的分布图（利用强热减量分析方法的减量数值）。有机物并不是平均分布在整个海域，在西北部（六角川—大浦海域）及谏早湾南部分布极多（10%以上），分布比较多的是大牟田及熊本、汤岛、本渡的海域。除汤岛东方、本渡海域外，强热减量值和含泥率的分布比较类似，而且与沿岸水团—外海系水团的界线一致[73,84,85]。除汤岛东方、本渡海域之外，强热减量较高的地方，沉积物中的硫化氢浓度也高[77,86]。在熊本海域，蓄积着高浓度的营养盐类[71]，还产生了氨态氮[87]。在谏早湾湾口，陆地区域降雨后，悬浮颗粒和有机物流入大浦海域[88]，底层水温如果超过 20~25℃，这些悬浮颗粒就会沉入水底，12 个小时后溶解氧和 pH 值急剧降低（九州农政局谏早围海造田事务所管理的水质观测塔 B4 资料）。当时采集的沉积物中也含有硫化氢。因此，沿岸水团—外海系水团的分界线情况在研究有机物的聚集时是一个重要因素。

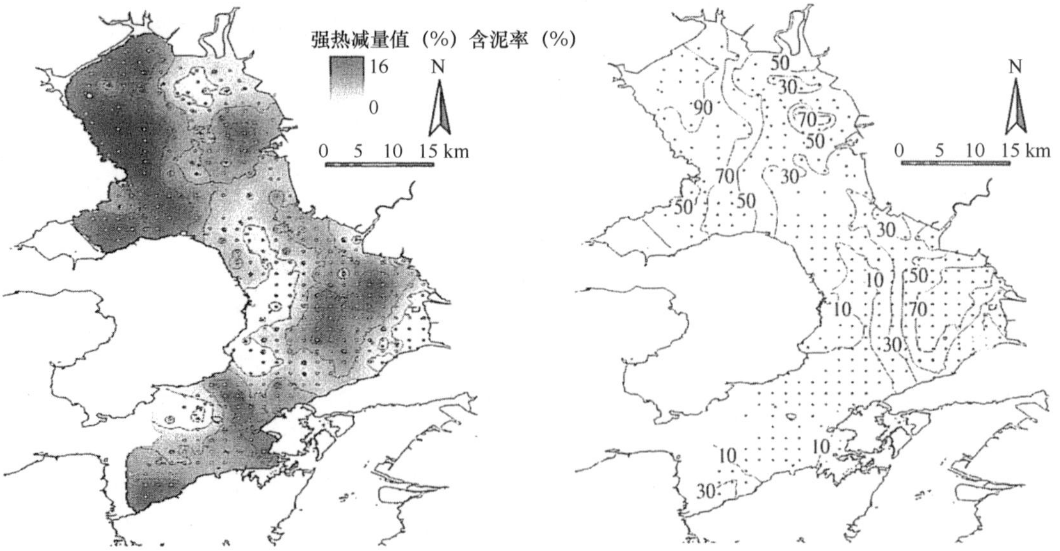

图 2. 22　底质表层的强热减量（%）及含泥率（%）的分布（2006 年）

2.5.3 地形/底质的常年变化

（1）地形变化

地形对于泥沙流动和沉积特性具有重要作用。对熊本海域地形进行了调查[73,76]，2007 年为查明海砂开采是否使地形产生变化，实施了声波测深调查。结果显示，一直到 1979 年，只是在菊池川海域的沙堆顶部进行了开采[71]。但是随后在西斜面实施了大规模开采，开采深度达到 10 m 以上[89]。发现 1979 年沙堆东侧的海底存在不规则的起伏，但是目前已经变得平坦了。

（2）泥的分布范围

底质的粒度变化是影响海底栖息生物分布的主要因素之一。底质的细粒化和泥质沉积区域扩大是导致作为渔业捕捞对象的底栖生物减少的原因之一。底质的物理、化学特性受到社会的广泛关注。在大浦海域及熊本市海域，悬浮物的浓度极高[71,72]，而且查明了泥沙的沉积情况[86,88]。

在熊本海域，形成了以绿川、白川及菊池川为起源的低盐度沿岸水团和来自橘湾的高盐度外海系水团的分界线。在这条分界线的正下方，分布着含有 0.4 mL/g 以上的硫化物的底泥[86]。利用基于潮间带退潮时海底地形变化的三维模拟试验，可以确认在这条分界线的东西断面形成了大规模垂直循环流。水团的分界线和带有硫化氢气味的沉积物几乎位于同样的区域[90]，因此，可以确认潮汐残差流的垂直循环与泥沙和有机物的聚集有关。而且残差流在这个水团的分界线上层向北，在水深 20 m 以下向南，分界线东侧向北，西侧向南。在分界线的东侧，泥沙的扩散与潮汐残差流的方向一致[91]。从声波测深断面和柱状样本的分析结果来看，在分界线的正下方，1979 年之后沉积的泥沙分布的北终点在菊池川海域和横岛海域之间[89]，向南变厚（绿川海域以南达到 65 cm）。位于分界线西侧白川—绿川海域的三角洲顶端，覆盖着厚度 1～2 cm 的极粗大颗粒沙。在其西侧为有明海中部区域（熊本—岛原），泥沙粒度虽然没有达到中等颗粒沙的地步，但是细微颗粒化正在增强，含泥率达到 30%～50%[77]。1979 年之后泥沙分布扩大的海域大多是潮汐残差流速低下的区域[86]。另一方面，在白川河口海域也出现了一些含泥率发生变动的区域。例如，2003 年 5 月为 70%～90%，但是只过了 1 年时间就降低了 15%～68%[86]。1979 年，从沿岸到近海，含泥率降低了 30%～50%[71]。在河口及潮间带，洪水时来自河流的瞬间冲击、西北季风引发的海岸侵蚀[92]及潮汐引发的底质侵蚀、再沉积[93]与含泥率的短期变动有关。

在大浦海域，受筑后川逆时针旋转的恒定流的影响，流入海中的泥沙沉积在沿岸地区[88]，并随波浪被卷起，退潮最强时，沿斜面向东南移动，并再次沉积。这一移动方向与三维流动模拟试验中潮汐残差流的方向一致。从这一结果来看，泥质沉积物的厚度与地形的高低一致，斜面下方的比较厚，底部附近厚度最大（3.5 m 以上）。但是在东侧的海底谷地、南侧的沙堆及西侧的小长井海域却非常薄（最大在 0.5 m 以下）。

根据上述内容可以推测：在大浦海域及熊本海域，泥沙沉积于潮目区，受残差流影响而不断扩大。以 1979 年、1997 年、2002—2003 年、2006 年的表层沉积物含泥率资料为基础，表示泥沙分布的变迁（图 2.23）。泥沙粒径在 1979 年、1997 年、2002 年是

63 μm，在 2006 年是 74 μm。因此，虽然 2006 年泥的比例比较高，但是在比 2002—2003 年值低的地方，泥化现象受到遏止。

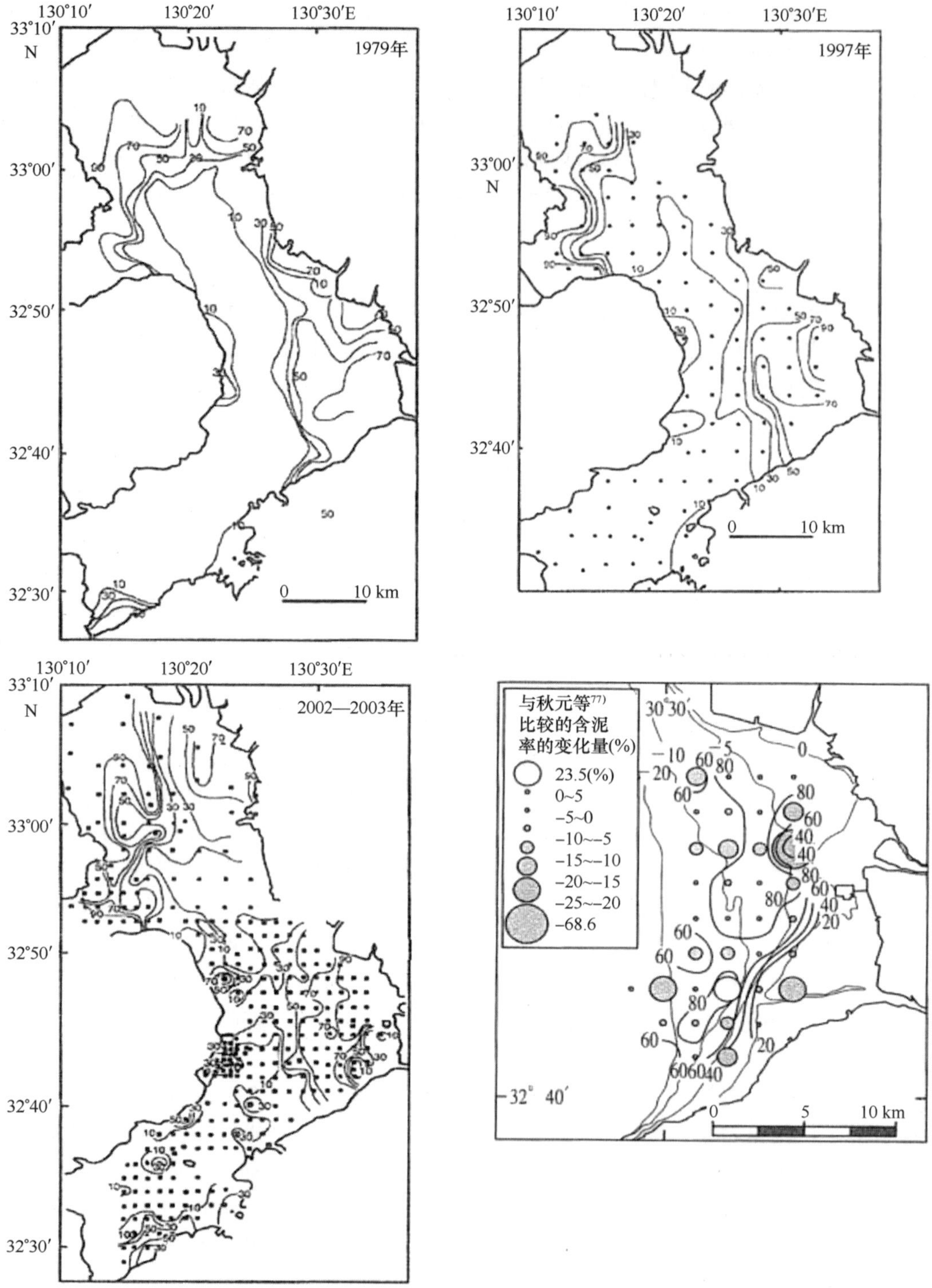

图 2.23　含泥率常年变化和在熊本海域的短期变化

1979年，含泥率超过90%的范围仅限于六角川—盐田川海域。从长洲至绿川为70%~90%。在有明海中部海域为10%以下[71]。1997年，在有明海西部，沉积物中含泥率超过90%的区域除了六角川—盐田川海域外，在大浦海域、谏早湾南部、岛原湾东部的白川海域也有所扩大。10%以下范围变小，在有明海仅限于筑后川海域海底谷地的顶端、岛原湾的海湾中心轴。在绿川海域，含泥率10%~30%的范围扩大到近海[94]。2001—2003年，含泥率超过90%的沉积物在有明海扩大到了筑后川河口海域、盐田川—大浦海域、六角川海域海底谷地、大浦海域、谏早湾南部、岛原湾东部的横岛—白川海域。含泥率10%以下的沉积物分布于有明海中部区域及深江以南的岛原半岛沿岸海域[77]。10%~30%的范围扩大到长洲海域及大矢野岛海域，在白川—岛原海域超过了30%。从这些数据可以看出，在有明海东部（筑后川—大牟田海域）及岛原湾东部的潮汐区，1962—1979年，泥质沉积物的分布区域扩大了。1979年之后泥沙分布扩大的海域大多是潮汐残差流速较低的区域。这表明细粒化的原因是由于长期残差流引起的泥沙扩散的变化。

另外，在有明海北部、谏早湾南部、有明海东部（熊本海域）、有明海中部（熊本—岛原），2006年含泥率比2002—2003年的值降低了约20%。据此推断这一区域的泥化进程可能正在衰减。

2.5.4 水质、底质环境的变迁

为改善环境，获取海洋及海底的环境信息是不可或缺的。对于海洋学、水产学等方面发生的各种情况和现象，通过各种精准的水质调查和海洋观测，详细收集数据。但是，采用这种方法无法收集到有观测记录之前的信息，所以确定生态系统的变化原因是非常困难的。而且仅仅通过物理、化学的数据无法描述生态系统的变化。

尤其应该引起注意的是，有明海的环境和生态系统变化可能经过10年乃至100年才产生的。有观测记录之前只有沉积物环境数据，因此通过分析沉积物的演变特征能够回溯到观测之前，推测环境的变化情况。同时通过分析作为化石残留下来的生物集群，将接近生态系统变化的本质。在熊本海域，以最新的放射年代值为基础来分析20世纪50年代（高度发展期）之后的环境变化，推测人类活动给海域环境造成的压力。

（1）1950年之后的环境变化和人为影响

在熊本海域，首次发生浮游植物中肋骨条藻（*skeletomena costatum*）赤潮是在绿川海域，时间为20世纪50年代后半期；在白川海域出现赤潮是1960年前后；在菊池川海域是1985年前后。越往北出现时间越晚[82]。从出现数量较多的海域来看，1980年从绿川海域扩大至白川海域，1996年扩大到菊池川海域。另一方面，这种海水中的细胞数在1980年急剧增加[85]。1985年首次报告发现硅藻赤潮，翌年发生了赤潮灾害（http://ay.fish-jfrca.jp/ariake/gn/ndex.asp）。据此可以判断利用硅藻化石复原环境的结果与现存的水质资料极为一致，确实出现了富营养化。而且沉积物中的氮含量在1975年急剧增加。这一变化与1974年和1979年间白川及绿川生活类氮增加现象并不矛盾[96]。这表明，随着1975年前后从陆域流入海中的氮不断增加，导致海水富营养化

加剧，5 年后赤潮发生源急剧增加。而且根据赤潮发生源出现一事可以推断，在绿川—白川海域，20 世纪 60—70 年代已经在局部海域出现了富营养化现象。

几乎与赤潮发生区域扩大的同时，底质环境也发生了变化。1978—1988 年在白川海域栖息的底生有孔虫化石群丛含有大量的底生有孔虫外壳（最多的含有 20%以上），而目前在有明海地区基本上没有底生有孔虫外壳分布。有孔虫所反映的有机物负荷的增减与二级河流（坪井川）的 BOD 的增减是一致的，但是同时期的白川和绿川却保持稳定，与前述两者并不一致。根据这种增减情况判断，来自陆域的有机物负荷开始于 1960 年前后，20 世纪 80 年代前半期达到最大，随后开始减少。当负荷达到最大时，沿岸水团—外海系水团的分界线正下方的沉积物有机物含量急剧增加[95]，但是海水的 COD 在 1980 年保持稳定（北部）或急剧减少（南部）[72]。这反映了有机物一直聚集、沉积于沿岸水团—外海系水团的分界线处，并对栖息在这一区域的底栖生物造成了影响。

在谏早湾围海造田地区的填海区，开始筑堤（1989 年）后底层就发生了贫氧化现象，堤防合龙后，硅藻赤潮藻类急剧增加，出现了富营养化现象[79]。但是直到 20 世纪 50 年代，谏早湾的海洋环境一直是涡鞭毛藻占据优势的稳定营养型状态，从 1960 年下半年至 20 世纪 80 年代前半期，富营养型急剧增加，浅海海域的富营养化也比潮间带更为明显。从 20 世纪 80 年代后期开始，一直保持着富营养状态[80]。

（2）水质和底质变化对生物多样性的影响

在熊本县海域沿岸地区，20 世纪 80 年代之后，蛤仔的捕捞量急剧减少，其产量只有最盛时的 3%[97]。通过对在地层中发现的蛤仔化石的个体数量持续进行研究[89]发现，根据放射性碳同位素年代值显示，从 20 世纪 70 年代后半期的沙层（含泥率约 60%以下）中发现了很多蛤仔化石的个体。但是在 20 世纪 80 年代之后，随着含泥率不断增加，蛤仔化石的个体数减少。这一个体数随时间变化的趋势与捕鱼量的常年变化趋势（http：//ay. fish-jfrca. jp/ariake/gn/index. asp）一致。而且 20 世纪 60 年代在熊本海域有淤泥分布[63]，但是 20 世纪 70 年代后半期广泛分布着混杂有贝壳碎片的泥土[73,76]和细微颗粒沙[71]。这反映了底质的粒度组成变化与捕捞量的变化有关。

与此相反，根据对整个区域栖息的非捕捞对象生物群的分类学研究显示，包括新品种在内的生物多样性较高。对研究栖息环境的修复和恢复渔业资源的措施来说，多样性是不可或缺的信息。因此，为了查明捕捞对象物种及非捕捞对象物种的多样性存在差异的原因，以及对栖息于沿岸区域的贝类造成影响的原因，根据底栖有孔虫的物种多样度、均匀度及物种数量，开展了对环境影响的研究[99]。

在蛤仔捕捞量极大的 20 世纪 70 年代后半期，在有孔虫化石群落中，低盐度耐性种群占据了优势地位。受这种变化的影响，虽然物种数量基本也是相同的，但是均匀度较低，物种多样性指数减少。即使底质为砂质，在外海水占优势的情况之下，物种多样性指数并不低。因此，在蛤仔的捕捞量最大时，底质粗颗粒化明显，同时沿岸水也发挥出强大的影响力。这反映了改变覆盖于海底沙子的粒度结构，对于增加栖息于沿岸水域蛤仔的个体数是有效的。与此相反，受气候变暖影响，外海系水的影响如果扩大到沙质潮间带，个体数可能减少。

2.5.5 对于海水循环/底质分布采取的新措施

1997 年 4 月 14 日谏早湾防波堤大坝合龙。从 1979 年和 2002—2003 年的含泥率[71,77]来看，悬沙从湾口扩散到湾内。由于无法掌握筑堤前和筑堤后底质变化，所以无法确认泥沙的扩散是否是在堤防封闭之后发生的，也无法确认目前是否仍然保持不变。在湾口，选择大潮涨潮和落潮的最强时段，开展流速观测[100]，但是没有实施整个区域的同步观测，无法确认循环的实际状态和流速降低的实际状况。

利用海水中的镭放射能比（Ra-228/Ra-226）捕捉远洋区域的水团的动态[101-105]。另一方面，沿岸区域镭的变化与沉积物的直接供给、地下水的供给、悬浮颗粒的供给等复杂过程密切相关。虽然在有明海没有实施任何有关基于放射能比的沿岸水的研究，但是在作为唯一封闭性潟湖的中海进行了研究[106]。而且，在东海大陆架边缘海域，由于内部潮汐作用，底质被卷载上来，海水混浊度也随着增加，这一点已经被设置在水中的沉积物收集器所采集到底栖有孔虫而得到证明[107]。因此，这些有孔虫的栖息地，被确定为悬浮物的供给源。基于这些研究，于 2008 年 8 月，总结发表了基于镭放射能比、有孔虫壳体、地形对海水循环和停滞的研究结果[108]。结果显示在湾顶，海水在防波堤的北部排水口出现了停滞，在其他区域都处于循环状态。同时外海水流入海湾中部，将湾口的泥沙冲至湾内，再次沉积于海底。在很难开展实地测量的潮间带—浅海区域，这是一种有效的实际验证中长期循环的方法。（秋元和实）

2.5.6 重金属和化学物质

从有明海的重金属和化学物质的调查结果来看，除 Hg 和 TBT 之外含量均不多。门上等人在 2005 年 11 月至 2007 年 3 月进行了底质分析（有机化学物质、TBT、烷基汞），包括有明海区域的 368 个站点的底质数据，其结果如下[109-114]。

（1）重金属

重金属分析的部分结果如图 2.24 所示。底质的重金属浓度与含泥率基本成正比关系。与东京湾和大阪湾相比，其值比较低。但是 Mn 在整个有明海区域都呈现出比较高的值，与东京湾和大阪湾没有太大的差别，甚至有个别站点的值要超过东京湾和大阪湾。汞在湾顶及熊本潮间带区域大量蓄积，浓度很高，但是在岛原半岛与荒尾市相邻的海域浓度很低，甚至低于检测最低限度值。

（2）有机化学物质

所有的调查站点所检测出的物质数量基本相同，检测出的浓度与有机物含量基本上成正比关系。另外，如果将产生来源分为三类（以化学物质原料及其中间生成物为首的工业类、以来自生物的固醇类为首的生活类以及农药等农业类），有明海底质所含有的有机化学物质主要来自生活类污染，而农业类、工业类的有机化学物质产生的很少（图 2.25）。与底质中对水生生物造成影响的多环芳烃（PAHs）等相关的底质标准[115]相比，在有明海区域并没有检测出相关特征物质。

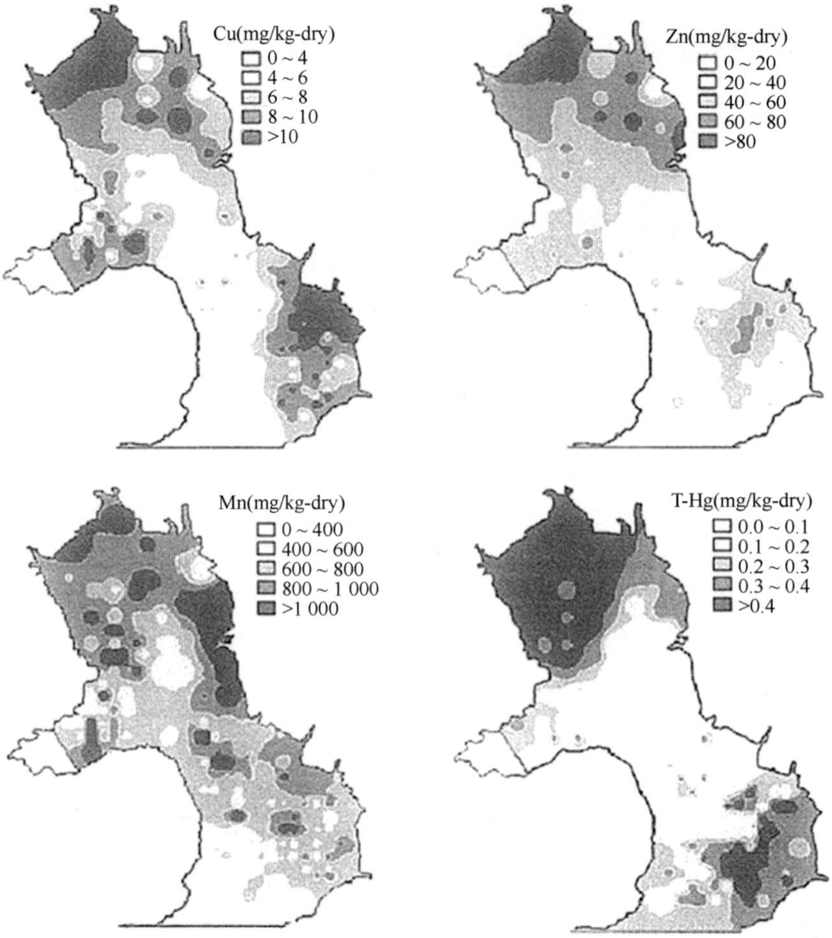

图 2. 24　有明海表层底质重金属浓度的分布

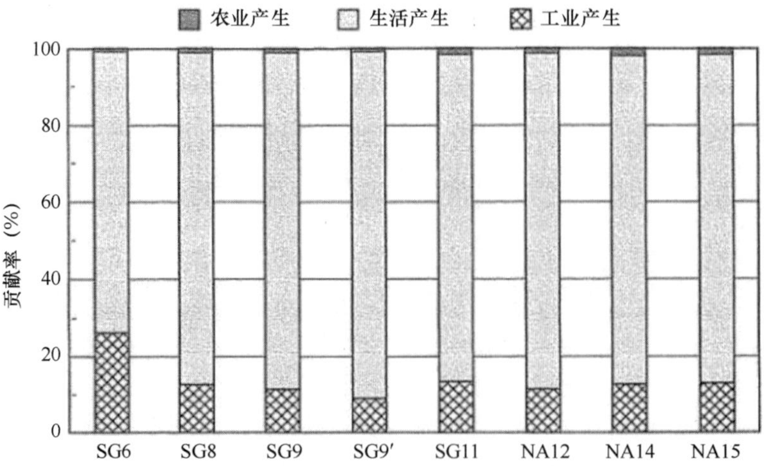

图 2. 25　底质中化学物质来源比率

（3）TBT

对熊本县北部沿岸区域至佐贺县大浦沿岸湾顶区域的 TBT 浓度进行了测定，结果如图 2. 26 所示。在泥沙含量较多的湾顶西部区域和三池海域的检测点所检测出的值比较高。

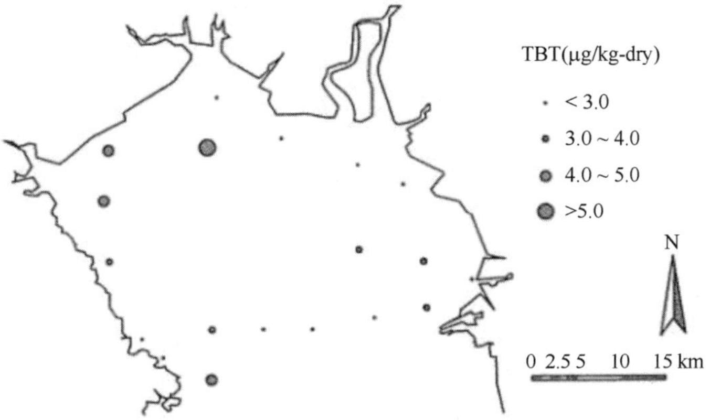

图 2. 26　湾顶区域表层底质的 TBT 浓度

根据这些检测结果可知，在绿川、白川周边区域，河流带来输沙，使这一区域泥沙在一定程度上得到保持，目前仍然作为蛤仔的养殖场而得到利用。另一方面，在湾顶区域，尽管处于河口区域，但是有的地方泥沙含量仍然比较高。

表 2. 4 表示底质分析结果的相关系数。可以确定重金属和化学物质都与泥沙含量和强热减量密切相关。至于浓度方面，有明海区域所含有的铬、镉、铅等对于生物有害的重金属的量只是东京湾、大阪湾的 1/10。这表明工厂排水、船舶进出等人为污染在有明海区域并没有扩大。与其他重金属的分布相比，在距离海湾较近地区汞的浓度较多。汞主要来自陆地区域的负荷、八代湾的水流和底质矿物等，但是在近年公共用水区域的水质调查中却没有检测出汞，而且有明海区域也没有汞矿，因此推测汞应该来自八代湾的水流。

表 2. 4　重金属、泥沙含量、强热减量（I. L.）的相互关系

	Cr	Ni	Cu	Zn	As	Cd	Pb	Hg	Mn	泥沙淤积率	I. L.
Cr										0. 363	0. 311
Ni								0. 152	0. 320	0. 150	0. 117
Cu						0. 590	0. 610	0. 167	0. 287	0. 636	0. 519
Zn				0. 689	0. 653	0. 457	0. 413	0. 369	0. 318	0. 540	0. 470
As		0. 873	0. 698	0. 534	0. 589	0. 443	0. 590	0. 373	0. 354	0. 213	0. 150
Cd	1. 000	1. 000	0. 601	0. 802	0. 615	0. 394	0. 572	0. 094	0. 229	0. 057	0. 110
Pb			1. 000	1. 000	0. 572	0. 645	0. 786	—	0. 185	0. 265	0. 288
Hg					1. 000	1. 000	0. 700	0. 045	0. 396	0. 551	0. 332
Mn							1. 000	0. 007	0. 132	0. 220	0. 110
泥沙淤积率								1. 000	1. 000	1. 000	0. 711
I. L.											1. 000

有明海沿岸区域没有大型工业区，人口密度只是东京湾的1/10、大阪湾的1/5左右。另外，在COD污染负荷量方面，与生活及产业类负荷约占80%的东京湾相比，有明海约为20%，自然类的比例占了大部分。有明海的陆地负荷的常年变化与水质中的重金属浓度一样，基本上保持不变，水质中的重金属浓度能够达到环境标准要求。因为没有检测出超过生物栖息影响浓度的有机化学物质和重金属，所以推测以下原因造成了有明海生物栖息环境的恶化：海平面上升、潮间带减少、潮流流速降低导致底质的细粒化、海水水温上升导致生物群的变化（无斑鹞鲼的栖息）、海洋环境变化导致的底栖生物群的变化、贫氧水团的产生等。（伊豫冈宏树 · 楠田哲也）

2.6 贫氧水团

贫氧水团中的氧供给速度小于消耗速度，其状态长期保持不变。在有明海区域，尽管封闭性很高，但是该海域最大潮差引发垂直混合，加上河流带来的大量的细微颗粒泥沙（混浊）导致透明度降低，所以虽然生物生产性比较高，却没有产生贫氧水团。但是进入2000年之后开始出现贫氧水团。对贫氧水团相关的调查、研究是以1997年谏早湾防波堤拦海工程和2001年冬季的紫菜大规模歉收为契机，开始对当时的调查数据进行分析。在有明海区域，浅海海滩调查从1972年开始，直到今天仍然在进行。由于调查是在大潮期间进行，无法正确掌握小潮期间容易发生贫氧化的实际状况。所以重新开始了贫氧化水团相关的详细调查研究，并取得了很多成果[116]。

贫氧化的原因主要包括三项：①氧消耗速度增加；②氧供给速度低下；③初期氧浓度低下[117]。速水[118]认为有明海贫氧水团形成的特点主要有两个：①在靠近潮间带的浅海海域产生；②在比较短的期间内氧浓度发生大幅度变化。关于第一个特点是与东京湾和伊势湾水深20 m以上区域形成的贫氧水团进行的对比。而第二个特点是在潮汐混合较弱的小潮期间产生贫氧水团、在混合较强的大潮期间和强风时有所缓和。但是受洪水影响，大量的河水流出，即使大潮期间也保持着明显的分层，结果长时间后形成了贫氧化。2006年就是典型例子[119]，在后文所述的低层次生态系统模型中，2000—2006年的贫氧规模得到了良好的重现。

水产综合研究中心[116]根据对有明海湾顶西部海域贫氧化的连续观测数据，就贫氧水团的形成机制做出如下总结：贫氧水团是在湾顶西侧的潮间带区域和个别海域发生的。另外，这一时期观察到了褐胞藻赤潮，推测其影响也非常大。在浅海和潮间带区域，氧的降低速度和恢复速度不同，潮间带区域恢复速度较快，因此越往远海贫氧就越严重，恢复也越慢。出现这种现象的原因是悬浮有机物的氧消耗潜力和底泥的氧消耗潜力存在很大差异。

堤等人认为，尽管有明海营养盐负荷量从常年来看没有大的变化，但是自1998年之后，由于冬季发生大规模赤潮从而出现贫氧化是少见的例子。中田[120]也认为，尽管从陆域流入的负荷没有出现太大变化，但是应该着眼于环境恶化日益严重的原因。作为负荷之外的可能性，堤等人推测认为，1997年谏早湾防波堤拦海工程完成后，在从谏早湾口区域至岛原半岛附近海域，很难发生伴随强潮流的河口循环流，与外部海水进行海水交换的效果比以前要弱，分层构造很容易更长期地保持下去。

有明海强大的海水搅拌作用曾经能够防止因分层所产生的底层水的贫氧化，促进有机物的氧化分解，同时还能将底层的营养盐带到表层，保持了高度的生物生产性。因此，当地的渔业从业者经常说“海水之前那么混浊，现在却又变得这么清澈，真是不可思议”。这种说法准确地描述了当地流动性变弱、贫氧化日益严重的现状。这种较大的潮差和舒缓的海底坡度形成大面积的潮间带正是有明海的基本环境特性[121)]，而且以浮游生物为食的双壳贝的生物量非常大，所以接近这种状态的修复措施是一种可持续的方法。

（堀家健司）

2.7 赤潮

1980年之前，有明海北部没有发现明显的鞭毛藻类赤潮[122)]，但是据水产厅资料显示，从20世纪80年代中期开始，在整个有明海区域发生的由有害鞭毛藻类引发的赤潮次数和灾害数量都明显增加了。

从有明海区域具有代表性的赤潮生物来看，在小型硅藻方面，包括中肋骨条藻（*Skeletonema costatum*）和角毛藻属（*Chaetoceros*）；在大型硅藻方面，除覆瓦根管藻（*Rhizosolenia imbricata*）外，还包括弯角藻属（*Eucampia*）、圆筛藻属（*Coscinodiscus*），和近年来发生次数增加的代表性鞭毛藻类；在针胞藻方面，包括 *Chattonella antiqua*、海洋卡盾藻（*Chattonella marina*）和赤潮异弯藻（*Heterosigma akashiwo*）；在涡鞭毛藻方面，包括血红哈卡藻（*Akashiwo sanguinea*）和多环旋沟藻（*Cochlodinium polykrikoides*）。硅藻类，特别是根管藻、弯角藻、圆筛藻等大型硅藻类形成长期赤潮，所以冬季如果发生，就会导致严重的紫菜褪色灾害。但是小型硅藻类是有益的生物，发挥着有明海和博多湾的初级生产者的重要作用。

以2004年到2007年夏季在有明海北部、盐田川河口区域的调查结果和在博多湾用6年时间进行的高频度赤潮观测的结果为基础，就期间发生的中肋骨条藻、血红哈卡藻及海洋卡盾藻赤潮进行详细介绍。

2.7.1 中肋骨条藻赤潮

自古以来渔民之间就流传着“雨后持续日照将会发生赤潮”的说法。这指的就是发生中肋骨条藻等小型硅藻类赤潮。在博多湾箱崎港，晚秋时全天光照量少，白天短，所以没有观察到中肋骨条藻的营养细胞。从冬季到初春，在水中观察到的营养细胞是很少的。能够频繁观察到营养细胞的时期是4月至5月。这一时期高强度的光［65 μmol quanta/（m^2·s）以上］能够一直到达海底。受到光照的刺激，休眠中的细胞开始萌发、生长，随后营养细胞一直在水中栖息至秋天。特别是紫色波长光的强度极高，照射到海底底泥后，能够促进细胞的萌发，这已经通过室内实验得到确认（图2.27，彩色卷首插图，紫加田等人）。在降雨后河水将营养盐带入海中，栖息于水中的营养细胞通过晴天强烈光照得以生长，最终形成赤潮。在营养盐类缺乏和光照不足时赤潮平息[123)]。此时一部分营养细胞残留在水中，一部分细胞作为休眠中的细胞（相当于陆上植物的种子）沉入海底底泥中。而很多细胞死亡后分解。通过河水的流入再次带来营养盐类，持续晴天时，残留于水中的营养细胞就会生长，从夏天到初秋反复发生赤潮。在表层，以中肋骨条藻为首的很多小型硅藻类连续蓬勃生长，但高强度的光不会到达海底底泥，休眠中的中肋骨条藻细胞的萌发机会也随之减少，大量休眠中的细胞沉积于底泥中。中肋骨条藻具有与陆地上的长日照植物相同的性质，进入秋天后白天变短，日照时间短，无法生长。而且加上光的强度降低，中肋骨条藻的营养细胞从水中消失[124]（图 2.28）。在有明海，营养细胞在冬季也会栖息在水中，这与箱崎港的情况存在差异。与箱崎港相比，有明海的海水混合、交换能力更强，中肋骨条藻的休眠期营养细胞浮游入水中的机会也更多，即使冬天也能获得萌发，并可获得生长所必需的强光。而且生长所必需的营养物质浓度也很高，所以值得我们深入思考，在冬季能否发生赤潮呢？[125]

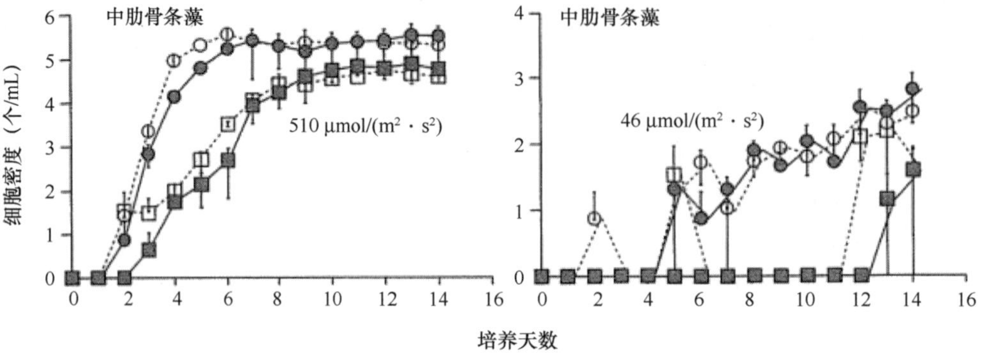

图 2.28　白天时长和光的强度对于中肋骨条藻生长的影响

可以确定的是，降雨引发大量河水进入海域之后，如果持续晴天，则小型硅藻类会立即开始生长[126]。流入海中的河水如同在海水之上滑动一样冲入海中，在海面上扩散 10 km 左右。同时在水面之下 1.5 m 左右形成了与河水的前进方向相反流动的海水流。浮游于海水中的中肋骨条藻等小型硅藻类细胞随着这股逆流被带到水深 50 cm 左右的咸淡水交界面，这区域分布有丰富营养盐，细胞立即开始生长。经过几天时间，河水和海水完全混合，形成了大面积赤潮。其原因就是这种预备增殖个体群成为赤潮形成的种源。盐度从 32 急剧降到 5～10，中肋骨条藻细胞死亡[127]。因此，中肋骨条藻充分利用营养盐类并且能够增殖的水层仅限于河水和与它流动方向相反的海水之间的薄层。

在对有明海进行调查时发现，如果持续日照，就会发生中肋骨条藻赤潮。长副等人[125]的调查结果显示，河水带来营养盐之后，在水面下的薄层中肋骨条藻细胞急速生长，若要在盐度跃层被破坏的海水中形成高密度，平均全天日照量为 20 MJ/m^2的连续晴天必须要达到 3 天时间。也就是说，降雨后 6 天时间的全天日照量的平均值为 4.1～18.8 MJ/m^2时，最高细胞密度为 1 693 个/mL；平均值为 21 MJ/m^2时达到 27 959 个/mL，赤潮的形成受到这种全天日照量很大限制。

小型硅藻类赤潮能在短时间内形成，急速消耗营养盐类，水中光强度低下，一部分细胞成为休眠细胞沉入水底，很多细胞死亡。但是，有机物的增加不像褐胞藻那样多，不会大量消耗底泥附近的氧而导致形成贫氧水团。以中肋骨条藻为首的小型硅藻类的繁殖是支撑海域鱼贝类的重要初级生产者。

2.7.2 血红哈卡藻赤潮

近年来，有明海区域血红哈卡藻赤潮发生次数不断增加，而且多发生于紫菜捕捞期的秋天至冬天期间，让人担心会引发紫菜褪色灾害。血红哈卡藻具有喜欢高水温和高盐度的增殖生理特性，通过室内实验确认，它与硅藻混合培养时，会立即发生形态变化而无法增殖[128)]。实际上，在箱崎港对血红哈卡藻和硅藻类的细胞数的变化进行了调查，结果显示，春天至夏天硅藻类一直保持生长旺盛势态。与室内实验时的结果一样，增殖抑制作用（植物相克和细胞间接触）成为主因，血红哈卡藻无法增殖。另外，受白天长度缩短和光照强度降低的影响，在硅藻类停止生长的晚秋，在较高的盐度条件下，箱崎港的血红哈卡藻密度明显提升[124)]（图 2. 28）。且据说不会形成胞囊，该物种的营养细胞在春天至夏天一度完全消亡，随后于初秋在箱崎港再次出现，并且密度得到了提升。这说明，博多湾之外的海域向箱崎港提供了营养细胞。实际上，松原[129)]在报告中指出，在博多湾，血红哈卡藻营养细胞初秋时在西部湾口区域出现增殖，并且以这一区域为起源，随水流扩大分布到整个海湾。上述研究结果反映了在白天长度缩短、光照强度变弱的晚秋，具有长日照植物生理特性的小型硅藻类消亡，却是被水流带到箱崎港的血红哈卡藻的营养细胞的生长最盛期。

根据水产厅九州渔业调整事务所的资料，对有明海这一物种的增殖过程进行了整理，情况与博多湾相同。晚秋时硅藻生长较少，并且在海水盐度较高时，血红哈卡藻高密度细胞群在諫早湾口区域出现，随后高密度细胞群北上至湾顶区域，形成了生长最盛期（图 2. 29）。在有明海区域，血红哈卡藻的高密度细胞群随着潮汐的水流（潮汐流）北上，在湾顶的紫菜养殖场形成生长最盛期。上述研究成果对于这一说法提供了强有力的证明。

2.7.3 褐胞藻赤潮

有报告指出，褐胞藻赤潮从细胞中释放的活性氧会给鱼造成伤害，在赤潮结束期间细胞有机物的分解对贫氧水团产生的间接作用，也会对鱼贝类造成损害[130)]。在濑户内海的广岛湾和播磨滩，从 20 世纪 60 年代后半期至 20 世纪 70 年代前半期，自褐胞藻赤潮有记录以来，就其发生机制进行了研究。根据研究成果显示，赤潮发生前的环境特性方面，“6—7 月观察到褐胞藻营养细胞，1 周前台风通过相关海域，海水混合充分，底泥提供营养盐。之后，受好天气的影响，表面水温急剧上升，形成了明显的分层，24℃以上的表面水温持续一段时间后，从而导致大规模赤潮的发生”。这一赤潮发生之前的环境特性应该成为今后研究有明海褐胞藻赤潮时的重要参考资料。

本城[131)]在报告中指出，对于褐胞藻的增殖来说，铁元素是不可或缺的。增殖需要依靠铁浓度来促进。紫加田等人（未发表）通过铁浓度对于褐胞藻增殖的影响实验，确认了存在氮和磷的条件下，可溶性铁对褐胞藻增殖具有促进效果（图 2. 30）。实验结

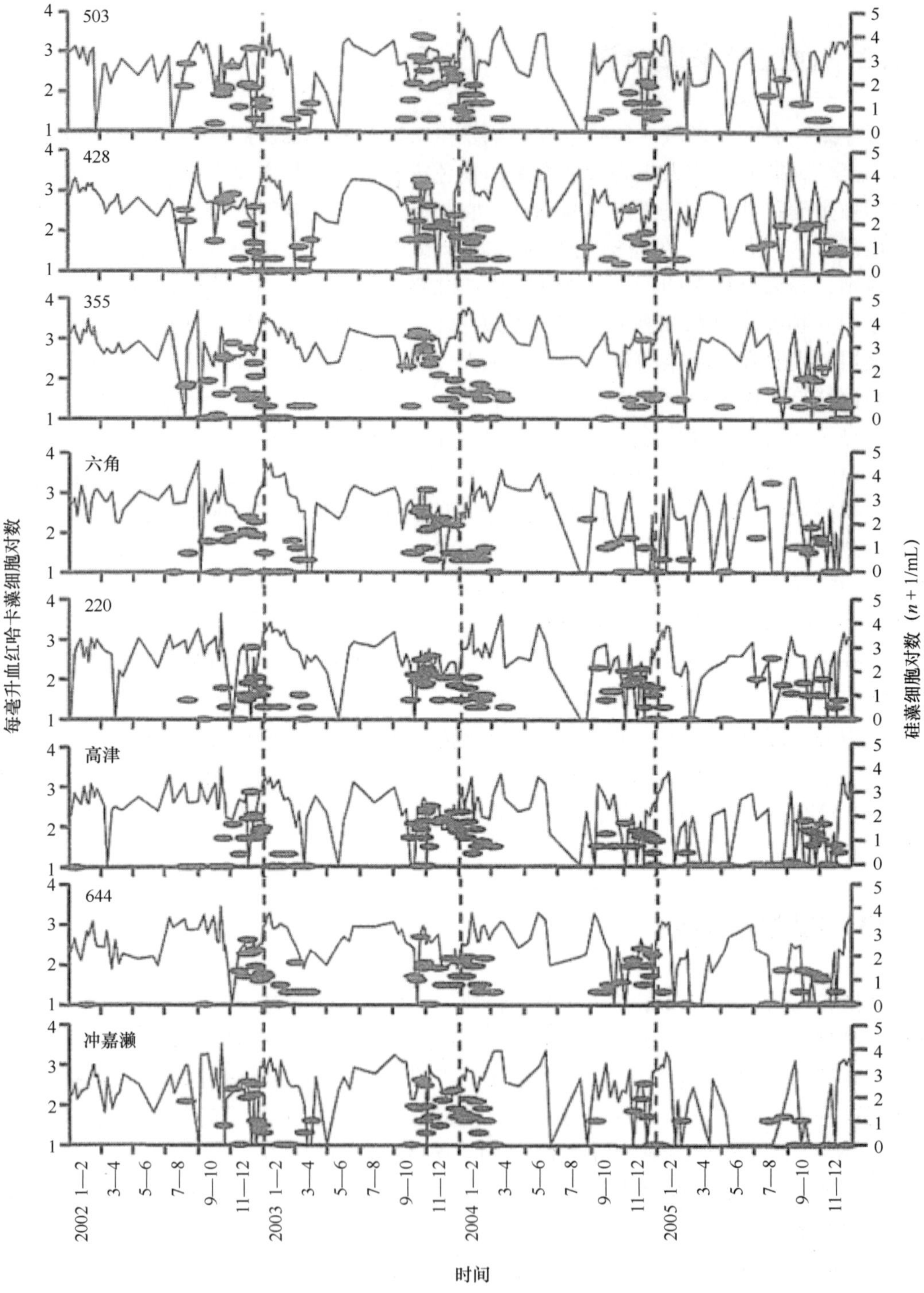

图 2. 29　有明海湾顶血红哈卡藻细胞分布的扩大过程

果显示，褐胞藻如果要在短时间内高速增殖，必须要有浓度 200 nM 以上的铁。在海域内很少观测到浓度为 200 nM 的溶解态铁。土屋等人[132]认为，在三河湾区域，仅在贫氧海水中就测定出约 200 nM 的可溶性铁，所以贫氧水团是有明海高浓度铁的供给源。推测在播磨滩区域，强风产生的搅拌作用使底泥孔隙水中的铁被带入水中。

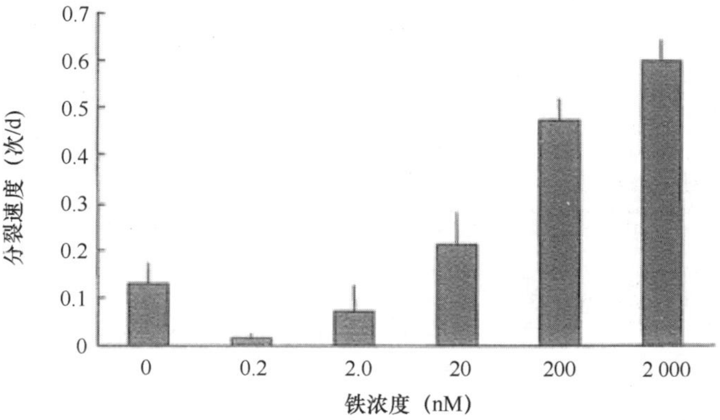

图 2.30　铁对于存在铁、氮、磷的褐胞藻增殖的促进效果

有关有明海褐胞藻赤潮的信息极少。本文以 2007 年 8 月的赤潮为例说明一下赤潮发生经过。图 2.31 反映了有明海北部褐胞藻和硅藻类的营养细胞密度、水温、盐度、底层溶解氧浓度及营养盐浓度的变化以及 2 次褐胞藻赤潮形成过程。细胞于 6 月上旬以 1 个/mL 以下的低密度首次出现。从 7 月中旬开始明显增殖。8 月 6 日至 13 日期间形成了密度达到 103~104 个/mL 的首次赤潮（海洋卡盾藻和古卡盾氏藻混杂在一起），其后一度低至 100 个/mL，又于 8 月 23 日形成了密度为 104 个/mL 的第 2 次赤潮（古氏盾藻为主体）。第 1 次赤潮中褐胞藻正式增殖出现在 8 月上旬，相当于硅藻类暂时减少的时期。但是随后硅藻类再次增殖，与褐胞藻形成复合赤潮。7 月中旬，底层的溶解氧浓度从 3 mg/L 上升到 6 mg/L。在氧浓度处于 3 mg/L 的较低水平时，很难认为底层会提供支持褐胞藻赤潮的营养盐类和铁，所以应该是由河水从陆地带入海中的。第 2 次赤潮基本上是由单一物种形成的，从 8 月中旬开始增殖。但是从数据中无法证明这一时期有明显的营养盐类供给。第 2 次赤潮结束后，8 月下旬观测到大规模的贫氧水团。

有明海湾顶，在 20 世纪 70 年代后半期完成了福富围海造田工程，出现了贫氧水团，而从 20 世纪 80 年代后半期开始，褐胞藻赤潮于 8 月份形成（有害赤潮的控制如图 5.92 所示）。根据这一结果提出了来自贫氧水团的营养物质与赤潮发生有关的假说。但是 2007 年发生的褐胞藻赤潮正如前文所述，并非起源自贫氧水团，而是利用来自河流的营养物质实现了增殖。这就出现了矛盾之处。褐胞藻保持昼夜垂直移动，由于有明海湾顶发生赤潮的海域水深比较浅，受垂直移动的影响，很可能从底泥的间隙水摄取铁。今后最重要的研究是通过高频度调查测定可利用的高浓度铁来查明赤潮发生机制。

在褐胞藻赤潮结束时期，其 50 μm 以上的大型营养细胞（DNA 含量为 2c）变为小型化细胞（DNA 含量减少一半，为 1c），形成了形态完全不同的胞囊（休眠孢子，1c），在低温条件下过冬，最终成为成熟细胞。翌年水温上升后，从胞囊萌发形成小型细胞（1c），最终变成大型营养细胞（2c）[133]。观察显示，从小型细胞变化为大型营养

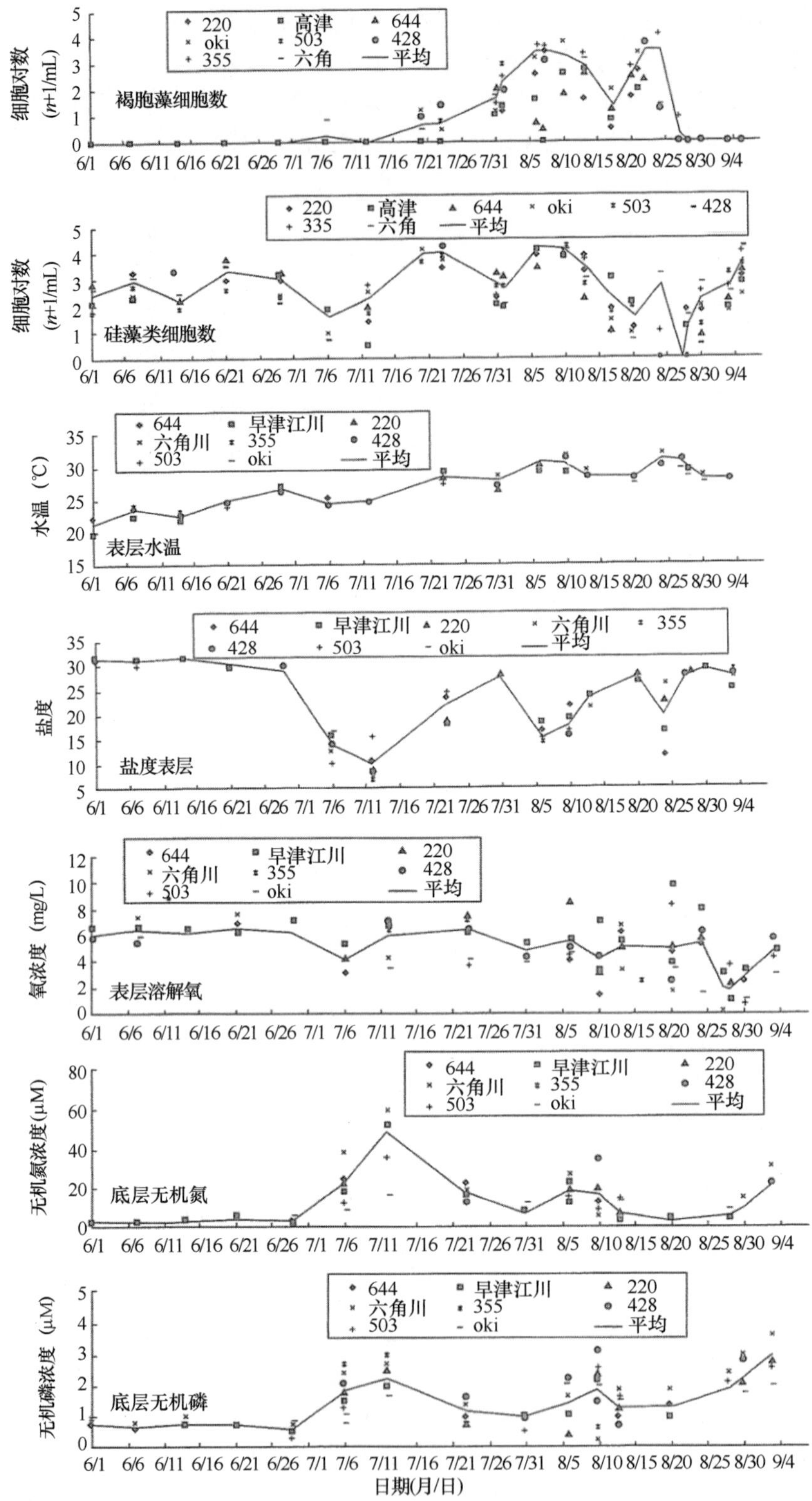

图 2.31　2007 年夏季，有明海北部褐胞藻和硅藻类的营养细胞密度、水温、盐度、底层溶解氧浓度的变化

细胞时，DNA 含量增加并没有出现营养细胞的接合生殖。在有明海区域 2001 年调查中，首次确认存在高密度褐胞藻的胞囊（濑户内海区水产研究所信息）。随后胞囊密度一直处于减少状态，2007 年密度降至极低值。尽管如此，还是发生了大规模赤潮。从一般的常识来看，沉积于底泥中的胞囊密度如同存款一样，这种“存款”越多，赤潮发生的概率就越高。但是好像只有 2007 年 8 月的赤潮不是这样。

（本城凡夫·岛崎洋平·长副　聪·松原　贤·紫加田知幸·川村嘉应·吉田幸史·久野胜利·山崎康裕·大岛雄治）

2.8　有明海的水产业

2.8.1　生产基础的变迁

在有明海区域，以贝类、甲壳类、鱼类等各种各样的生物资源为对象的海洋渔业非常兴盛。这些渔业产品包括很多有明海特产、准特产的海产品。另外，作为水产养殖业，在以湾顶为中心的区域分布有大规模的紫菜养殖，养殖活动已经成为秋季和冬季的风情诗。日本全国的紫菜产量约为 100 亿片，而近年来有明海的紫菜产量就达到约 40 亿片。实际上仅有明海的紫菜产量约占据了日本全国总产量的 40%。除紫菜产量之外，有明海的渔业产量变化情况如图 2.32 所示。有明海的渔业产量在 20 世纪 70 年代后半期呈现出减少趋势。有明海的渔业特点之一就是贝类占渔业总产量的比例比较高，其主要原因之一是作为贝类栖息地的潮间带面积非常大。贝类产量在 20 世纪 70 年代前半期在 10×10^4 t 左右变化，但是从 20 世纪 70 年代后半期开始急剧减少，近年来每年产量均低于 2×10^4 t。贝类产量减少导致整个有明海的渔业产量减少，如图 2.32 所示。另一方面，紫菜的收获量虽然时增时减，但是整体上来说呈现出增加趋势，在渔业总产量中所占比例不断提升。而受贝类产量明显减少的影响，其他海洋渔业（鱼类和其他水产动物）产量在渔业总产量中所占比例呈现出增加趋势。但是鱼类和其他水产动物的产量呈现出减少趋势。近年来，有明海湾顶海域的环境急剧恶化（夏季低层水的贫氧化、营养盐浓度降低、潮流变化等）是导致渔业产量减少的重要原因。我们正在从各个角度对这一问题进行研究。

2.8.2　海洋渔业的变迁

（1）双壳贝类渔业

双壳贝类的产量在 1983 年创下了 10×10^4 t 以上的记录，随后出现了明显的减少趋势。2000 年之后产量还不到最盛期的 1/10，只是在极低的水平线上变化（图 2.33）。有明海区域，栉江珧、蛤仔、毛蚶等是双壳贝中重要的物种。从物种类别观察双壳贝类的捕获量变化（图 2.34），至 1980 年，蛤仔的产量最多，占双壳贝类产量的大部分。但是在 20 世纪 80 年代中期，蛤仔产量出现了衰减迹象。从那时起毛蚶的产量开始增加，不过，从 20 世纪 90 年代后半期开始其产量也呈现出减少趋势。栉江珧的产量虽然

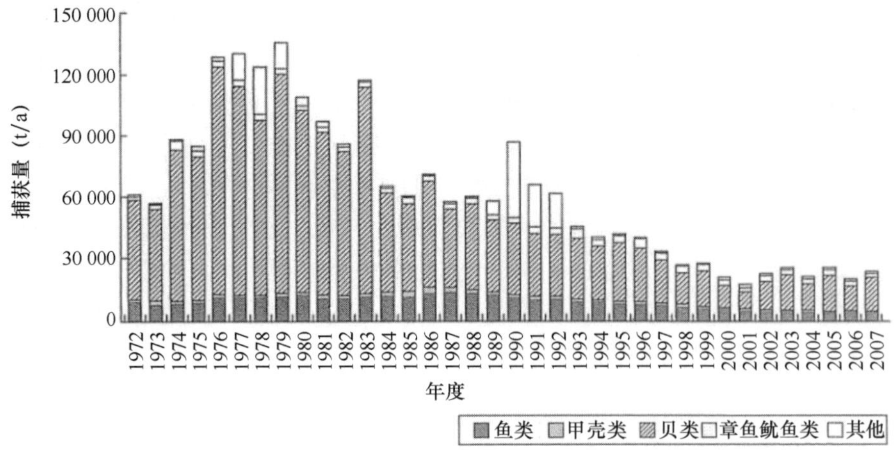

图 2.32　渔业产量变化情况

维持了几年的兴旺势头，但是从 20 世纪 90 年代后半期开始基本上捕捞不到了。

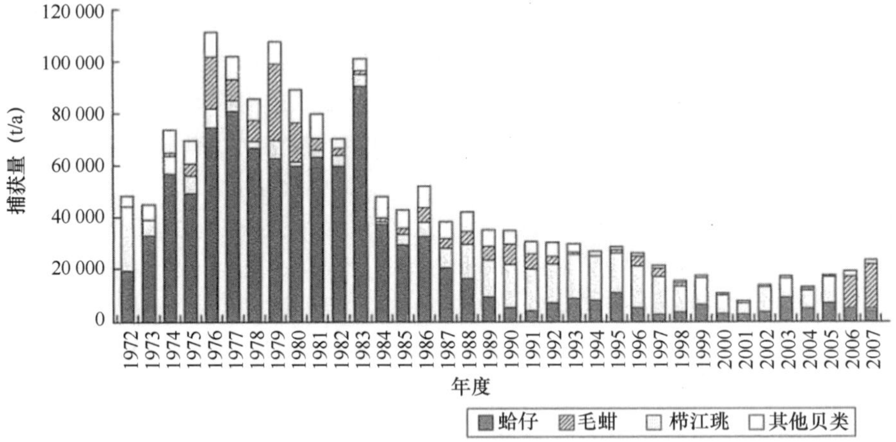

图 2.33　双壳贝类捕获量

在本书中，主要阐述双壳贝类中产量减少趋势非常严重的栉江珧和蛤仔的产量变化。

①栉江珧

栉江珧属江珧科，是壳长达 20~30 cm 的大型双壳贝。栉江珧以尖头部分朝下的姿势立于海底，利用潜水头盔潜入海底可以将其捕获。栉江珧原本在日本广泛分布于东北以南海域，但是目前具有代表性的产地只剩下有明海和濑户内海。以前一直从事潜水渔业的渔民回忆当年时的情况，在栉江珧最盛期，在海底铺了好几层，渔民潜入水底时连立足的地方都没有。栉江珧的捕捞期在 12 月至翌年 3 月之间。有明海海域开始捕捞栉江珧时，实际上就宣告冬天的来临。当年栉江珧捕捞量极其丰富，很遗憾现在已经看不到当年的兴盛景象了。

正如前文所述，栉江珧捕捞业曾有几年在有明海兴盛一时。长崎县和福冈县的栉江珧产量分别在 1990 年和 1996 年达到最高值，随后几乎就没有再捕捞到（图 2.35）。而

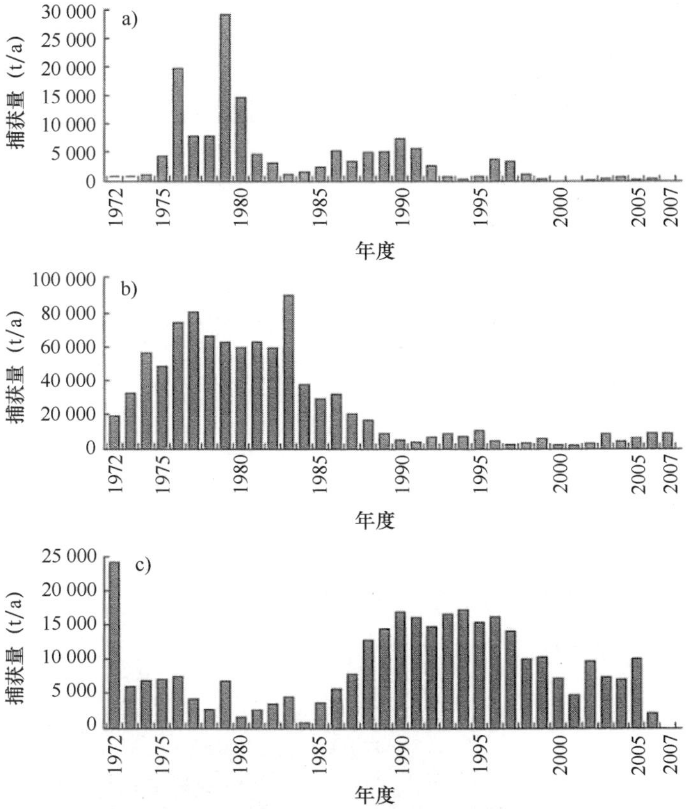

图 2.34　双壳贝类不同物种捕获量变化

a）栉江珧；b）蛤仔；c）毛蚶

注：-表示无数据

熊本县在 20 世纪 80 年代之后几乎没有再捕捞到栉江珧（图 2.35）。栉江珧主要的渔场在海湾北部海域（佐贺县/福冈县海域），但是，目前该海域的中、西部渔场已捕捞不到栉江珧，只有东北部部分渔场还能捕捞到。在 2009 年，佐贺县的鹿儿岛海域、太良町海域再次发现有大量的栉江珧。佐贺县和福冈县批准从 12 月重新开始捕捞栉江珧，时隔 10 多年又出现了栉江珧大丰收。但是 2010 年又出现了歉收。而在以谏早湾为渔场的长崎县，已经连续 17 年停止捕捞栉江珧。

关于栉江珧渔场衰败的主要原因，有人认为是由于泥质化不断加剧、有机物和硫化物增加、贫氧化等底质环境恶化所致。另外，也有人认为，导致近年来栉江珧资源减少的其他重要原因还包括无斑鹞鲼（图 2.36）危害[134,135]。这种危害主要发生在春天至夏初。无斑鹞鲼专门吃相当于其体重约 1%、最大相当于其体重 10%的双壳贝，其危害对于栉江珧资源量减少的影响绝对不可轻视。无斑鹞鲼原本栖息于有明海，以贝类为食物。但是在贝类资源锐减的今天，作为捕食者的无斑鹞鲼及作为其食物的贝类之间的平衡已经处于明显失衡状态。自 2001 年之后，在有明海周边四个县都在驱除无斑鹞鲼。无斑鹞鲼的驱除量在 2005 年达到顶峰，约为 521 t，随后开始减少。最近确认出现了小型化趋势，可以认为有明海中的无斑鹞鲼的个体数受驱除的影响正在大幅度减少，今后

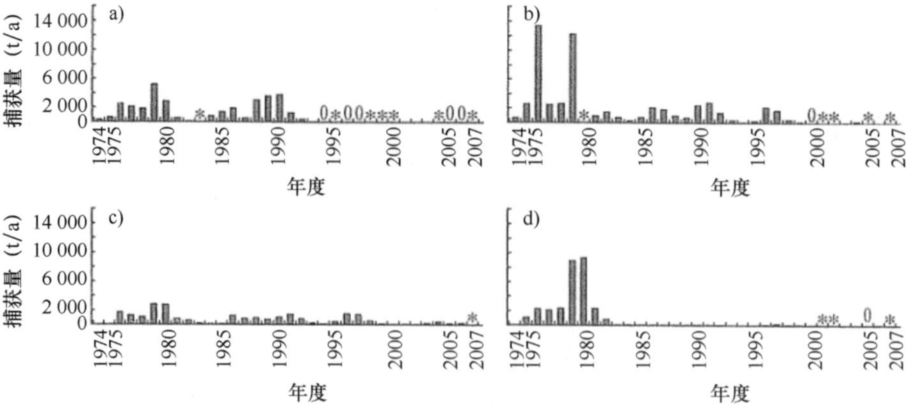

图 2.35　栉江珧捕获量的常年变化

a）长崎；b）佐贺；c）福冈；d）熊本

注："＊"表示无数据

必须调查驱除无斑鹞鲼和贝类捕获量之间的关系。

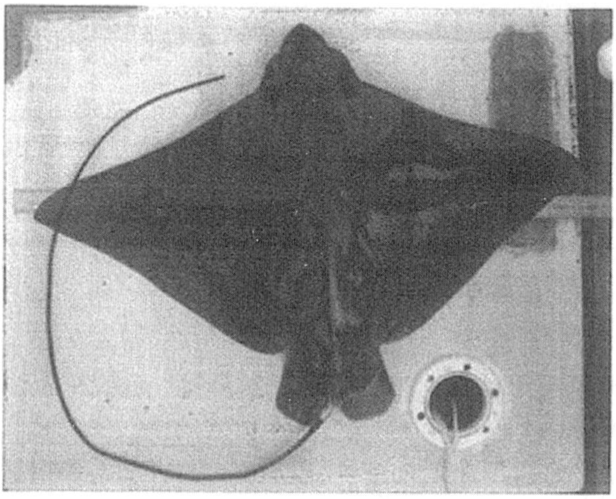

图 2.36　无斑鹞鲼

②蛤仔

蛤仔栖息于日本各地的浅海中，作为赶海时在海边就可以轻松捕获到的食材，是日本人最喜欢的双壳贝之一。蛤仔原本栖息于潮间带和沙地中，因此拥有大面积潮间带的有明海就成为日本著名的蛤仔产地。在有明海，从初夏到秋季都可捕捞到蛤仔。与其他海域生长的蛤仔相比，有明海的蛤仔肉更多，因此受到人们的喜爱。但是自从 1990 年之后，包括有明海区域在内，蛤仔资源陷入全国性的危机状态。

从各县的蛤仔产量来看（图 2.37），拥有大面积的适合蛤仔栖息的沙质潮间带的熊本县产量最多，而其减少程度也最严重。在熊本县沿岸地区，自从 1977 年创造了 65 000 t的捕获记录之后即开始大幅度减少，20 世纪 90 年代中期之后为 2 000~5 000 t。从熊本县主要渔场的整体情况来看，捕获量逐渐减少，特别是在绿川河口区域，这种趋势更为明显。在熊本县以外的各县虽然每年也有变化，但是近年来都处于低位徘徊状态（图 2. 37）。

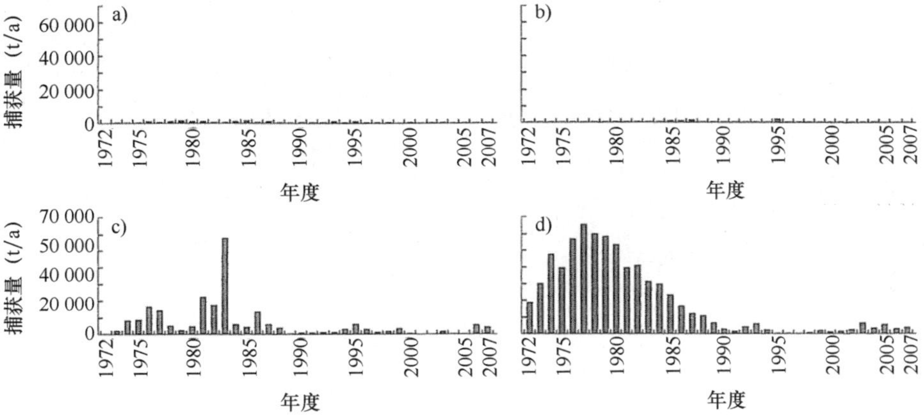

图 2. 37　蛤仔捕获量的常年变化

a）长崎；b）佐贺；c）福冈；d）熊本

对于引发蛤仔资源减少的原因，一般认为是由于过度捕捞、底质环境恶化、无斑鹞鲼危害、有害赤潮、锰的影响等。关于捕捞压力问题，在进行资源管理的海域，资源量已经出现了恢复趋势，所以可以认为过度捕捞是造成蛤仔资源减少的重要原因之一。关于底质环境恶化问题，有人指出是底质发生细微颗粒化导致的，在蛤仔渔场实施了覆沙作业。但是覆沙的效果只能持续数年，为了维持覆沙效果，必须定期进行覆沙作业。另外，如果今后限制海砂开采的海域范围不断扩大，那么很难继续获取用于覆沙的海砂。而且采砂很可能会给所在海域的渔场造成严重的负面影响，所以在决定采取覆沙措施时必须要进行慎重研究。关于无斑鹞鲼的危害，与栉江珧是相似的。目前，蛤仔资源处于低水平状态，可以认为无斑鹞鲼是蛤仔资源减少的原因之一。至于有害赤潮方面，已经确认由于褐胞藻赤潮的发生而导致蛤仔死亡[136]。近年来，褐胞藻赤潮的发生次数呈现出增加趋势，所以很可能也是蛤仔资源减少的重要原因。关于锰的影响，有研究指出，来自河流潮间带底质中的锰含量呈现出增加趋势，可能对水底的幼贝生存带来恶劣影响[137]。

曾占据有明海渔业产量大部分的双壳贝类产量的恢复，将对有明海渔业生产的复兴发挥重要作用。因此，各县和日本中央政府、大学等的研究人员都在进行各种调查研究、采取各种行动，其目的就是能够实现有明海渔业生产的复兴。

（2）鱼类

在有明海海域，以湾顶区域为中心，存在很多传统的小规模捕鱼方法。如利用潮流捕捞的定置网——竹制“八”字形插网和鮟鱇网等（图 2. 38）。这些捕鱼活动一般都是在春季至秋季紫菜养殖的间隙以家族为单位进行的。另一方面，在海上还有一种小规模的渔业活动很活跃，即采用刺网和小型底拖网（图 2. 38）等方式捕捞底生鱼类。后文将把鱼类分为硬骨鱼类和软骨鱼类，分别论述捕获量的变化。

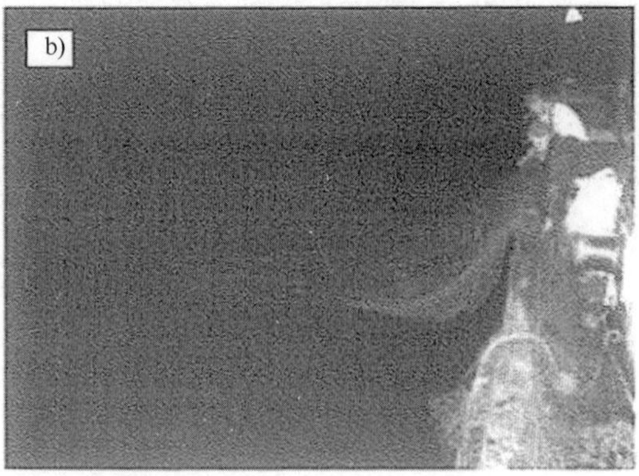

图 2.38 有明海区域的各种渔业

a）湾顶采用竹制“八”字形插网捕鱼；b）岛原半岛海域进行小型底拖网捕鱼

①硬骨鱼类

硬骨鱼类捕获量的常年变化如图 2.39 所示。硬骨鱼类的捕获量在 1987 年达到顶峰，超过了 13 000 t，随后就一直在减少，近年来更是减少到 5 000 t 以下。有明海主要捕捞对象都是底生物种，其中代表性物种捕获量的常年变化如图 2.40 所示。日本须鳎鱼类、牙鲆、箕作黄姑鱼/白姑鱼类及比目鱼类全部都是从 20 世纪 80 年代后半期开始持续减少，至 20 世纪 90 年代后半期出现了低于有统计记录（1976 年之后）的最低水平。

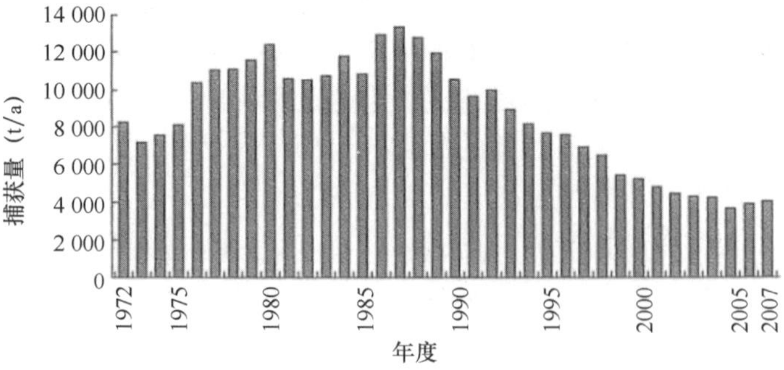

图 2.39 有明海硬骨鱼类捕获量的常年变化

栖息于有明海的大多数硬骨鱼类都将湾顶区域作为产卵场所和幼鱼的生长场所[138)]。白姑鱼在有明海中部岛原半岛海域产卵，将湾顶区域作为幼鱼的生长场所，其生长史如图 2.41 所示。20 世纪 80 年代，白姑鱼的产量和黄姑鱼一样创下了箕作黄姑鱼/白姑鱼类产量记录，是有明海重要的捕捞对象。除白姑鱼之外，包括极具经济价值的红鳍东方鲀属鱼类和舌鳎属鱼类在内的很多物种也都具有与白姑鱼同样的生长模式。对于采取多产型增殖战略的普通海产硬骨鱼类来说，卵、幼鱼的初期损耗程度是决定世代群资源丰富度的最重要因素。白姑鱼等的卵及幼鱼被水流送入湾顶区域，并在那里长大。对于这种硬骨鱼类的初期生存来说，其洄游路径中海域的环境恶化（贫氧化等）、栖息地环境恶化、栖息地面积减少等，对其初期生存造成负面影响的可能性极高。

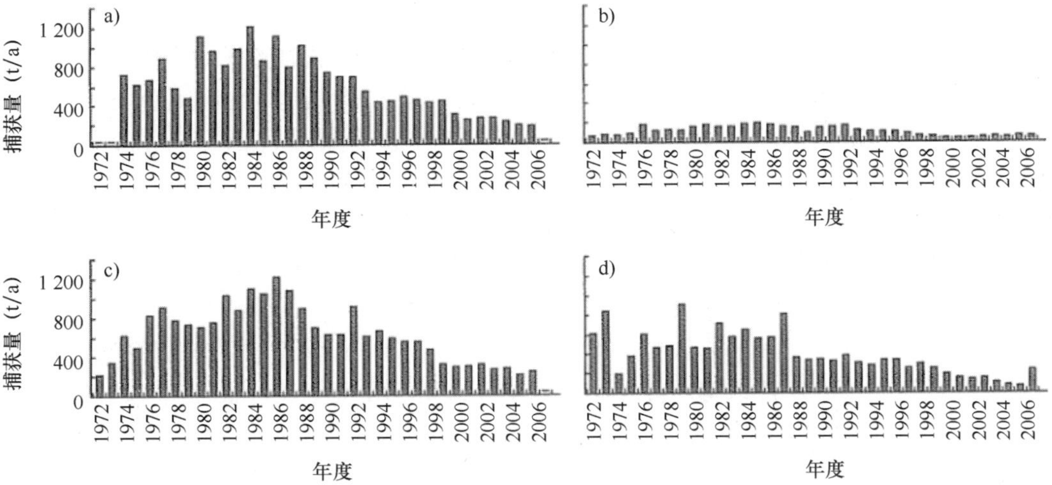

图 2.40　日本须鳎鱼类、牙鲆、箕作黄姑鱼/白姑鱼类、比目鱼类捕获量的常年变化

a）日本须鳎鱼类；b）牙鲆；c）箕作黄姑鱼/白姑鱼类；d）比目鱼类

注：“-”表示无数据

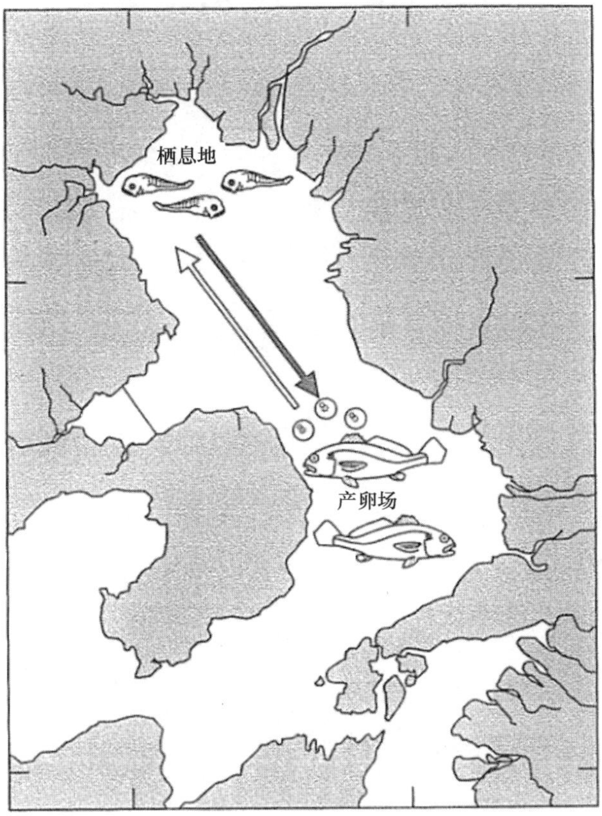

图 2.41　白姑鱼的生长史

②软骨鱼类

有明海的特点之一就是栖息着非常多的软骨鱼类，这些软骨鱼类大多成为底拖网和刺网、延绳捕捞等渔业活动的重要捕捞对象（图 2.42）。特别是以赤鳐属鱼类为代表的鳐类种类非常丰富，最近也发现隐藏物种的存在[139,140]。其重要原因是：一般来说，在鳐类中确定是否属于同物种时，缺乏必要的外部性状测量部位和计数性状。加上外部形态在物种之间有很多也极为类似，已知的相关知识非常少，所以要正确确定是否属于同一物种是非常困难的。在有明海中所观察到的软骨鱼类中，有的是以有明海为主要分布区域，有的通常生活在外海海域，只是在湾顶区域交尾、生产，作为当年鱼进行繁殖活动的场所而暂时利用。大多数软骨鱼类都会将流入湾顶的河流河口区作为繁殖地，而有明海里栖息着大量的软骨鱼类的首要原因就是：这里存在很多适合软骨鱼类繁殖的河口区域[138]。从有明海鳐类捕获量的常年变化来看，捕获量从 20 世纪 90 年代中期之后呈现出减少趋势（图 2.43）。与其他很多硬骨鱼类一样，鳐类也是以湾顶区域作为重要的繁殖场和栖息地，所以湾顶区域的环境恶化对于鳐类的繁殖也会产生严重的负面影响。加上围海造田和开发等导致潮间带/河口区域不断缩小，鳐类失去了繁殖地，很可能也是这种鱼类资源减少的直接要因。

图 2.42　利用小型底拖网捕获的软骨鱼类

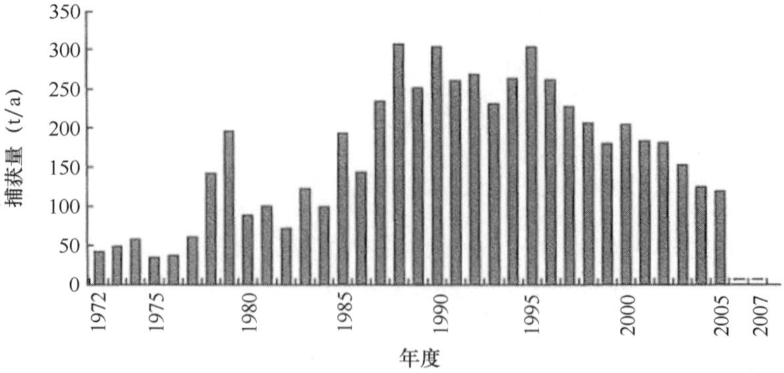

图 2.43　有明海中鳐类捕获量的常年变化

注：“-”表示无数据

③其他水产生物

在有明海地区，除捕捞贝类和鱼类之外，还存在着以虾、蟹、章鱼、乌贼等为捕捞对象的渔业活动。其中对虾是重要的捕捞对象，成为海洋渔业投放活动的对象。从对虾捕获量的常年变化来看（图 2. 44），1983 年创造了历史最高记录，达到 544 t。随后捕获量变化幅度比较大，从 20 世纪 90 年代后期一直处于减少状态。特别是在 2007 年创下了历史最低记录，只捕获了 35 t。对虾的产卵场包括橘湾、有明海湾口、长崎县岛原市海域，从初夏到秋季是产卵期。浮游幼体被水流送到海湾内，仔虾主要出现于福冈县及熊本县的浅海海域，并将这些海域作为成长的栖息地[141)]。从上述内容来看，与白姑鱼等很多鱼类一样，洄游路线中水流的变化、底层水的贫氧化等及栖息地环境恶化给对虾的初期生存造成负面影响的可能性极高。

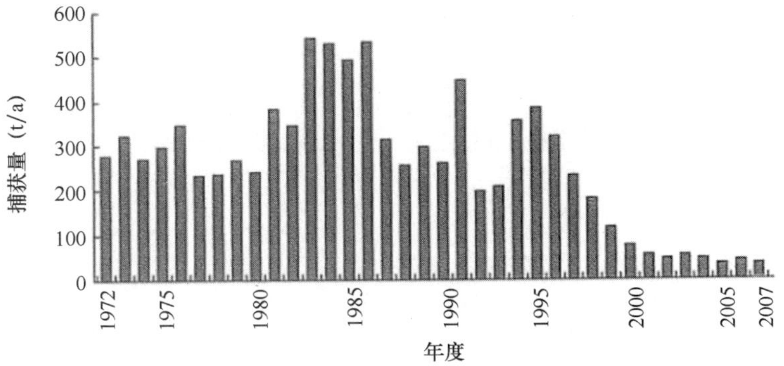

图 2. 44　对虾捕获量的常年变化

三疣梭子蟹是有明海具有代表性的蟹类之一，以“竹崎蟹”“梭子蟹”等品牌名称而为人们所熟知。该物种的捕捞主要采用刺网、笼网、捞网等。产卵期为 5 月至 10 月，产卵场与对虾相同，主要在有明海中部至湾口、橘湾海域。1985 年创下 1 782 t 的捕获记录，随后就一直处于减少状态。2007 年的捕获量为 179 t，只不过是捕获高峰时的 1/10。长崎县和佐贺县捕获量较多，但是有时渔民直接将捕获到的海产品卖掉，所以无法掌握准确的捕获量。总之，这种水产资源在这几年里都呈现出极低水平。各县除了积极投放种苗之外，还各自采取了一些适合本地情况的措施，如保护怀卵母蟹和设定休渔日、限制捕捞对象大小等。

章鱼类和鱿鱼类的捕获量没有出现明显的减少趋势。在有明海地区，金乌贼、雷乌贼、日本枪乌贼类、短蛸和长臂章鱼等的捕获量较多，但是，由于没有按照各种海产品的类别进行捕获量统计，所以详细情况尚无法确定。章鱼类、鱿鱼类的渔场都在湾口附近，主要分布区域为湾口区域。目前，还没有对栖息于有明海的章鱼类和鱿鱼类的生长史进行调查，但是与大多数鱼类和对虾不同的是，即使在生长史初期，其亦不必依赖于环境不断恶化的湾顶区域，所以很可能并不会受到湾顶区域环境恶化的影响。

（3）养殖渔业的变迁（紫菜养殖）

对于有明海的渔业生产来说，从生产总值来看，紫菜养殖占有极为重要的地位。各县紫菜产量的变化如图 2. 45 所示。有明海的紫菜产量自 20 世纪 70 年代之后受生产技术提高的影响呈现出增加趋势，但是 2000 年冬季发生了紫菜褪色灾害，产量大幅度下跌。这一年作为“紫菜歉收”年而成为严重问题。由于对问题的原因和对策进行了积极的研究[142]，2001 年的产量一度有所恢复，随后虽然有的年头受病害的影响出现减产，但是从整体来看生产基本处于稳定状态。另外，在紫菜歉收的 2000 年，各县的产量都出现了下跌，但是如果排除 2000 年，则年平均产量方面各县呈现出不同的趋势。

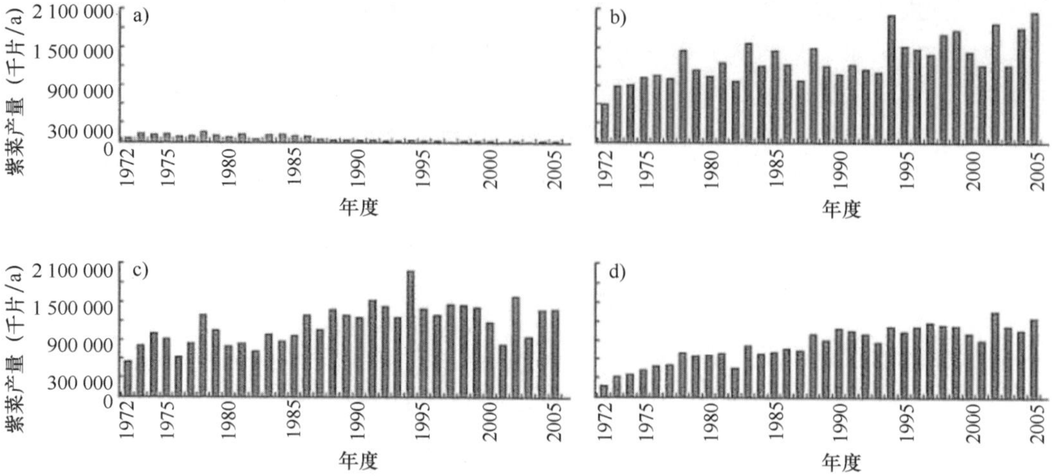

图 2.45　紫菜产量（千片/a）

a）长崎；b）佐贺；c）福冈；d）熊本

在紫菜养殖业方面，有秋芽期（一年收获一次）及冷冻网期（一年收获两次）之分，而从秋芽期和冷冻网期的生产情况来看，如有必要，随后可以收获第三次。秋芽期的紫菜产量和水温的关系呈现出反比关系，这表明秋季至冬季的水温很可能是对秋芽期紫菜的产量造成影响的重要原因之一[142]。

而近年来有人指出“全球变暖使海水水温上升”，这就意味着会给紫菜养殖造成负面影响。另外，部分海域（福冈县、佐贺县南部、熊本县北部）的紫菜产量近年来维持较低水平。有人认为，这是由于紫菜生长所必需的营养盐浓度低下导致的。

（久米　元 · 古满启介 · 山口敦子）

文　献

1）滝川　清："漁場環境を考える～有明海の海域環境特性～"，(社)日本水産資源保護協会，月報，451，3-10（2002）.

2）滝川　清・古川憲治・鈴木敦巳・大本照憲："有明海の白川・緑川河口域における干潟環境特性とその評価に関する研究"，海岸工学論文集，土木学会，46（2），1121-1125（1999）.

3）環境省：有明海・八代海総合調査評価委員会：委員会報告，33p.，2006.

4）環境省：第3回有明海・八代海総合調査評価委員会　資料-10：自然環境保全基礎調査結果の概要（有明海・八代海），2003.

5）滝川　清：第14回有明海・八代海総合調査評価委員会　資料-3：有明海・八代海の底質環境について，2005.

6）滝川　清："有明・八代海沿岸域の自然環境評価と環境共生型社会基盤整備に関する研究"，平成10年度～13年度日本学術振興会科学研究費補助金（基盤研究（A）(2)：一般），研究成果報告書，453p，2002.

7）千葉　賢・武本行正："諫早湾潮受け堤防の影響評価のための潮位観測値の分析と流況解析"，四日市大学環境情報論文，5，pp.39-70（2002）.

8）熊本県，有明海・八代海干潟等沿岸海域再生検討委員会：委員会報告　～有明海・八代海干潟等沿岸海域の再生に向けて～，p.9，2006　を基に作成.

9）宇野木早苗：有明海の潮汐減少の原因に関する観測データの再解析結果，海の研究，12，307-313（2003）.

10）田井　明・酒井公大・齋田倫範・橋本彰博・矢野真一郎・多田彰秀・小松利光：有明海および八代海における半日周期潮汐の長期変化について，水工学論文集，54，2010，印刷中.

11）Ray, R.D.：Secular changes of the M2 tide in the Gulf of Maine, *Continental Shelf Research*，26，422-427（2006）.

12）灘岡和夫・花田　岳：有明海における潮汐振幅減少要因の解明と諫早堤防締め切りの影響，海岸工学論文集，49，401-405（2002）.

13）千葉　賢・武本行正：諫早湾潮受け堤防の影響評価のための潮位観測値の分析と流況数値解析，四日市大学環境情報論集，5，39-70（2002）.

14）藤原考道・経塚雄策・濱田考治：有明海における潮汐・潮流減少の原因について，海の研究，13，403-411（2004）.

15）安田秀一：内湾における副振動の発生と有明海の潮汐増幅について―複合潮の振舞いと固有振動との共振―，海の研究，15，319-334（2006）.

16）田井　明・矢野真一郎：外海を基準とした有明海の M_2 潮増幅率の変動特性と諫早湾潮受け堤防建設による影響，海の研究，17，205-211（2008）.

17）井上尚文・青山恒雄・宮地邦明：沿岸域の海況調査方法としての多数船同時観測の有明海における試行の意義，月刊海洋科学，11（5），448-457（1979）.

18）小松利光・安達貴浩・金納聡志・矢野真一郎・小橋乃子・藤田和夫：有明海における流れと物質輸送に関する現地観測，海岸工学論文集，50，936-940（2003）.

19）小松利光・矢野真一郎・齋田倫範・松永信博・鵜崎賢一・徳永貴久・押川英夫・濱田孝治・橋本彰博・武田　誠・朝位孝二・大串浩一郎・多田彰秀・西田修三・千葉　賢・中村武弘・堤　裕昭・西ノ首英之：北部有明海における流動，成層構造の大規模現地観測，海岸工学論文集，51，341-345（2004）.

20）多田彰秀・中村武弘・矢野真一郎・武田　誠・橋本彰博・染矢真作・齋田倫範：諫早湾内における夏季の流況観測，海岸工学論文集，52，351-355（2005）.

21）齋田倫範・田井　明・橋本彰博・大串浩一郎・多田彰秀・松永信博・小松利光：諫早湾内における低塩分水の挙動に関する現地観測，水工学論文集，54，印刷中，2010.
22）矢野真一郎・齋田倫範・橋本泰尚・神山泰・藤田和夫・小松利光：有明海における潮汐条件に対する流動，成層構造の変化，海岸工学論文集，51，331-335（2004）.
23）中村武弘・矢野真一郎・多田彰秀・野中寛之，亀井雄一：諫早湾湾口部における流況の現地観測，海岸工学論文集，49，396-400（2002）.
24）中村武弘・多田彰秀・矢野真一郎・武田誠・野中寛之：諫早湾湾口部における夏季の流況観測，海岸工学論文集，50，371-375（2003）.
25）多田彰秀・竹之内健太・坂井伸一・染矢真作・水沼道博・中村武弘：DBF海洋レーダによる諫早湾湾口部の流況観測，海岸工学論文集，53，356-360（2006）.
26）多田彰秀・竹之内健太・染矢真作・坂井伸一・水沼道博・中村武弘・坪野考樹：DBF海洋レーダ観測に基づく諫早湾湾口部の表層流動特性，海岸工学論文集，54，391-395（2007）.
27）灘岡和夫・花田　岳：有明海の潮汐振幅減少要因の解明と諫早堤防締め切りの影響，海岸工学論文集，49，401-405（2002）.
28）藤原考道・経塚雄策・濱田孝治：有明海における潮汐・潮流の原因について，海の研究，13，403-411（2004）.
29）Manda, A. and K. Matsuoka：Changes in Tidal Currents in the Ariake Sound Due to Reclamation, *Estuaries and Coasts*, 29, 645-652（2006）.
30）小松利光・矢野真一郎・齋田倫範・田井明：有明海の潮流ならびに物質輸送の変化に関する研究，海岸工学論文集，53，326-330（2006）.
31）小田巻実・大庭幸広・柴田宣昭：有明海の潮流新旧比較観測結果について，海洋情報部研究報告，39，33-61（2003）.
32）海上保安庁：有明海，八代海海象調査報告書，39p.　1974.
33）西ノ首英之・小松利光・矢野真一郎・齋田倫範：諫早湾干拓事業が有明海の流動構造へ及ぼす影響の評価，海岸工学論文集，51，336-340（2004）.
34）西ノ首英之・山口恭弘：島原湾及び橘湾の海水流動特性，雲仙普賢岳火山活動の水産業に及ぼす影響調査事業報告書，pp.10-65，1996.
35）山口創一・濱田孝治・速水祐一・瀬口昌洋・大串浩一郎：有明海奥部筑後川河口沖における流れの季節および経年変動，海岸工学論文集，56，436-440（2009）.
36）田井　明・齋田倫範・矢野真一郎・川村嘉応・野口敏春・小松利光：有明海湾奥における近年の潮流の変化と残差流の変動特性，海岸工学論文集，55，371-375（2008）.
37）齋田倫範・矢野真一郎・橋本泰尚・小松利光：大規模一斉観測データを用いた諫早湾口周辺の流動特性の検討，海岸工学論文集，52，346-350（2005）.
38）松野　健・中田英昭：有明海の流れ場を支配する物理過程，沿岸海洋研究，42，11-17（2004）.
39）千葉　賢・武本行正：諫早湾潮受け堤防設置に伴う有明海の流況変化に関する研究，海岸工学論文集，50，376-380（2003）.
40）佐々木克之・程木義邦・村上哲生：諫早湾調整池からのCOD・全窒素・全リンの排出量および失われた浄化量の推定，海の研究，12，573-591（2003）.
41）齋田倫範・田井　明・矢野真一郎・小松利光：護岸建設による干潟上の流速減少に関する一考察，水工学論文集，53，1465-1470（2009）.
42）大串浩一郎・馬場里美・荒木宏之・Thian Yew GAN：衛星画像と現地観測に基づく有明海湾奥部の水質評価．水工学論文集，47，1261-1266（2003）.
43）横内克巳・半田亮司・川村嘉応・吉田雄一・山本憲一・清本容子・岡村和麿・藤原　豪：有明海における水質環境の水平分布と経時変化，海と空，80（4），141-162（2005）.

44) 川口　修・山本民次・松田　治・橋本俊也：水質の長期変動に基づく有明海におけるノリおよび珪藻プランクトンの増殖制限元素の解明，海の研究，13（2），173-183（2004）.
45) 川村嘉応：有明海奥部のノリ養殖　影響する環境要因と自然環境への影響，海洋と生物，167，603-610（2006）.
46) 渡辺康憲・川村嘉応・半田亮司：ノリ養殖と栄養塩ダイナミックス，沿岸海洋研究，42（1），47-54（2004）.
47) 柳　哲雄・阿部良平：有明海の塩分と河川流量から見た海水交換の経年変動，海の研究，12（3），269-274（2003）.
48) 柳　哲雄・下村真由美：有明海における成層度の経年変動，海の研究，13（6），575-581（2004）.
49) 松川康夫：諫早干拓などに伴う潮汐，潮流，海洋構造の変化．有明海生態系再生をめざして（日本海洋学会編），恒星社厚生閣，pp.49-54，2005.
50) 程木義邦：有明海浅海定線調査データでみられる表層低塩分水輸送パターンの変化．有明海生態系再生をめざして（日本海洋学会編），恒星社厚生閣，pp.55-62，2005.
51) 磯崎一郎・北原栄子：有明海の海況の特徴，沿岸海洋研究ノート，14（1·2），25-35（1977）.
52) 青峰重範・東　俊雄・井ノ子昭夫：有明海泥土の粘土鉱物，九州大学農学部学芸雑誌，14（3）：387-398（1954）.
53) 代田昭彦：非生物体ニゴリの研究－Ⅰ，河口域における栄養塩濃度の変動に関与するニゴリ，日本水産学会誌，45（9），1123-1128（1979）.
54) 日本海洋学会：有明海，日本全国沿岸海洋誌，東海大学出版会，pp.815-878，1985.
55) 中田英昭：有明海の環境変化が漁業資源に及ぼす影響に関する総合研究，平成13年度～平成17年度科学研究費補助金（基礎研究S）研究成果報告書，2006.
56) 杉本隆成・田中勝久・佐藤英夫：有明海奥部における浮泥の挙動と低次生産への影響，沿岸海洋研究，42（1），19-25（2004）.
57) 代田昭彦：有明海の栄養塩類とニゴリの特性，月刊海洋科学，12（2），127-137（1980）.
58) 山本民次・川口　修：有明海の栄養塩環境とノリ養殖―ノリの不作は何故起こったか―，水環境学会誌，27（5），293-300（2004）.
59) 滝川　清・田中健治・外村隆臣・西岡律恵・青山千春：有明海の過去25年間における海域環境の変動特性，海岸工学論文集，50，1001-1005（2003）.
60) 星野通平：日本近海大陸棚上の泥質堆積物について，地質学雑誌，58，41-53（1952）.
61) 星野通平：日本近海大陸棚上の堆積物について，地団研専報，7，1-41（1958）.
62) 鎌田泰彦：有明海の底質（概報），堆積学研究，16，5-8（1957）.
63) 鎌田泰彦：有明海の海底堆積物，長崎大学教育学部自然科学研究報告，18，71-82（1967）.
64) 松石秀之：有明海における海底砂鉄の地質及び鉱床―海底砂鉄探査の研究　そのI，九州鉱山学会誌，34，23-60（1966a）.
65) 松石秀之：有明海における海底砂鉄の地質及び鉱床―海底砂鉄探査の研究　そのII，九州鉱山学会誌，34，89-114（1966）.
66) 松石秀之：有明海における海底砂鉄の地質及び鉱床―海底砂鉄探査の研究　そのIII，九州鉱山学会誌，34，115-171（1966）.
67) 熊本県土木部：熊本県海域海底砂賦存量調査委託報告書．pp.1-267，1992.
68) 長崎海洋気象台：有明海の総合開発に関連した海洋学的研究（1），1-40，1954.
69) 海上保安庁水路部：島原海湾の海底地形・底質分布および潮流．海上保安庁水路部調査報告，pp.1-42，1959.
70) 有明海研究グループ：有明・不知火海域

の第四系．地団研専報，11，1-86（1965）．

71）木下泰正・有田正史・小野寺公児・大嶋和雄・松元英二・西村清和・横田節哉：61-2 有明海および周辺海域の堆積物，通商産業省工業技術院地質調査所公害特別研究報告書（環境特研），61，29-67（1980）．

72）代田昭彦・近藤正人：有明海，III 化学（日本海洋学会沿岸海洋研究部会編），日本全国沿岸海洋誌，pp.846-862，1985．

73）建設省国土地理院：沿岸海域基礎調査報告書（熊本地区），pp.1-89，1979．

74）建設省国土地理院：沿岸海域基礎調査報告書（三角地区），pp.1-112，1979．

75）建設省国土地理院：沿岸海域基礎調査報告書（島原地区），pp.1-195，1982．

76）建設省国土地理院：沿岸海域基礎調査報告書（荒尾地区），pp.1-129．1985．

77）秋元和實・滝川　清・島崎英行・鳥井真之・長谷義隆・松田博貴・小松俊文・本座栄一・田中正和・大久保功史・筑紫健一・松岡數充・近藤　寛：「がらかぶ」が見た有明海の風景―環境変化をとらえるための表層堆積物データベース―，熊本大学沿岸域環境科学教育研究センター，NPO みらい有明・不知火，2004．

78）近藤　寛・東 幹男・西ノ首英之：有明海における海底堆積物の粒度分布と CN 組成，長崎大学教育学部紀要―自然科学―，68，1-14（2003）．

79）Akimoto, K., Nakahara, K., Kondo, H., Ishiga, H.and Dozen, K.: Environmental reconstruction based on heavy metals, diatoms and benthic foraminifers in the Isahaya Reclamation Area, Nagasaki, *Japan.Jour. Environ. Micropaleo. Microbio. Meiobenth.*, 1,83-106（2004）．

80）松岡數充：有明海・諫早湾堆積物表層部に残された渦鞭毛藻シスト群集からみた水質環境の中長期的変化，沿岸海洋研究，42，55-59（2004）．

81）横瀬久芳・百島則幸・松岡數充・長谷義隆・本座栄一：海底堆積物を用いた有明海100年変遷史の環境評価，地学雑誌，114，1-20（2005）．

82）秋元和實・滝川　清・西村啓介・平城兼寿・鳥井真之・園田吉弘：有明海白川沖における過去60年間の環境変遷の特性，海岸工学論文集，53，941-945（2006）．

83）東 幹男：諫早湾干拓事業に伴う有明海異変に関する保全生態学的研究，有明海異変と諫早湾干拓の関連解明に向けて（自然保護助成基金編），pp. 131-147，2006．

84）安達貴浩・金納　聡：第 2 章　有明プロジェクトによる一斉観測の概要と主な結果．有明プロジェクト中間報告（その 1），pp. 11-94，2002．

85）井上尚文：有明海，II　物理（日本海洋学会沿岸海洋研究部会 編），日本全国沿岸海洋誌，東海大学出版会，pp.831-845，1992．

86）滝川　清・秋元和實・吉武弘之・渡辺　枢：有明海大浦沖における海底撹拌の効果．海岸工学論文集，52，1141-1145（2005）．

87）吉村　直：有明海における貧酸素水塊の挙動と底泥からの栄養塩の溶出，熊本県水産研究センターニュース，pp.8-9，2004．

88）滝川　清・秋元和實・平城兼寿・田中正和・西村啓介・島崎英行・渡辺　枢：有明海熊本沖の水塊構造と表層堆積物分布特性，海岸工学論文集，52，956-960（2005）．

89）秋元和實，七山　太，安間　恵，滝川　清：音響および底質特性に基づく熊本市沖有明海の海域環境の解析，海洋開発論文集，24，639-644（2008）．

90）田中正和・島崎英行・長谷義隆・松田博貴・小松俊文・小田真優子・大久保功史・平城兼寿・秋元和實：九州西部島原湾の春季の水塊分布，熊本大学理学部紀要（地球科学），18（1），1-9（2004）．

91）佐藤聡美・松田博貴：有明海緑川河口付近の堆積過程，熊本大学理学部紀要（地球科学），17（2），1-14（2003）．

92）柿木哲也・滝川　清・山田文彦・木下栄

一郎・外村隆臣：干潟地形変化数値シミュレーション解析，平成13年度－平成15年度科学研究費補助金（基盤研究（A）(2)）「有明・八代海域における高潮ハザードマップ形成と干潟環境変化予測システムの構築」研究成果報告書，pp.165-185，2004.

93) 栗山善昭・滝川　清・榎園光廣・野村　茂・橋本孝治・柴田貴徳：熊本市白川河口における土砂収支の検討，海岸工学論文集，50，556-560（2003）.

94) 近藤　寛・東　幹夫・西ノ首英之・山口恭弘：1　水無川河口沖における底質の粒度組成の変化，有明海水産事業復興対策基礎調査事業報告書，pp.15-80，2001.

95) 熊本開発研究センター：熊本港周辺海域干潟生物調査，1978-1998.

96) 環境省：第16回有明海・八代海総合調査評価委員会資料，pp.1-8，2006.

97) 菊池泰二：干潟浅海系の保全の意義，佐藤正典(編)，有明海の生きものたち（佐藤正典 編），海遊舎，pp.306-317，2001.

98) 森　敬介：生息生物の種類と分布，産官学連携による有明海を再生させる取り組み成果報告会講演要旨集，pp.28-31，2008.

99) 秋元和實・田中正和・滝川　清：有明海熊本沖における海域環境の変動に対する生物多様性の応答の解析，海洋開発論文集，25，527-532（2009）.

100) 中村武弘・多田章秀・矢野真一郎：Aラインおよび E ラインの流速観測について，有明プロジェクト研究チーム編，有明プロジェクト中間報告書（その1），pp.126-134，2002.

101) Nozaki, Y., Kasemsupaya, V. and Tsubota, H.:The distribution of 228Ra and 226Ra in the surface waters of the northern North Pacific, *Geochemical Journal*., 24,1-6（1990）.

102) Moore, W. S. and Todd, J. F. :Radium isotopes in the Orinoco and Eastern Caribbean Sea, *Journal of Geophysical Research*, 98（C2），2233-2244（1993）.

103) Krest, J., Moore, W. S. and Rama, M.:226Ra and 228Ra in the mixing zones of the Mississippi and Atchafalaya Rivers: indicators of groundwater input, *Marine Chemistry*. 64,129-152（1999）.

104) Moore, W. S., and Krest, J. :Distribution of 223Ra and 224Ra in the plumes of the Mississippi and Atchafalaya Rivers and the Gulf of Mexico, *Marine Chemistry*, 86,105-119（2004）.

105) Kawakami,H.：Surface water mixing estimated from 228Ra and 266Ra in the northwestern North Pacific, *Journal of Emvironmental Radioactivity*, 99,1335-1340（2008）.

106) 野村律夫・瀬戸浩二・入月俊明・井上睦夫・小藤久毅：中海閉鎖性水域の開削に伴う湖沼循環の変化．日本古生物学会2008年年会講演予稿集，p.75，2008.

107) 山崎　誠・尾田太良・秋元和實・田中裕一郎：東シナ海陸棚縁辺域から陸棚斜面域における有孔虫の輸送過程，地質学雑誌，107，15-25（2001）.

108) 秋元和實・野村律夫・田中正和・島崎英行・滝川　清：ラジウム放射能比解析による諫早湾内の堆積作用特性，海岸工学論文集，56，……（2009）.

109) 門上希和夫・濱田建一郎・楠田哲也・伊豫岡宏樹・陣矢大助・上田直子・岩村幸美・楠田哲也：閉鎖性2海域（洞海湾，有明海）における底質中の有害物質蓄積量，用水と排水，51（12）,997-1003（2009）.

110) 海上保安庁水路部：海洋汚染調査報告，第32号，2004.

111) 海上保安庁水路部：海洋汚染調査報告，第33号，2005.

112) 海上保安庁水路部：海洋汚染調査報告，第34号，2006.

113) 海上保安庁水路部：海洋汚染調査報告，第35号，2007.

114) Fukushima, K., T. Saino and Y. Kodama：

Trace metal contamination in Tokyo Bay, Japan., *The Science of the Total Environment*, 125,373-389 (1992).

115) Long et al.：Environmental Management, *NOAA*, 19 (1), 81-97 (1995).

116) (独)水産総合研究センター：平成 21 年度環境省請負業務結果報告書　有明海貧酸素水塊発生機構実証調査，2010.

117) 速水祐一・山口創一・濱田孝治・真鍋智明・経塚雄策：海洋構造・物質輸送からみた有明海の貧酸素水塊形成機構，第 21 回沿環連ジョイント・シンポジウム　有明海貧酸素水塊の実態と要因　要旨集，2009.

118) 速水祐一：有明海奥部の貧酸素水塊－形成機構と長期変動－，月刊海洋，39 (1)，22-28 (2007).

119) 濱田孝治・速水祐一・山本浩一・大串浩一郎・吉野健児・平川隆一・山田裕樹：2006 年夏季の有明海奥部における大規模貧酸素化．海の研究，17 (5)，371-377 (2008).

120) 中田英昭：有明海の環境変化が漁業資源に及ぼす影響に関する総合研究，平成 13 年度～平成 17 年度科学研究費補助金（基礎研究 S）研究成果報告書，2006.

121) 松田　治：有明海問題の所在とその歴史的経緯，沿岸海洋研究，42 (1)，5-10 (2004).

122) 石尾真弥・近藤敬二：有明海富栄養化水域における赤潮寡少原因に関する研究―I．硫化水素による疎おどろからのリン酸イオンの溶出，日本水産学会春季大会講演要旨集．pp.131，1980.

123) 長副　聡：渦鞭毛藻 *Gyrodinium instriatum* の赤潮発生機構に関する研究，九州大学大学院農学研究院博士論文，2006.

124) 松原　賢・長副　聡・山崎康裕・紫加田知幸・島崎洋平・大嶋雄治・本城凡夫：渦鞭毛藻 *Akashiwo sanguinea* に対する中心目珪藻類による増殖抑制作用，日本水産学会誌，74，598-606 (2008).

125) 長副　聡・島崎洋平・松原 賢・紫加田 知幸・山崎 康裕・吉田幸史・久野勝利・大嶋雄治・本城凡夫：有明海奥部，塩田川河口海域における物理・化学的要因と植物プランクトンの増殖との関係，沿岸海洋研究，46，141-151 (2009).

126) Okada, T., Shikata, T. and Honjo, T.：Thin-layer bloom of diatoms around the mouth of the Arakawa River in Tokyo Bay. Journal of Faculty of Agriculture, *Kyushu University*, 53 (1)，73-80 (2008).

127) Shikata,T.,Nagasoe, S., Oh,S-J., Matsubara,K., Yamasaki,Y., Shimasaki,Y., Oshima, Y. and Honjo,T.：Effects of down-and up-shocks from rapid changes of salinity on survival and growth of estuarine phytoplankters，*Journal of the Faculty of Agriculture, Kyushu University*，53 (1)，81-87 (2008).

128) Matsubara,T., Nagasoe,S., Yamasaki,Y., Shikata,T., Shimasaki,Y., Oshima,Y. and Honjo,T.：Effects of temperature, salinity, and irradiance on the growth of the dinoflagellate Akashiwo sanguinea，*Journal of Experimental Marine Biology and Ecology*，342，226-230 (2007).

129) 松原 賢：渦鞭毛藻 Akashiwo sanguinea の赤潮発赤機構に関する研究，九州大学大学院農学研究院博士論文，2008.

130) Ishimatsu,A., Sameshima,M., Tamura,A. and Oda,T.：Histological analysis of the mechanisms of Chattonella-induced hypoxemia in yellowtail，*Fisheries Science*，62，50-58 (1996).

131) 本城凡夫：赤潮生物の増殖促進物質，「赤潮―発生機構と対策」（日本水産学会編），恒星社厚生閣，pp.25-37，1980.

132) 土屋晴彦・朝田英二・本城凡夫：衣浦港における赤潮発生期の植物プランクトン組成と溶存鉄量の変動，昭和 55 年度日本水産学会春季大会講演要旨集，pp.130，1980.

133) Yamaguchi, M. and Imai I.：A microfluorometric analysis of nuclear DNA at different dtages in the life history of

Chattonella antiqua and Chattonella marina (Raphidophyceae), *Phycologia,* 33, 163-170 (1994).

134) 川原逸朗・伊藤史郎・山口敦子：有明海のタイラギ資源に及ぼすナルトビエイの影響，佐賀有明水研報，22，29-33（2004).

135) Yamaguchi, A., Kawahara, I. and Ito, S.: Occurrence, growth and food of longheaded eagle ray, Aetobatus flagellum, in Ariake Sound, Kyushu, *Japan. Environ. Biol. Fish.*, 74, 229-238（2005).

136) 藤井明彦：長崎県小長井町地先で発生したシャットネラ赤潮に伴うアサリの大量斃死，MRI レポート，2，19-20（2001).

137) 日本海洋学会編：有明海の生態系再生をめざして，恒星社厚生閣，2005.

138) 田北　徹・山口敦子：干潟の海に生きる魚たち－有明海の豊かさと危機，東海大学出版会，2009.

139) 古満啓介：東アジア産アカエイ属魚類の分類および生活史に関する研究，長崎大学大学院生産科学研究科博士論文，2009.

140) Yagishita, N., Furumitsu, K.and Yamaguchi, A.: Molecular evidence for the taxonomic status of an undescribed species of Dasyatis from Japan（Chondrichthyes: Dasyatidae）, *Spec. Div.*, 14, 157-164（2009).

141) 伊藤史郎：有明海におけるクルマエビ共同放流事業，日本水産学会誌，72，471-475（2006).

142) 環境省：有明海・八代海総合調査評価委員会報告書，2006. northwestern North Pacific, *Journal of Emvironmental Radioactivity*, 99, 1335-1340（2008).

第3章　有明海修复构想

3.1　修复目标及修复指标的构想

修复目标是要将有明海重新变成“富饶之海”。“富饶之海”是一个美好的词语，但在共同价值观基础上所有人都能共享的内容，并不能明确做出定义。对于这个不能明确定义的词汇来说，人们各有各的想法，从而勾勒出不同的理想画面。有明海面临的一个重大课题就是：要实现保护自然和促进水产业的持续发展。从科学上明确定义“富饶之海”是相当困难的，但基于修复目标可以尝试去做出定义。所谓的“富饶之海”，是让生态系统能够一直为人类提供服务，确保生态系统中的生物群体和食物链系统保持正常，成为一个健康的生态系统，使有明海成为一个能够保护固有物种的海域。也就是说，保证有明海提供给人们的水产业、休闲产业以及有明海的潮间带、水面和旅游、矿产资源等能够持续下去，在生物群体方面能够维持生物多样性的状态。任何地区都必须保护固有物种、维持生物多样性。有明海地区虽然有相当一部分处于自然状态，但是它毕竟是内海，与陆地上的深山一样，是经过人类改造的“二次性水环境”。因此，与保持纯自然状态下的生物多样性不同的是，如果人类活动不能持续，则当前的环境将无法得到保护。而另一方面，虽然有明海属于“第二自然”的内海，但是保护“第一自然”也是不可或缺的，所以有明海的环境保护工作是非常复杂的。

如图3.1所示，海域修复的顺序为：设定目标及能反映目标的定量指标、确定用于实现目标的计划和技术方法，确保技术方法能够持续下去的管理技术，适用技术方法的开发、实施效果评价方法以及根据评价结果、结果反馈而对效果进行增强和调整。特别是在实现目标的计划和技术方法方面，根据模型的模拟结果来预测将来，掌握未来所能够实现的结果，事先采取对应措施，以推进有效的修复工作。另外，为了进行模拟实验，要将自然条件、人为条件作为初始条件、极限条件来创造模拟环境。而为了提高模型的精度，必须有大量的观测数据。实现有明海的修复，不仅要坚持上述顺序，而且必须将可持续性确保方案、修复技术实施费用获取方案等确定下来。不仅要采用最合适的技术，而且在社会关系方面也必须实现最佳化。按照这一流程，将实现“富饶之海”这一目标细化，在进行修复时制定能够定量表现相关项目的指标。在最终阶段，必须统筹细化相关项目，获得最合适的解决方案。

设定目标时要将以下内容纳入考虑范围：

（1）自然环境保护：固有物种和珍贵物种的保护、高级物种的保护、各种生物物种数量、滩涂面积、岩礁带面积、食物链系统的能量流动、底质粒度、营养盐浓度、陆域泥沙输送量；

（2）水产类：鱼种、捕捞量、捕捞收入金额、紫菜养殖面积、从业人员就业率；

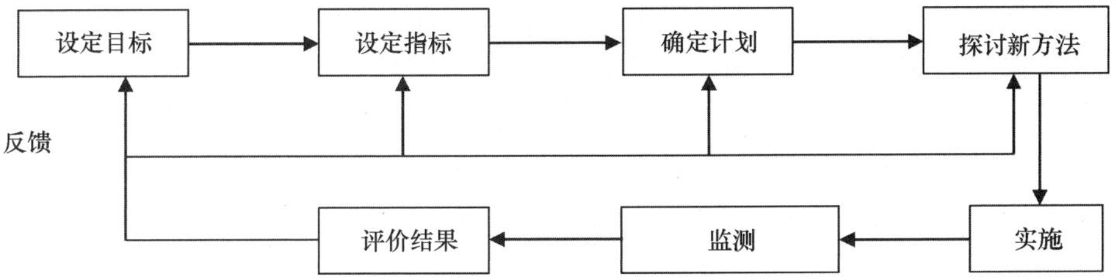

图 3.1　海域修复顺序

（3）休闲业：水深、混浊程度、底质粒度；

（4）旅游观光：景观优劣、水色。

对于上述各项指标，必须制定实现的目标值。除了能够确定经济价值的外，“水产类”中的鱼类与“自然保护类”中的珍稀物种的价值尚无法进行对比。因此，在统筹细分相关指标项以获得最佳解决方法时，需要在分别确定变换系数或分别计算的基础上，加权进行判断。

在修复指标中，要选取鱼类还是贝类需慎重考虑。大型鱼类属于该海域的代表性生物，并且人们对其生活史比较了解，而且也属于水产养殖的对象，因此，大多数情况下，大家会选择大型鱼类作为指标。虽然也考虑过珍贵物种，但由于对其生活史尚未充分了解，推进科学研究非常困难。

作为设定目标，理想的方法是在水产业方面不仅要确保捕捞量、收获量，还要确保渔业从业人员能够获得必要的收入。因此，在继续吸引年轻人才的同时，要保证有明海的环境不会恶化，水产业能够持续发展，而且能够为日本的食品供给保障做出贡献。对于非水产对象生物来说，根据水域的分区规划，进行区别也是一种方法。

3.2　制订修复计划的方法

修复计划不仅要考虑近岸海域的问题，还必须以整个海域为对象来思考各种问题。这是因为在某个被划分出来的海域内，水、物质、生物等处于循环状态。例如，太平洋的底层水从纪淡海峡流入大阪湾，大阪湾的水经过明石海峡、鸣门海峡流入播磨滩。结果大阪湾营养盐低下的水质给播磨滩的紫菜养殖等造成了影响。同理，有明海存在逆时针方向流动的大规模恒定水流，它的影响涉及不同的县。在实施海域修复时，必须在法律法规方面确定整个海域的管理主体。在濑户内海，设立濑户内海环境保全知事会议，推进行政主体之间的信息共享。在有明海修复过程中也设置了类似的组织，但是目前还没有发挥作用。

如果在需要修复的海域设立了决策机构，则可在负责人、相关人员参与计划的基础上来确定修复目标和修复指标，制订实现修复目标和指标的计划，进行必要的技术开发、实施效果的评价。制订计划时，不仅包括工程计划，还必须包括修复功能的计划。而且有时还要根据要素之间的关联性来划分某一物种的阶层关系，一般对上层要素实现指标化，则下层要素将会自动获得。

制订修复计划时，必须对适用技术、海域环境状况及其变化有正确的科学信息。有时必须通过模拟实验来进行预测。从最开始就要明确任何机构都有义务在收集技术信息、环境信息进行解析之后，将相关信息进行公开，这样才能获得所希望的结果。

还有一个必须牢记的事项就是费用负担。不仅受益者要负担费用，而且要求政府也能承担相关费用，期待着能够获得相关的社会回报。在制订计划阶段，必须充分研究费用是否合理、是否有利于社会福祉，而且必须充分研究是否会影响生物多样性。

3.3 社会经济环境修复方法

在日本，第一产业的从业人数持续减少。渔业从业人数也同样呈现出减少趋势。从业人员的平均年龄几乎每年上升 1 岁。这意味着进入这一行业的新人非常少。为了确保渔业从业人员的收入能够达到吸引年轻人持续进入这一行业，不仅要确保鱼种、捕捞量，还必须确定收入目标，即从销售金额中扣除各项经费后的金额能够达到白领的平均年收入。渔业与农业在形态上不同，但是通过行业合作化可以削减资本投资额、减小劳动强度。因此，实现渔业和农业的行业合作也是非常必要的。进口的鱼产品比当地出产的鱼产品价格低廉，捕捞量超过消费量，这些因素都会导致水产业发展困难，因此，必须关注海外的动向。

无论是鱼贝类还是紫菜，随着人口减少和年轻人的口味变化，销量都呈现出减少趋势。因此，必须建立能够刺激渔业从业人员提升附加价值的体系。在紫菜方面，对来自中国、韩国的进口紫菜设立了限制，以此来保护日本本国的产品。目前紫菜进口已经减少。另外，由于正在引进联合销售紫菜的制度，生产者还不能自行销售产品，这样一来，制度上还存在改进的空间。而且现在已经到了制定“将高品质的产品向海外的富裕阶层出口”这一体制的时间点。

渔业呈现出能捕捞就捕捞的趋势，很难引进资源管理。必须努力让渔业从业人员从科学的角度去理解事物。另一方面，还必须考虑建立经济支援体系，通过小额信贷来引进资源管理。

渔业仍然是一种需要经验的职业。渔业相关的隐性知识一旦灭失，重新恢复需要相当长的时间，因此希望能避免渔业相关的隐性知识的灭失。（楠田哲也）

第 4 章　有明海环境解析

4.1　流入有明海的物质

4.1.1　来自陆源的污染

（1）有明海流域的特点

有明海的流域面积为 8 420 km^2。流入有明海的河流流域如图 4.1（彩色卷首插图）所示，土地利用的面积比例如图 4.2 所示。筑后川流域几乎占总流域面积的 1/4，因此来自筑后川流域的陆源污染对有明海湾顶的环境具有极大的影响。另外，正如 1.1 节所述，在有明海流域，森林和农地几乎占了 90%以上，具有来自自然生态系统、土地生态系统负荷过大的特点。从每条河流的年度总流量来看，筑后川的流量约占总流量的 30%（图 4.3）。

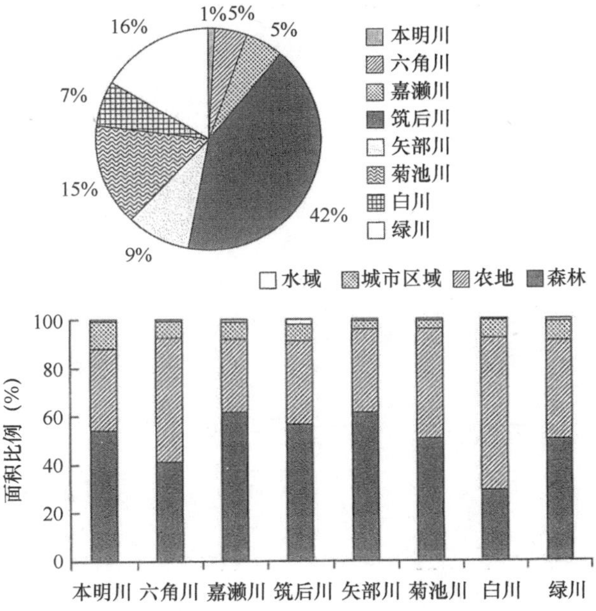

图 4.2　一级河流流域的面积比例和各河流流域的土地利用比例

（2）输入污染负荷量

利用国调费模型[1)]计算有明海的输入污染负荷量。如图 4.4 所示，计算时认为污染负荷减少的原因来自各流域下水道整治综合计划。在该模型中，将陆地分为顺流区域、

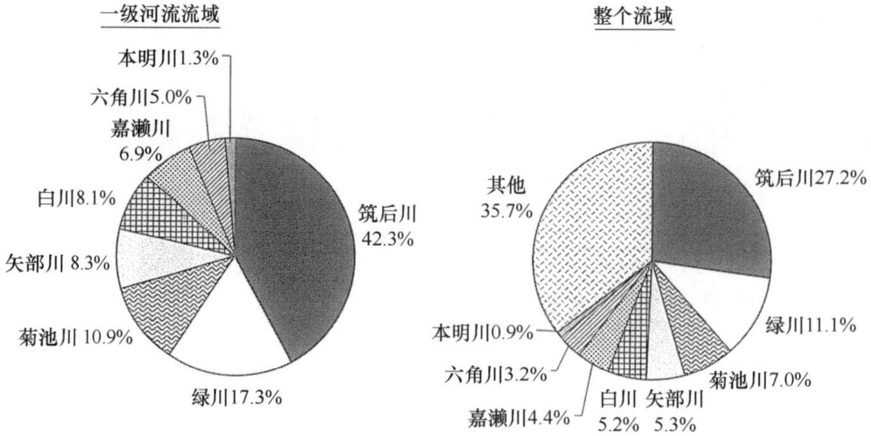

图 4.3 年度总流量的河流比较（2000—2004 年）

注：总流量 = 观测地点流量/观测地点流域面积×总流域面积 有明海流域面积：8 420 km^2

感潮区域、直接入海区域这三大区域。在顺流区域，根据实测河流流量，利用L-Q公式计算流入负荷量；在其他两个区域利用原单位法计算流入负荷量。无论哪个区域都要根据日流量来进行计算。计算谏早湾围海造田地区的排放量时，要将来自南北排水口的实际排水量乘上调节池内的水质浓度。L-Q 公式根据水流正常时实施的公共用水区域测定值和洪水时调查结果，按照正常时、中间时、洪水时分别制定。

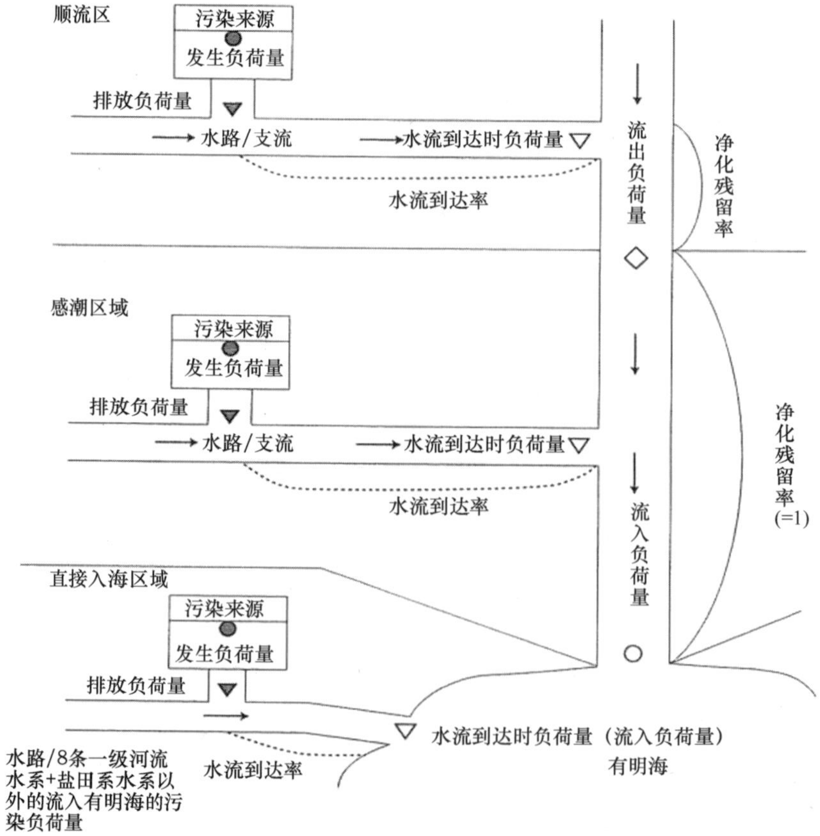

图 4.4 污染负荷输入有明海过程的示意图

环境省[2)]计算了1960年之后有明海流域排放负荷量及流入负荷量，其结果如图4.5所示。另外还将用于模型计算的测算结果追加至流入负荷量中。如果按照产生来源来看排放负荷量，BOD：生活类（40%～50%）和自然类（30%～40%）比例较高；COD：自然类（60%～70%）的比例更高；TN：自然类、畜牧类的比例达到25%；TP：畜牧类的比例较高，占40%～60%。污染负荷量在20世纪70年代后半期呈现出较高趋势，但是随后生活类和产业类的BOD、COD呈现出减少趋势，而产业类TN、TP呈现出减少趋势。在输入污染负荷量方面，BOD、COD、TN及TP在1980年前后呈现出较高趋势，但是随后呈现出减少趋势。而且比较突出的年头都是丰水年。按照流域来看，来自筑后川流域的流入负荷量最大，占总流入负荷量的20%～30%。但是排放负荷量、流入负荷量从长期来看都没有出现明显的增减趋势。

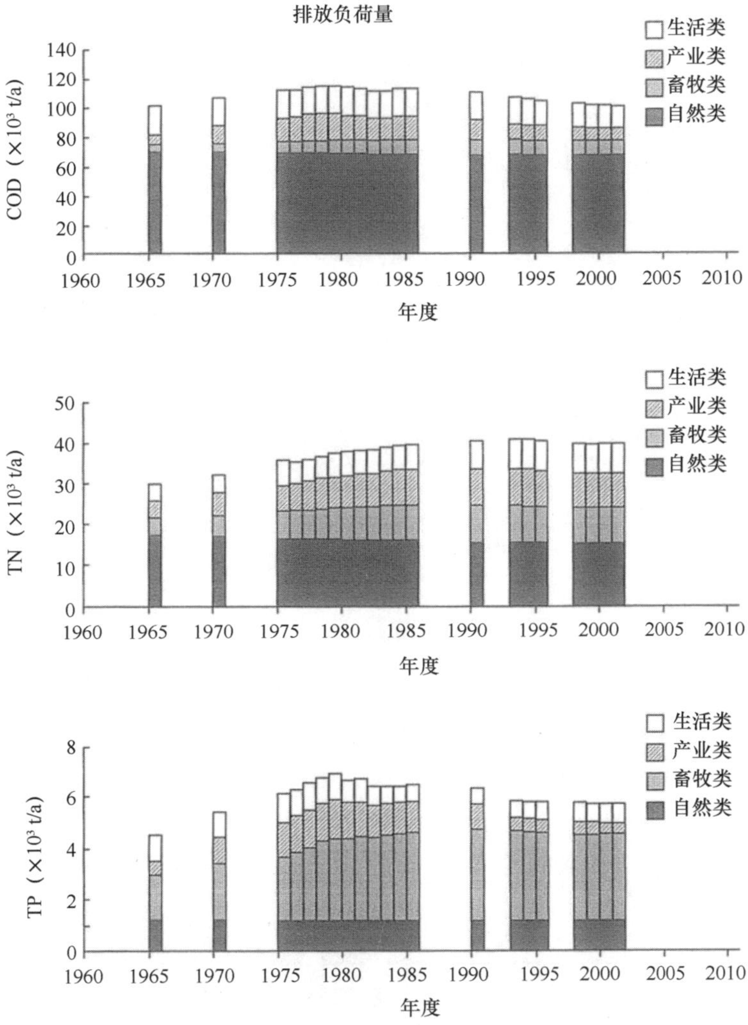

图4.5　排放负荷量和输入负荷量变化图

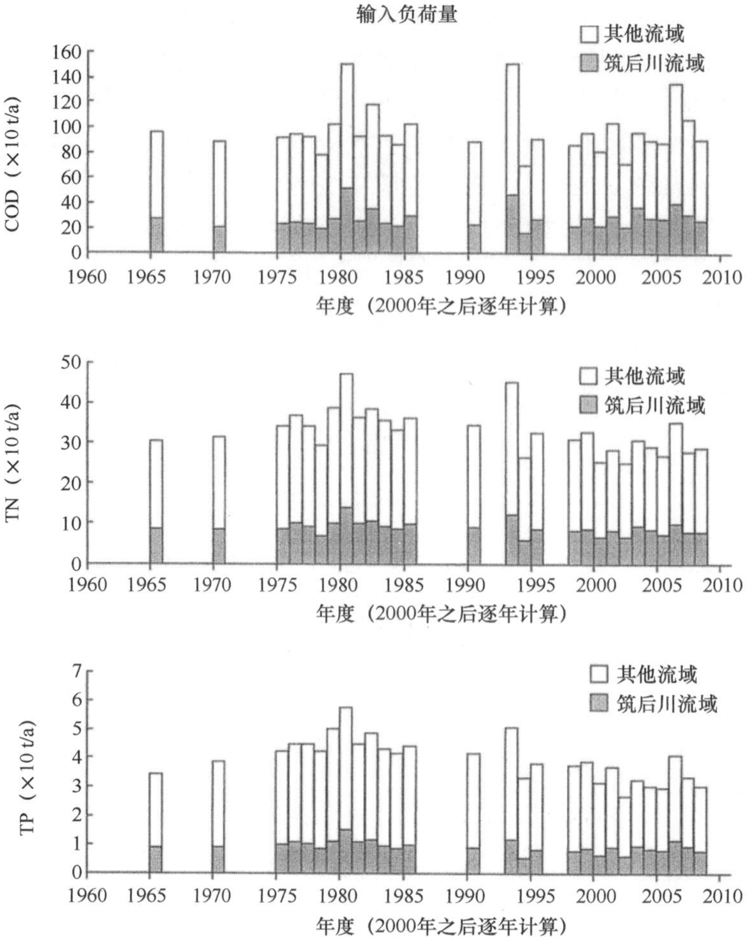

图 4.5　排放负荷量和输入负荷量变化图（续）

除了有机物、营养盐之外，泥沙供给也是非常重要的。据横山[3,4]测算，洪水时的悬沙含量大致相当于径流量平方的一定比例，因此，如果根据各条河流的流量单纯进行计算，筑后川的悬沙量占总悬沙量的76%，占海湾深处区域的95%，处于绝对优势地位。筑后川水系因河流改建、采砂、水库堆沙而导致的河流沙土挖取量如图 4.6 所示。

（堀家健司）

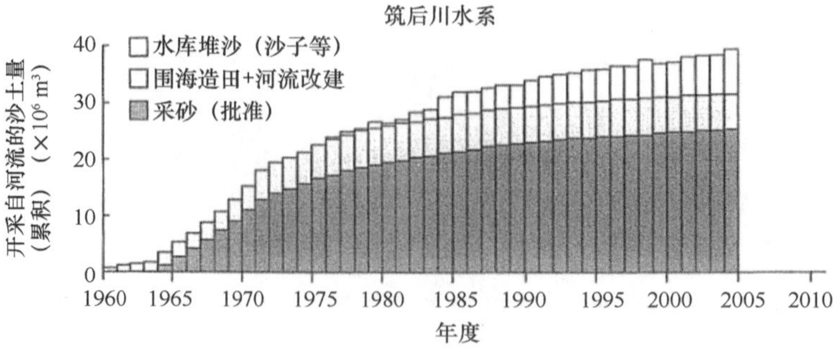

图 4.6　来自筑后川水系的采砂量的累积
（环境省于 2006 年编写）

4.1.2 来自地下水的负荷

目前，作为海域生态系统保护不可或缺的要因，在计算和管理从陆地进入海域的物质负荷量时，仅考虑了溶解于地表水的物质。在有明海海域，属于来自陆地的营养盐类的氮化合物和总磷的总负荷量在最近约 20 年里基本上呈持平或减少趋势[5)]。尽管如此，有明海的生物环境仍然没有出现恢复迹象，而是呈现出恶化趋势。其原因之一就是没有考虑到经由地下水输入的营养盐类的负荷。根据以往的研究[6)]，海底涌出的地下水（Submarine Groundwater Discharge，SGD）带入海域的营养盐类等溶解浓度有时比河流要大，对水量、水质的评价时应引起关注。根据这些研究成果可以认为，经由地下水进入海域的营养盐与经由河流进入海域的营养盐类一样，对于营养盐的循环和生态系统都具有非常重要的作用[6)]。

这里要阐述的研究成果包括下列内容：有明海沿岸地区 SGD 水量、水质的现场观测结果、基于氧化还原情况的 SGD 营养盐类的物质输送特性、利用以有明海全部水域为对象的广域地下水流动模型，推测流入有明海的地下水水量以及物质输入的污染负荷。

（1）有明海流域海底涌出地下水的物质输送

本文介绍主要根据有明海沿岸的火山岩积水层区域上佐贺县藤津郡太良町大浦（以下称为大浦）、熊本县熊本市河内（以下称为河内）、长崎县南岛原市深江（以下称为深江）三个地点和佐贺冲积平原沿岸的一个地点（佐贺市东予贺町，以下称为东予贺），实施的 SGD 水量/水质的现场观测所获得的结果（图 4.7）。

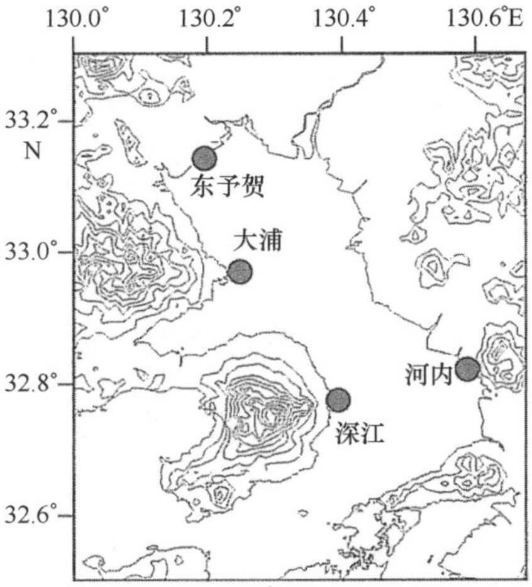

图 4.7　调查对象地点

在代表火山岩地区的大浦、河内、深江这三个地区，分布着多良岳、金峰山、云仙火山，积水层由火山岩构成，地下水的补给量较大，没有发现较大的河流。另外，由于属于山地，在海底地下水的压力势能比较大，地下水容易从海底涌出。另外，推测这三个地点的地下水中的硝酸态氮（NO_3-N）浓度高，SGD 相关的营养盐的负荷比较大。

在代表冲积平原的东予贺沿岸的佐贺平原，广泛分布着海相沉积的有明黏土层。地下水的特点主要有以下四点：①地下水的流速缓慢；②积水层有丰富的有机物供给；③微生物活动比较活跃；④产生硫化氢。关于特点④，是由于海相沉积中含有大量的硫酸离子。

在深江、大浦、河内地区 SGD 的调查中，与海岸线垂直的测线及与海岸线平行的测线上，各设置了直径 32 cm 的 Lee-Type[7] 的手动式渗流计（Seepage meter），测定来自海底的 SGD 量，用塑料袋分别在涨潮（FT：Flood Tide）、高潮（HT：High Tide）、退潮（ET：Ebb Tide）、低潮（LT：Low Tide）时，在规定时间（15～20 min）取水 4 次，对于采集到的 SGD 水质进行分析。另外，还从观测地点腹地的陆地观测井中取地下水样，对地下水的水质进行分析。在东予贺沿岸，由于堆积着厚厚的有明黏土层，不能用渗流计直接进行测量，所以在沿岸地区设置地下水位观测井来观测地下水位和采集地下水。

SGD 观测结果显示，对于 SGD 速度来说，基本上从海岸向海呈现出减少趋势。另外，SGD 由淡水成分和海水成分这两种成分构成，越接近陆地，SGD 中的淡水成分就越呈现出增加趋势。但是，在大浦、河内两地，有些地点的 SGD 速度（大浦：1 潮汐平均 20.5 μm/s，河内：1 潮汐平均 10.2 μm/s）呈现出较高值。这两个地区的 SGD 中的淡水成分也很高：大浦为 99.7%，河内为 81.6%，几乎都是由来自陆地的淡水成分构成。大浦、河内的地质结构分别以玄武岩、凝灰角砾岩为主。其中以程度较高的龟裂等透水性较高的部分为水流通道，这两个地区的 SGD 局部性地、集中性地从海底涌出。而在深江地区，SGD 速度在很多地区平均为 2.6 μm/s，与其他地区相比少了一个数量级。SGD 中的淡水成分也比较低，平均为 30.3%，海水成分的比例比较高。云仙地沟带内及海岸附近的积水层为扇状的砂砾层，同一沿岸地区的地下水流经砂砾层并渗出，最终从海底涌出。以上以石飞等人[8] 的研究成果为基础，对 SGD 涌出形态进行总结分类，将像大浦、河内一样从地质裂缝中集中流出的地下水的涌出形态称为“裂隙型”，将像深江一样流经砂砾层渗出的从海底涌出的形态称为“孔隙型”。

其次，介绍一下 SGD 相关的营养盐的输送特性。随着地下水流动产生的还原反应的顺序为：溶解氧的消耗、脱氮作用、锰和铁氧化物的还原、硫酸还原、产生甲烷。在大浦、河内地区（裂隙型），SGD 的 ORP 分别在 398 mV、358 mV 变为氧化的地下水。在大浦地区，与陆地上的地下水（GW）中 NO_3-N 的浓度 2.44 mg/L 相比，SGD 中的 NO_3-N 浓度为 0.75 mg/L，有了相当程度的减少。另外，在河内地区，NO_3-N 浓度在陆地上的地下水中为 8.09 mg/L，在 SGD 中为 4.72 mg/L，呈现出较高的数值。与大浦一样，与陆地上的地下水相比，在 SGD 中呈现出浓度减少的趋势。但是，即使是根据 ORP 值来考虑，也很难认为这是因脱氮反应导致的。而在深江地区（空隙型），2006 年 SGD 的 ORP 还原为 184 mV。与 GW 相比，SGD 中 NO_3-N 的浓度比较低，Mn^{2+}、Fe^{2+}的浓度有所增加。因此可以认为在 SGD 涌出过程中发生了脱氮反应及 Mn、Fe 的水合氢氧化物的还原。但是在 2007 年，SGD 的 ORP（367 mV）比较高，而在 NO_3-N 的浓度方面，GW 要比 SGD 高。Mn^{2+}、Fe^{2+}的浓度方面，SGD 和 GW 几乎没有差别。根据上述研究结果推测，2007 年与 2006 年不同，没有发生脱氮反应和 Mn、Fe 的水合氢氧化物的还原。两个调查结果不同，意味着 GW 和 SGD 的水量/水质出现了季节性变化。

接下来介绍一下佐贺平原东予贺沿岸地区的地下水径流量和物质输送特性。以三个观测井和民宅井为对象，对地下水水质进行了调查。结果显示，佐贺平原从北向南，地下水逐渐从氧化状况变化为还原状况。对于营养盐类，没有检测出 NO_3-N。但是，NH_4^+-N和 $PO_4^{3-}-P$ 分别为 3.1 mg/L 和 1.9 mg/L，呈现出比较高的值。也就是说，在佐贺平原沿岸的地下水流出地区，出现了还原的地下水和还原的海水的混合区域。可以认为 NH_4^+-N 和 $PO_4^{3-}-P$ 的营养盐类可能沿着有明黏土层中的沙土层移动，从积水层被输送到海水中，而并没有在咸淡水混合区域受到氧化。

根据上述 SGD 的流速和流路、氧化还原状况的结果，推测认为大浦、河内、深江及东予贺的 SGD 所带来的营养盐呈现出如图 4.8 所示的输送特性[6]。

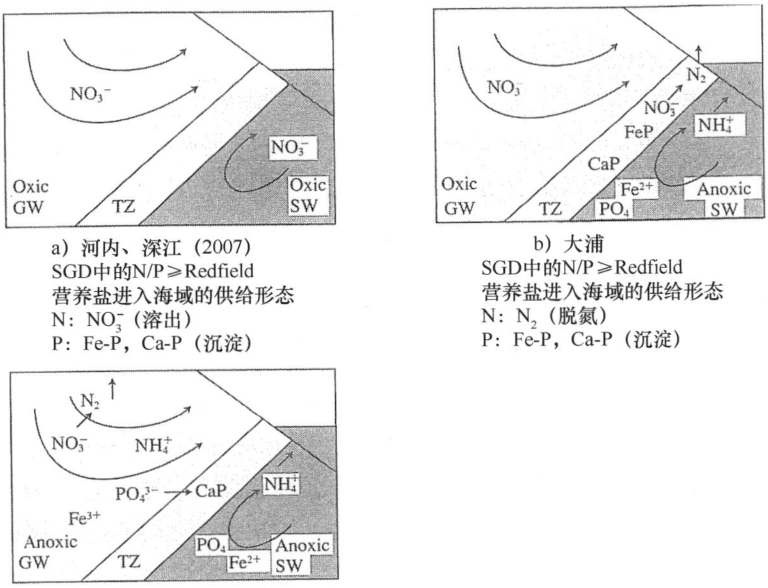

a）河内、深江（2007）
SGD中的N/P≥Redfield
营养盐进入海域的供给形态
N：NO_3^-（溶出）
P：Fe-P，Ca-P（沉淀）

b）大浦
SGD中的N/P≥Redfield
营养盐进入海域的供给形态
N：N_2（脱氮）
P：Fe-P，Ca-P（沉淀）

c）深江（2006）
SGD中的N/P≥Redfield
营养盐进入海域的供给形态
N：N_2（脱氮）
NH_4^+（溶出）
P：Ca-P（沉淀）
PO_4^{3-}（溶出）

图 4.8　有明海沿岸地区 SGD 带来的营养盐的输送特性（Caroline[6] 润色）

（2）有明海全流域的地下水流动模型

考虑土地利用状况的地下水补给模型，与准三维淡水/海水 2 相地下水流动模型相结合，利用国土交通省 1997 年发行的 1/10 土地利用区分所标明的土地利用状况（图 4.9，彩色卷首插图）、地形海拔、理论基准面等数据来推测地下水位。当时按照堤敦等使用的补给模型[9]，将不同地表土质条件的树冠对降雨的遮挡、地表径流及地下渗透分离。另外，在计算可能蒸发量时，采用彭曼法，并且利用了区域内日平均气温数据。

（3）流入有明海的全部地下水径流量及氮负荷量的估计

对整个海域各种水量平衡成分进行统计的结果显示，在降雨量为 2 266 mm/a 时，直接径流量为 496 mm/a（21.9%），地下水补给量为 1 265 mm/a（55.8%）。另外，实际蒸发量为 508 mm/a（22.4%），进入海域的地下水径流量为 80 mm/a。这是将河流径流量和地下水径流量合计得出的结果。对于从陆地进入海洋的全部径流量（河流流量+地下水径流量）来说，相当于 10.2%。各沿岸地区的地下水径流量分布如图 4.10 所示。在背靠多良岳、云仙岳的大浦和岛原半岛沿岸地区，地下水流量非常大。在大浦沿岸地区的流量值最高，达到 $186×10^5 m^3/a$。而在属于冲积平原的佐贺平原和筑后平原的沿岸地区，地下水径流量正在不断减少。另外，在背靠阿苏山的熊本平原，地下水径流量正在增加。将环境省发布的地下水中的硝态氮浓度与径流量相乘，计算出各沿岸地区的地下水所输送的硝态氮负荷量。计算结果显示，岛原半岛沿岸地区硝态氮负荷量为 48.6 t/a，大浦沿岸地区为 49.8 t/a，佐贺平原沿岸地区为 0.004 t/a，筑后平原沿岸地区为 0.1 t/a，玉名平原沿岸地区为 1.0 t/a，熊本平原沿岸地区为 33.2 t/a（图 4.10）。

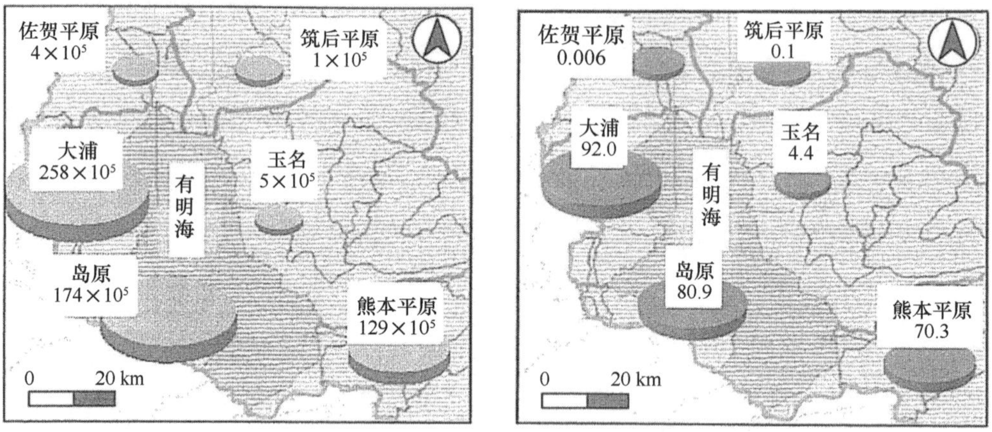

图 4.10 流入有明海的全部地下水径流量（m^3/a）及氮负荷量（t/a）的估计值

根据上述内容推测，可能在筑后川流域的佐贺、筑后平原沿岸地区，地下水输送的营养盐负荷量的数值比较小，但是在没有大的河流的大浦和岛原半岛沿岸地区，地下水排到有明海的营养盐可能比河流输入要多。另外，在大浦、岛原半岛沿岸地区，盛行栽培柑橘等农业活动，加上属于火山性地质，地下水也很难获得还原环境，因此很少出现因脱氮导致硝态氮减少的现象，使得硝态氮直接流入海中，浓度较高。

（神野健二・广城吉安・安元纯）

4.2 有明海生物栖息模型

4.2.1 模型的整体结构

为了实现有明海生态修复目标，必须分析有明海生态环境恶化的重要原因，对于经过实地验证的各种修复技术和修复机制，再利用数值模型进行验证。数值模型是要在生态系统等复杂的结构中着眼于某几个重要事项，根据目的抽选主要功能和发挥功能的时间、空间范围，使之形成系统化，并通过数值来进行表现。但是，要想将复杂的物理现象和生态系统原封不动地进行描述是不可能的。所以，作为研究生态学思想的工具，将冰冷的概念转化为可验证的概念，这就是建模的重要意义。严佐[10]认为，生态学原本具有追求数量上的法则性的一面，数值模型的最大作用就是将生态学思想“结晶化”。另外，在重视对假说进行验证的生态系统管理和渔业管理[11]方面，数值模型是理论（假说）和观测这两个轮子的轴心，是解释存在观测误差的现场数据非常有效的工具（图 4.11）。

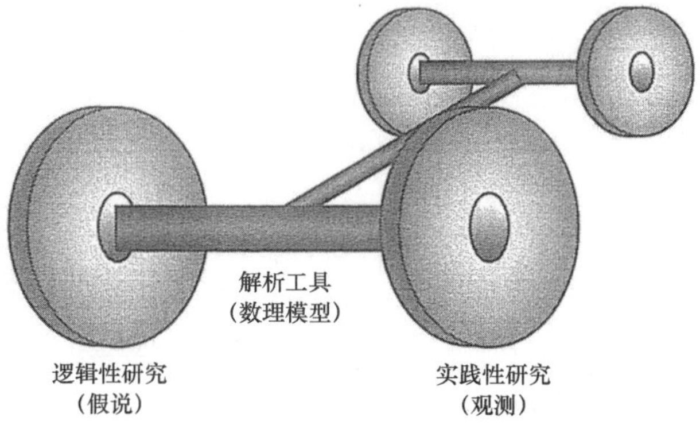

图 4.11　数理模型的作用（改变样本[11]）

在“有明海生物栖息空间的全面修复和实证试验”项目（以下称为“有明海项目”）中，为验证有明海修复的假说，作为支持确定生态修复等定义的工具，构筑了“生物栖息模型（有明海模型）”。该模型如图 4.12 所示，包括用于定量计算、分析有明海修复选定的指示种的生活史和环境因子关系的“生活史模型”、评价指示种栖息环境的“低层次生态系统模型”（广域）、为了提升在有明海占有重要位置的潮间带的物质循环量估算精度而重视热平衡环境特性的“潮间带模型”（狭域）、推断来自流域的径流量和负荷量的“流域模型”。将陆地和海域合并统计，指示种成为“传话者”，向渔业从业者和生活在流域内的人们传送修复的信息，使有明海生物栖息环境的整体修复成为可能。如表 4.1 所示，对各个模型的计算范围、计算时长、变量等进行了归纳。下面介绍一下在生物栖息模型中占据重要位置的低层次生态系统模型和指示种推断模型。

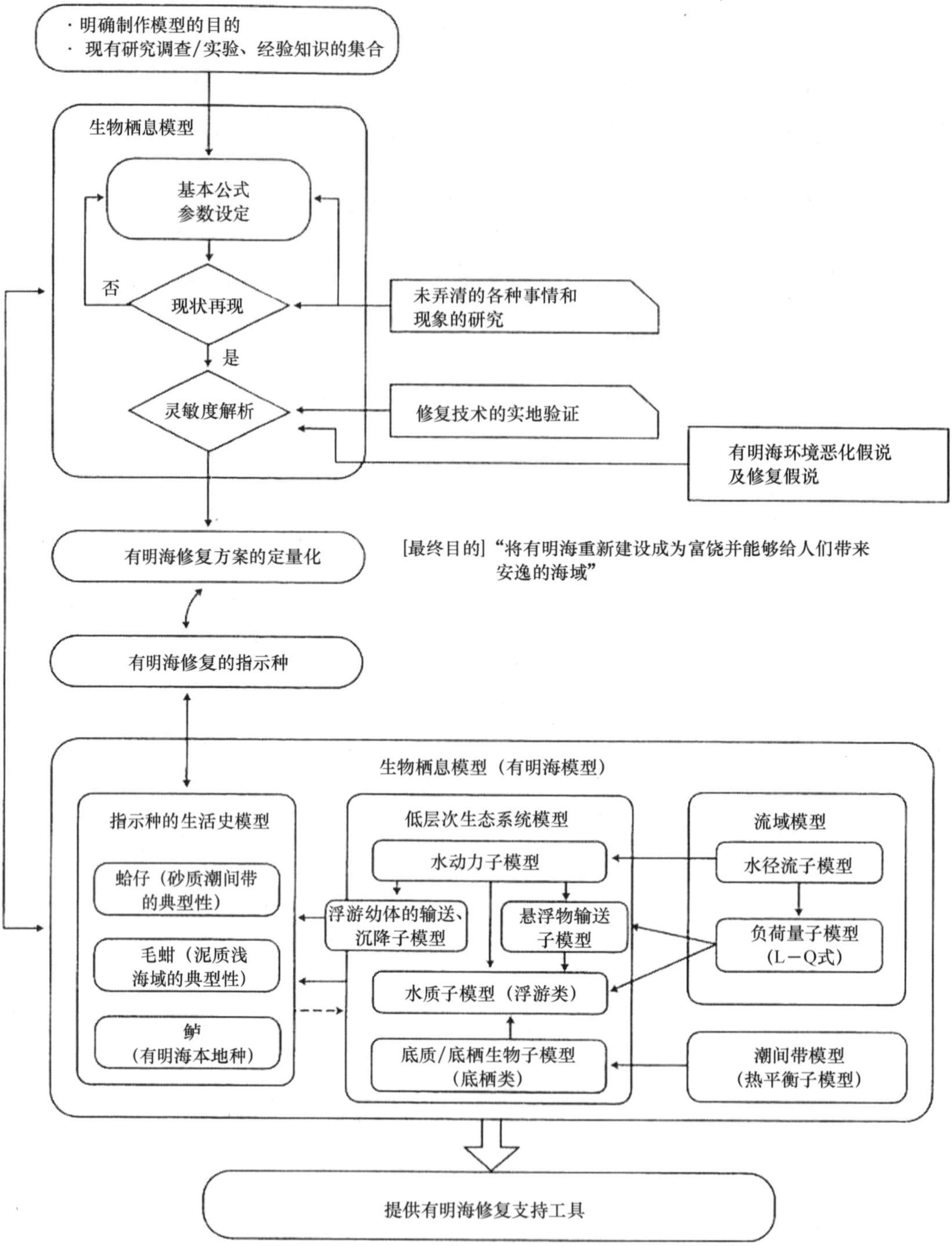

图 4.12　生物栖息模型（有明海模型）的整体结构

注：从生活史模型连接至低层次生态系统模型的箭头（虚线）不是表示数据的交接，而是表示为了重现生物所必需的环境而提供信息。

表 4.1 生物栖息模型概要

模型	子模型	计算范围、水平网格、层分割	计算时长	主要变量
流域模型	水径流	将有明海流域划分 500 m 网格	1 h	淡水流入量
	负荷量	每条一级河流的 L-Q 式等	1 h	流入负荷量
低层次生态系统模型	水动力（浮游类）	将有明海—外海划为900~2 700 m 的可变网格，有明海为 900 m 网格 3 段（水深 0~3 m，3~15 m，15 m~海底）×5 层 =（最多）15 层	平面二维模式：2 s，垂直三维模式：20~30 s	潮位、流向/流速、水温、盐度
	悬浮物输送（浮游类）	同上（但是仅限有明海）	20 s	SS（分为黏土、淤泥、沙）
	水质（浮游类）	同上（但是仅限有明海）	30 s	有机物、营养盐、DO、ODU、叶绿素 a（Chl. a）、紫菜、浮游动物
	底质（底栖类）	按照水深、MdØ 特性，将有明海的浮游类网格连接成 71 个 BOX（按照以前的地形为 72 个 BOX） 将泥深 10 cm 分为 0.02~3.50 cm（将表层附近详细分割）的 10 层	3 s	有机物、营养盐、DO、过渡元素类（Mn 等）
	底栖生物（底栖类）	同上	3 s	附着藻类、悬浮物捕食者、沉积物捕食者
潮间带模型	热平衡	熊本港野鸟池 6 个 BOX 水中 1 层，底泥（1 m 深）10 层	30 s	水温、泥温
	泥质潮间带生态系统	熊本港野鸟池 3 个 BOX 水中 1 层，底泥分为 2 层：有氧层、厌氧层	30 s	有机物、营养盐、浮游植物（Chl. a）
指示种的生活史模型	蛤仔 毛蚶 鲈	主渔场 35~45 网格 浮游幼体期在有明海整个海域（与水动力子模型相同）	1 d（部分为 1 h），浮游幼体的输送、沉底以水动力子模型为准	捕捞量、生产金额、水质净化量

注：泽野真治，关于利用 GIS 方法评价日本森林中的水资源总量的研究，东京大学博士论文，2006。

（1）低层次生态系统模型（浮游类-底栖类结合生态类模型）

在研究利用有明海数值模型的物质循环时，有的利用柳・阿部[12]和濑口等人[13]的 BOX 模型进行研究，有的利用矶部、鲤渊[14]和钉宫、中田[15]的三维模型进行研究。但是对有明海综合性生态系统的修复措施研究尚未开展。包括水流状况和水质、底质在内，作为以解析生物、化学、物理过程的相互作用为目的的数值模型，使用国土综合开发事业调整费调查开发的数值模型（以下称为“国调费模型”）[16,17]。

国调费模型是对整个有明海海域的水动力、水质进行长年分析的多层模型。而有明海的特点就是潮汐变动非常大，必须将表层厚度设置得较大（最大可设置为 7.0 m），但还有很多问题留待解决，如无法详细表示表层附近的密度分层和水质变化。

在有明海项目中，为了让构建的低层次生态系统模型能够有助于有明海综合修复措施的研究，开发了“浮游类-底栖类生态系统模型”。该模型包括以下几项内容：表示有明海巨大潮汐变化和干出、淹没交替的大面积潮间带，垂直方向分层明显的水动力子模型；表示悬浮物的活动及低层次营养阶段的浮游类子模型；表示底质环境和底栖生物导致的水质、底质变化的底栖类子模型。特别是为了能够详细展现对双壳贝类等底栖生物群栖息环境有直接影响的贫氧水团的特点和产生机制，构建底质子模型，能够展现对贫氧水团有重要作用的硫化氢等还原物质的生成、消亡机制。

构建的浮游类-底栖类生态模型的结构如图 4.13 所示。该模型共由五个子模型构成：水动力子模型、悬浮物输送子模型、水质子模型、底质子模型、底栖生物子模型。其中对于水质子模型、底质子模型和底栖生物子模型这三个子模型来说，分别计算项目的相互作用非恒定解析（耦合模型），这三个子模型与水动力子模型、悬浮物输送子模型是各自独立的子模型（非耦合模型）。因此，当以悬浮物输送子模型所计算出来的 SS 浓度作为密度效果时，没有考虑其对水动力子模型所预测到的流场有何影响等。对于非耦合模型间的数据交换，严格保持网格间的流量及体积平衡的结构。

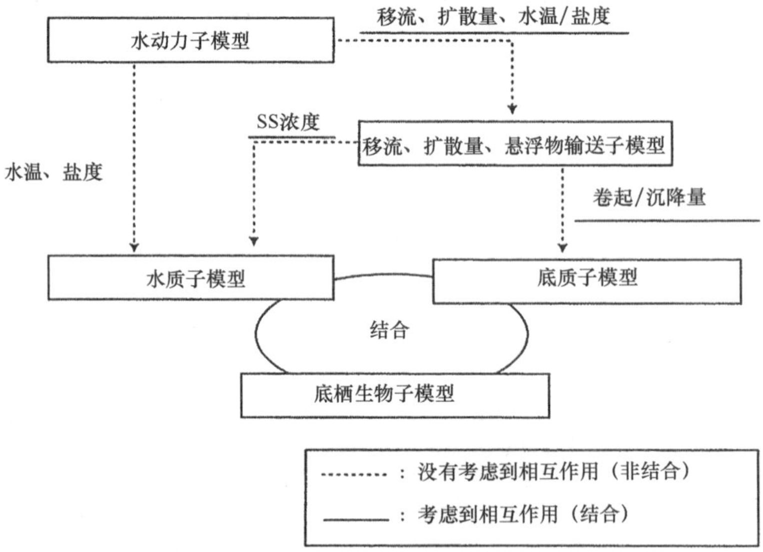

图 4.13　低层次生态系统模型的构成

（2）指示种的评价模型

生物种在不同的发育阶段形态会发生变化，同时也会改变生活空间。因此，环境不同，生物的环境耐受性也不同，特别是对资源变动有较大影响的生物初期生活史的环境非常重要。生活史模型的目的是对生物生活史进行划分，研究生物各个发育阶段受环境影响的情况，明确整个生活史中环境变化和资源变动的相互作用关系。将此前水产研究和环境建模的积累、丰富的经验规则和实地获得的渔业从业人员的经验知识等汇总也是非常有效的。目前以环境影响评价和资源评价为目的，对钝吻黄盖鲽[18,19]、玉筋鱼[20]、库页蛤蜊[21-23]、滑顶薄壳鸟蛤[24]等开展了研究。

生活史模型以 Beverton 和 Holt[25]的生长/存活模型为基础，以环境变化为外力，以资源参数（生长系数 G、自然死亡系数 M）为环境要因的从属函数，能够解析对于环境变化的资源学上的应答过程。

生活史模型的特点如下所示。

①（海湾内固有）蛤仔、毛蚶、鲈的生活史几乎都在有明海内完成，因此将浮游幼体的输送/分散、沉降、加入、生长、存活、捕捞、增殖等过程进行模型化。此时没有考虑到浮游幼体的移出、移入。

②（生活史划分）生物在各个发育阶段的栖息环境和环境耐受性都是不同的。因此，应灵活运用此前水产研究和经验知识对生物生活史进行划分，对于各个环境因素，认真研究在生物各个发育阶段所受到的影响。

③（生长/存活）用个体数量和个体重量的时间变化来表现资源量的变化，个体数量因自然死亡（捕食死亡、饥饿死亡、缺氧死亡等）、捕捞、增殖而增减；个体重量因生长（水温、食物密度）而增减。没有考虑上述①中的幼体的移出、移入。

④（增殖）对于平均每尾的产卵数及群体成熟度来说，作为体长函数，根据产卵次数、雌雄比将增殖量嵌入到模型中。

⑤（捕捞）对于利用率（网目选择性）来说，作为体长函数，根据捕捞渔获力量、渔具效率来确定捕捞系数，计算捕捞量。

⑥（密度效果）将密度从属关系嵌入到模型中。

⑦（环境和参数的函数化）资源量（捕捞量）的变化与资源参数的变化关联，资源参数的变化幅度受环境因子/渔业因子的变化幅度控制。基于上述考虑，将环境因子/渔业因子和资源参数函数化。

⑧（反馈）如生长较好，则成熟年龄及捕捞年龄将提前，资源随之增加。但是密度过高时，受密度从属关系影响，资源增加受到阻碍。将这种反馈功能嵌入到模型中。

4.2.2 流域径流模型

受有明海流域的土地利用变化、水利用（水库、筑后川引水等）变化等因素影响，进入海域（包括地下水）的径流量也会发生变化。为了预测入海径流量的变化，采用 CELL 分布型径流模型[26]。该模型的概念如图 4.14 所示。CELL 分布型径流模型由京都大学防灾研究所开发，并已向外界公开。模型并不复杂，计算时间也比较短。

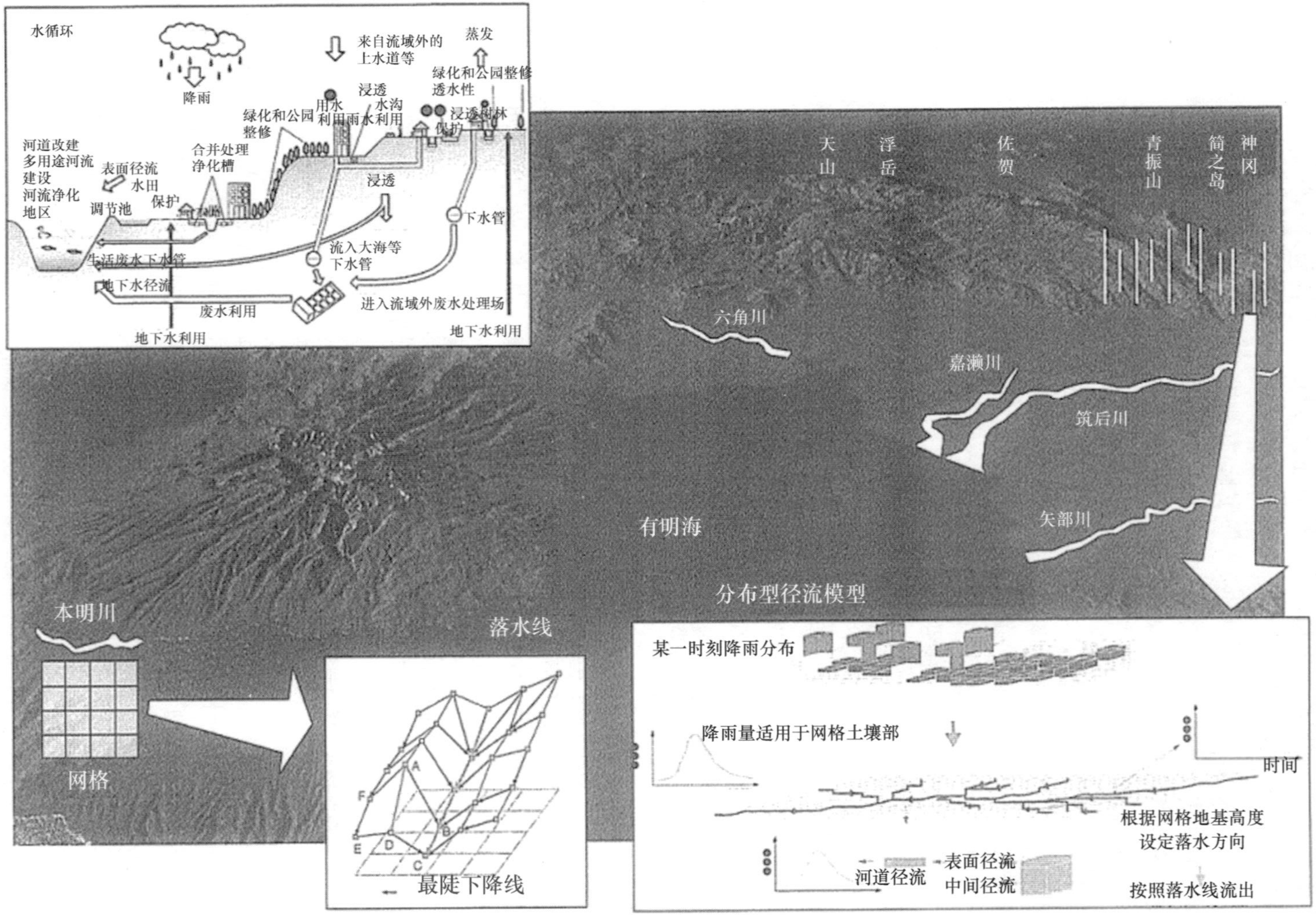

图4.14 CELL分布型径流模型的概念

对于蒸发量及蒸散量来说，为了重现有明海流域的水平衡（降水量、蒸发量、蒸散量），各种土地利用划分利用表 4.2 中的公式计算。对于气象条件来说，利用泰森多边形对有明海流域及其周边观测地点的数据进行分割，并填入到各网格中。

表 4.2　蒸发公式

土地利用	蒸发	蒸散
森林	教师模型[27)]	教师模型[27)]
水田	Makkink 公式	Penman-Monteith 公式
旱田	Penman 公式	Penman-Monteith 公式
市区	—	—
水域	Penman 公式	—

CELL 分布型径流模型由表面径流（Kinematic Wave 模型：斜面流计算、河道流计算）和中间径流（不饱和/饱和流）这两种径流形态构成（图 4.15）。一般来说，发生洪水时的流量分为两种径流形态：流经河道和斜坡表面的径流形态、滞留于地下并流动的径流形态。在 CELL 分布型径流模型中，通过物理手段将这些内容模型化，根据每个网格进行计算。要根据地势倾斜和地质等情况来计算流量。径流方向沿着落水线（根据网格地势高度产生的倾斜计算得出的方向线）延伸。根据国土数值信息 50 m 网格（海拔）数据制作模拟河道网（落水线图），各网格单元适用 Kinematic Wave 模型。

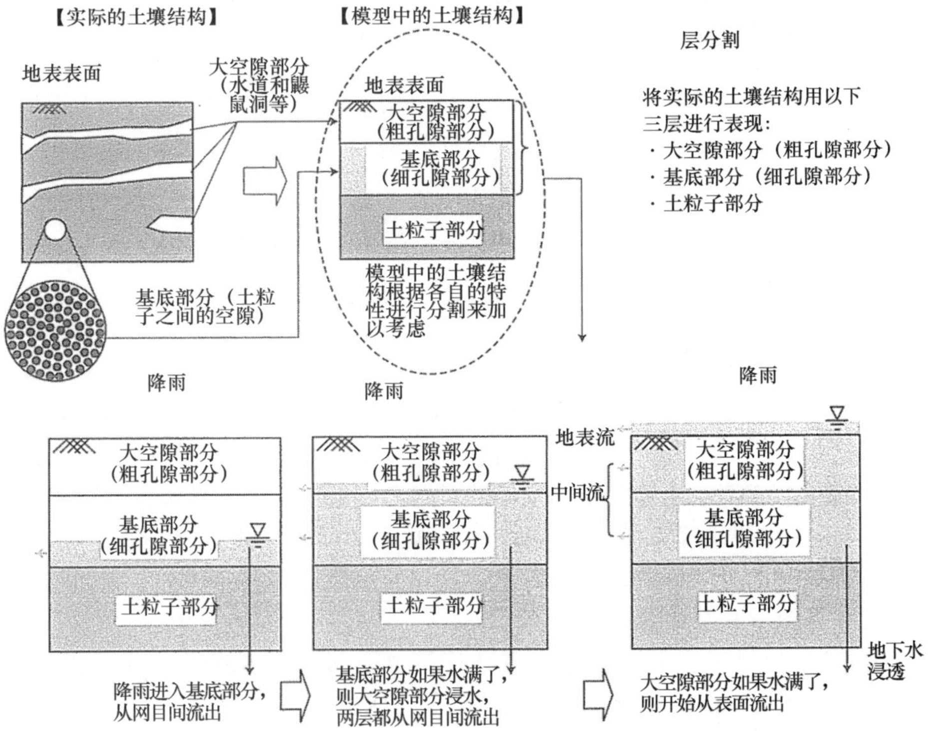

图 4.15　CELL 分布型径流模型的层分割和径流概要

土壤由重力水决定的粗孔隙部和不饱和流决定的基底部构成，将土层厚设为 D，体积含水率设为 θ，毛管移动水决定的体积含水率的范围为 $0 \leqslant \theta \leqslant \theta_c$。$\theta_c$ 为相当于旱田容水量的体积含水率，是除去巨大空隙的基底部分的饱和含水率。另外，d_c 是用水深来表示基底部分的最大水量，公式为 $d_c = D\theta_c$。θ_s 为间隙率，$\theta_s - \theta_c$ 为粗孔隙率，重力水决定的体积含水率的范围为 $\theta_c \leqslant \theta \leqslant \theta_s$。本文规定 $d_s = D\theta_s$、$d = d_s - d_c = D(\theta_s - \theta_c)$，将对应 θ 的水深设为 h，$h = D\theta$。对上述内容进行总结，可以考虑以下三种状态：

$$0 \leqslant h < d_c \ (0 \leqslant \theta < \theta_s) \quad \text{不饱和状态}$$

$$d_c \leqslant h < d_s \ (\theta_c \leqslant \theta < \theta_s) \quad \text{饱和（中间流）}$$

$$d_s \leqslant h \ (\theta_s \leqslant \theta) \quad \text{饱和（表面流）}$$

在“有明海项目”中，在正常值的范围内，将参数一律设定为注入有明海的一级水系（8 条河流）。为了将土地利用情况反映到土层状态上，按照各种土地利用方式来改变有效土层厚度。随着有效土层厚度发生变化，间隙厚度也会发生变化。设定的参数如表 4.3 所示。对于地下水渗透来说，利用水箱法地下水浸透量的计算方法，按照网格的蓄水深度计算出浸透量。对于决定浸透量的地下水浸透系数 a 来说，将固定值赋予所有网格，根据感度分析确定。

表 4.3　CELL 分布型径流模型的参数值

参数		森林	水田	旱田	市区	水域
有效土层厚度（mm）		1 000	500	500	0	0
粗孔隙部分厚度（mm）		300	150	150	0	0
细孔隙部分厚度（mm）		700	350	350	0	0
等价粗度		0.7	0.3	0.3	0.03	0.03
间隙率	粗孔隙部分	0.6	0.6	0.6	—	—
	细孔隙部分	0.6	0.6	0.6	—	—
透水系数（cm/s）	粗孔隙部分	2×10^{-3}	2×10^{-3}	2×10^{-3}	—	—
	细孔隙部分	2×10^{-5}	2×10^{-5}	2×10^{-5}	—	—
地下水浸透系数（cm/s）		5×10^{-5}	5×10^{-5}	5×10^{-5}	5×10^{-5}	5×10^{-5}

根据实际河道的重现性和必要计算时间，将网格尺寸定为 500 m。计算时长为 1 h，利用各整点的气象及流量数据。计算年份为 2001 年。选取的水库为筑后川水系的松原水库（国土交通省）、寺内水库（水资源机构）、江川水库（水资源机构）、筑后川大堰（水资源机构）、菊池川水系的龙门水库（国土交通省）、绿川水系的绿川水库（国土交通省）。位于松原水库上游的下筌水库（国土交通省）被包含在松原水库的模型内。水库上游没有进行计算，选择水库泄流量进行计算。对各水库的上游地区分别进行计算，验证计算流量和水库流入量。

对 2001 年筑后川浅滩下游实际流量和计算流量进行对比分析、丰水期、平水期、低水期、枯水期流量对比，结果如图 4.16 显示。水文图几乎完全一致，能够重现洪水高峰期和减少部分。实际和计算的径流量程度相同，关于总径流量也大体上可以重现实际流量。平水流量虽然非常一致，但是丰水流量稍大一些，低水流量和枯水流量稍小一些。

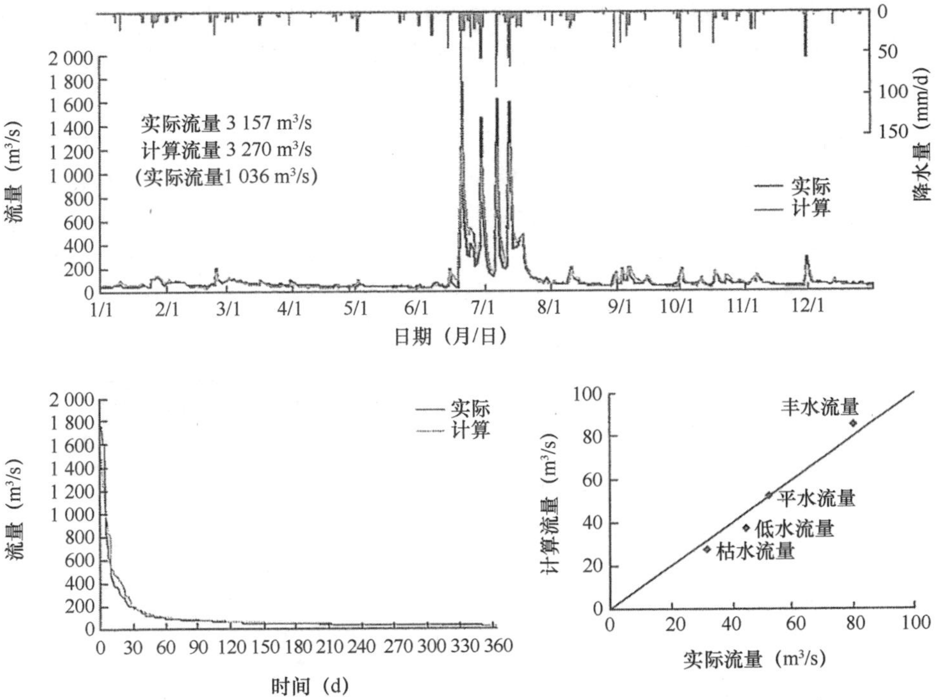

图 4.16　筑后川浅滩下游地区各时段流量的现状重现结果（2001 年）

4.2.3　水动力子模型

（1）水动力子模型的预测项目和解析现象

水动力子模型的预测项目如表 4.4 所示。另外，水动力子模型所解析的主要现象和输出项目如图 4.17 所示。

表 4.4　水动力子模型的预测项目

预测项目
流向、流速、水温、盐度、水位、有效浪高、有效频率

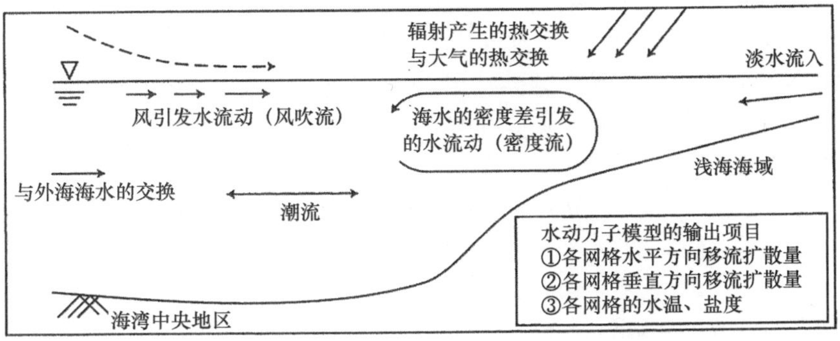

图 4.17　水动力子模型所要解析的主要现象和输出项目

对于水动力模型来说，作为驱动海水流动的主要内容，考虑的是潮流引发的交换流、风产生的吹送流及因淡水和热交换产生的密度变化引发的密度流。该模型能够预测、评价普通沿岸地区的海流状况现象。

（2）水动力子模型的坐标系

本文所采用的水动力模型为普通直角坐标系的 σ-坐标模型，该坐标系以 Mellor et al[28]、Ezer 和 Mellor[29] 等为参考，在普通垂直坐标模型中，如图 4.18 所示，改变垂直分割率，改变水平方向层数，可以设定自由度较高的垂直网格。悬浮物输送子模型和水质子模型也采用同样的坐标系。

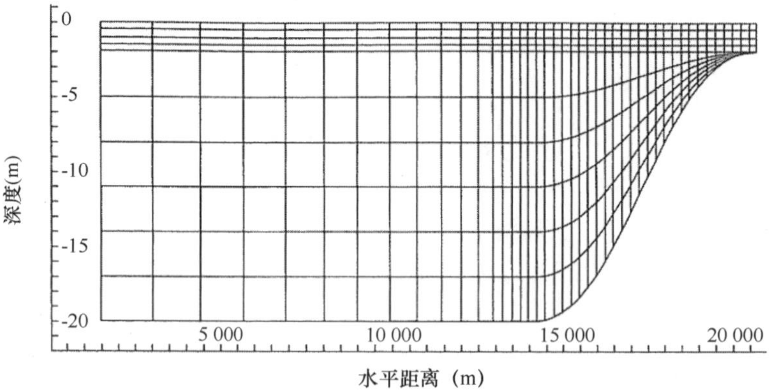

图 4.18　普通垂直坐标模型的垂直网格分割

另外，在模型的基础方程式方面，主要包括连续性方程式、静水压近似及布辛内斯克近似的运动方程式、水温/盐度方程式、湍流统计量方程式。基础方程式如下所示。

（3）水动力模型的基础方程式

模型的基础方程式包括连续性方程式、静水压近似及布辛内斯克近似运动方程式、水温/盐度方程式、湍流方程式。另外，作为垂直方向坐标，为了引入公式（4-1）所表示的海面和海底规范化的 σ-坐标，将基础方程式从 z 坐标开始进行变换。

σ-坐标和 z 坐标的关系如下面的公式所示：

$$\sigma = \frac{z - \eta}{H + \eta} \tag{4-1}$$

在本文中，σ 表示 σ-坐标，z 表示 z 坐标，η 表示从静水面向上的方向为正方向的水位，H 表示从静水面向下的方向为正方向的水深。

当 $z=\eta$ 时，$\sigma=0$。$Z=-H$ 时，$\sigma=-1$。也就是说 σ-坐标在海面上时，$\sigma=0$，在海底时，$\sigma=-1$。在 σ-坐标之下，海水流动的基本方程式书写如下：

连续性方程式：

$$\frac{\partial DU}{\partial x} + \frac{\partial DV}{\partial y} + \frac{\partial \omega}{\partial \sigma} + \frac{\partial \eta}{\partial t} = 0 \tag{4-2}$$

动力方程式：

x 方向

$$\frac{\partial DU}{\partial t}+\frac{\partial U^2D}{\partial x}+\frac{\partial UVD}{\partial y}+\frac{\partial U\omega}{\partial \sigma}-f\,VD+gD\frac{\partial \eta}{\partial x}+$$

$$\frac{gD^2}{\rho_o}\int_\sigma^0\left[\frac{\partial \rho'}{\partial x}-\frac{\sigma'}{D}\frac{\partial D}{\partial x}\frac{\partial \rho'}{\partial \sigma'}\right]d\sigma'=\frac{\partial}{\partial \sigma}\left[\frac{K_M}{D}\frac{\partial U}{\partial \sigma}\right]+F_x \tag{4-3}$$

y 方向

$$\frac{\partial DV}{\partial t}+\frac{\partial UVD}{\partial x}+\frac{\partial V^2D}{\partial y}+\frac{\partial V\omega}{\partial \sigma}+f\,UD+gD\frac{\partial \eta}{\partial y}+$$

$$\frac{gD^2}{\rho_o}\int_\sigma^0\left[\frac{\partial \rho'}{\partial y}-\frac{\sigma'}{D}\frac{\partial D}{\partial y}\frac{\partial \rho'}{\partial \sigma'}\right]d\sigma'=\frac{\partial}{\partial \sigma}\left[\frac{K_M}{D}\frac{\partial V}{\partial \sigma}\right]+F_x \tag{4-4}$$

水温/盐度方程式：

$$\frac{\partial DT}{\partial t}+\frac{\partial TUD}{\partial x}+\frac{\partial TVD}{\partial y}+\frac{\partial T\omega}{\partial \sigma}=\frac{\partial}{\partial \sigma}\left[\frac{K_H}{D}\frac{\partial T}{\partial \sigma}\right]+F_T-\frac{\partial R}{\partial z} \tag{4-5}$$

$$\frac{\partial DS}{\partial t}+\frac{\partial SUD}{\partial x}+\frac{\partial SVD}{\partial y}+\frac{\partial S\omega}{\partial \sigma}=\frac{\partial}{\partial \sigma}\left[\frac{K_H}{D}\frac{\partial S}{\partial \sigma}\right]+F_s \tag{4-6}$$

湍流方程式：

$$\frac{\partial Dq^2}{\partial t}+\frac{\partial q^2UD}{\partial x}+\frac{\partial q^2VD}{\partial y}+\frac{\partial q^2\omega}{\partial \sigma}=\frac{\partial}{\partial \sigma}\left[\frac{K_q}{D}\frac{\partial q^2}{\partial \sigma}\right]+$$

$$\frac{2K_M}{D}\left[\left(\frac{\partial U}{\partial \sigma}\right)^2+\left(\frac{\partial V}{\partial \sigma}\right)^2\right]+\frac{2g}{\rho o}K_H\frac{\partial \widetilde{\rho}}{\partial \sigma}-\frac{2Dq^3}{B_1l}=+F_q \tag{4-7}$$

$$\frac{\partial Dq^2l}{\partial t}+\frac{\partial q^2lUD}{\partial x}+\frac{\partial q^2lVD}{\partial y}+\frac{\partial q^2l\omega}{\partial \sigma}=\frac{\partial}{\partial \sigma}\left[\frac{K_q}{D}\frac{\partial q^2l}{\partial \sigma}\right]+$$

$$E_1l\left(\frac{K_M}{D}\left[\left(\frac{\partial U}{\partial \sigma}\right)^2+\left(\frac{\partial V}{\partial \sigma}\right)^2\right]+E_3\frac{g}{\rho_0}K_H\frac{\partial \widetilde{\rho}}{\partial \sigma}\right)\widetilde{W}-\frac{Dq^3}{B_1}\widetilde{W}+F_l \tag{4-8}$$

在这些公式中，D 表示全部水深（$H+n$），U、V 表示 x、y 方向的三维流速成分，w 表示 σ–坐标系之下的垂直流速成分，η 表示水位，f 表示地球自转偏向力，g 表示重力加速度，ρ 表示海水密度，ρ_0 表示标准海水密度（1 025 kg/m^3），K_M 表示垂直涡动粘性系数，F_x 表示流速 U 成分相关的水平粘性项，F_y 表示流速 V 成分相关的水平粘性项，T 表示水温，S 表示盐度，F_T 表示水温相关的水平扩散项，F_s 表示盐度相关的水平扩散项，K_H 表示水温、盐度、SS 相关的垂直涡动扩散系数，$\frac{\partial R}{\partial z}$ 表示水中垂直方向的短波辐射平衡，q^2 表示湍流运动能源，K_q 表示湍流运动能源相关的垂直涡动扩散系数，l 表示湍流范围，F_q 表示湍流运动能源相关的水平扩散项，F_l 表示湍流长度范围相关的水平扩散项，B_1、E_1、E_3 表示乱流模型相关的经验常数，σ'表示积分常数。

σ–坐标上的垂直流速和 z 坐标上的垂直流速的关系如下所示。W 为 z 坐标上的垂直流速。

$$W=\omega+U\left(\sigma\frac{\partial D}{\partial x}+\frac{\partial \eta}{\partial x}\right)+V\left(\sigma\frac{\partial D}{\partial y}+\frac{\partial \eta}{\partial y}\right)+\sigma\frac{\partial D}{\partial t}+\frac{\partial \eta}{\partial t} \tag{4-9}$$

$\widetilde{W}$ 为接近函数，定义如下：

$$\widetilde{W} = 1 + E_2(l/kL)$$

在这个公式中：

$L^{-1} = (\eta - z)^{-1} + (H - z)^{-1}$，$E_2$ 表示湍流模型相关的经验常数，k 表示卡尔曼常数。

另外，$\dfrac{\partial \widetilde{P}}{\partial \sigma} = \partial \sigma - c_s^{-2} \partial p / \partial \sigma$，$c_s$ 为水中的音速，ρ 为静水压。ρ' 为海水密度 ρ 中扣除各水深的水平平均密度后的偏差。而水平粘性项和水平扩散项定义如下：

$$F_x = \frac{\partial H \tau_{xx}}{\partial x} + \frac{\partial H \tau_{xy}}{\partial y} \tag{4-10}$$

$$F_y = \frac{\partial H \tau_{xy}}{\partial x} + \frac{\partial H \tau_{yy}}{\partial y} \tag{4-11}$$

在这个公式中：

$$\tau_{xx} = 2A_M \frac{\partial U}{\partial x}, \tau_{xy} = A_M \left(\frac{\partial U}{\partial y} + \frac{\partial V}{\partial x} \right), \tau_{xy} = 2\,A_M \frac{\partial V}{\partial y} \tag{4-12}$$

另外，

$$F_\varphi = \frac{\partial H q_x}{\partial x} + \frac{\partial H q_y}{\partial y} \tag{4-13}$$

在这个公式中：

$$q_x = A_H \frac{\partial \varphi}{\partial x}, q_y = A_H \frac{\partial \varphi}{\partial y} \tag{4-14}$$

φ 为 T、S、q^2、$q^2 l$，A_M 表示水平涡粘性系数，A_H 表示水平涡扩散系数。在上面水平粘性等相关的公式中，不包括 σ-坐标变换产生的修正项。关于这一形式的标准化问题请参照 Mellor 和 Blumberg[30)]。

（4）模式分割方法

如同 POM 一样，本模型的特点之一，引入模态分割方法进行解法。所谓模态分割，是指将计算表面水位的部分和计算流速、水温、盐度三维结构的部分分开。表面水位通过所谓的重力波速度 $\sqrt{gH}$ 传播，其速度比流速等要快。

用时间积分来进行基本方程式计算时的时间幅度（时长）方面，在其基本方程式描述的物理现象中，传播速度最快的现象起决定作用。利用静水压近似研究海洋流动现象时，一般来说，最快的现象为前文所述的表面波的传播。对于时长 DT 来说，将网格间隔设为 DS 时，由 $DT<DS\sqrt{gH}$ 决定。包括流速、水温、盐度三维结构在内，根据这一时长进行计算时，时长相当小，而且需要较长的运算时间。因此，在计算表面水位时使用二维单层模型，不需要太多的运算时间，也就是说，采用外部模式的计算方法。另一方面，在计算流速、水温、盐度三维结构的部分时，采用内部模式的计算方法。内部模式计算的时长值是外部模式的 5~30 倍（整数倍）。即计算顺序为每进行 1 次内部模式计算，随后要进行 5~30 次外部模式计算，然后再进行 1 次内部模式计算。

（5）潮间带的干出/淹没处理

关于水动力模型中的潮间带干出/淹没的处理方式，将 Oey[31)] 的想法嵌入模型中。在进行模型化时，定义表示各网格被水淹或是干出的标志 WETMASK 和露出极限水深 H_{dry}。

$$\text{WETMASK}\ (i,\ j)\ =0 \qquad \text{意味着干出}$$

$$\text{WETMASK}\ (i,\ j)\ =1 \qquad \text{意味着水淹}$$

包括水位在内的全部水深低于该值时判定为干出，而超过该值时判定为水淹。此时在判定时要用到 H_{dry}，考虑到安全性问题，将数值设为 10 cm。

本模型采用模式分割方法，分为外部模式（由水位及所有层平均流速构成的二维模型）和内部模式（包括水温、盐度等构成的密度场影响在内的三维模型）来进行计算。因此，潮间带干出/淹没的过程也要划分模式进行判断。

①外部模式的判定

判断潮间带的淹没、干出时，本质上来说是用外部模式进行判断。用内部模式判断时，必须避免与用外部模式判断产生矛盾。

a. 水位

新的步长的水位计算结束之后，进行如下判断，定义干出/淹没。关于计算出的水位，要保管好数值。

$$D\ (=\text{静水深}+\text{水位})\ \leqslant H_{dry} \Rightarrow \text{WETMASK}\ (i,\ j)\ =0\ (\text{干出})$$

$$D\ (=\text{静水深}+\text{水位})\ >H_{dry} \Rightarrow \text{WETMASK}\ (i,\ j)\ =0\ (\text{水淹})$$

b. 二维流速

新的步长的二维流速计算结束后，进行如下判断，定义流入流出网格的二维流速。

$$(Di,\ J+Di-1,\ j)\ /2 \leqslant H_{dry} \Rightarrow \text{ua}\ (i,\ j)\ =0$$

$$(Di,\ J+Di,\ j-1)\ /2 \leqslant H_{dry} \Rightarrow \text{va}\ (i,\ j)\ =0$$

c. 其他条件

追加“从干出的网格流出的成分不会产生流速”作为其他条件，定义二维流速。

$$\text{WETMASK}\ (i-i,\ j)\ =0\ \text{且}\ \text{ua}\ (i,\ j)\ >0$$

或者$\Rightarrow$ua（i，j）=0

$$\text{WETMASK}\ (i,\ j)\ =0\ \text{且}\ \text{ua}\ (i,\ j)\ <0$$

$$\text{WETMASK}\ (i,\ j-1)\ =0\ \text{且}\ \text{va}\ (i,\ j)\ >0$$

或者$\Rightarrow$va（i，j）=0

$$\text{WETMASK}\ (i,\ j)\ =0\ \text{且}\ \text{va}\ (i,\ j)\ <0$$

②内部模式的判断

a. WETMASK 的定义

在内部模式下演算水位，采用前一步骤的外部模式的 WETMASK 值。

b. 三维流速

对于从露出的网格流入流出的流速分量来说，各层都采用二维流速的值。反映了前文所述的二维流速定义及追加的其他条件，记述如下：

$$\text{WETMASK}\ (i,\ j)\ \times \text{WETMASK}\ (-1,\ j)\ =0 \Rightarrow \text{u}\ (i,\ j,\ k)\ =\text{ua}\ (i,\ j)$$

$$\text{WETMASK}\ (i,\ j)\ \times \text{WETMASK}\ (i,\ j-1)\ =0 \Rightarrow \text{v}\ (i,\ j,\ k)\ =\text{va}\ (i,\ j)$$

c. 标量（水温、盐度、湍流统计量）

WETMASK=0（干出时）时，水温、盐度停止运算，将前一步的值作为所有层平均值。在湍流统计量方面，根据模型的稳定性设定接近 0 的数值（1.0×10^{-10}这一比较小的数值）。

4.2.4　悬浮物输送子模型

（1）悬浮物输送子模型的预测项目和解析现象

对于悬浮物输送子模型的预测项目来说，就是 SS、正上方的水面-底泥间的卷起/沉降流动。在本模型中，如表 4.5 所示，SS 划分为 3 种粒径。悬浮物的活动如图 4.19 所示，解析对流扩散与卷起、沉降、沉积等物理过程中浓度分布的变化。

表 4.5　SS 的粒径划分

划分	粒径（μm）	物理特性
1	>75	沙
2	5~75	淤泥
3	<5	黏土

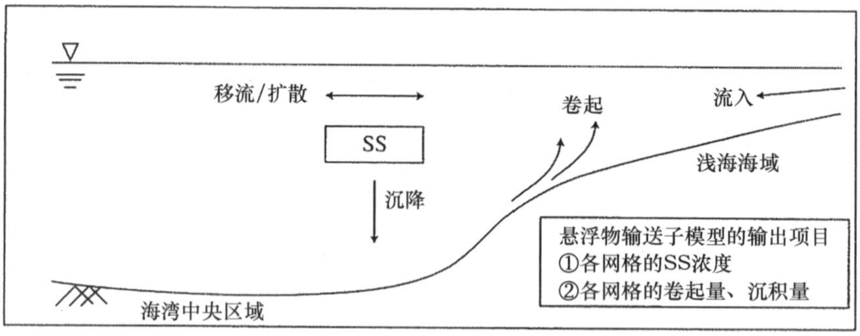

图 4.19　悬浮物输送子模型要解析的主要现象和输出项目

对于底泥中的各粒径的现存量来说，参考了以图 4.20（彩色卷首插图）所示的有明海中央粒径值（MdΦ）的分布[32]及山本等人[33]的研究结果来进行设定，并将该现存量作为极限值处理。

（2）坐标系及基础方程式

悬浮物输送子模型以水动力子模型为基础。对于悬浮物输送子模型的基础方程式来说，在移流扩散方程式中，将 SS 的卷起项/沉降项追加到水动力子模型的湍流统计量的对流扩散方程式中。

$$\frac{\partial DC}{\partial t}+\frac{\partial CUD}{\partial x}+\frac{\partial CVD}{\partial y}+\frac{\partial C\omega}{\partial \sigma}=\frac{\partial}{\partial \sigma}\left[\frac{K_{\mathrm{H}}}{D}\frac{\partial C}{\partial \sigma}\right]-\frac{\partial W_{\mathrm{s}}C}{\partial z}+F_{\mathrm{c}}+Q+R \qquad (4\text{-}15)$$

式中，C 表示 SS 浓度，W_{s} 表示沉降速度，Q 表示 SS 负荷量，R 表示卷起量，F_{c} 表示水平扩散项。另外，水平扩散项与水动力子模型一样定义如下：

$$F_{\mathrm{c}}=\frac{\partial Hq_x}{\partial x}+\frac{\partial Hq_y}{\partial y} \qquad (4\text{-}16)$$

在这个公式中：

$$q_x = A_{\mathrm{H}} \frac{\partial C}{\partial x}, q_y = A_{\mathrm{H}} \frac{\partial C}{\partial y} \tag{4-17}$$

（3）底泥卷起量的估计方法

在本模型中，从底质卷起的 SS 量的估计方法采用以下公式。该公式在估算从底质卷起的 SS 量时被广泛应用[34)]。

$$E = \alpha \cdot \left(\frac{\tau_0}{\tau_{\mathrm{c}}} - 1 \right)^{\beta} (\tau_0 > \tau_{\mathrm{c}}) \tag{4-18}$$

式中，E 表示卷起量［kg/（$\mathrm{m}^2 \cdot \mathrm{s}$）］，$\alpha$、$\beta$ 表示侵蚀速度系数［kg/（$\mathrm{m}^2 \cdot \mathrm{s}$）］（-），$\tau_{\mathrm{c}}$ 表示极限剪应力（$\mathrm{N/m}^2$），τ_0 表示底层的剪应力（$\mathrm{N/m}^2$）。

（4）底面剪应力的估计方法

公式（4-18）中计算底面剪应力 τ_0 时，采用假想波浪与水流共存时的估算公式。在计算时，采用田中/THU[35)]提出的粗糙表面湍流场的显形摩擦系数的近似公式。首先用下面的公式定义波浪/水流共存场所的摩擦系数。

$$\tau_0 = \rho \cdot \bar{u}^{*}\ cw^2 = \rho \frac{f_{\mathrm{cw}}}{2} \hat{U}_{\mathrm{w}}^2 \tag{4-19}$$

式中，τ_0 表示波浪、水流共存时的底面剪应力的最大值，ρ 表示流体的密度，$u^{*}cw^2$ 表示波浪/水流共存时摩擦速度的最大值，表示根据微小振幅波理论获得的波动流速的交界层外缘的最大值。在以下标记中，cw、c、w 分别表示波浪/水流共存场的量、稳定流分量及波动分量。另外，L、R 及 S 分别表示层流、粗糙表面湍流及平滑表面湍流的各种量。$\hat{U}_{\mathrm{w}}$ 以在水动力子模型中计算出来的有效浪高/有效频率为基础，列出如下公式：

$$\hat{U}_{\mathrm{w}} = \frac{H_{1/3}}{2} \cdot \frac{2\pi}{T_{1/3}} \cdot \frac{1}{\sinh[kz_{\mathrm{h}}]} \tag{4-20}$$

式中，$H_{1/3}$表示有效浪高，$T_{1/3}$表示有效波周期，k 表示波数，z_{h}表示水深。另外根据下面的公式推断出 k。

$$k = \frac{2\pi}{L},\ L = \frac{g}{2\pi} \cdot T^2 \cdot \tanh \frac{2\pi z_{\mathrm{h}}}{L} \tag{4-21}$$

田中等人对湍流场的摩擦系数，提出了以下显形近似公式。

$$f_{\mathrm{cw(R)}} = f_{\mathrm{c(R)}} + 2\sqrt{f_{\mathrm{c(R)}} \cdot \beta_{\mathrm{(R)}} f_{\mathrm{w(R)}}} \cos\varphi' + \beta_{\mathrm{(R)}} f_{\mathrm{w(R)}} \tag{4-22}$$

$$f_{\mathrm{c(R)}} = \frac{2k^2}{\{\ln(z_{\mathrm{h}}/z_0) - 1\}^2} \left(\frac{\bar{u}_{\mathrm{c}}}{U_{\mathrm{w}}} \right)^2 \tag{4-23}$$

$$f_{\mathrm{w(R)}} = \exp\left\{ -7.53 + 8.07 \left(\frac{\hat{U}_{\mathrm{w}}}{\sigma z_0} \right)^{-0.100} \right\} \tag{4-24}$$

$$\beta_{\mathrm{(R)}} = \frac{1}{1 + 0.769\alpha^{0.830}} \left\{ 1 + 0.863\alpha \exp(-1.43\alpha) \left(\frac{2\varphi'}{\pi} \right)^2 \right\} \tag{4-25}$$

$$\alpha = \frac{1}{\ln(z_{\mathrm{h}}/z_0) - 1} \frac{\bar{u}_{\mathrm{c}}}{\hat{U}_{\mathrm{w}}} \tag{4-26}$$

式中，$\bar{u}_{\mathrm{c}}$ 表示稳定流的截面平均流速，z_{h} 表示水深，a_{m} 表示波动引发的底面水粒子

轨道振幅，v 表示流体的动粘性系数。另外，$\varphi' = \cos^{-1}(|\cos\varphi|)$ 中，φ 是波浪行进方向和稳定流的流动方向所构成的角度。φ 的范围没有限制，但是 φ' 的范围为 $0 \leqslant \varphi' \leqslant \pi/2$。$k$ 表示卡尔曼常数，z_o 表示粗糙长度（z_o 表示 $k_s/30$，k_s 表示相应粗糙度），σ 表示波浪的角振动数（$\sigma = 2\pi/T$，T 表示周期）。另外，φ' 的单位为弦。结果 $f_{cw(R)}$ 为四个无因次数，由 $U_w/\sigma z_o$、z_h/z_o、$\bar{u}_c/\hat{U}_w$ 及 φ 决定。在这些参数中，第 2、第 3 个变量被归纳为式（4-26）中的一个新变量 a。

式（4-27）中，没有浪高时，摩擦系数为 0，没有发生卷起动作。另一方面，在像有明海这样存在强大潮流的海域，水流引起的卷起动作是决定性的，所以用公式（4-27）来计算水流引发的底面剪应力，与用公式（4-19）求出的波浪/水流共存场所的剪应力进行比较。其最大值被定义为各网格的底面剪应力。

$$\tau_0 = \rho \cdot u_*^2$$

$$u_* = u \cdot \left(\frac{1}{k} \cdot \ln\frac{z}{k_s} + Ar\right)^{-1} \tag{4-27}$$

式中，ρ 表示海水密度（kg/m^3），u_* 表示摩擦速度（m/s），k 表示卡尔曼常数（≒0.41），u 表示水平流速（m/s），k_s 表示相应粗糙度（m），A_r（=8.5）表示常数，z 表示从底面至流速定义点的距离。

（5）各系数的设定

为了切实重现海湾内 SS 的变化状况，必须正确设定公式（4-18）中的 α、β、τ_c 的数值。根据资料的数值范围，对 α、β、τ_c 参数进行调整、设定，使之能够更好地重现以前的 SS 调查结果。

另外，底泥侵蚀速度系数，在底泥卷起悬浮的瞬间，急剧减小，然后随时间变化逐渐降低。因此，在本研究中，为简化计算，设定一次卷起悬浮就达到 SS 量的上限值（一个潮周期），为提高模型计算值和观测值的吻合性，根据试验性计算来设定 SS 量的上限值。

（6）沉降速度的推断方法

在表 4.5 所表示的粒径划分中，假定淤泥、黏土为粘着性粒子，在其沉降速度中引用山本等人[36]的研究结果。此时用于沉降速度 w_s 的推定公式中 SS 浓度（C）为淤泥和黏土的 SS 浓度的合计值。

$$w_s = 4.27 \times 10^{-4} \cdot C^{0.768} \tag{4-28}$$

式中，w_s 表示沉降速度（cm/s），C 表示粘着性粒子浓度（mg/L）。

另外，在沙子的沉降速度方面，确定具有代表性的粒径，利用公式（4-29）的 RUDY 公式[37]计算出沉降速度。

$$w_s = \sqrt{\frac{2}{3}\left(\frac{\rho'}{\rho} - 1\right)gd + \frac{36\,v^2}{d^2}} - \frac{6v}{d} \tag{4-29}$$

式中，g 表示重力加速度，ρ' 表示土粒密度，ρ 表示海水密度，d 表示粒径，μ 表示粘性系数，v 表示动粘性系数。

4.2.5 水质–底质–底栖生物子模型

（1）水质–底质–底栖生物子模型的结构

水质–底质–底栖生物子模型是以 C、N、P、O 为指示元素的物质循环模型。正如 4.2.1 节中所述，对于水质、底质及底栖生物这三种子模型之间的物质交换来说，视为相互之间的流动。在将其进行组合的同时，进行同步向时间方向积分。图 4.21 表示水质–底质–底栖生物子模型的结构。

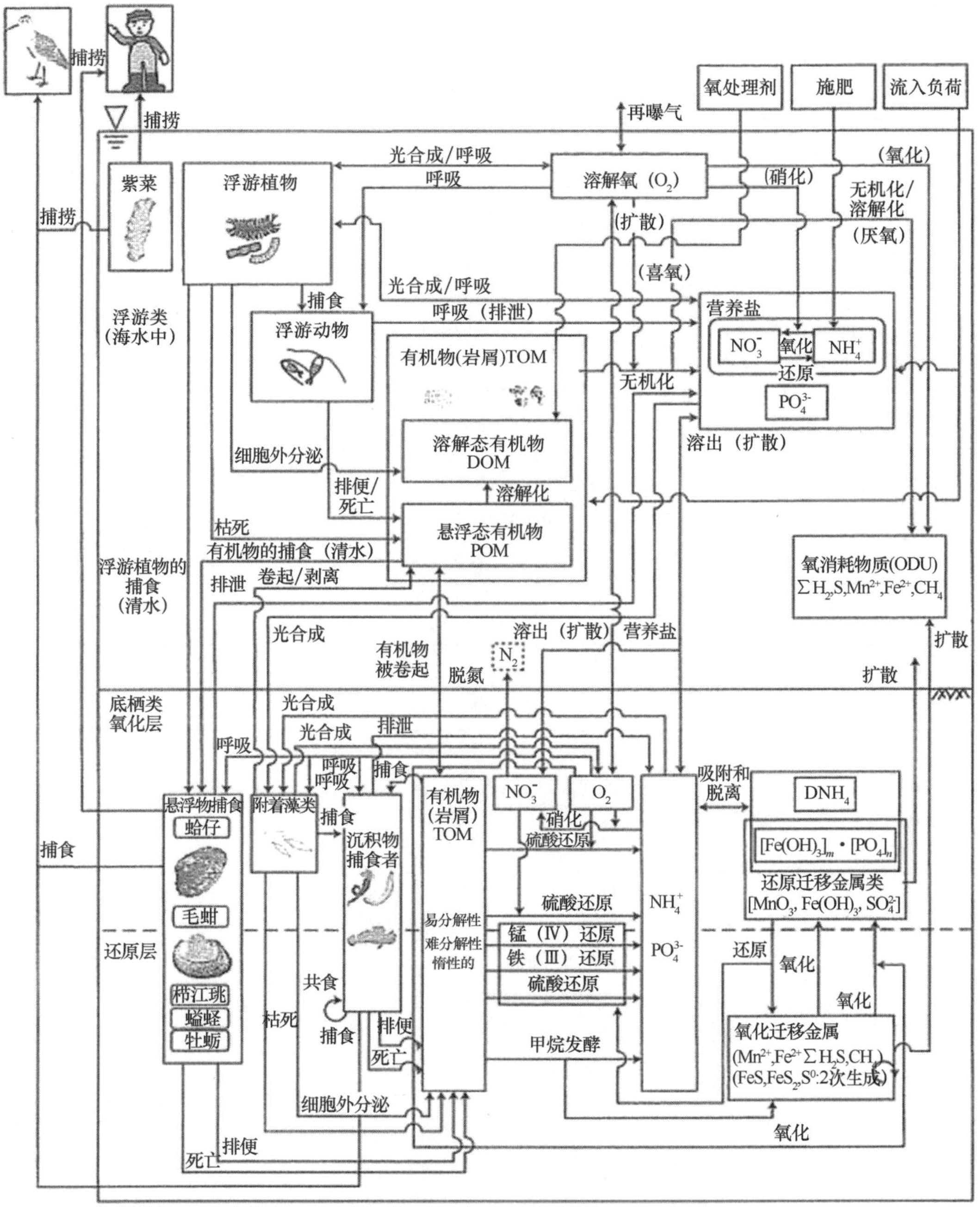

图 4.21 水质–底质–底栖生物子模型的结构

(2) 水质-底质-底栖生物子模型的预测项目和解析现象

水质子模型是考虑低层次生态系统中物质循环的水质变化模型。在这个模型中，以水动力子模型计算出的物质交换量、水温、盐度及悬浮物输送子模型计算出的 SS 浓度为边界条件，进行水质预测。

水质子模型的预测项目如表 4.6 所示。底质子模型的预测项目如表 4.7 所示。在水质子模型中，底质子模型被计算，将 FLUX 溶出的 H_2S 和 Mn^{2+}、Fe^{2+}等作为这些物质的氧化而与消耗溶解氧的假想物质合并计算，作为耗氧物质（ODU：Oxygen Demand Unit）进行解析。此时耗氧物质（ODU）的单位为 mgO/L，将 H_2S 和 Mn^{2+}、Fe^{2+}等的还原物质浓度换算为耗氧量。

表 4.6　水质子模型的预测项目

变量名	独立变量	单位
PHY	浮游植物	μg/L
LAVER	紫菜	gC/m^2
ZOO	浮游动物类	mgC/L
POC	悬浮态有机碳浓度	mgC/L
DOC	溶解态有机碳浓度	mgC/L
PON	悬浮态有机氮浓度	mgN/L
DON	溶解态有机氮浓度	mgN/L
POP	悬浮态有机磷浓度	mgP/L
DOP	溶解态有机磷浓度	mgP/L
NH_4-N	氨态氮浓度	mgN/L
NO_x-N	亚硝酸及硝酸态氮的合计浓度	mgN/L
PO_4-P	活性磷酸盐浓度	mgP/L
DO	溶解氧浓度	mgO/L
ODU	氧消耗物质 （ΣH_2S、Mn^{2+}、Fe^{2+}、CH_4的合计值）	mgO/L

表 4.7　底质子模型的预测项目

变量名		独立变量	单位
TOC	固相+液相	底泥中的全部有机碳	mgC/g-dry
TON	固相+液相	底泥中的全部有机氮	mgN/g-dry
TOP	固相+液相	底泥中的全部有机磷	mgP/g-dry
NH_4-N	液相	间隙水中的氨态氮	mgN/L
NO_x-N	液相	间隙水中的亚硝酸及硝酸态氮	mgN/L
PO_4-P	液相	间隙水中的活性磷酸盐	mgP/L
DO	液相	间隙水中的溶解氧	mgO/L
SO_4^{2-}	液相	间隙水中的硫酸离子	mgS/L
Mn^{2+}	液相	间隙水中的 Mn（Ⅱ）离子	mgMn/L
Fe^{2+}	液相	间隙水中的 Fe（Ⅱ）离子	mgFe/L
ΣH_2S	液相	间隙水中的ΣH_2S（$=H_2S+HS^-$）	mgS/L
CH_4	液相	间隙水中的甲烷	mgC/L

续表

变量名		独立变量	单位
MnO_2		底泥中的二氧化锰	mgMn/g-dry
Fe（OH）$_3$		底泥中的氢氧化铁	mgFe/g-dry
FeS		底泥中的硫化铁	mgS/g-dry
FeS_2	固相	底泥中的黄铁矿	mgS/g-dry
S^0		元素状硫黄	mgS/g-dry
DNH_4^+		吸附态氨态氮	mgN/g-dry
DPO_4^-		吸附态磷酸盐	mgP/g-dry

底栖生物子模型的预测项目如表 4.8 所示。在底栖生物子模型方面，作为悬浮物捕食者，考虑有明海的优势物种蛤仔和毛蚶。对于偏顶蛤和缢蛏等其他悬浮物捕食者，将其作为其他悬浮物捕食者被嵌入模型中。

表 4.8 底栖生物子模型的预测项目

变量名	独立变量	单位
DIA	附着藻类	gC/m^2
BSF（蛤）	蛤仔	gC/m^2
BSF（毛蚶）	毛蚶	gC/m^2
BSF（牡蛎）	牡蛎	gC/m^2
BSF（其他）	其他悬浮物捕食者	gC/m^2
BDF	沉积物捕食者	gC/m^2

在水质子模型中，T-N、T-P、COD 浓度如下所示，换算作为独立变量计算的解析项目的浓度进行计算。

（COD）＝（浮游植物态 COD）＋（浮游动物态 COD）
＋（悬浮态 COD）＋（溶解态 COD）

（T-N）＝（TON）＋（NH_4-N）＋（NO_x-N）

（T-P）＝（TOP）＋（PO_4-P）

在这个公式中：

（TON）＝（浮游植物态 N）＋（浮游动物态 N）＋（PON）＋（DON）

（TOP）＝（浮游植物态 P）＋（浮游动物态 P）＋（POP）＋（DOP）

另外，连接各子模型变量的物理、化学、生物过程，主要是由对低层次营养级浮游植物的产生和氧动态来说非常重要的事物构成。而且，为了确切表征已成为有明海主要问题的贫氧水团的产生状况及其特征，在这个模型中，作为水中溶解氧的产生、消耗相关的重要生物、化学过程，主要考虑如下项目：①浮游植物、附着藻类、紫菜的光合成；②浮游植物、浮游动物、附着类、悬浮物捕食者、沉积物捕食者的呼吸；③有机物（岩屑）的喜氧无机化；④硝化；⑤氧消耗物质（ODU：Oxygen Demand Unit）的氧化；⑥底泥的氧消耗（与间隙水中的溶解氧的分子扩散）；⑦考虑到海面上的再曝气。图 4.22、图 4.23 及图 4.24 表示在水质、底质及底栖生物的子模型中考虑的现象。

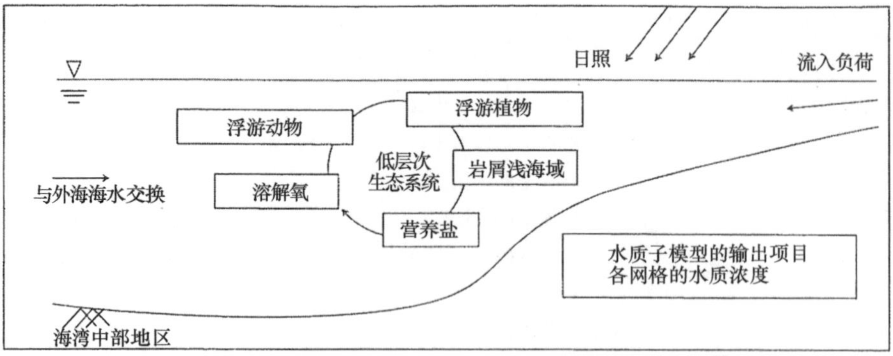

图 4.22 水质子模型解析的主要现象和输出项目

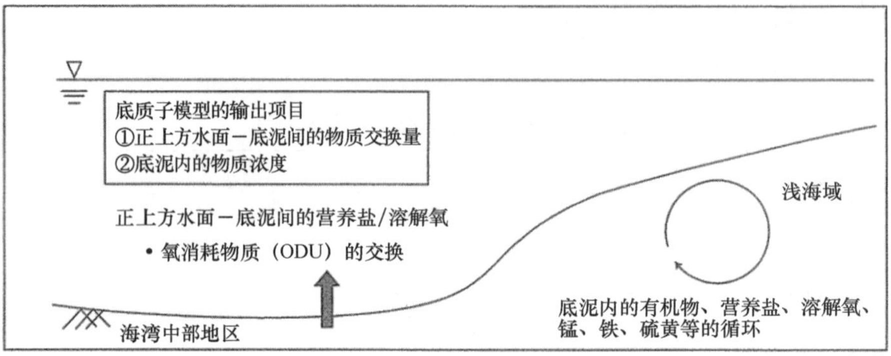

图 4.23 底质子模型解析的主要现象和输出项目

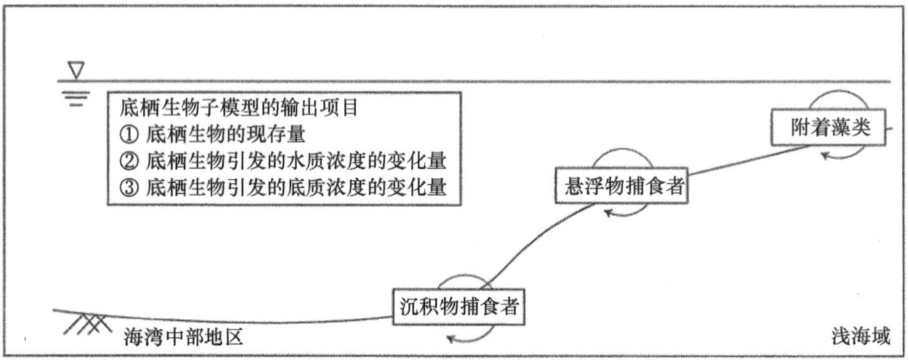

图 4.24 底栖生物子模型解析的主要现象和输出项目

（3）坐标系及基础方程式

①水质子模型

水质子模型的坐标系依据水动力子模型构建。水质子模型的基础方程式是富营养化相关物质的对流扩散方程式，在水动力子模型中的湍流统计量的对流扩散方程式中，追加了富营养化相关物质的反应项。

$$\frac{\partial DC}{\partial t}+\frac{\partial CUD}{\partial x}+\frac{\partial CVD}{\partial y}+\frac{\partial C_{\omega}}{\partial \sigma}=\frac{\partial}{\partial \sigma}\left[\frac{K_{\mathrm{H}}}{D}\frac{\partial C}{\partial \sigma}\right]+F_{\mathrm{c}}+Q\ \pm R \qquad (4-30)$$

在这个公式中，C 表示富营养化相关物质浓度，F_c 表示水平扩散项，Q 表示富营养化相关物质的负荷量，R 表示反应项。另外与水动力子模型一样，水平扩散项也定义如下：

$$F_c = \frac{\partial Hq_x}{\partial x} + \frac{\partial Hq_y}{\partial y} \tag{4-31}$$

在这个公式中，

$$q_x = A_H \frac{\partial C}{\partial x}, q_y = A_H \frac{\partial C}{\partial y} \tag{4-32}$$

②底质子模型/底栖生物子模型

底质及底栖生物子模型采用与水动力、悬浮物、水质子模型不同的坐标系，在水平方向生成与水动力模型中采用的水平网格任意连接的网格，作为多盒模型进行解析。另外，在垂直方向，以泥深 10 cm 为计算对象，按照垂直方向分拆为 10 层。随着向上卷起，底泥表层的物质从底泥中消失，但是此时在第 1 层底泥中消失的质量成分由第 2 层提供，形成了底泥表层。从更深的第 2 层移动至第 1 层的质量成分由第 3 层供给。也就是说，水-底泥交界面始终定义为第 1 层的上端，水-底泥交界位置随着底泥被卷起发生变化，这种变化引发的浓度变化通过层之间的物质对流的形式来表现。对于沉积也采用相同的方法。在作为下端交界处的最下层网格，必须设定下层供给的物质浓度。该浓度设定为与最下层网格相同的浓度（假定在比最下层更深的位置不存在浓度偏差）。

（4）生物/化学反应项

在水质-底质-底栖生物子模型方面，由于计算项目较多，所以较多地考虑生物化学过程，以这些作为反应项进行模型化。这个模型中所考虑到的各反应项如表 4.9 至表 4.11 所示。表中“+”列表示根据实际情况，预测项目需增加的项；“-”列表示预测项目减少的项；“±”列表示预测项目增减的项。

表 4.9　在水质子模型中考虑到的反应项

反应项	+	-	±
浮游植物（CHL）	光合成	细胞外分泌、呼吸、枯死、ZOO 捕食、沉降、BSF 捕食	—
紫菜（LAVER）	光合成	细胞外分泌、呼吸、枯死、捕捞	—
浮游动物（ZOO）	PHY 捕食	排便、呼吸、死亡	—
溶解氧（DO）	光合成（PHY）生产	PHY 呼吸、ZOO 呼吸 流入负荷 POC 的喜氧分解/无机化 DOC 的喜氧分解/无机化 硝化、底泥的消耗 ODU 的氧化	再曝气 底栖生物光合成 呼吸等 卷起的间隙水 扩散
悬浮态有机物（POM）	PHY 枯死 ZOO 死亡 ZOO 排便 流入负荷 卷起	分解/无机化、沉降 BSF 捕食	—

续表

反应项	+	−	±
溶解态有机物（DOM）	PHY 的细胞外分泌 POM 的溶解化 流入负荷	分解/无机化	—
氨态氮（NH_4-N）	PHY 呼吸 ZOO 呼吸 POM 的分解/无机化 DOM 的分解/无机化 流入负荷	PHY 的光合成、硝化	从底泥溶出 底栖生物摄取、排泄等 卷起时的间隙水扩散
硝酸态氮（NO_x-N）		PHY 的光合成	从底泥溶出 卷起时的间隙水扩散
活性磷酸盐（PO_4-P）		PHY 的光合成	从底泥溶出 底栖生物摄取、排泄等 卷起时的间隙水扩散
氧消耗物质（ODU）	POM 的厌氧分解/无机化 DOM 的厌氧分解/无机化 从底泥溶出	DO 的氧化	卷起时的间隙水扩散

表 4.10　在底质子模型中考虑到的反应项

反应项	+	−	±
有机态碳（TOC）	从水中沉降	分解/无机化 卷起、沉积	—
有机态氮（TON）	从水中沉降	分解/无机化 卷起/沉积	—
有机态磷（TOP）	从水中沉降	分解/无机化 卷起、沉积	—
氨态氮（NH_4-N）	有机物的无机化 硝酸还原	硝化	分子扩散、卷起 吸附和脱离
硝酸态氮（NO_x-N）	硝化	硝酸还原、脱氮	分子扩散、卷起
活性磷酸盐（PO_4-P）	有机物的无机化	—	吸附和脱离、卷起
溶解氧（DO）	—	有机物的无机化、硝化 还原物质的氧化 （Mn^{2+}、Fe^{2+}、H_2S、CH_4、FeS、FeS_2）	分子扩散、卷起
硫酸离子（SO_4^{2-}）	O_2的 H_2S 的氧化 O_2的 FeS 的氧化 S^0的水合反应	有机物的无机化 SO_4^{2-} 的 CH_4的氧化	分子扩散

续表

反应项	+	−	±
锰（Ⅱ）离子（Mn^{2+}）	有机物的无机化 Fe^{2+}的 MnO_2的还原 H_2S 的 MnO_2的还原	O_2的 Mn^{2+}的氧化	分子扩散
铁（Ⅱ）离子（Fe^{2+}）	有机物的无机化 H_2S 的 Fe（OH）$_3$的还原 O_2的 FeS/FeS_2的氧化作用	O_2的 Fe^{2+}的氧化 Fe^{2+}的 MnO_2的还原	分子扩散 HS^-和 Fe^{2+}的沉淀
二氧化锰（MnO_2）	O_2的 Mn^{2+}的氧化 从水中的沉降	有机物的无机化 Fe^{2+}的 MnO_2的还原 H_2S 的 MnO_2的还原	—
氢氧化铁［Fe（OH）$_3$］	O_2的 Fe^{2+}的氧化 Fe^{2+}的 MnO_2的还原 从水中的沉降	有机物的无机化 H_2S 的 Fe（OH）$_3$的还原	—
硫化铁（FeS）	从水中的沉降	O_2的 FeS 的氧化 FeS 和 H_2S 的沉淀作用 FeS 和 S^0的沉淀作用	HS^-和 Fe^{2+}的沉淀作用
黄铁矿（FeS_2）	FeS 和 H_2S 的沉淀作用 FeS 和 S^0的沉淀作用 从水中的沉降	O_2的 FeS_2的氧化	—
元素状硫黄（S^0）	H_2S 的 MnO_2的还原 H_2S 的 Fe（OH）$_3$的还原 从水中的沉降	FeS 和 S^0的沉淀作用 S^0的水合反应	
硫化氢（ΣH_2S）*	有机物的无机化 SO_4^{2-}的 CH_4的氧化 S^0的水合反应	O_2的 H_2S 的氧化 H_2S 的 MnO_2的还原 H_2S 的 Fe（OH）$_3$的还原 FeS 和 H_2S 的沉淀作用	分子扩散 HS^-和 Fe^{2+}的沉淀作用
附着态氨态氮（DNH_4-N）	—	* *	吸附和脱离
附着态无机磷（DPO_4-P）	—	* *	吸附和脱离

注：*表示硫化氢按照硫化氢（H_2S）和硫化氢离子（HS^-）的合计值（ΣH_2S）计算，由 pH 值和酸离解常数确定各自的存在比；

* *表示附着态营养盐类的生物作用，由于缺少相关知识，因此没有考虑。

表 4.11　在底栖生物子模型中考虑到的反应项

反应项	+	-	±
附着藻类（DIA）	光合成	细胞外分泌 呼吸 枯死 BDF 捕食 卷起	-
悬浮物捕食者（BSF）	由清水决定的食物摄取	排便 呼吸 死亡 捕捞	-
沉积物捕食者（BDF）	DIA 食物摄取 有机物的食物摄取 BDF 的食物摄取（同类互相捕食）	排便 呼吸 死亡	-

（5）关于底泥内物理过程的处理

底泥内及水-底泥界面的溶解物质浓度变动利用下面的垂直一次元扩散方程式计算。

$$\varphi \cdot \frac{\partial C}{\partial t} = -\frac{\partial}{\partial z}\left(-\varphi D\frac{\partial C}{\partial z}\right) \tag{4-33}$$

式中，C 表示溶解物质浓度，D 表示物质的扩散系数，φ 表示空隙率，z 表示层厚。

各溶解物质的分子扩散系数是水温和空隙率的函数（Soetaert 等[38]）。

$$D = D^{\mathrm{T}} \cdot \varphi^{n-1}$$

$$D^{\mathrm{T}} = D^{0℃} + \alpha \cdot \mathrm{Temp} \tag{4-34}$$

式中，D 表示底泥内的分子扩散系数，Temp 表示泥温，α 表示扩散系数的温度系数，指数 n 在沙质层沉积物中为 2，在泥质堆积物中为 3（藤永[39]）。

悬浮物捕食者（BSF）、沉积物捕食者（BSF）搅动底泥的情况以下面的公式为准。

固相的搅动速度（D_{BS}）

$$D_{\mathrm{BS}} = \frac{(\mathrm{BSF} + \mathrm{BDF})}{(\mathrm{BSF} + \mathrm{BDF}) + K_{\mathrm{BS}}} \times D_{\mathrm{BSMAX}} \tag{4-35}$$

式中，D_{BSMAX} 表示固相的最大搅动速度，K_{BS} 表示与固相搅动相关的生物量的半饱和常数。

液相的搅动速度（D_{BC}）

$$D_{\mathrm{BS}} = \frac{(\mathrm{BSF} + \mathrm{BDF})}{(\mathrm{BSF} + \mathrm{BDF}) + K_{\mathrm{BS}}} \times D_{\mathrm{BCMAX}} \tag{4-36}$$

式中，D_{BCMAX} 表示液相的最大搅动速度，K_{BC} 表示与液相搅动相关的生物量的半饱和常数。

（6）潮间带的处理

①水质子模型

在悬浮物输送子模型及水质子模型中判断淹没/干出时，与水动力子模型中定义的判断标准相同。在水质子模型中，干出/淹没也采用相同的计算方法。干出时，水中的物质循环没有解析，不进行特别处理。干出时，在水深 10 cm 的情况下，计算水质/底质/底栖生物的相互作用。其目的在于表现干出时形成的蓄潮塘内的水质变化。此时溶解氧的再曝气系数值为水淹时的 10 倍，表现在水深较浅情况下风浪等导致溶解氧供给量的增加。另外，悬浮物输送子模型也采用同样的处理方式，假定在干出时没有发生底泥卷起。

②底质子模型/底栖生物子模型

与水质子模型相同，干出/淹没时计算方法不变。干出时，在水深 10 cm 的情况下，计算水质/底质/底栖生物的相互作用。

（7）底栖生物的处理

在底质子模型中，为了提高水质及底质项目的重现性，将底泥内的有机物划分为三种：易分解性、难分解性和不活跃性物质。在这样的条件下，为计算包括底栖生物在内的物质循环，必须明确在底栖生物过滤水/捕食时对分解性有机物的选择性以及自身生物量的分解性。这是因为易分解性有机物的存在量在很大程度上决定了底层的贫氧化和来自底泥营养盐的溶出量，根据由底栖生物决定的易分解性有机物清除率的设定方法，这些计算结果将有非常大的变化。

在底栖生物子模型中，由底栖生物决定的易分解性有机物的选择性根据图 4.25 所示的概念进行设定。首先，悬浮物捕食者基于正上方水中有机物的存在率（C_{01}、C_{02}、C_{NR}），通过过滤水将有机物摄入体内。在过滤水的有机物中，假定捕食者有选择地吸收易分解性有机物，而难分解性有机物及不活跃性物质不会被吸收到体内，作为假粪便被排放到底泥表层，而排出的粪便为易分解性有机物。另外在自然死亡或缺氧导致死亡时，几乎都变成易分解性有机物介入到底泥中。对沉积物捕食者也按照同样的概念进行计算。

4.2.6　潮间带模型

（1）潮间带的热平衡过程

对潮间带的水质/底质变动来说，在很大程度上受到潮汐引发的潮涨潮落和日照相互作用产生的周期性热环境变化的影响。这种潮间带的热环境特性是影响生物栖息环境功能和水质净化功能的重要因素。因此，在研究潮间带所具有的功能时，必须掌握潮间带的热环境。但是考虑这种影响的潮间带生态系统模型非常少。在有明海项目中，以构建潮间带生态系统模型为目标，根据田中等人[40]对有明海潮间带的实地观测结果，将针对潮间带的大气-海面及土壤表面（陆地表面）的热能源相互作用构建模型，研究模型的实地适用性。这项研究结果的详细情况请参照永尾等人[41]的报告。

（2）热平衡过程的模型化

针对潮间带潮涨潮落时的土壤表面和海水表面的蓄热量，如果考虑到大气-海水及土壤表面的热平衡，可分别按照下面的公式进行计算[42]。

$$G_{soil} = R_n - H - lE\text{（退潮时）} \tag{4-37}$$

$$G = \widetilde{R}_n - H - lE - Q_s\text{（涨潮时）} \tag{4-38}$$

（悬浮物捕食者）

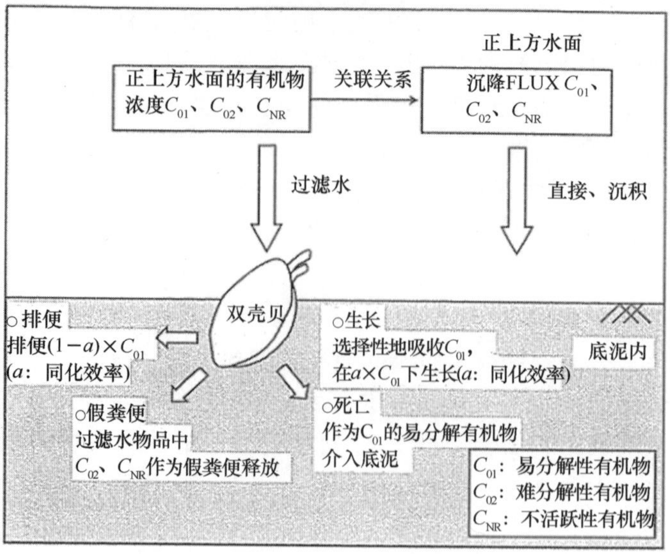

（沉积物捕食者）

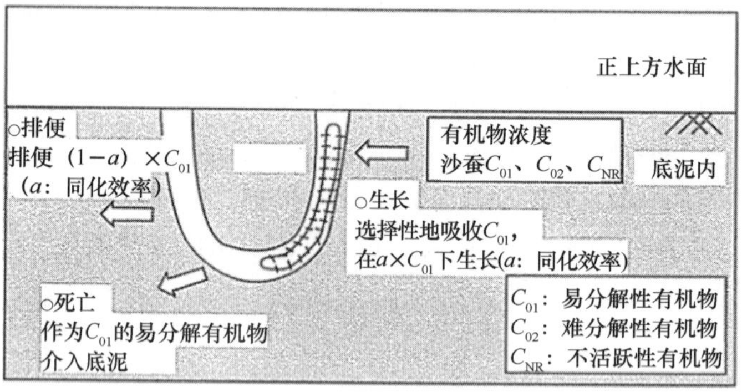

图 4.25　悬浮物捕食者/沉积物捕食者的易分解性有机物相关的概念

$$G_{soil} = Q_s(\text{涨潮时}) \tag{4-39}$$

在这些公式中，G 表示涨潮时的海水中的蓄热量，G_{soil} 表示土壤表面的蓄热量，R_n 表示土壤表面接收到的辐射量，$\widetilde{R}_n$ 表示射入海水中的辐射量，H 表示感热输送量，lE 表示潜热输送量，Q_s 表示通过海水到达土壤表面的日照量。

①退潮时的热平衡

对于退潮时的土壤表面的蓄热量 G_{soil} 来说，如果利用向下的短波辐射量 S_d、来自大气的长波辐射量 L_d、来自土壤表面的长波辐射量 L_u 表示公式（4-37）中的土壤表面接收到的辐射量 R_n，则公式如下所示：

$$G_{soil} = (I - a_s)S_d + L_d + L_u - H - lE \tag{4-40}$$

式中，各个辐射成分（S_d、L_d、L_u）以射入土壤表面的方向为正方向，在本模型中，以田中等人[40]的观测结果为输入值。另外，a_s 为土壤表面的反射能，根据田中等人的观测结果将其设为 0.05。

对于退潮时从土壤表面进入大气的感热输送量 H 和潜热输送量 lE 来说，根据BULK系数进行计算[42)]。

$$H = C_P \rho_a C_H U(T_s - T_a)$$
$$lE = l \rho_a C_E U(q_{SAT} - q_a) \tag{4-41}$$

式中，C_p 表示大气比热，ρ_a 表示大气的密度，U 及 T_a 表示标准高度的风速及气温，T_s 表示土壤表面温度，l 表示水的汽化热，q_{SAT}表示相对于 T_s 的饱和比湿，q_a 表示大气比湿，C_H 及 C_E 表示相对于标准高度时的感热/潜热的BULK输送系数。根据近藤等人[42)]的研究显示，裸露地面的感热/潜热交换速度 C_HU 及 C_EU 一般用下面的公式表示：

○微风（$U_{10\,m}$<2 m/s），不稳定（T_s>T_a）时

$$C_H U \approx C_E U(m/s) = 0.0012(T_s - T_a)^{1/3} \tag{4-42}$$

○上述情况之外时

$$C_H U \approx C_E U(m/s) = 0.0027 + 0.0031U_{1m} \tag{4-43}$$

在这些公式中，U_{1m}表示地上1 m的风速。

其次，对于从土壤表面进入土壤内的热传导来说，用垂直一次元热传导方程式表示。

$$\frac{\partial T_S}{\partial t} = K_S - \frac{\partial^2 T_S}{\partial Z^2} \tag{4-44}$$

式中，K_S 表示土壤内的热传导系数。一般来说，K_S［$K_S = \lambda / C$：λ 热传导率（W/cm℃），C 表示体积比热（J/cm^3℃）］是根据土壤密度、粒度分布、含水率等发生变化的参数。根据K. L. Bristow等人[43)]的研究，热传导率 λ 定义为体积含水率 Φ 的函数，能够表现相对于土壤性状变化的热传导系数的变化。

$$\lambda = A + B\Phi - (A - D)\ \exp[-(C\Phi)^E] \tag{4-45}$$

式中，A、B、C、D、E 是通过试验获得的系数。另外，退潮时土壤表面的界限条件以下面的公式为准：

$$-K_S \frac{\partial T_S}{\partial Z}\bigg|_{z=0} = G_{soil} \tag{4-46}$$

②涨潮时的热平衡

对于涨潮时的热平衡，根据图4.26所表示的二瓶等人[44)]的概念，考虑到短波辐射进入水中的透过、衰减及在土壤表面的反射，用下面的公式给 R_n 及 Q_s 赋值[45)]。

$$\widetilde{R}_n = (1 - a_W) S_d - a_S(1 - a_W)(1 - \beta)^2 \exp(-2\gamma h_W) S_d + L_d + L_u \tag{4-47}$$
$$Q_S = (1 - a_S)(1 - a_W)(1 - \beta) \exp(-\gamma h_W) S_d \tag{4-48}$$

在这些公式中，a_W 表示海水表面的反射能，a_S 表示土壤表面的反射能，β 表示海水表面的日照吸收率，γ 表示光的消散系数，h_W表示水深。松永等人[45)]通过研究证明，海水表面的反射能随着水深而发生变化，因此在有明海项目中，将海水表面的反射能作为水深函数，用下面的公式表示。

$$a_W = (a_S - a_{W\infty}) \exp[-h_W / coef] + a_{W\infty} \tag{4-49}$$

式中，$a_{W\infty}$表示反射能不依赖于水深变化的海水表面的反射能（0.05），*coef* 表示

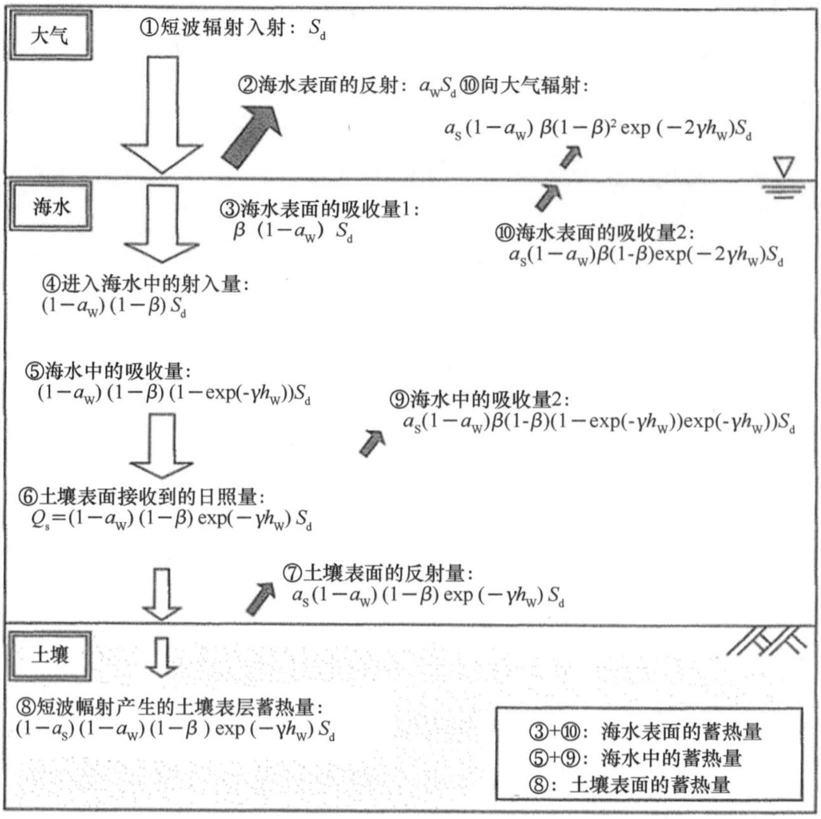

图 4.26　考虑到海水中的日照吸收的短波辐射量的收支

衰减系数（0.5）。

对于涨潮时从海水表面进入大气的感热输送量 H 和潜热输送量 lE 来说，与涨潮时一样，利用公式（4-47）的 BULK 公式进行计算。在海水表面上的感热/潜热交换速度 $C_H U$ 及 $C_E U$ 参考田中等人[40]的研究成果，考虑到计算的重现性，设定如下：

○$U_{10\,m}<5$ m/s 时

$$C_H U \approx C_E U\ (\text{m/s}) = 0.0017 U_{10\,m} \tag{4-50}$$

○5 m/s$<U_{10\,m}<30$ m/s 时

$$C_H U \approx C_E U(\text{m/s}) = 0.0018 U_{10\,m} \tag{4-51}$$

○微风（$U_{10\,m}<2$ m/s），不稳定（$T_W>T_a$）时

$$C_H U \approx C_E U(\text{m/s}) = 0.0017(T_W - T_a)^{1/3} \tag{4-52}$$

在这些公式中，T_W 表示水温。

（3）实地适用性的研究

在研究模型的实地适用性时，以“熊本港亲水绿地公园野鸟池”为对象，确认是否能够以较高的精度重现涨潮、退潮引发的水温、泥温的变动特性。图 4.27 及图 4.28 表示一个实例的计算结果。

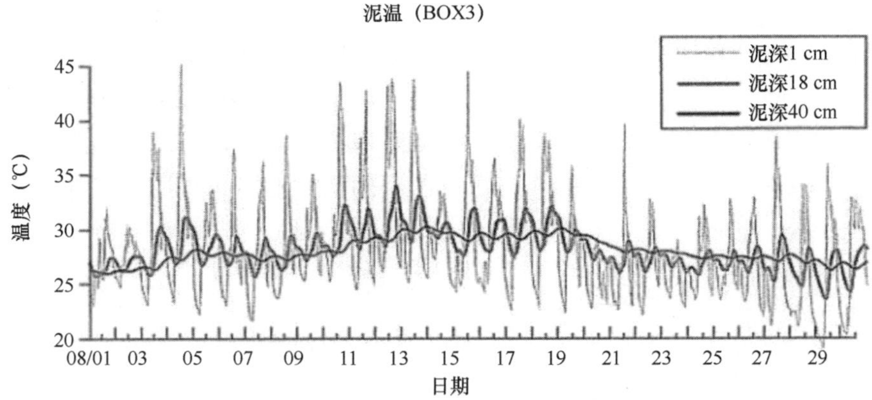

图 4.27　潮间带的泥温计算结果

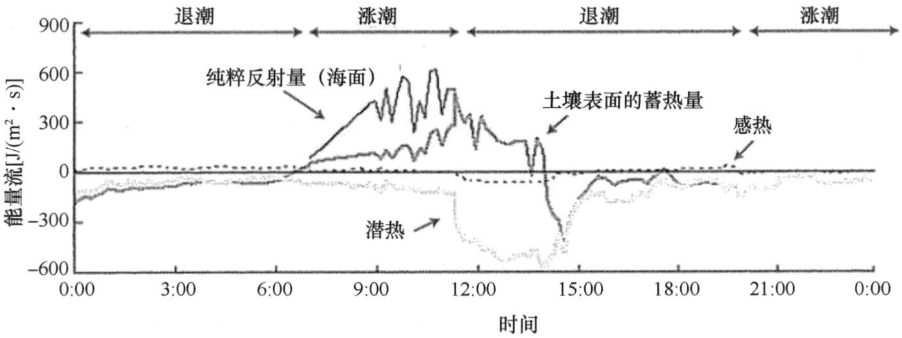

图 4.28　潮间带的能量流的计算结果

4.2.7　指示种评价模型（生活史模型）

（1）生活史模型的预测项目及解析的现象

生活史模型的预测项目为可验证的捕捞量。为了理解资源的内部结构，还会输出体长、体重、各个发育阶段的个体数量、产卵数量、资源量、各年龄渔获量等。另外，对于蛤仔和毛蚶，还要考虑水过滤量、食物摄取量、排泄量、同化量、呼吸量等代谢特性，推测悬浮物除去量、碳固定量、CO_2产生量等。计算出产值，可以评价修复后的经济评价和 B/C（便利/修复成本）。另外，对于双壳贝的产值来说，由于按照壳长设定了单价，所以与捕捞量的变化不同。

（2）生活史的划分和计算领域

蛤仔、毛蚶、鲈的生活史模式如图 4.29 所示，生活史模型的基本设计如表 4.12 所示。三种生物的生活史都被划分成五个阶段：浮游幼体、仔鱼、稚鱼、未成年鱼、成年鱼。各种栖息场方面，以过去和现在的渔场[46-48]和鲈的幼鱼、稚鱼的保护水域[49]为参考，根据低层次生态系统模型的计算网格，蛤仔在水深（平均水面下）5 m 以浅水域，中值粒径（MdΦ）在 6 以下，毛蚶在 10 m 以浅的水域，鲈以稚鱼为对象，主要栖息于河口海域。为了缩短计算时间，选择主要渔场在内的具有代表性的栖息环境，计算对象网格如图 4. 30 所示，蛤仔和毛蚶有 9 个水域，鲈有 7 个水域。每个水域由低层次生态系统模型的 5 个网格构成。蛤仔和毛蚶在触底后即不再移动，在触底的网格中被捕获。在河口/浅海域生长的鲈的稚鱼随着生长向海上移动，各个季节都在移动，在整个有明海都可以捕捞到。在模型中，鲈的未成年鱼/成年鱼全部都受到水温变化的影响，但是在稚鱼生长的网格中被捕捞。也就是说，各网格捕捞量的多少反映了稚鱼期的环境变化。浮游期的环境变化采用有明海全域的平均值进行计算，触底量在所有网格中都是相同的。

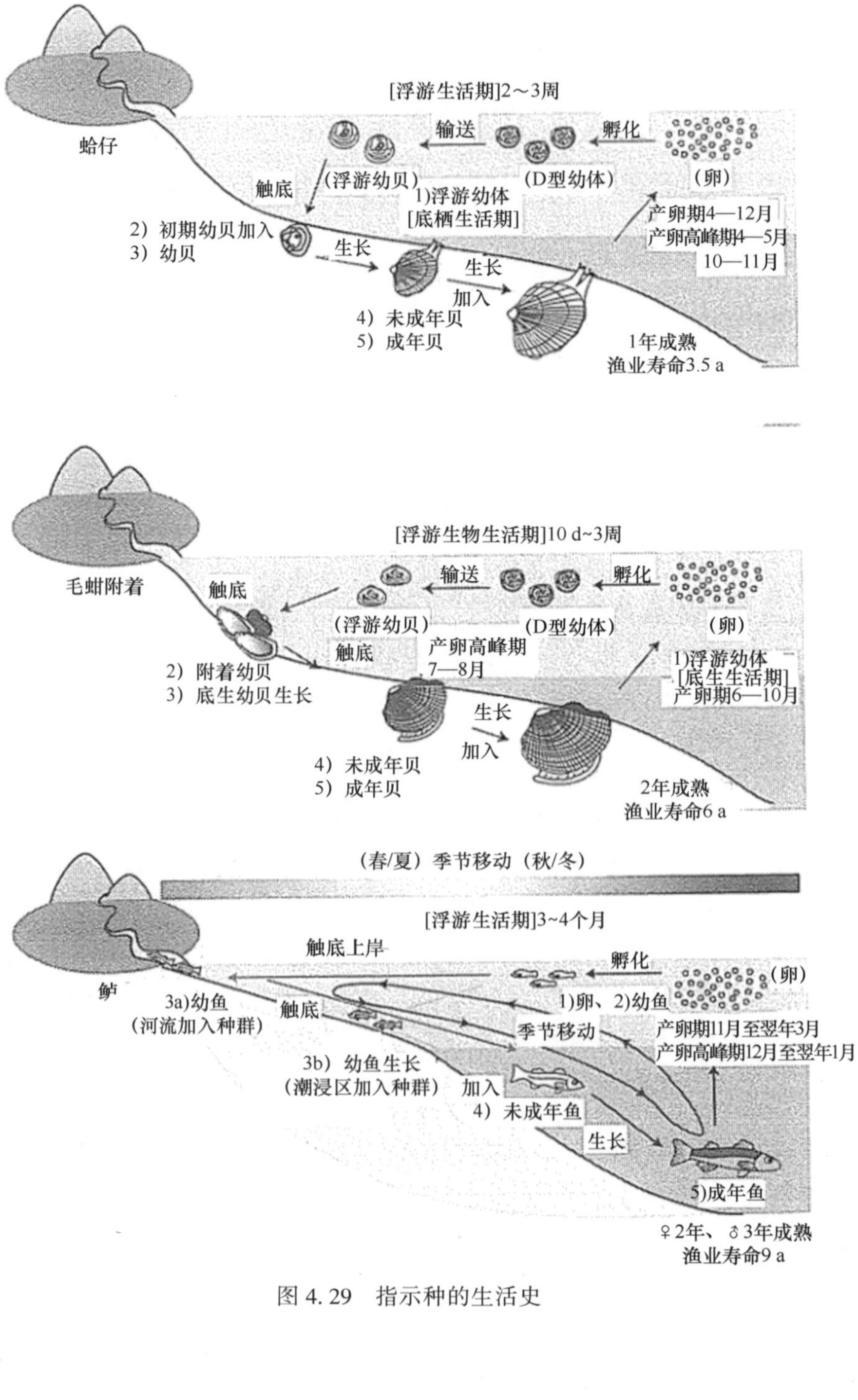

图 4. 29　指示种的生活史

表 4.12　生活史模型的基本设计

项目	蛤仔	毛蚶	鲈
生活史划分	①浮游幼体，②初期稚贝，③稚贝，④未成年贝，⑤成年贝	①浮游幼体，②附着稚贝，③底生稚贝，④成年贝 1，⑤成年贝 2	①卵，②浮游仔鱼，③稚鱼，④未成年鱼，⑤成年鱼
主要产卵期（基本案例）	4—6 月，10—11 月（5 月 1 日）	7—8 月（8 月 1 日）	11 月至翌年 3 月（12 月 1 日）
产卵次数	多次产卵（每年 4 次）	多次产卵（每年 2 次）	每年 1 次
浮游期	2~3 周	10 d~3 周	3~4 个月
生物学上的最小型（开始成熟年龄）	壳长 20 mm（1 a）	壳长 15 mm（2 a）	体长 300 mm（3 a）♀
雌雄比	1∶1	1∶1	1∶1
开始捕捞时的体长	壳长 20 mm	壳长 30 mm	体长 240 mm
渔业寿命（生物学寿命）	3.5 a（9 a 以上）	6 a（10 a 以上）	9 a（11 a 以上）

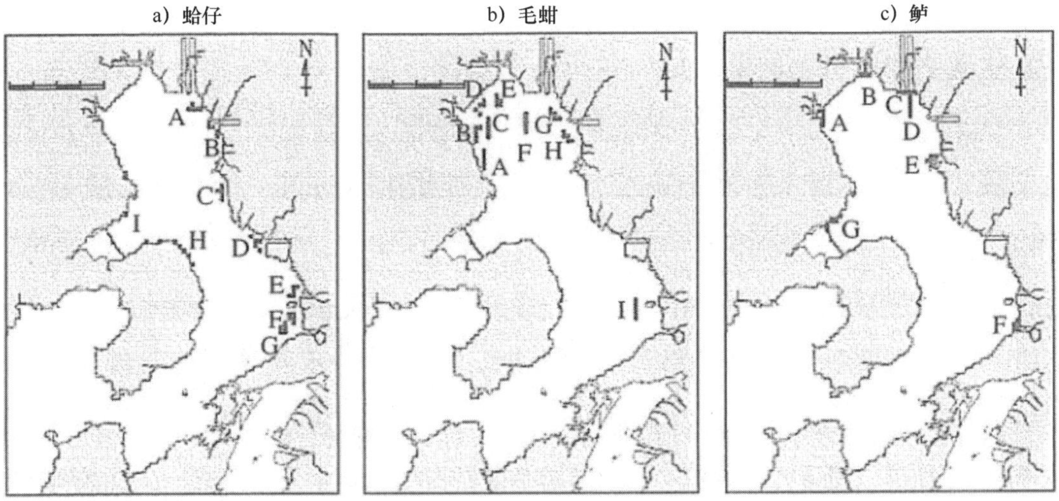

图 4.30　生活史模型的计算对象区域

注：A~I 由与低层次生态系统模型相同的 5 个网格构成，蛤仔为 9 个海域，45 个网格；毛蚶为 9 个海域，45 个网格；鲈为 7 个海域，35 个网格。

生活史模型的计算时长设为 1 d，环境数据以低层次生态系统模型输出的日平均值为代表。但是对受瞬时流速影响非常重要的稚贝移动的计算，以当天的最大值作为 1 h 测定的值。

（3）基础方程式

对于生活史模型的基础方程式来说，用下面的公式表示生长/存活模型。在这个模型中，考虑的主要项目包括浮游幼体的输送/分散、触底、加入、生长、存活、增殖。在模型中，以每天的环境变化作为外力，以资源参数（生长系数 G、自然死亡系数 M）为环境要因的从属函数，计算相对于环境变化的资源变化过程。例如，生长及增殖作为水温函数，捕捞考虑作业实际情况及季节变化。群成熟度及捕捞的利用度为体长函数，所以，生长情况越好，则成熟和开始捕捞年龄就越早，资源量就会增加。另一方面，因食物不足造成发育不良、饥饿死亡、缺氧死亡等，使资源量减少。另外，没有考虑资源变动对于环境的影响，即没有考虑对低层次生态系统模型造成的影响。

生长：$\frac{\mathrm{d}L}{\mathrm{d}t} = G(L_\infty - L)$

$W = aL^b$

存活：$\frac{\mathrm{d}N}{\mathrm{d}t} = -(M + F)N$

捕捞：$\frac{\mathrm{d}N}{\mathrm{d}t} = \mathrm{FNW}$

$F = qXQ$

增殖：$H = n\sum_t N_t S_t \mathrm{MTR}_t Nh_t$

环境影响：$G = f\{f_1(x_1), f_2(x_2), \cdots, f_n(x_n)\}$

$M = g\{g_1(x_1), g_2(x_2), \cdots, g_n(x_n)\}$

L 表示体长（cm），Lx 表示极限体长（cm），W 表示个体重量（g），N 表示资源尾数（inds），L 表示资源尾数（inds/d），Y 表示捕捞量（g/d），H 表示产卵量（eggs/d），G 表示生长系数（/d），M 表示自然死亡系数（/d），F 表示捕捞系数（/d），q 表示渔具效率（/boat），X 表示捕捞努力量（boats/d），Q 表示利用度（网目选择性）（$0 \leqslant Q \leqslant 1$），$s$ 表示雌性比例（$0 \leqslant s \leqslant 1$），MTR 表示群成熟度（$0 \leqslant \mathrm{MTR} \leqslant 1$），$h$ 表示产卵数（eggslind），n 表示产卵次数（times/a），t 表示日照，x 表示环境因子（1，2，…，n），a，b 表示常数。

蛤仔的群成熟度 MTR（0~1）及利用度 Q（网目选择性，0~1）作为体长的函数，如图 4.31 所示，用逻辑公式来表示。群成熟度根据生物学意义上的最小型（表 4.13）来推断，利用度方面则可以根据所使用的网目、捕捞物的组成、渔业调整规则（蛤仔壳长 2~3 cm，毛蚶壳长 3 cm）等来推断。捕捞蛤仔时，在地势较高的渔场，用铁耙、蛤耙来捕捞，在地势较低的渔场，则用网耙（缠腰蛤耙）来捕捞。利用淘网来筛选捕捞上来的尺寸合格的蛤仔，然后上市销售。在熊本县，主要使用 3 分、4 分、4.5 分、5 分（1 分为 3.03 mm）的淘网。网目相当于蛤仔外壳，可以变换成蛤仔的壳长。在熊本县渔联参加共同销售的 14 家渔协中，36%使用 4 分的淘网，4.2%使用 4.5 分淘网，21%使用 5 分淘网[50]。因此，在这个模型中，采用上述比例。鲈鱼方面采用刺网、定置网、钓钩等多种捕鱼方法进行捕捞，捕捞的鲈鱼年龄从 0 岁开始[48]，但是，在模型中是以体长 24 cm 以上的鲈鱼为捕捞对象的。

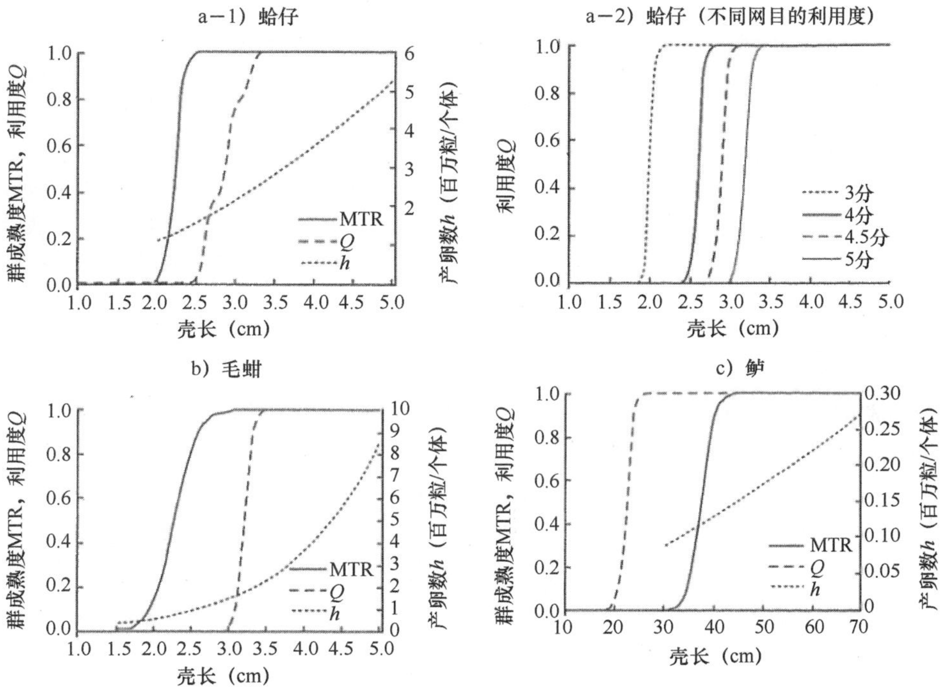

图 4.31　群成熟度、利用度及产卵数和体长的关系

表 4.13　生活史模型的参数（2001 年的基本案例）

	No.	1	2	3	4	5
蛤仔	发育阶段	浮游幼体	初期稚贝	稚贝	未成年贝	成年贝
	L_{min}（cm）	0.01	0.022	0.1	0.3	1.5
	生长公式	Linear	Linear	Linear	Gompertz	Bertalanffy
	L_∞，a（cm）	-2.96×10	7.259×10^{-4}	7.259×10^{-4}	1.907	7.908
	G，b（/℃）	3.77×10^{-5}	3.096×10^{-5}	3.096×10^{-5}	1.013×10^{-3}	4.283×10^{-5}
	M_0（/d）	0.135	—	—	—	—
	M（/d）	0.070 07	0.070 07	0.022	0.022	0.002 1
	F（/d）	—	—	—	—	0.003
毛蚶	发育阶段	浮游幼体	初期稚贝	稚贝	未成年贝	成年贝
	L_{min}（cm）	0.009	0.03	1	1.5	3
	生长公式	Logistic	Gompertz	Bertalanffy	Bertalanffy	Bertalanffy
	L_∞，（cm）	0.054.24	0.481 3	5.999	5.999	5.999
	G，（/℃）	3.736×10^{-3}	1.76×10^{-3}	6.29×10^{-5}	6.29×10^{-3}	6.29×10^{-5}
	M_0（/d）	0.097	—	—	—	
	M（/d）	0.125 6	0.125 6	0.01	0.000 89	0.000 89
	F（/d）	—	—	—	—	0.002 13

续表

	No.	1	2	3	4	5
蛤仔	发育阶段	浮游卵	浮游仔鱼	稚鱼	成年鱼	成年鱼
	L_{min}（cm）	0.1	0.45	1.5	6	24
	生长公式	积算水温	Logistic	Logistic	Logistic	Bertalanffy
	L_∞，（cm）	66℃日	4.558 8	24.61	24.61	87.94
	G，（/℃）	—	2.145×10^{-3}	4.623×10^{-4}	4.623×10^{-4}	2.45×10^{-5}
	M_0（/d）	0.061	0.061	—	—	—
	M（/d）	0.023 18	0.023 18	0.02	0.004	0.001
	F（/d）	—	—	—	—	0.000 5

注：L_{min}表示最小体（壳）长，L_∞表示极限体（壳）长，G表示生长系数，M_0表示无效分散系数，M表示自然死亡系数，F表示捕捞系数，生长公式将在后文中介绍。

关于蛤仔产卵数和体长的关系，根据鸟羽・深山[51]的研究结果确定；对于毛蚶，则是将伊藤等人[52]的圆毛蚶公式换成日下部[53]等人的毛蚶公式；对于鲈鱼，根据烟中・关野[54]的研究结果确定。雌雄比例方面3种生物都是1∶1。蛤仔和毛蚶多次产卵。其中蛤仔每年2次产卵，毛蚶每年也是2次产卵。鲈鱼每年1次[54]至数次[55]产卵，但是在模型中设定为每年产卵1次。

有明海中蛤仔的产卵期为4—12月[60]，产卵开始时的水温约为18℃，结束时水温约为15℃。其中4—5月、10—11月春秋两季是产卵高峰期[50]。产卵高峰期的水温在春季为19~24℃，秋季为23~15℃[57]。另外还发现，1996年3—12月期间，在绿川河口潮间带不断有新蛤仔补充。其中3月中旬、6月下旬及10月出现三次高峰[58]。纬度越低，产卵期就越长，产卵高峰期的次数也从1次增加到2次，因此成熟程度受到水温的影响[59]。毛蚶的产卵期为6月至10月中旬，水温在23℃以上；产卵高峰期从7月下旬到8月中旬，大约为1个月时间，水温为26~30℃[60]。鲈的产卵期为11月至翌年3月，产卵高峰期为12月中旬至翌年1月中旬[59]；产卵时的水温为10.3~19.7℃[62]，产卵高峰期的水温为14~16℃[63]。

在模型中，将蛤仔产卵的最合适水温设为20℃，毛蚶为29℃，鲈为15℃。如图4.32（上图）所示产卵强度（0~1）。但是对于鲈鱼来说，调整降低3个半月的产卵强度。根据2001年的各种产卵场水温推测的产卵强度基本上重现了前文所描述的产卵期（图4.32下图）。因蛤仔受水温、干露、作为食物的藻类大量投下等因素的影响，所以可通过人为措施诱发蛤仔产卵[64,65]。据推测，即使自然条件下，水温变化、潮位变动、悬浮物的存在等因素也会诱发产卵。当地的渔业从业人员在恶劣天气时经历过“蛤仔变瘦”（产卵后软体部分萎缩）的情况，这意味着环境的急剧变化会诱发蛤仔产卵[61]。另外，从鲈的产卵期来看，即使是在有明海之外的其他海域也基本上是相同的，所以产卵不是受水温影响，而是由白天时长[66]和低气压过境状况[67]决定的。在这个模型中，没有考虑水温之外的因素，但为了构建一个能够尽量重现实地产卵状况的模型，必须注意这些因素。

以有明海的渔季日历[68]为参考，根据蛤仔在熊本县渔联共同销售投标日的捕捞量[50]，绘制捕捞的季节变化图，见图4.33。蛤仔以绿川河口从事采贝工作的人数（熊本县资料）为指标；毛蚶以有明海的采贝捕捞个数（水产统计）为指标；鲈鱼以有明海等刺网出渔天数（水产统计）为指标。

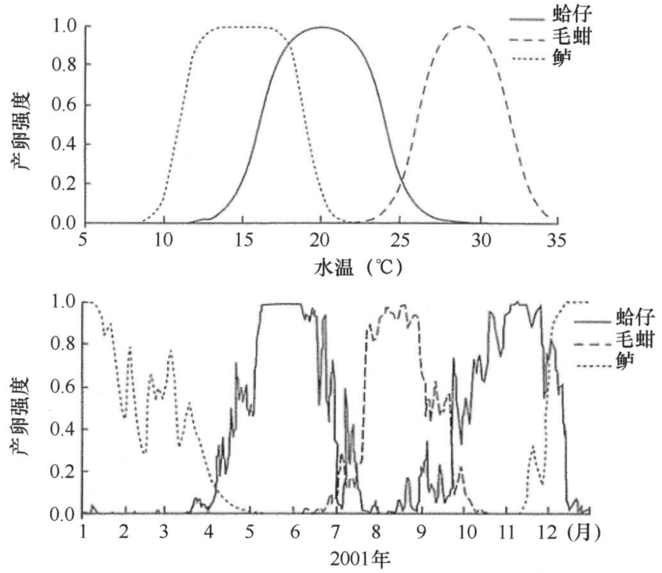

图 4.32 产卵强度和水温的关系、产卵强度的季节变化

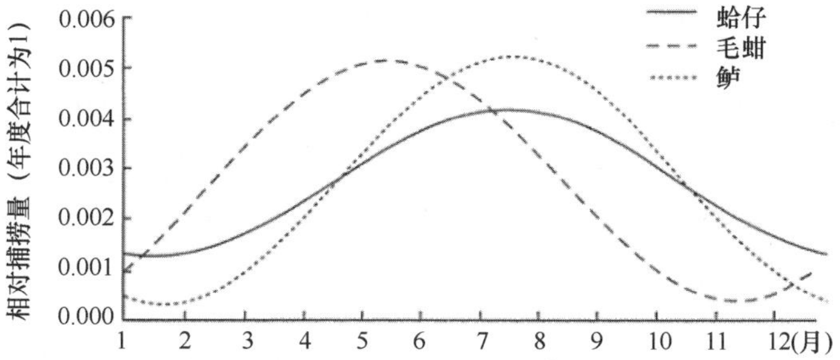

图 4.33 捕捞量的季节变化

（4）基本场景的设定

在生活史模型中，设定一定的环境变化，以每年捕捞量保持稳定的状态作为基本场景。此时在低层次生态系统模型中，重现计算 2001 年的环境变化（日变化），从某个产卵量（初始值）开始，重复生长、存活、再生殖这一过程，以能够维持 2000—2006 年的平均捕捞量（蛤仔 5 600 t/a，毛蚶 7 000 t/a，鲈 150 t/a）的状态为基本场景。对于基本场景，可以将设置不同环境变化时捕捞量的增减作为环境变化的影响来做出评价。

关于作为模型公式基础的生长公式、再生殖关系、自然死亡系数、捕捞系数等生物学/资源学的参数，在蛤仔方面以绿川河口潮间带的调查数据[69]等为基础进行设定；在毛蚶方面则是以佐贺县有明海水产振兴中心的研究成果等为基础进行设定；鲈鱼方面以日本西部海域栽培渔业事业化推进协议会[49]等的研究结果为基础进行设定。对于在文献资料中无法获得的初期死亡系数等内容，利用生命周期解析法[70]确定，使初始产卵数（初始值）与同时出生种群一生中的产卵数相等。另外，利用水动力子模型构筑浮游幼体的输送/底栖子模型（后文叙述），确定无效分散系数（M_0）。生长、存活相关的参数如表 4.14 所示。

表 4.14　渔场溶解氧量的临界浓度和蛤仔、毛蚶的存活率

	DO		存活率
	(mL/L)	(mg/L)	S
鱼贝类的致死浓度			
底栖鱼类	1.5	2.1	1/2
甲壳类	2.5	3.6	
引起鱼贝类生理变化的临界浓度			
鱼类、甲壳类	3.0	4.3	
贝类	2.5	3.6	5/6
缺氧和底栖生物的生理、生态的变化			
底栖生物可以生存的最低浓度	2.0	2.9	
引起底栖生物的栖息状况发生变化的临界浓度	3.0	4.3	2/3
渔场的形成和底层的氧浓度			
不会给底栖鱼类的捕捞造成负面影响的底层氧浓度	3.0	4.3	1

资料：（社）日本水产资源保护协会（2006）水产用水标准（2005 年版），存活率为本模型的采用值。

以蛤仔为例，绿川河口潮间带的蛤仔个体群的生长和存活过程如图 4.34 所示，利用下面的公式，根据同一种群同时出生的壳长变化（生长曲线）来推定生长系数（G）和极限壳长（$L\infty$），根据个体数（N）的变化（存活曲线）推定全部减少系数（Z）。Z 为自然死亡系数（M）和捕捞系数（F）之和。

$$N_t = a/e^{-zt} \quad [a: 常数, t: 时间 (d)]$$

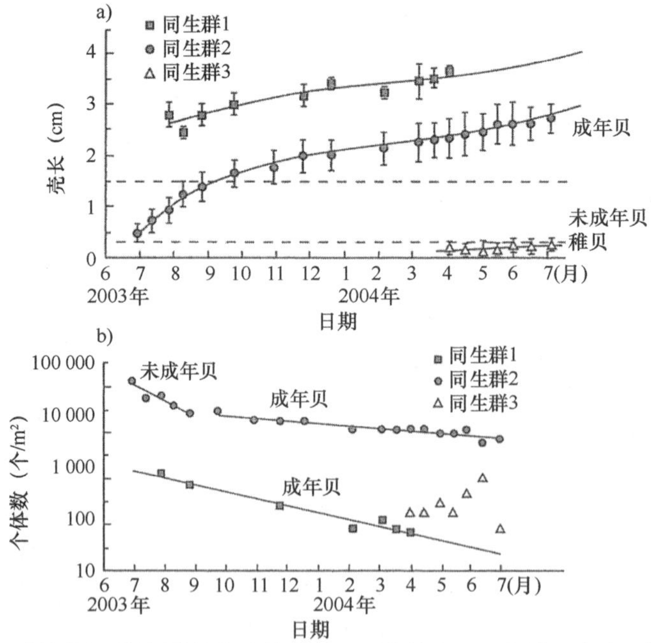

图 4.34　绿川河口潮间带蛤仔个体群的 a）生长和 b）存活（由山口[69]编写）

5 月 1 日，蛤仔在产卵场产卵 1.8×10^{16}个/m^2（初始值）；8 月 1 日，毛蚶在产卵场产卵 6.75×10^{15}个/m^2（初始值）；12 月 1 日，鲈在产卵场产卵 4.1×10^{13}个/m^2（初始值）。在被输送到底栖生活之前，其生长、存活是在相同的环境条件下进行计算，因此，向所有计算网格输送的底栖生活数应该相同。某个计算网格的同一种群（初始值）

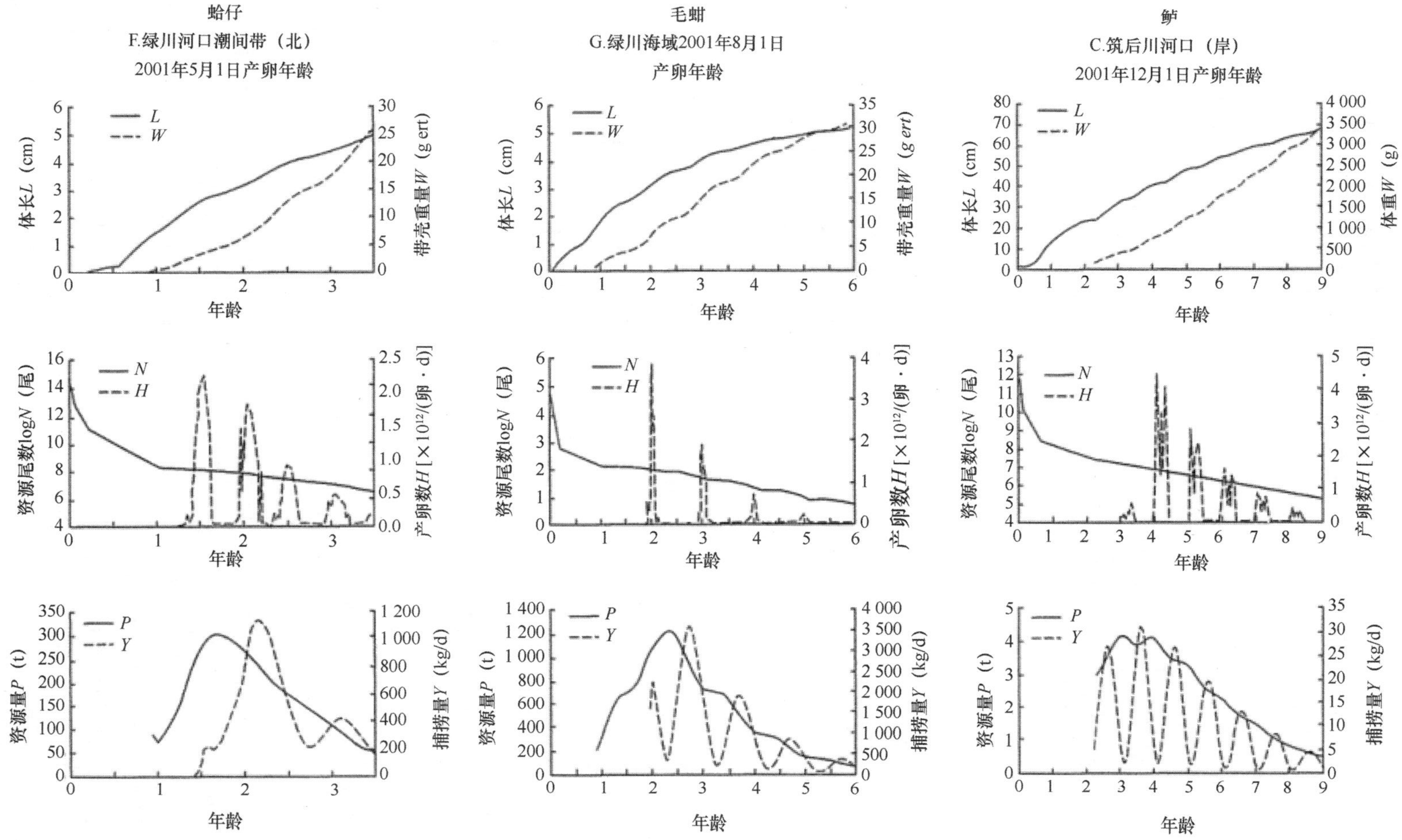

图4.35　同一同时出生群（初始值）的生长、存活、再生殖、捕捞过程（基本场景）

的生长（体长、个体重量）、存活、再生殖、资源变动、捕捞过程如图 4. 35 所示。从这一同时出生种群不断产生出新的同时出生种群，逐次计算 30 a，将所有的网格合计的各年龄段捕捞量如图 4. 36 所示。如前文所述，呈现出平衡状态的捕捞量相当于 2000—2006 年的平均捕捞量。

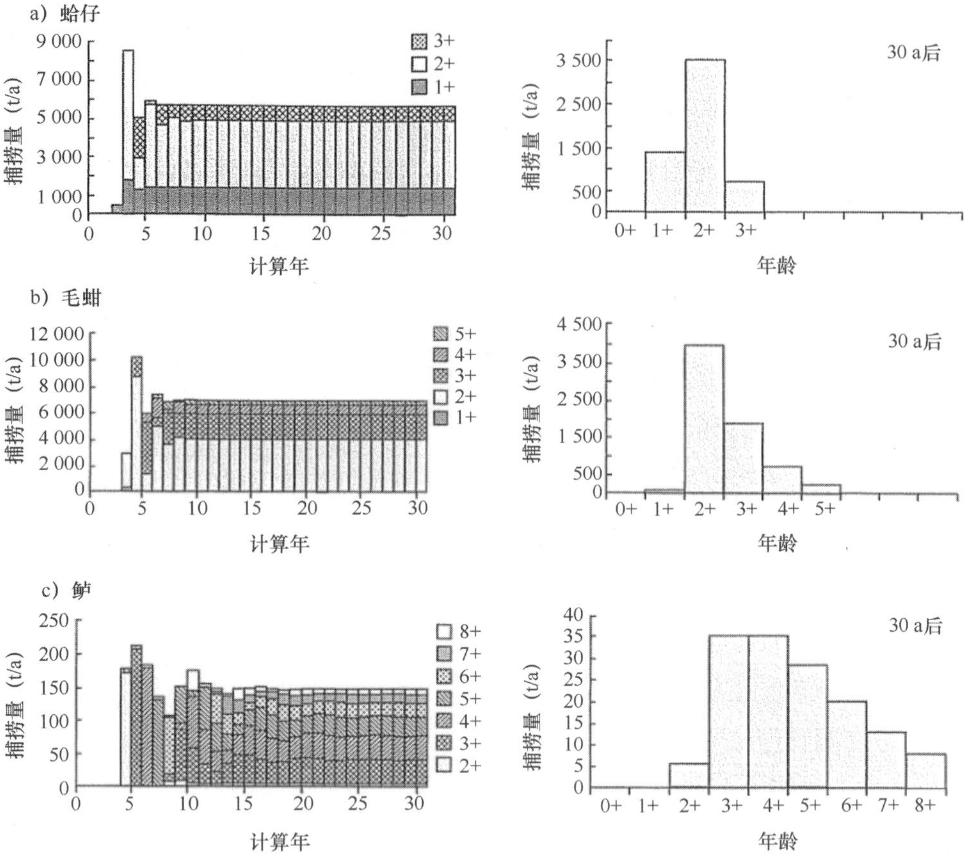

图 4. 36　各年龄段捕捞量的演变和 30 a 后的年龄构成（基本场景）

注：计算年按照 1 月 1 日至 12 月 31 日进行统计。

（5）环境和生物的定量化

可以列举出蛤仔生长、存活及活力低下的很多重要原因[71-74]，如水动力、水温、盐度、泥化（浮游土）、溶解氧、波浪、干露、食物、虫害等。

全国沿岸渔业振兴开发协会[59]对敌害生物和竞争关系生物进行了统计。在有明海地区，进入 20 世纪 90 年代之后，敌害玉螺[75,76]和无斑鹞鲼[77-80]比较多。有人指出，日本美人虾扰乱了底质[81]。还有人指出，存在浮游幼体供给量减少[82-84]、锰导致初期减耗[85,86]等问题。与栖息于砂质—砂泥质潮间带的蛤仔不同，毛蚶栖息于平稳的海湾深处含泥率较高的浅海区域。由于没有水管结构，所以栖息在地表附近并埋得较浅。毛蚶的环境要因基本上与蛤仔相同，但是与栖息于海湾深处的栉江珧等一样，容易受到贫氧水团的影响[87]。有明海的鲈鱼初期生活样式来自遗传，作为与其他海域不同的个体群而栖息[88-91]。稚鱼集中分布于筑后川、六角川等河口地区的混浊度较高的水团中，专门捕食半咸水性桡脚类动物中的一种（*Sinocalanus sinensis*）[92]。饥饿对鲈鱼的初期减少影响较低，而被捕食及被送往下游是更加重要的原因，混浊度主要受潮差和流量的影响[93]。鲈鱼栖息于整个有明海海域，其稚鱼期之外的生活史还有很多未解之处，所以，在这个模型中，考虑到了稚鱼期的食物环境变化。另外，从鲈鱼多样的初期生活史来看，有明海湾顶河口区是有明海特产、准特产鱼类仔稚鱼的重要生长区域，这是被确认的仔稚鱼生活的共同特征[94]。

在模型中，确定选取和舍弃哪些环境要因是非常重要的。包括低层次生态系统模型的计算结果在内，可以获取环境数据并对资源变动具有重要意义的环境要因，如图4.37所示。蛤仔及毛蚶存在因浮游期饥饿死亡（浮游植物）、因贫氧化（DO）死亡、因无斑鹞鲼捕食死亡等现象。在此基础上，蛤仔、稚贝还会因洪水（高温/低盐分化）导致死亡、波浪/流动引发稚贝因推移、泥化（SS 流动）而被埋没死亡；鲈鱼方面则考虑到稚鱼因饥饿死亡（浮游动物）、失去作为藏身之所的高混浊水（SS）环境而被捕食死亡。另外在蛤仔方面，还就通过网目尺寸来进行资源管理进行了研讨。

①水温和生长

用 Richards[95] 一般生长公式来表现鱼类的生长曲线。生长曲线随着年龄而增大，实际上受水温和食物量的影响，其生长速度是不同的。高温期急速生长，低温期则生长停滞，所以，利用周期函数扩大生长曲线，使其随季节变动，很多时候会与实测值非常接近（赤岭[96]等）。生长分析不仅影响再生殖、补充，而且还会影响到鱼价，因此非常重要。

$$L_t = \frac{L_\infty}{(1 + re^{-G(t-t_0)})^{\frac{1}{r}}} \quad \text{(Richards 生长公式)}$$

$$L_t = \frac{L_\infty}{(1 + re^{-G(F(t)-F(t_0))})^{\frac{1}{r}}} \quad \text{(使用周期函数的 Richards 公式的扩展)}$$

$$F(t) = t + \frac{A}{2\pi}\sin 2\pi(t - t_1)$$

在这些公式中，L 表示体长，L_∞ 表示极限体长，G 表示成长系数，t 表示年龄，t_0 表示 $L=0$ 时的年龄（常数），A、t_1 是常数。$r=1$ 时为逻辑公式（Logistic），$r=0$ 时为龚伯茨公式（Gompertz），$r=-1/3$ 时为贝塔兰菲（Bertalanffy）的立方公式，$r=-1$ 时为贝塔兰菲公式（Bertalanffy）。F（t）为水温的周期函数时，意味着累积水温。F（t_0）也和 F（t）同样变换 t_0。

在这个模型中，如下面的公式所示，用生长曲线代替年龄，采用累积水温，用差分方程式来表示。水温采用能代表各个发育阶段的栖息场的日平均水温，添加到 Bertaranffy、Gompertz、Logistic、一次直线中，AIC 采用最小公式，考虑了生长特性。这样一来，水温变化将改变生长速度，能够评价对于捕捞量的影响。

$$L_t = \begin{cases} N_{t-1} + (a + b\,T_t) & \text{(Linear)} \\ \dfrac{L_{t-1}}{e^{-GT_1} + L_{t-1}\dfrac{1 - e^{-GT_t}}{L_\infty}} & \text{(Logistic)} \\ \exp((1 - e^{-GT_t})\,1n\,L_\infty + e^{-GT_t}1n\,L_{t-1}) & \text{(Gompertz)} \\ L_\infty(1 - e^{-GT_t}) + e^{-GT_t}\,L_{t-1} & \text{(Bertaranffy)} \end{cases}$$

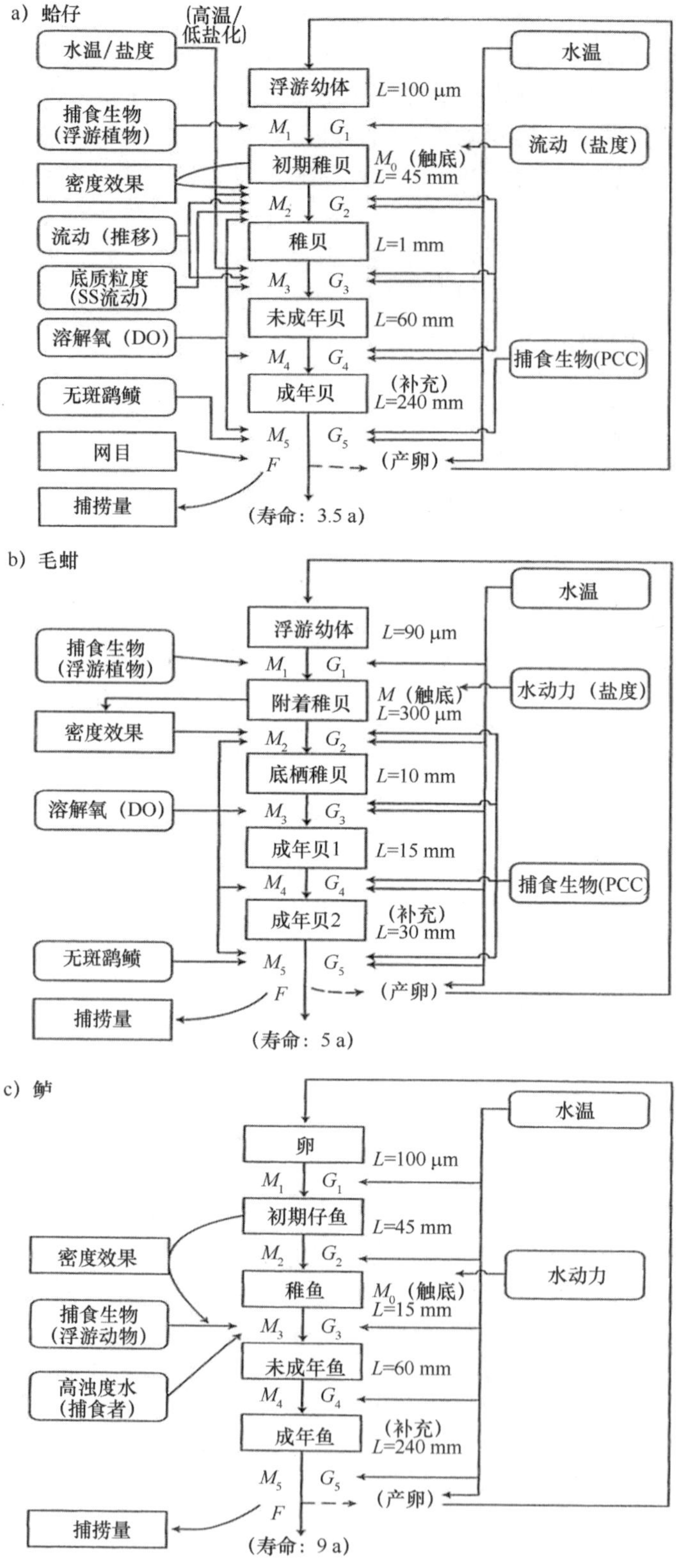

图 4.37　生活史模型中所考虑的环境因素

在这些公式中，L 表示体长（cm），L_{∞} 表示极限体长（cm），G 表示成长系数（/℃），T 表示水温（℃），a、b 为常数。各种参数如表 4.13 所示。

②贫氧化导致死亡

关于生物栖息环境重要影响因素之一的缺氧问题，与鱼类、甲壳类相比，双壳贝的耐氧性非常强[97]。例如在无氧状态（0.05 mg/L 以下）其半数死亡时间（LT_{50}）及全部死亡时间（LT_{100}），蛤仔分别为 2 d、4 d；毛蚶分别为 10 d、11 d[98]。据推测，这是由于在双壳贝接近无氧状态时外壳关闭，将体内蓄积的糖原作为能量源来进行无氧呼吸[98]。关于与 DO 浓度的关系，因水温、盐度、底泥表层的氧化还原电位以及其大小、体内的糖原贮量、生理状态等条件而有所不同。与室内实验相比，现场 LT_{50} 较小，据推测，对于长期暴露在贫氧水团的情况来说，引发原因不仅是窒息，而且还包括硫化氢的产生等复合原因[87]。因此，对于贫氧化和生物的关系来说，考虑复合原因的分析将是今后的课题。

在本模型中，蛤仔和毛蚶是有明海的指示种，它们能够代表底栖鱼贝类和生态系统，根据水产用水标准，如表 4.14 所示，DO = 1.5 mL/L（2.1 mg/L）以下的存活率为 0.5，DO = 3 mL/L（4.3 mg/L）以上则没有影响。而且考虑到伴随着生长的环境耐受性，将 DO 浓度及壳长和存活率的关系按照图 4.38 所示进行设定。

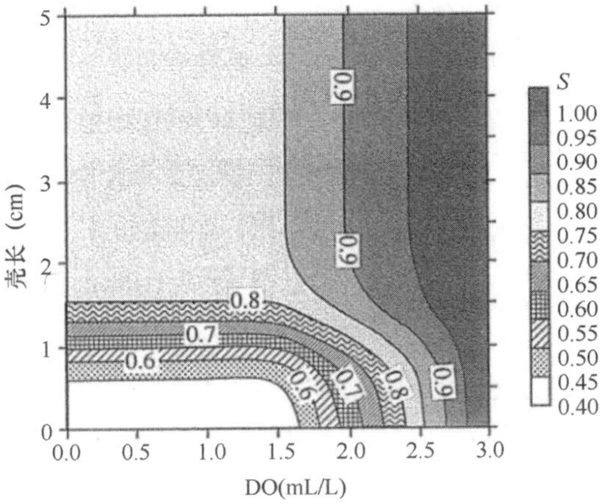

图 4.38 溶解氧/壳长和存活率（S）的关系

③洪水（低盐、高温）导致蛤仔稚贝死亡

众所周知，受洪水时高温/低盐的影响，蛤仔稚贝会大量死亡。坂本/平井[99]采用壳长 0.2 mm 的沉底之前的仔贝进行了温度、盐度耐受性实验（不供给食物），在实验结果的基础上，用图 4.39（彩色卷首插图）来表示稚贝的死亡系数。该图表示盐度 15 以下的壳长为 0.2 mm 稚贝的死亡系数。假定从初期稚贝到壳长 3 mm 的稚贝期受到低盐的影响。但在这一死亡系数下，河口附近的个体群几乎完全死亡，无法重现现场实际情况，所以采取将实验取得的死亡系数（M/d，即 $Mday^{-1}$）数值减去 10 而得到的结果，作为实际死亡系数去进行模拟计算。

④蛤仔稚贝的推移

众所周知，在波浪和潮流较剧烈的场所，蛤仔变态转为底栖生活个体数量比较少。在东京湾播盘州潮间带，通过模拟和实地调查揭开了变态转为底栖生活个体数的分布和涡量、底面摩擦速度的关系[100,101]。实验中考虑了蛤仔稚贝因被卷起而导致死亡。对于稚贝被卷起的情况，与悬浮物输送子模型中采用的SS卷起量推测相同，将稚贝的比重假设为2（沙为2.65），根据与极限推移力的关系来推定死亡系数。与SS不同，稚贝会不断生长，因此壳长和最下层的流速等决定了卷起量。

⑤蛤仔的埋没死亡

底质泥化会阻碍稚贝的滤水率，甚至会将稚贝活埋，因此对蛤仔资源会造成恶劣影响。沙子沉积会使贝类潜沙深度变浅，让水管露出海底。但是大量泥土沉积时，将导致其无法在底泥内定位，水管无法露出海底面，造成蛤仔死亡[102,103]。浮游幼体变态转为底栖附着生活反映了粒径的选择性，实验证明，底栖附着于1 mm、2 mm的沙子中的蛤仔比较多[104]。在日本著名的绿川河口，没有发现蛤仔减少与底质粒径的变化之间存在关联。一直在现场活动的渔业从业人员和调查人员（熊本县）认为，随着地形平坦化的发展，容易沉降的区域变得越来越少。与三河湾等其他海域相比，也许与绿川河口的均等系数（粒径的10%和60%的比率）较小、平均粒径[105]有关。另外，因为覆沙产生了效果，所以认为与河流供给新鲜的沙土也有关系。底质变化和稚贝存活的定量化方面还有许多要解决的课题。在悬浮物输送子模型中，将SS分为黏土、淤泥、沙子三种粒径，根据各自的沉降速度、卷起速度来计算中值粒径MdΦ的变化。如果比实验现场地表的中值粒径MdΦ更细小，则死亡系数增大，如果粒径变粗，则死亡系数变小。

⑥被无斑鹞鲼捕食而死亡

随着有明海的水温上升，无斑鹞鲼的数量不断增加。从2000年开始为了保护贝类资源，对无斑鹞鲼进行了驱除[106]。驱除量的变化如图4.40所示，但并非表示无斑鹞鲼洄游量的变动。从2004年开始增加驱除预算，驱除量也随之增加。估计最近栖息数量为150 000条，总计620 t（山口、私信），在模型中设定无斑鹞鲼的现存量为620 t。无斑鹞鲼于每年4月游到有明海，一直在海湾内停留至11月末，并于12月离开海湾[107]，因此，将现存量的季节变化设为水温的函数。无斑鹞鲼栖息于水深1~20 m区域，如果假定在蛤仔渔场的集中度为2，在毛蚶渔场的集中度为1.5，则对于各渔场的无斑鹞鲼现存量的比例来说，蛤仔为0.41，毛蚶为0.55。

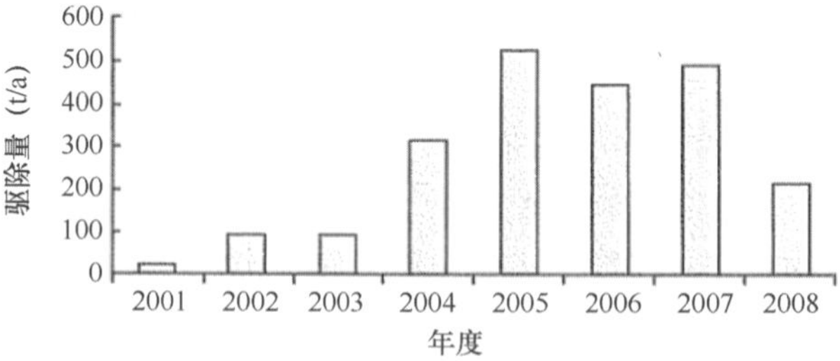

图4.40　有明海的无斑鹞鲼驱除量的变化（山口[107]根据佐贺县的资料编写）

无斑鹞鲼胃内食物质量占体重的1%[107]，假定捕食率为0.01/d（以软体部分湿质量为基础），捕食对象为壳长15 mm以上的生物。确认在无斑鹞鲼的胃内食物中，蛤仔为23.8[80]%~42.8%[107]，毛蚶为52.4%[80]，所以将蛤仔、毛蚶的食物选择系数各自设定为0.5。另外，无斑鹞鲼在底层DO变为3 mL/L以下时，将会逃离渔场。

以上述假定为基础，推测无斑鹞鲼年度捕食（可能）量的带壳质量约为 5 200 t。其中蛤仔约 1 100 t，毛蚶约 1 500 t。

⑦密度效果

蛤仔、毛蚶的密度效果与底栖生活发育阶段的个体数量有关，将相对于栖息密度的半饱和值嵌入到自然死亡系数中，同时设定底栖生活发育阶段的最大栖息密度。最大栖息密度不会超过 1960 年之后的最大捕捞量。对于鲈鱼来说，将稚鱼期的捕食生物换算为平均每个个体的可能利用量（浮游动物现存量/个体数），进行下列各项的函数化。另外没有考虑鲈鱼的最大栖息密度。

⑧其他环境因素

关于其他环境因素和资源参数的函数关系，只考虑单一的环境因素时，假定其变化与资源变化是相互的，环境的变化幅度与资源参数的变化幅度一致。将低层次生态系统模型中采用重现计算的 2000—2006 年的数据进行对数变换，实现标准化处理，根据累积分布函数（CDF），将数据标准化为 0~1。标准化的 0.5 相当于基本场景的参数值。对于参数值的变化幅度来说，要定性判断对资源造成影响的程度，根据总捕捞量的变动做出决定。

（6）浮游幼体的输送/底栖生活子模型

关于浮游幼体的输送路线，采用水动力子模型，利用 Euler-Lagrange 法来进行粒子追踪计算，求出底栖变态率。底栖变态率是指产卵场产生的粒子到达栖息场的比例。没有考虑趋光性（昼夜移动）、趋地性（地形反射）、食物反应、再次浮起、死亡等因素。浮游期由依靠水温的生长公式（表 4.13）决定。因此，在变态转为底栖生活的浮游期和累积水温方面，蛤仔大致为 20 d、520℃/d；毛蚶大致为 20 d、480℃/d；鲈鱼大致为 55 d、760℃/d。对于垂直移动来说，蛤仔方面采用石田等人[108]根据发育阶段进行盐度选择的垂直移动模型（图 4.41）；毛蚶方面，壳长 90~180 μm 的在上层浮游，壳长 180~230 μm 的在中层浮游，壳长 230~300 μm 的在下层浮游；鲈鱼方面，卵及孵化后体长 5.5 mm 以下的鲈鱼在上层浮游，体长 5.5~6.0 mm 的鲈鱼在中层浮游，体长 6.0~15 mm 的鲈鱼在下层浮游。有时水温越低浮游期越长，但是蛤仔、毛蚶在达到 20 d 时变态转为底栖生活。

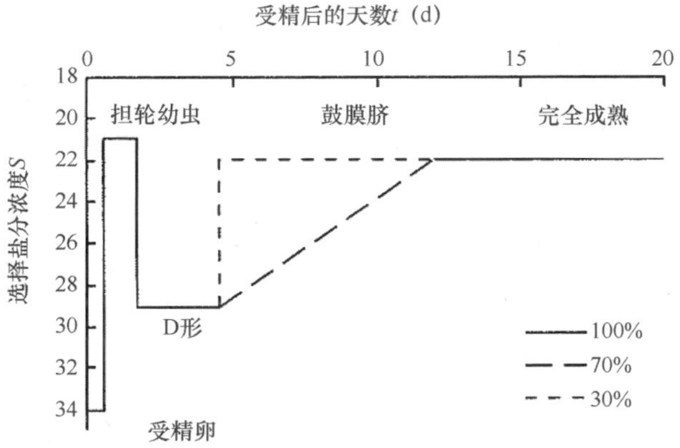

图 4.41　蛤仔浮游幼体各发育阶段的盐度选择（由石田等人[108]编写）

各种粒子产生场所（主产卵场）及栖息场如图 4.42 所示。粒子追踪计算方面，蛤仔进行 8 次，毛蚶、鲈鱼进行 6 次。

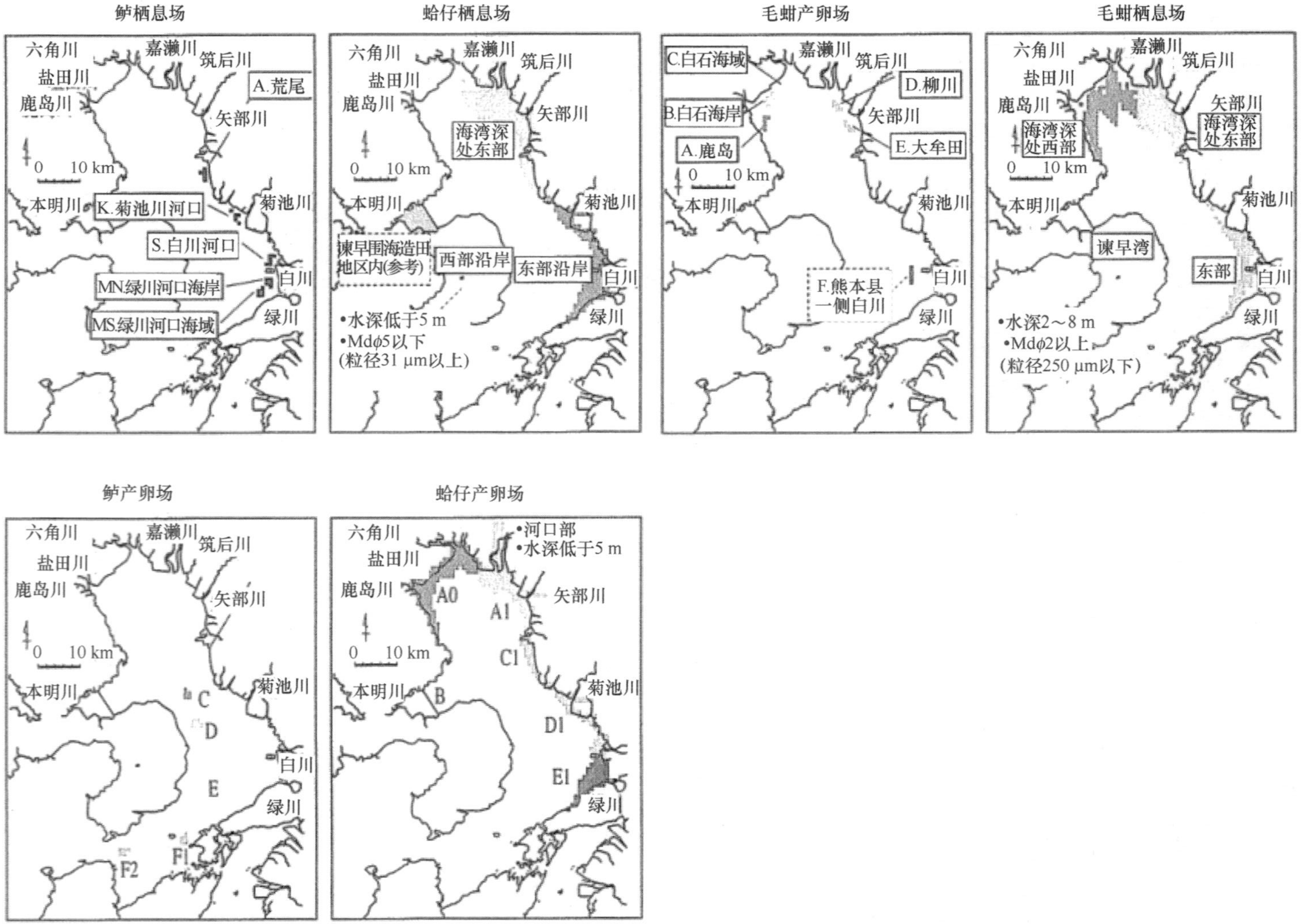

图4.42 调查对象的生产场所（产卵场）和栖息场

①蛤仔、毛蚶的代谢特性

蛤仔、毛蚶等大型双壳贝具有高度的悬浮物清除功能，在低层次生态系统模型中，定量计算双壳贝现存量的多少，可表征对贫氧化、赤潮等形成所发挥的巨大作用。在各地进行了多次水过滤速度的计算实验。水过滤速度受到水温等多种因素的影响而发生变化。在生活史模型中，采用有明海生产的蛤仔和毛蚶进行室内实验，根据实验结果，确定将水温、盐度、食物密度、个体尺寸等作为水过滤速度计算公式的参数。实验结果如图 4.43 所示，对于每个软体部分干质量的水过滤速度来说，毛蚶比蛤仔要高出近 2 倍。

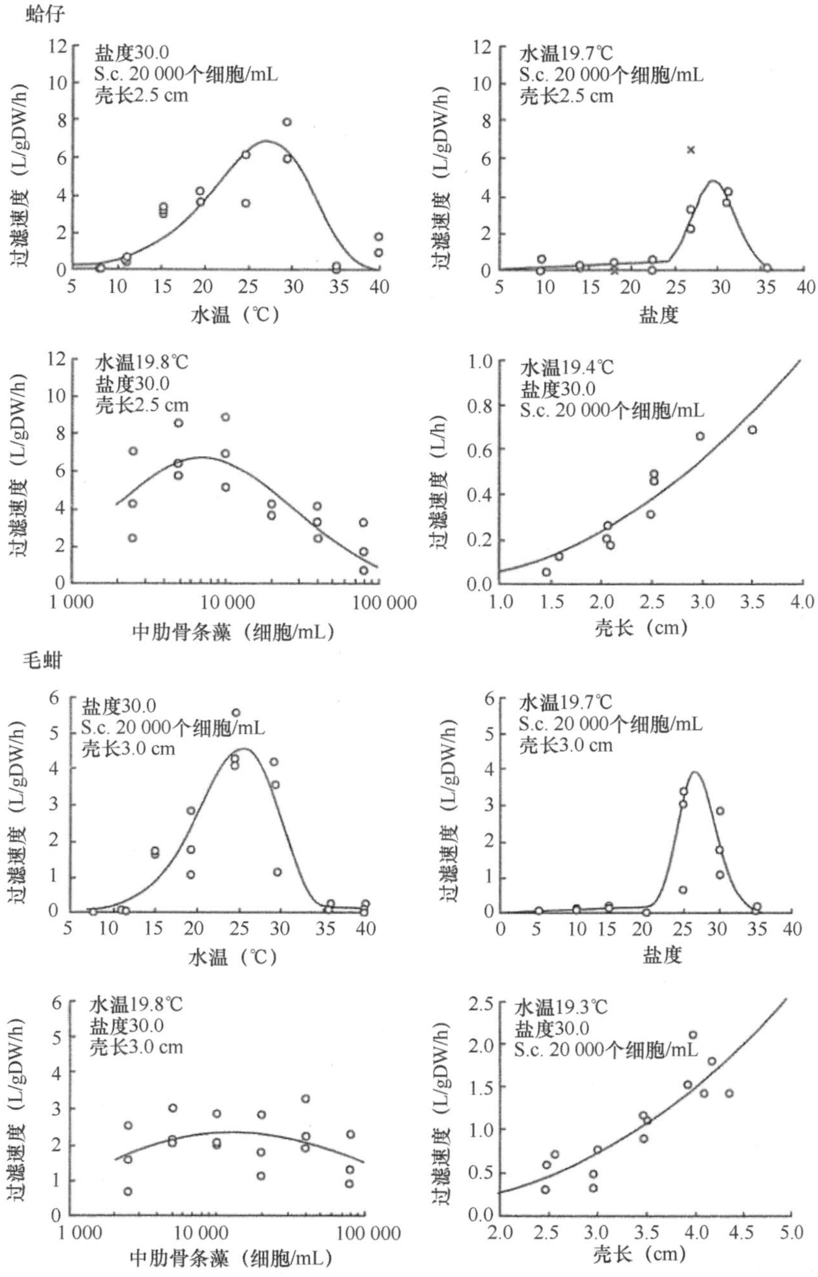

图 4.43 蛤仔、毛蚶的水过滤速度和水温、盐度、食物密度、壳长的关系（关系公式请参考正文）

从水过滤速度最大时的水温来看，蛤仔为 27.2℃，毛蚶为 25.4℃。盐度方面蛤仔为 28.1，毛蚶为26.7。在食物密度方面，蛤仔为 7 000 cells/mL（14 μg Chl. a/L），毛蚶为 13 000 cells/mL（26 μg Chl. a/L）。与蛤仔相比，毛蚶稍低一些，但是在低温、低盐、食物密度高的区域将会出现过滤速度高峰。另外在同化效率（叶绿素 a 函数）和呼吸速度（水温函数）方面，蛤仔的函数关系以金网等人[109]的研究为准，毛蚶的函数关系以中村等人[110]的研究为准。

○**蛤仔**

$$F = 0.018\,06 f(T)^{0.815\,5} f(S)^{1.142\,7} f(P)^{1.334\,8} f(L)^{0.517\,7}$$

$$f(T) = 6.914\,5 \exp\left(-\frac{(\ln(49.271\,2 - T) - 3.093\,2)^2}{0.134\,3}\right)$$

$$F(S) = \begin{cases} 0.020\,98S + 0.055\,89 & \text{for } S < 22 \\ 4.834\,0 \exp\left(-\dfrac{(S - 28.069\,7)^2}{16.931\,0}\right) & \text{for } S \geqslant 22 \end{cases}$$

$$f(P) = 6.702\,5 \exp\left(-\frac{(\ln(P) - 8.867\,7)^2}{3.612\,2}\right)$$

$$g(L) = 0.054\,51\,L^{2.117\,3},\quad \mathrm{DW} = 0.005\,201\,L^{3.206\,8}$$

$$\therefore f(L) = 10.479\,5\,L^{-1.089\,6}$$

○**毛蚶**

$$F = 0.153\,0 f(T)^{1.321\,1} f(S)^{0.730\,8} f(P)^{0.971\,3} f(L)^{-0.203\,1}$$

$$F(T) = \begin{cases} 4.557\,2 \exp\left(-\dfrac{(\ln(48.072\,5 - T) - 3.120\,2)^2}{0.085\,80}\right) & \text{for } T < 35 \\ -0.003\,974T + 0.291\,7 & \text{for } T \geqslant 35 \end{cases}$$

$$F(S) = \begin{cases} 0.008\,4S & \text{for } S < 21 \\ 3.944 \exp\left(-\dfrac{(\ln(S) - 3.284\,3)^2}{0.019\,69}\right) & \text{for } S \geqslant 21 \end{cases}$$

$$f(P) = 2.329\,3 \exp\left(-\frac{(\ln(P) - 9.487\,1)^2}{8.945\,8}\right)$$

$$g(L) = 0.050\,41L^{2.445\,3},\quad \mathrm{DW} = 0.012\,87L^{2.822\,1}$$

$$\therefore f(L) = 3.918\,2\,L^{-0.376\,8}$$

在这些公式中，F 表示每个软体干质量的水过滤速度（l/g-dry/h），$f(T)$、$f(S)$、$f(P)$、$f(L)$ 表示不同水温、盐度、食物密度、壳长情况下每个软体部分干质量的水过滤速度（l/g-dry/h），$g(L)$ 表示不同身体尺寸（壳长）的水过滤速度（l/h），T 表示水温（℃），S 表示盐度，P 表示食物密度（Skeletonema costatum）（cells/mL），L 表示壳长（cm），DW 表示软体部分干质量（g-dry）。在模型中，Skeletonema costatum 的每个细胞的碳量设为 100 pg C/cell[111]，C/Chlorophylla 设为 50，按照 2×10^{-6} μg Chl. a/cell 进行计算。

②捕捞种类的价格

指示种设为水产生物，不仅可以计算捕捞量，还可以计算产值，评价修复后的经济效益。对于蛤仔来说，用网具进行筛选后上市销售，不同网目的单价如表 4.15 所示。而毛蚶方面，用7.5 分（23 mm）网目筛选的毛蚶单价为40 日元/kg，用7 分（21 mm）网目筛选的毛蚶单价为 38 日元/kg。通过 7 分网目的毛蚶单价为 30 日元/kg（佐贺县咨询）。鲈鱼单价一律定为 1 748 日元/kg。

表 4.15　网具网目大小和蛤仔的单价（熊本县资料）

网目	3 分（9 mm）	4 分（12 mm）	4.5 分（14 mm）	5 分（15 mm）
12 kg 网	3 000 日元	3 519 日元	4 228 日元	5 350 日元
单价	250 日元/kg	293 日元/kg	361 日元/kg	446 日元/kg

4.2.8　模拟实验方法

（1）子模型间的结合方法

在低层次生态系统模型中，对于悬浮物输送子模型及水质子模型来说，采用将事先计算完成的水动力子模型的流场及水温/盐度场作为输入条件而赋值的方法（离线计算）。水动力子模型的输出结果作为任意时间间隔（每个小时）的输出而被赋值。在悬浮物输送子模型及水质子模型中，为了严格确保流量及体积的平衡，作为输出时间间隔的平均流量进行整理。各子模型间的结合方法如图 4.44 所示。

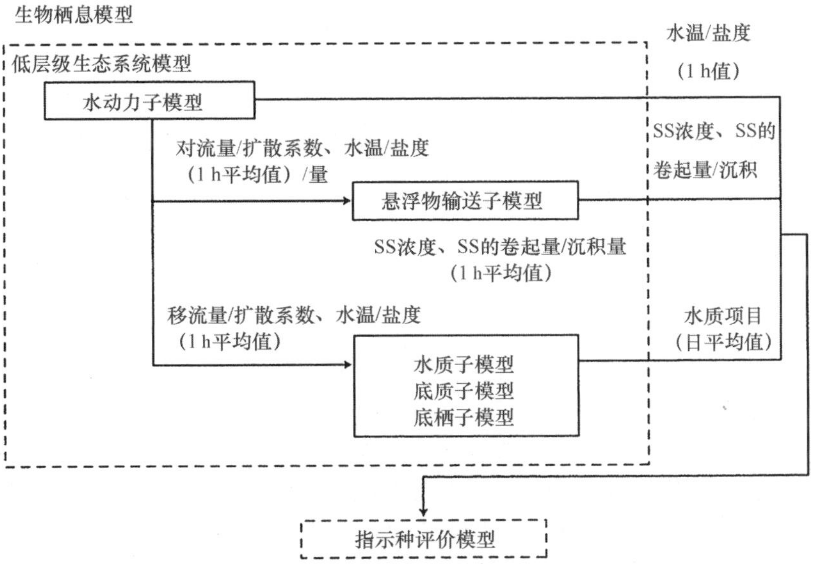

图 4.44　与各子模型的结合方法

（2）具体处理程序

水质-底质-底栖生物子模型是在每个步骤都考虑各自计算项目并相互作用的模型（在线计算）。以下表示子模型间的数据交换方法。

①悬浮物输送子模型中的数据交换

以水动力子模型中计算的各网格的移流量、扩散量、水温、盐度的 1 h 平均值为边界条件进行计算。

②水质-底质-底栖生物子模型中的数据交换

a. 获取来自水动力子模型的数据

以水动力子模型中计算的各网格的移流量、扩散量、水温、盐度的 1 h 平均值为边界条件进行计算。

b. 获取来自悬浮物输送子模型的数据

以悬浮物输送子模型中计算的各网格的 SS 浓度为边界条件进行计算。SS 浓度与水质子模型中预测的浮游植物浓度合并，用于消散系数和有机物沉降速度的计算。

另外，在推算来自底泥有机物的卷起量时，以悬浮物输送子模型中计算的各网格的卷起速度为基础，按照下列公式进行计算。

【卷起引发的粒子状物质向水中流动】

$$Flux\_solid = RF \times C_s \times 10^{-3}$$

式中，*Flux_ solid* 表示随着卷起而进入水中的粒子状物质的流动［kg/（m^2·s）］，*RF* 表示在悬浮物输送子模型中计算的 SS 的卷起流动［kg-dry/（m^2·s）］，C_s 表示底泥第 1 层（表层）的粒子状物质浓度（g/kg-dry）。

【卷起引发的溶解物质向水中流动】

$$Flux\_liquid = \frac{RF}{\gamma_w \cdot \frac{w}{100}}(C_L - C_{Lo})$$

式中，*Flux_ liquid* 表示随着卷起进入水中的溶解物质的流动［kg/（m^2·s）］，*RF* 表示在悬浮物输送子模型中计算的 SS 的卷起流动［kg-dry/（m^2·s）］，C_L 表示底泥第 1 层的间隙水中的溶解物质（kg/m^3），C_{Lo}表示正上方水中的溶解物质浓度（kg/m^3），r_w 表示海水的密度（kg/m^3），*W* 表示含水比（%）。

【卷起引发的底泥内物质交换量的表现方法】

从表层开始，将底泥内泥深 10 cm 的部分分拆为 10 层，在各自的网格中计算物质浓度。随着卷起运动的进行，底泥表层的物质从底泥消失。此时第 1 层消失的成分由第 2 层补给，形成了底泥表层。而且从更深的第 2 层向第 1 层移动的质量部分由第 3 层补给，依此类推，形成了这种补给构造。也就是说，一般将水-底泥交界面定义在第 1 层的上端，根据卷起引发的水-底泥交界位置的变化而产生的浓度变化通过层间的物质移流的形式进行表现。对于沉积也采用同样的方法。而且必须设定作为下端界限的第 10 层（最下层）从下层获得补给的物质浓度。同时，在这个模型中，假定该浓度与第 10 层浓度相同（假设 10 层以上没有浓度偏差）。

（3）水质-底质-底栖生物子模型的时间积分方法

对于水质-底质-底栖生物子模型来说，将三个子模型结合起来进行运算处理，而且一边将水动力子模型和悬浮物子模型的计算结果作为外部数据读取，一边进行时间积分。该时间积分程序的方法如图 4.45 所示。

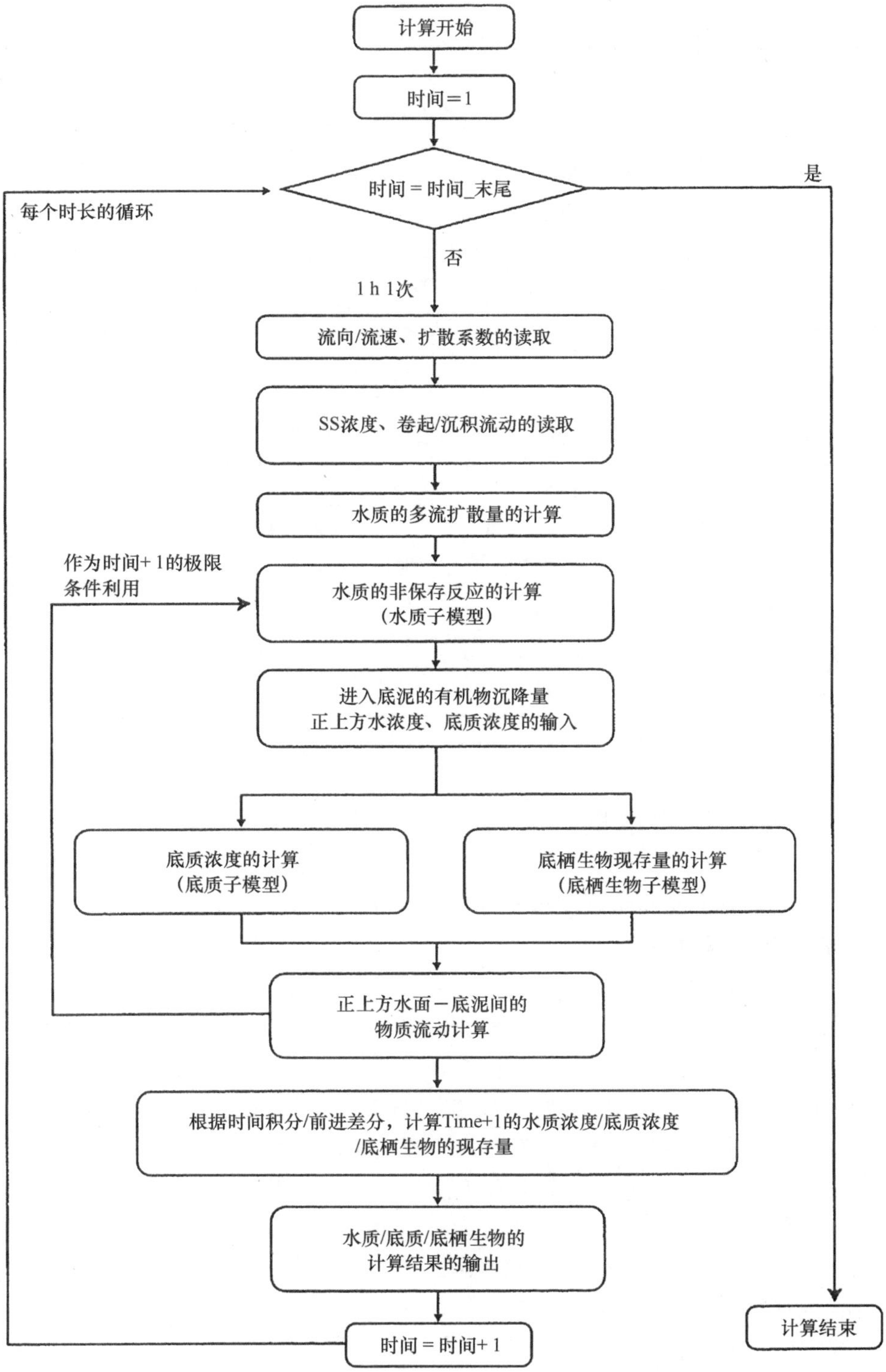

图 4.45　水质-底质-底栖生物子模型的计算方法（时间积分的方法）

4.2.9 与指示种评价模型的结合方法

对于指示种的评价模型来说，一边将低层次生态系统子模型的计算结果作为外部数据读取，一边进行计算。处理的低层次生态系统模型的输出项目如表 4.16 所示。对于用于后文计算的蛤仔稚贝推移的水深、流速、海水密度来说，用 1 h 值计算（底层的剪应力/稚贝的极限剪应力）时，采用当天的最大值；其他采用日平均值。对于指示种的浮游幼体的输送/触底子模型来说，在水动力子模型中进行粒子追踪计算，将各种产卵场产生的粒子（卵）经过一定的浮游期回归渔场的比例（有效分散率）设为生活史模型的参数。

表 4.16 从低级生态系统模型输入指示种评价子模型的项目

子模型	蛤仔	毛蚶	鲈
水动力子模型	流速、水温、盐度、δ-T、水深	水温、盐度	水温
悬浮物输送子模型	SS 流动	—	SS 浓度
水质子模型	DO、POC、PON、POP、Chl. a	DO、POC、PON、POP、Chl. a	浮游动物

4.2.10 模拟实验结果

（1）通过计算现状重现程度来验证模型精度

①研究的目的和方法

在对数值模拟试验模型的使用进行预测/评估时，必须验证该模型能否反映现实现象。正常的模型验证工作需要计算模型能在多大程度上对（提供了现实的极限条件的）现状进行重现，以便验证通过模型获得的计算结果是否与通过观测获得的观测值一致。本模型中的验证也采用同样的程序，实施了 2000—2006 年这 7 年的现状重现程度的计算，与水动力、水质等观测数据进行比较，以此来验证模型的可行性。另外，切记本模型是一个用以验证有明海的修复措施的有效性工具，不仅要验证模型输出的计算结果能否反映观测值，而且还要验证其能否表现有明海的水动力-水质-底质-底栖生物等复杂关联而产生的水质现象的机制（内部机制）。

②主要计算条件

a. 水动力子模型的计算条件

水动力子模型的主要计算条件及参数如表 4.17 及表 4.18 所示。这些都是根据实际测定值为设定条件。另外，模型中所使用的地形条件及垂直层分割如图 4.46 及图 4.47 所示。而淡水流入量、依据后文所述的负荷量而进行的流域划分请参考图 1.2（彩色卷首插图）。

表 4.17　水动力子模型中设定的主要计算条件

项目	设定方法（参考文献等）
地形条件	设定从最大 2 700 m 至最小 900 m 的可变网格。橘湾及口之津内侧的有明海设定为同样的 900 m 的网格
气象条件	以有明海沿岸的观测数据（气象厅等）为依据，每个小时给予空间插值的分布。风向/风速方面使用 16 个地点的数据；其他气象要素方面最多使用 15 个地点的数据
淡水流入量	使用一级河流（本明川、六角川、嘉濑川、筑后川、矢部川、菊池川、白川、绿川）的观测值和盐田川（与六角川流量相当）的时间流量。关于直接流入海域的 14 个流域，按照年度降水量×流域面积来计算，赋予附近一级河流时间流量的时间变动来进行设定
湾口极限条件	对于湾口的潮汐极限条件来说，按照根据 13 分潮的调和常数来推算预测潮位的方法来进行设定。另外，根据熊本县实施的海岸线调查来设定水温/盐度的极限条件

表 4.18　水动力子模型中设定的主要参数

项目	设定方法（参考文献等）
海面摩擦系数	使用本多・光易[112]所总结的适合风速的经验公式
底面摩擦系数	设定通过假定对数分布规则获得的数值
水平涡动粘性系数 水平涡动扩散系数	利用 Smagorinsky[113]的方法进行设定
垂直涡动粘性系数	Mellor 和 Yamada[114]制定的 2 方程式乱流闭合
垂直涡动扩散系数	根据模型计算

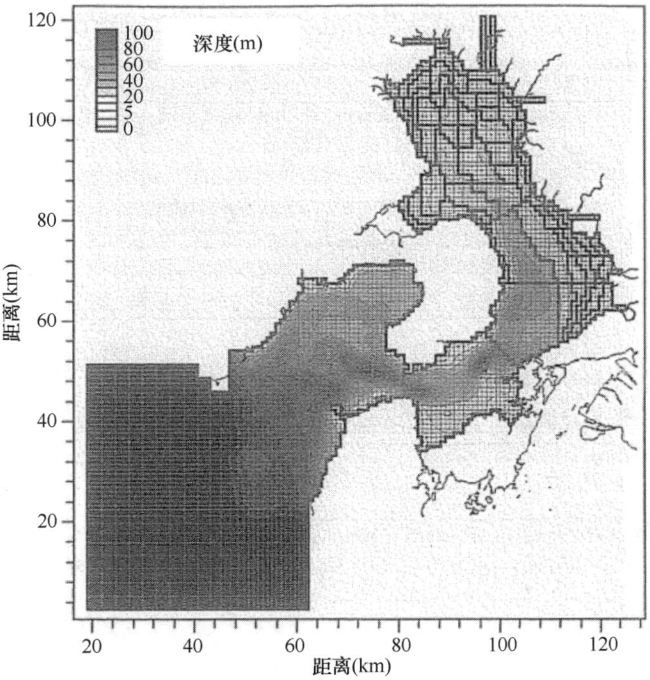

图 4.46　地形条件

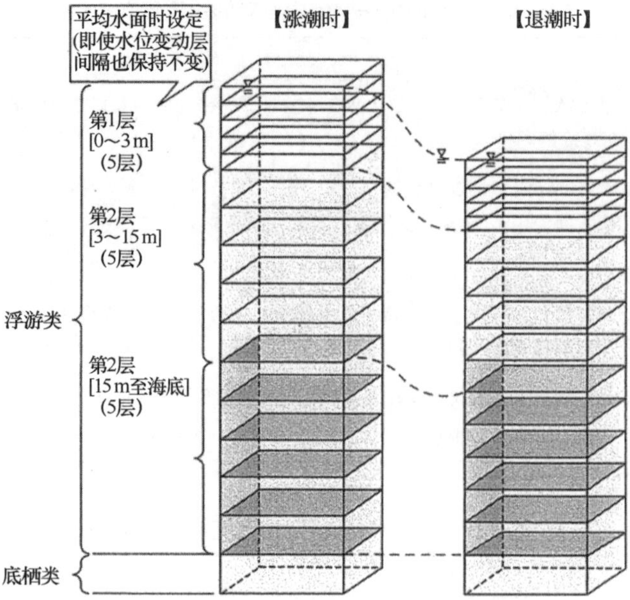

图 4.47　垂直层分割

b. 悬浮物子模型的计算条件

悬浮物子模型的主要计算条件如表 4.19 所示。

表 4.19　悬浮物输送子模型中设定的主要计算条件

项目	设定方法
地形条件	与水动力子模型相同，但是将极限条件的设定位置设定于早崎濑户（有明海湾口部）
流入负荷条件	采用以往调查中所获得的本明川、六角川、嘉濑川、筑后川、矢部川、菊池川、白川、绿川、盐田川的 SS 的 L-Q 公式。各河流潮汐所及区域及直接流入区域设为负荷量的流量比
湾口极限条件参数等	根据公共用水区域水质调查结果的 SS 进行设定 根据以往的文献，将参数设定如下：

	沙	淤泥	黏土
侵蚀速度系数 α [g/（m^2・s）]	0.1	0.1	0.1
侵蚀速度系数 β（-）	1.7	1.7	1.7
极限剪应力 τce（dyn/cm^2）	19.37	0.85	0.65

c. 水质-底质-底栖生物子模型的计算条件

水质子模型的主要计算条件如表 4.20 所示。

表 4.20　水质子模型中设定的主要计算条件

项目	设定方法（参考文献等）
地形条件	与水动力子模型相同，但是将极限条件的设定位置设定于早崎濑户（有明海湾口部）
气象条件	全天日照量采用佐贺气象台和熊本气象台的平均值
流入负荷条件	采用以往调查中所获得的本明川、六角川、嘉濑川、筑后川、矢部川、菊池川、白川、绿川、盐田川的 COD、TN、TP 的 L-Q 公式。各河流潮汐所及区域及直接流入区域的负荷量根据原单位法计算，与附近河流的负荷量的变动相同
湾口极限条件	在极限网格中根据公共用水区域水质调查结果进行设定
紫菜养殖相关设定	由位于有明海沿岸的各自治体提供紫菜的销售数量和酸处理剂/肥料的使用量，以这些数据为基础设定海域的负荷量
生物/化学参数	根据以往的文献值及模型的重现性来设定
消散系数	在 2000—2006 年的公共用水海域调查结果中，筛选出同时观测到透明度和 SS、叶绿素 a 的数据，采用根据 SS 及叶绿素 a、透明度推定的消散系数[1]的重回归分析获得的下列推定公式 $K\ (1/m) = 0.0401 \times SS\ (mg/L) + 0.01240 \times Chl.a\ (\mu g/L) + 1.0015$

底质子模型的主要计算条件如表 4.21 所示。

表 4.21　底质子模型中设定的主要计算条件

项目	设定方法
地形条件	如图 4.46 中的粗线所示，将水质子模型的计算网格任意连接构成 BOX 网格
底泥层分割	底泥内最多可分为 15 层，将产生较大的浓度偏差的水-底泥边界附近的网格分割进一步细分
初始条件	对于底质子模型来说，计算项目涉及很多方面，所以根据观测值来设定非常困难。因此在计算期间的计算条件下多个年度实施重复计算，将计算值成为周期固定的值设定为底质子模型的初始值
按照沉降有机物的分解速度进行的划分	在底质子模型中，按照分解速度将底泥内的有机物划分为三种，即易分解性有机物/难分解性有机物/不活跃性有机物。沉降于底泥时，根据一定的分割比，划分为上述按照分解速度划分的有机物。落到底泥上的沉降有机物的分割比率参照以往的文献资料中的数值[117,118]来进行设定，在所有 BOX 上都是相同的
锰/铁等对底泥的供给量的设定	锰/铁/硫黄等在水-底泥间的交换量作为边界条件（固定值），参考以往的文献资料中的数值[118]，设定如下的数值，在所有 BOX 上都是相同的

底泥正上方浓度（mg/L）				沉降流动［mg/（m^2·d）］	
Fe^{2+}	Mn^{2+}	H_2S	SO_4^{2-}	MnO_2	$Fe(OH)_3$
0.0	0.0	0.0	2 290.0	5.50	15.40

底栖生物子模型的主要计算条件如表 4. 22 所示。

表 4. 22　底栖生物子模型中设定的主要计算条件

项目	设定方法
地形条件	与底质子模型相同
初始条件	初始条件与底质子模型相同，设定利用多个年度反复计算获得底栖生物现存量。如果调整一致，则实施试运算，使之接近以往调查[119]的底栖生物现存量
设定通过捕捞获得的底栖生物数量	根据有明海整个海域的蛤仔和毛蚶捕捞量的变化设定获取量。设定时考虑到季节变化，以及捕捞水域的分布与现存量相互对应

③现状重现性的验证

a. 水动力子模型的验证

图 4. 48 及图 4. 49（彩色卷首插图）表示通过比较和计算潮流椭圆的观测值而获得的有明海的平均水流分布。在潮流椭圆方面，4 个分潮的观测值和计算值完全一致，证明模型的重现性非常好。

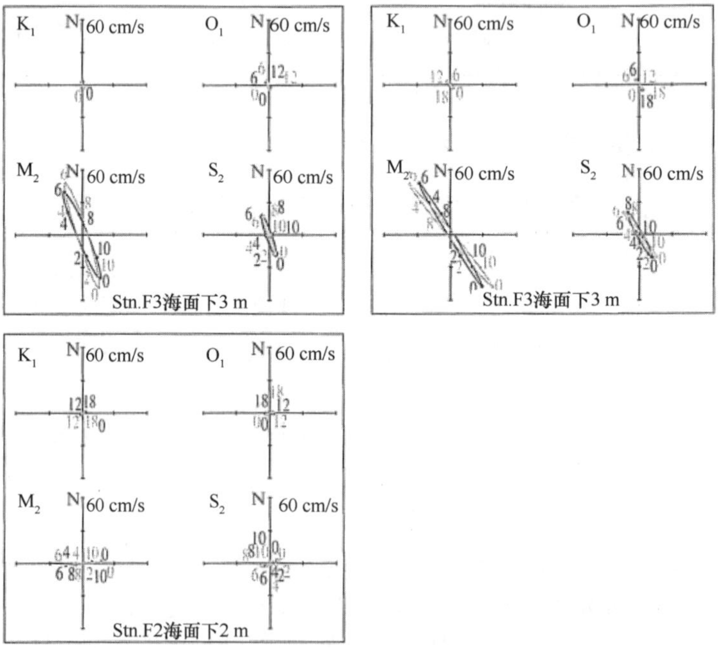

图 4. 48　与潮流椭圆的观测值比较（参照图 4. 49）

有明海湾顶平均水流水平结构的一般性特点是：存在逆时针旋转的循环流，在从谏早湾口开始沿着岛原半岛的海域，强大的南下水流在对岸的长洲海域掉头成为北上水流（例如，海上保安厅水路部[120]；小田卷等人[121]等）。另一个特点是：由于湾顶海域有淡水流入，所以形成了河口循环。对于这些湾顶平均水流的一般性特点来说，能够根据计算值进行确认，并且重现这些特点。

b. 悬浮物子模型的验证

在有明海（鹿岛塔/有明塔），于 2001 年 10—11 月期间观测到的 SS 浓度（农林水产省等[16]）的观测值和计算值的比较如图 4.50 所示。计算值很好地重现了各观测地点大潮-小潮期时的观测值的浓度水平，可以认为大致重现了有明海特有的悬浮物输送状况。

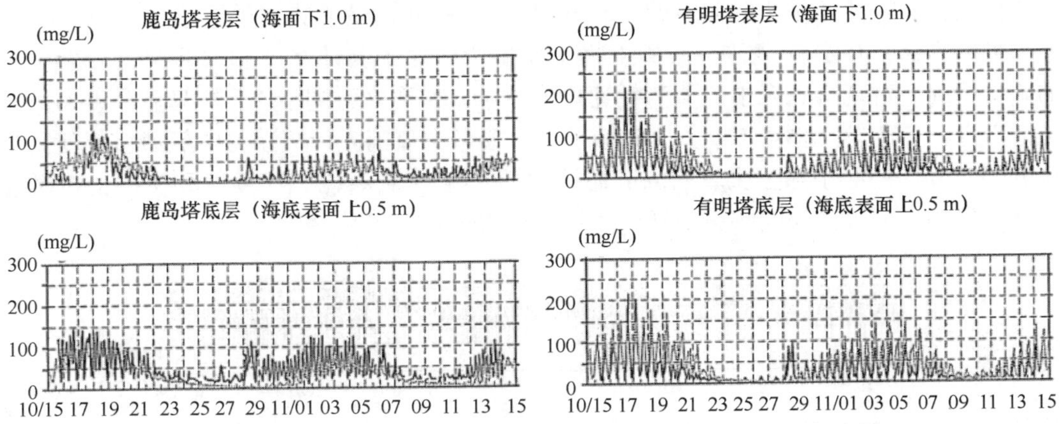

图 4.50　SS 浓度观测值的比较图

c. 水质-底质-底栖生物子模型的验证

有明海湾顶的溶解氧浓度的实测值（浅汀线数据：底层）与计算值的比较如图 4.51 所示。重现夏季贫氧化的变化情况。另外，2001 年及 2006 年贫氧化非常明显，这与观测发现 2006 年是近年来贫氧化最为明显的特点是一致的。

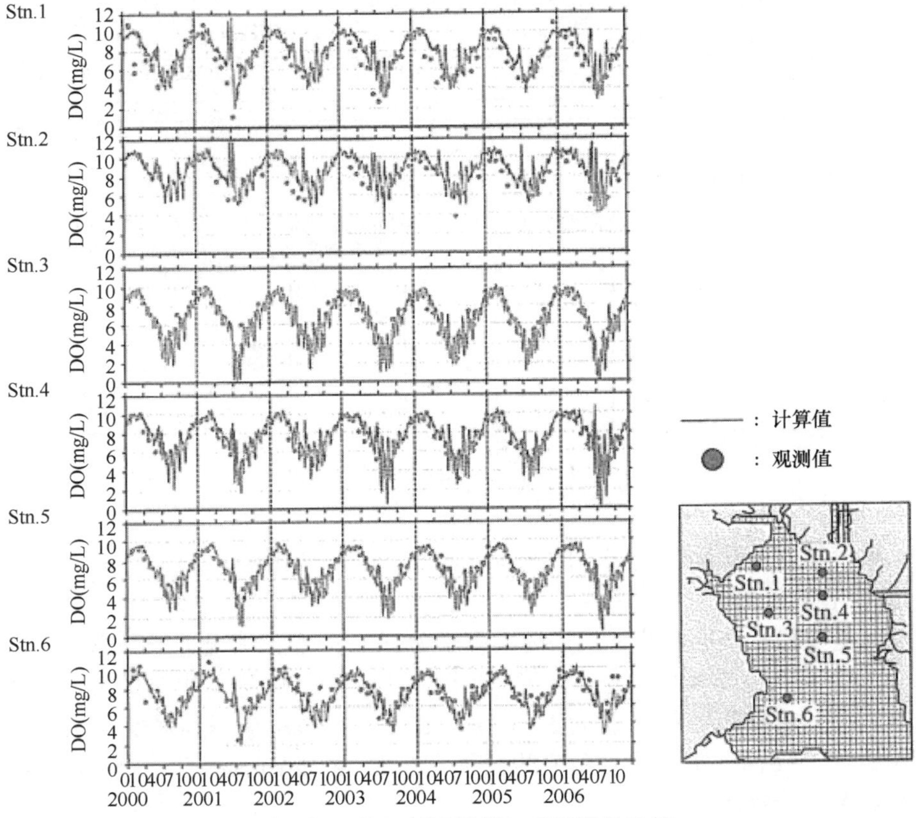

图 4.51　溶解氧计算值与观测值的比较

图 4.52（彩色卷首插图）是对各年度的贫氧水团（定义为 DO<2.1 mg/L 以下的水团）的持续时间进行了整理。与溶解氧的浓度变化相比，通过整理，发现各年的贫氧水团持续时间差异还是非常明显的，2001 年和 2006 年的贫氧化非常严重。

另一方面，在水质-底质-底栖生物子模型中，为了验证水质和底质交界处溶解氧的收支情况，对现有底泥中的氧消耗速度和水质-底质-底栖生物子模型中获得的氧消耗潜力进行了比较（图 4.53）。此时除了通过模型中氧消耗计算获得的氧消耗速度（好氧分解）外，还必须加上厌氧状态下还原物质产生的氧消耗。计算值和实测值的数量级是一致的，可以认为能够正确评价水质-底质间的氧消耗。

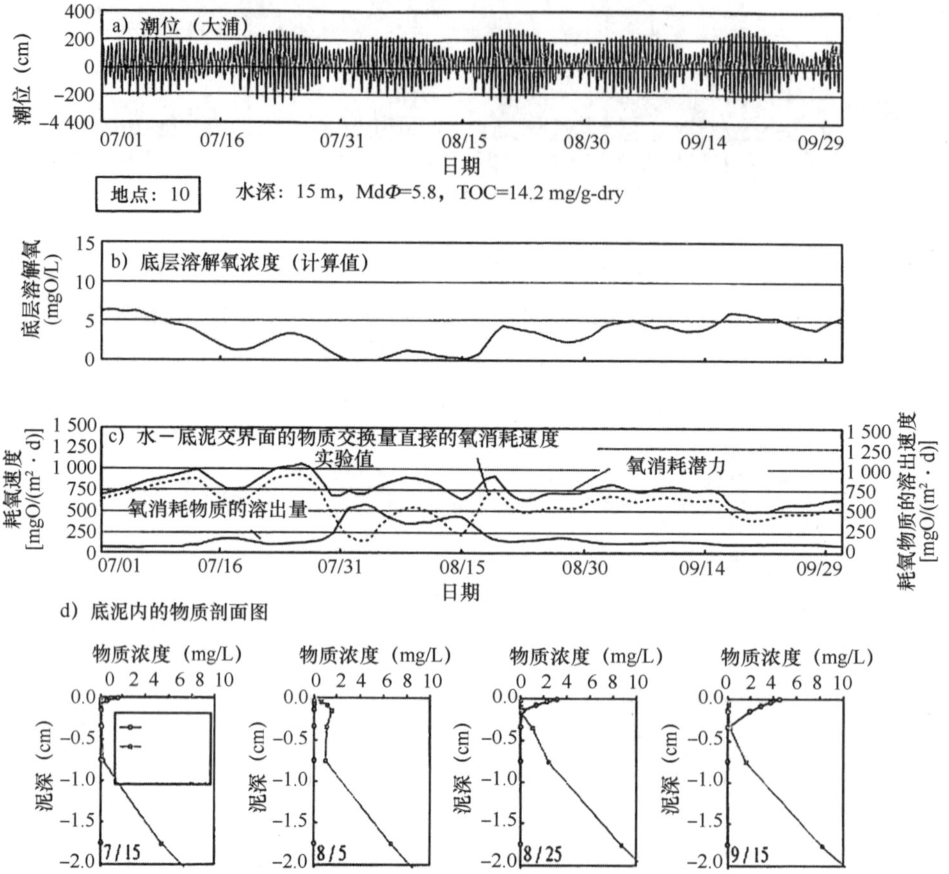

图 4.53 底泥的氧消耗潜力的比较

④通过模拟实验获得贫氧水团的发生机制

a. 贫氧化和密度分层的关系

下面对通过模拟获取的溶解氧浓度（贫氧水团）的变化情况进行分析。

图 4.54（彩色卷首插图）表示对贫氧水团发生状况和分层状况的关系分析结果。根据计算获取的密度分层来计算分层参数 S1 及 S2。S1 被称为分层强度，相当于整个水柱的潜在能源。S2 同样也是分层相关的参数（Simpson 和 Hunter[122]），它表示潮流的运动促使水柱混合的效果。

从计算结果来看，水流的强度和分层的强度对应潮汐的大潮-小潮的周期发生变化，在水流较弱的小潮期，底层的盐度上升。据认为，这重现了河口循环导致盐度从海上倒灌的现象。

另外，溶解氧浓度也比较低。当年（2001 年）7 月上旬发生了洪水，与之相应在表层形成了明显稳定的盐度分层。7—8 月比较明显，底层形成了大规模的贫氧水团。一般来说，随着底层高盐水的灌入和上游洪水流入导致分层强化，对通过垂直混合而从表层提供氧的过程造成了阻碍。作为贫氧水团的发生机制来说，这一点是非常重要的。在本模型中重现了上述机制。

b. 贫氧水团发生海域和氧消耗速度的空间分布

为了掌握贫氧水团的分布特征，如图 4. 55（彩色卷首插图）所示，按照时间顺序对利用模型计算出来的底层溶解氧浓度的分布进行了整理。该图显示，最初有明海湾顶西部和谏早湾湾顶的溶解氧浓度比较低，随后，低浓度溶解氧慢慢到达了海湾中部，最终贫氧水团消失。在海湾深处西部地区，潮间带沿岸海域首先发生了贫氧化。这些情况与速水等人[123]以往的调查结果所显示的特点是一致的。

潮间带海域首先发生贫氧化的原因是由于氧消耗速度在空间上存在差异导致的。图 4. 56 表示不同地点溶解氧消耗-供给速度的比较。在湾顶西部海域，氧消耗-供给速度按照 Stn. B、Stn. A 及 Stn. D 的顺序慢慢提高，越接近潮间带海域，氧的消耗-供给速度就越大。氧消耗速度变大的理由是有机悬浮物被输送到湾顶，在潮间带海域底层蓄积了大量有机物。另外，相对于氧消耗，有人认为，在潮间带的落潮-涨潮导致潮位差变大的同时，氧供给量也急剧增加。

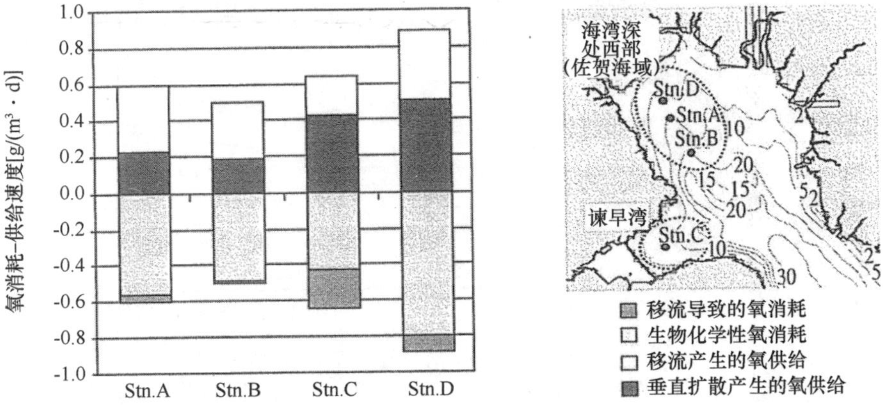

图 4. 56　氧的消耗-供给速度的比较

c. 贫氧水团发生的常年变化趋势

如图 4. 52 所示，贫氧水团的发生情况常年处于变化之中。正如前文所述，贫氧水团的发生具有一个共同特点，即在小潮期发生于湾顶西部地区及谏早湾等海域。不过，受各年度的洪水、日照、气温等情况的影响，贫氧水团的发生规模有很大变化。

表 4. 23 是对 2000 年至 2006 年气象等条件的整理。发生大规模贫氧水团的 2001 年及 2006 年都出现了河流流入量/负荷量较多、洪水引起分层强化使得氧供给量低下的情况。可以推测这些因素导致出现了贫氧化。但是，在河流流入量同样较多的 2003 年，并没有出现严重的贫氧水团。

表 4.23　2000—2006 年的各项条件（夏季平均值）

状况 \ 对象年		2000	2001	2002	2003	2004	2005	2006
贫氧水团的容积（km^3×d）	2.0 mg/L 以下	0.1	38.9	0.0	3.1	0.0	4.4	33.5
	4.0 mg/L 以下	99.8	257.4	24.5	174.2	46.4	207.9	355.3
降水量（佐贺地方气象台）（mm）		959	1 192	564	1 022	900	663	1 154
全部河流流量（$\times10^3$ m^3/s）		1 697	2 151	1 037	2 812	1 666	1 571	3 418
全部流入负荷量（COD）（kg/s）		13 336	22 038	7 536	21 417	12 039	16 942	30 923
气温（佐贺地方气象台）（℃）25.8 d		25.8	26.0	26.0	25.4	26.5	26.6	26.1
日照时间（佐贺地方气象台）（h）		708	781	799	611	719	715	668
与 M_2 振幅有关的 F 值的 2000 年比		1.00	0.988	0.976	0.965	0.956	0.950	0.948

为了分析这些特点，对各年度夏季水中的氧消耗进行了详细整理，如图 4.57 所示。通过图 4.57 可以得知，在氧消耗量中，POM、DOM 的分解/无机化引发的氧消耗占据了 50%以上，初级生产所产生的有机物分解非常重要。尽管 2003 年属于低水温，但是初级生产量与 2001 年一样处于较高的水平。根据上述分析可以认为，洪水导致氧供给/有机物增加，加上水温导致有机物的分解特性发生变化，这些都成为贫氧水团发生状况的决定性因素。

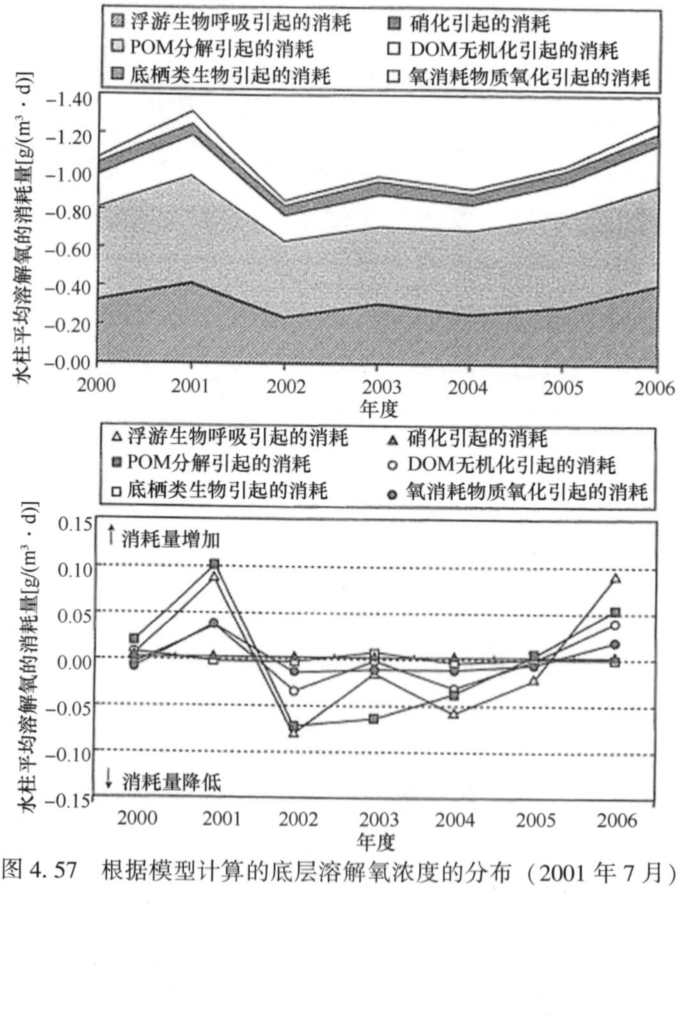

图 4.57　根据模型计算的底层溶解氧浓度的分布（2001 年 7 月）

(2) 伴随着长期性环境变化的贫氧水团研究

①研究目的和方法

有明海属于周边环境发生巨大变化的内湾之一，如地形变化、双壳贝类急剧减少等。有研究认为，近年来贫氧水团的发生呈现出扩大化、长期化的特点。

使用重现现状的模型，在设定过去的外力条件的数值实验（敏感度解析）中，作为长期性的环境变化的结果，推测贫氧水团的发生情况和重要原因。而且进行必要的敏感度解析，对分析贫氧水团的形成具有重要作用的原因。

②主要的计算条件

除了现状实例（2001 年）之外，20 世纪 30 年代、1977 年（20 世纪 70 年代）、1983 年（20 世纪 80 年代）、1990 年（20 世纪 90 年代）的实例也使用了前文所述的现状重现程度的计算结果。另外，在各个年代中，与现状实例不同的计算条件的概要如表 4.24 所示。而对于底栖生物量及流入负荷量来说，根据捕捞量和现有数据，设定相对于表 4.25 及图 4.58 所示现状的比率，对于地形条件和外海潮汐的 f 值，使用各自年度的数值。而气象条件等其他条件与现状（2001 年）相同。

表 4.24　各年代所使用的计算条件的概要

预测条件＼预测实例	20 世纪 30 年代	1977 年	1983 年	1990 年	2001 年
计算年份	20 世纪 30 年代	1977 年	1983 年	1990 年	2001 年
地形	20 世纪 30 年代	20 世纪 30 年代后半期	20 世纪 70 年代后半期	20 世纪 70 年代后半期	21 世纪初
平均水面	0.0 cm	−8.2 cm	−8.9 cm	−5.9 cm	0.0 cm
气象条件	2001 年	2001 年	2001 年	2001 年	2001 年
河流流量	2001 年	2001 年	2001 年	2001 年	2001 年
潮位振幅	2001 年	1977 年	1983 年	1990 年	2001 年
负荷量（L-Q）公式	20 世纪 30 年代	1977 年	1983 年	1990 年	2001 年
无紫菜养殖量	无	1977 年	1983 年	1990 年	2001 年
底栖生物	20 世纪 30 年代	1977 年	1983 年	1990 年	2001 年

注：▒表示与现状实例相同的条件。

表 4.25　各年代所使用的底栖生物量的比率

预测实例＼底栖生物	蛤仔+栉江珧（砂质潮间带代表物种）	毛蚶+蛏蛏（泥质潮间带代表物种）	牡蛎	其他底栖生物
1930 年	8.9	2.5	6.3	1.0
1977 年	14.8	0.7	8.3	1.0
1983 年	15.7	0.7	4.1	1.0
1990 年	1.5	2.5	1.5	1.0
2001 年	1.0	1.0	1.0	1.0

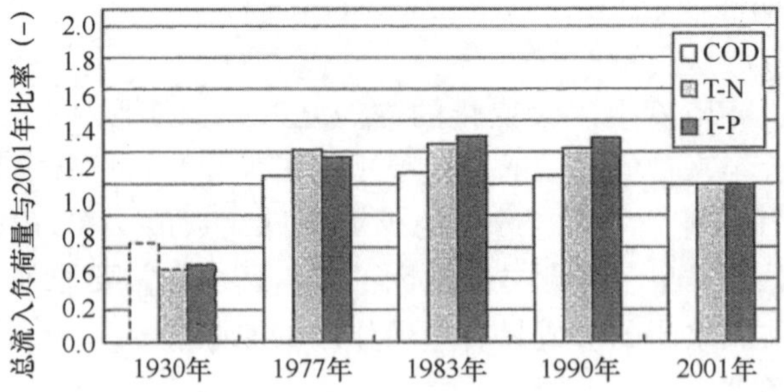

图 4.58　各年代的流入负荷量

③贫氧水团发生规模的变化

图 4.59 表示上述各实例中贫氧水团持续时间的比较。在 20 世纪 30 年代的计算结果中，有明海没有出现贫氧水团。在 1977 年之后的实例中，出现了少量的贫氧水团。在湾顶西侧区域 1990 年和谏早湾区域 2001 年，贫氧水团的发生量增加。各区域的变化趋势不同。

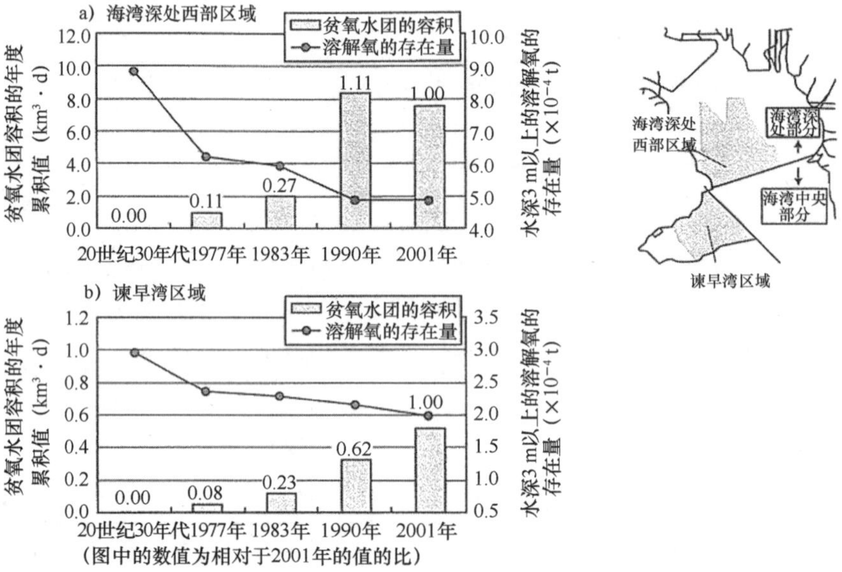

图 4.59　湾顶西侧海域及谏早湾区域贫氧水团的容积及平均溶解氧浓度的比较

④贫氧水团长期性变动的要因分析

图 4.60 表示各实例中垂直扩散系数的比较。1977—1990 年的地形条件相同，这意味着在海湾深处区域受到 20 世纪 30 年代之后地形的影响，使氧供给量发生了变化。而在谏早湾区域受到 20 世纪 90 年代之后地形的影响，使氧供给量发生了变化。另外，相同地形条件下 3 个实例间的变动是因外海潮汐 f 值的变动引起的，在湾顶西侧区域，这种影响不能忽略。

将初级生产量当作氧供给量的指标来进行分析（图 4.61），总生产量根据污染负荷

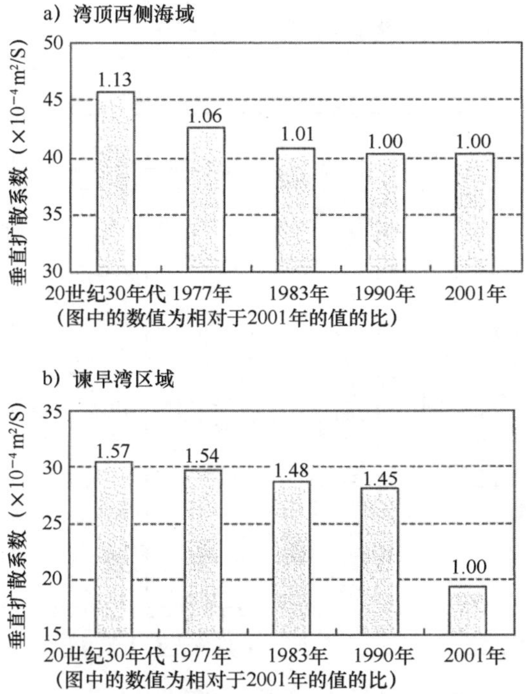

图 4.60　作为氧供给量指标的垂直扩散系数的比较（8 月平均）

量的变化而变化。根据底栖生物的现存量来看，没有被双壳贝吃掉的剩余有机物（转至氧化分解）发生了很大的变化。这意味着占据大多数氧消耗的、初级生产来源的有机物很可能被双壳贝大量净化了。

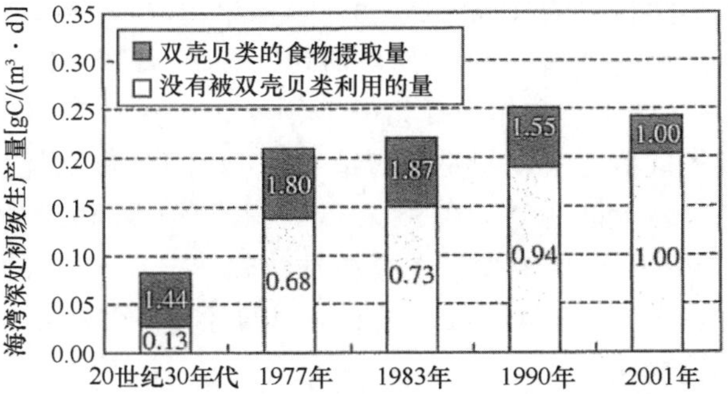

图 4.61　整个海湾顶部区域初级生产量的比例

至此获得了各个年代设定条件下的敏感度解析的结果。图 4.62 表示各实例只变更一个条件而实施的敏感度解析后进行整理的结果。可以认为，受污染负荷量变化的影响，贫氧水团的规模也出现了最大规模的变动。这意味着贫氧水团的发生规模随着各年度洪水的情况而出现变动。另外，受底栖生物的现存量影响，贫氧水团的规模也出现了极大的变化。根据 1977 年至 1990 年的计算结果，可以认为，比现状更多的污染负荷量与比现状更多的底栖生物量起到了相互抵消的作用。而对于前文所述的湾顶西侧海域的贫氧水团，不能忽略外海潮汐的变动效果。

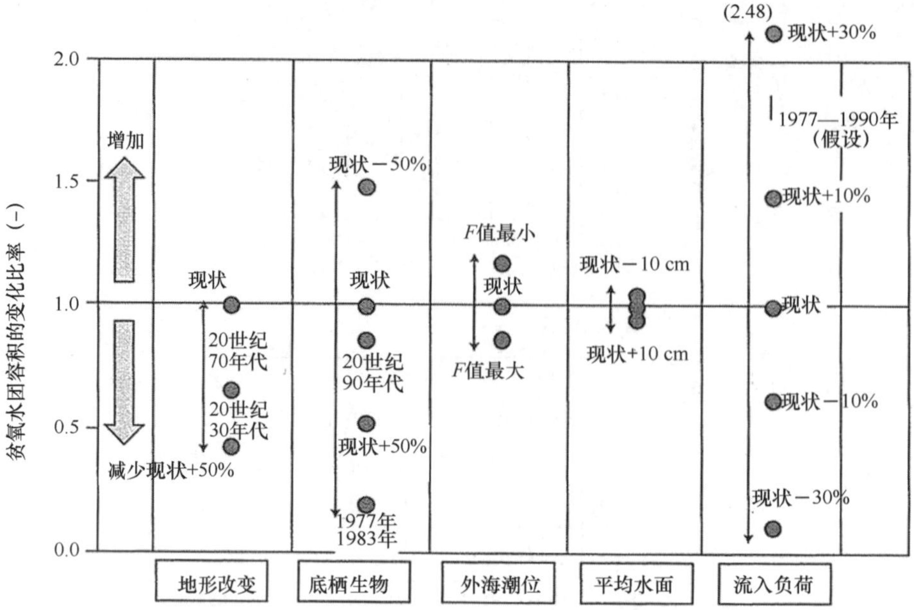

图 4. 62　整个有明海的贫氧水团容积的比较（DO<2. 1 mg/L 的累积容积）

（3）指示种评价模型的结果

①各个渔场的栖息环境和捕捞量

2001 年各渔场（计算网格）捕捞量的预测结果和主要的环境因素关系如图 4. 63 和图 4. 64所示。各渔场位置见图 4. 30。在研究的 3 种生物中，考虑受环境因素影响最多的蛤仔，在出现贫氧水团较多的长崎海域（H）、谏早湾（I）不适合栖息。预测毛蚶也无法在频繁出现贫氧水团的大浦（A）、鹿岛海域（C）、海湾深处中部（F）栖息。

图 4. 63 给出了各渔场水温和作为食物的生物（POC）分布情况，但由于多个原因掺杂在一起，所以仅凭这些无法说明对捕捞量的影响程度。鲈鱼捕捞量不像蛤仔和毛蚶那样因场地不同而出现较大的变动。在 SS 较低的三池（E）和谏早湾（G）、浮游动物较少的绿川（F）等区域栖息量较少，在浮游动物较多、SS 较高的盐田川（A）、六角川（B）等区域栖息量较多（图 4. 64）。正如采用的计算条件所示，各网格的鲈鱼捕捞量反映了稚鱼期的环境变化。

②双壳贝的代谢特性

双壳贝类在水中通过鳃来过滤水中的悬浮颗粒，以此摄入食物。

对于栖息于潮间带/浅海域的大型双壳贝来说，由于生物数量多，水过滤速度快，所以在富营养化不断加剧的内湾成为净化水质的环境保护引擎。通过捕食、排泄、呼吸等生物活动，对保持内湾生态系统的物质平衡发挥着重要作用。有明海的蛤仔、毛蚶也具有同样的作用。在生活史模型中，通过计算个体水平的水过滤速度（图 4. 65），推算出某一年龄群的生物在一生中吸收和排放碳的数值。研究对象包括壳长 13 mm 以上的蛤仔和壳长 15 mm 以上的毛蚶，不包括低于上述壳长的稚贝所发挥的

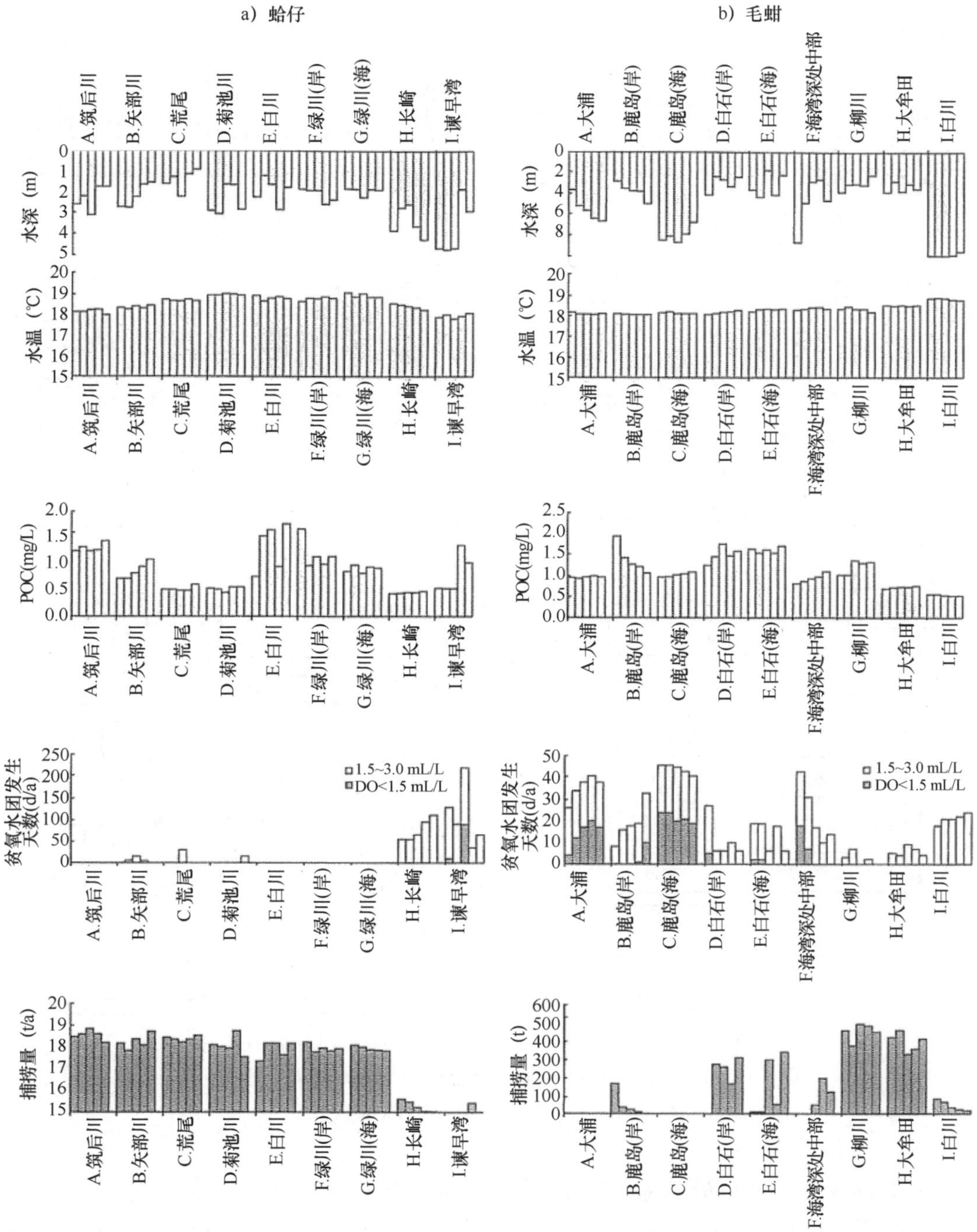

图 4.63　各渔场蛤仔、毛蚶捕捞量的预测结果和主要环境因素的关系（地点如图 4.30 所示）

作用。图中表示以食物摄取量为 100 时的相对值，蛤仔、毛蚶将从外界摄取的 20%以上的物质变成自身的成分，将近 80%的物质排泄出去。在同化量中，蛤仔呼吸量占 80%，而毛蚶呼吸量占 20%。推测两种呼吸量/同化量的差异与栖息环境的氧浓度有关。

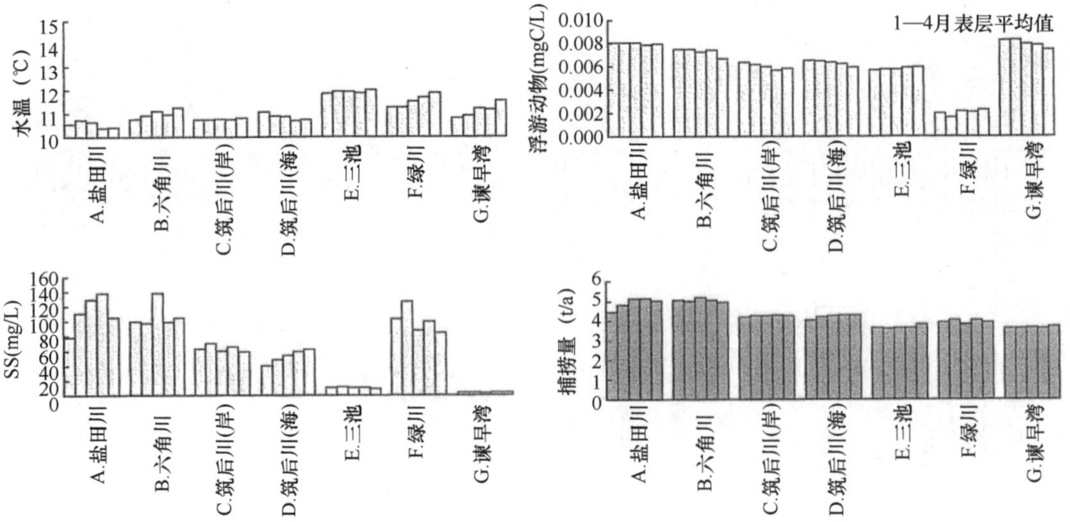

图 4.64　各渔场鲈鱼捕捞量的预测结果和主要的环境因素关系（地点如图 4.30 所示）

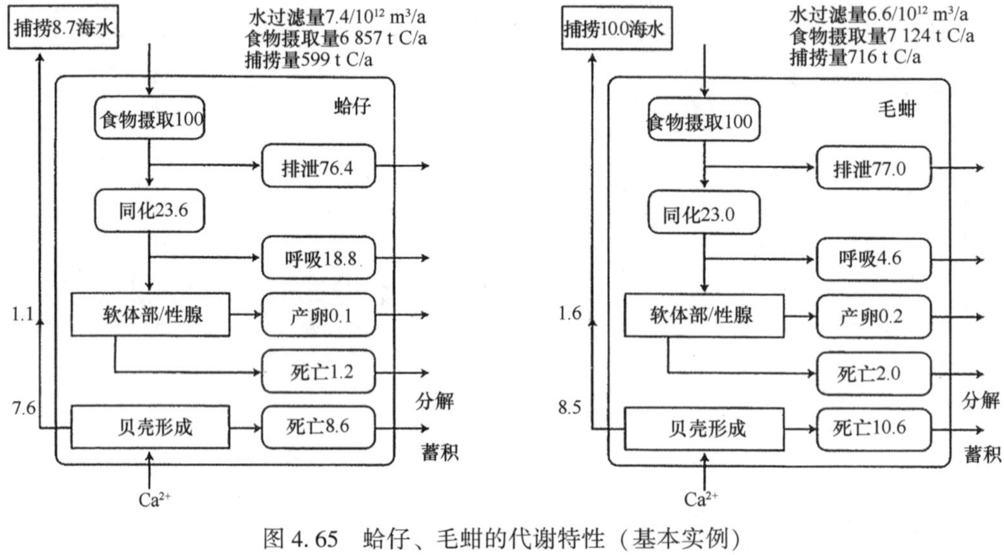

图 4.65　蛤仔、毛蚶的代谢特性（基本实例）

注：用食物摄取量设为 100 时的相对值表示。

表 4.26 表示一年里的水过滤量及食物摄取量。蛤仔和毛蚶一年里水过滤量相当于有明海容积（340×10^8 m^3）的 40%以上，几乎相当于淡水流入量。相对于将有明海整个流域的流入污染负荷量中 67%的碳、48%的氮、35%的磷吸收到体内。对于 1960 年之后的最大捕捞量来说，蛤仔比现在高出 16 倍、毛蚶比现在高出 3.5 倍，所以可以推测出曾经的水质净化量。

表 4.26　蛤仔、毛蚶的水过滤量、食物摄取量（基本实例）

项目	单位	水过滤量、食物摄取量			淡水流入量、流入污染负荷量对比		
		蛤仔	毛蚶	（共计）	蛤仔	毛蚶	（共计）
水过滤量	10^6 m^3/a	7 377	6 639	14 016	0.54	0.49	1.03
食物摄取量	t C/a	6 857	7 128	13 985	0.33	0.34	0.67
	t N/a	949	1 219	2 168	0.21	0.27	0.48
	t P/a	194	183	377	0.18	0.17	0.35
捕捞量	t C/a	599	716	1 315	—	—	—
	t/a	5 600	7 000	12 600	—	—	—

注：蛤仔壳长 1.3 cm 以上，毛蚶壳长 1.5 cm 以上；淡水流入量、流入污染负荷量（POC、PON、POP）为有明海流域 2000—2006 年的平均值。

从碳的排放吸收来看，固定于贝壳上碳的溶解速度非常慢，所以回归环境很慢，形成贝壳的大部分碳都蓄积在贝壳中[110,124]。如果将碳的固定量设为食物摄入+贝壳形成，将排放量设为排泄+呼吸+产卵+分解，则碳固定量为 17×10³ t C/a（蛤仔 48%，毛蚶 52%），碳排放量为 13×10³ t C/a（蛤仔 53%，毛蚶 47%），二者的固定量都超过了排放量，差为 4×10³ t C/a（蛤仔 35%，毛蚶 65%）。蛤仔的呼吸量比毛蚶大，所以毛蚶的碳固定量更大。一般认为，实际的 CO_2 排放是由呼吸和贝壳形成产生的，因此推测 CO_2 生成量为 15×10³ t CO_2/a（蛤仔 59%，毛蚶 41%）。中村等人[110]用同样的方法计算认为有明海的毛蚶固碳量为 12×10³ t CO_2/a，报告的数值比本书的试算值高出 2 倍。同化效率、呼吸量计算公式以中村等人[110]的研究为基准。森林总研[124]对占日本贝壳总捕捞量 9 成以上的前 8 位生物进行了研究，根据碳平衡的解析等，将生物活动对水域环境所起的作用进行了全国性评价。研究结果显示，蛤仔清除有机物的功能最大，在碳收支（吸收量和排放量的多少）方面仅次于帆立贝和长牡蛎而位居第三。毛蚶位居第六，排在库页蛤蜊、日本蚬之后。8 种生物的碳固定都略超过排放。在陆地径流影响较大、渔业活动盛行的有明海，生物量大的蛤仔和毛蚶通过水过滤清除悬浮物、被捕捞将污染物带出系统、碳的固定和蓄积等生物功能，对净化环境发挥着重要作用，这意味着生态系统中生物资源的服务功能对有明海的修复非常重要。

各代谢量的季节变化如图 4.66 所示。毛蚶的资源量在 7 月份增加，意味着这个时期补充的生物群比较多。蛤仔、毛蚶在 6 月至 7 月水过滤量急剧降低，这是因为盐度 25 以下的低盐环境长期存在导致的。另外，7 月至 8 月受贫氧水团的影响，蛤仔、毛蚶的死亡量也非常大，特别是毛蚶更为明显。

③地形变化和底栖变态率

在浮游幼体输送/底栖变态率子模型中，包括现状情形在内，将改变地形条件的水动力场设定为 5 种情况（图 4.67）。将海域设置为 20 世纪 30 年代及 20 世纪 70 年代后半期的地形，以及有明海海岸线 50%以上为人工海岸，包括为加快流速进行的人工海岸开凿（与下一章介绍的修复技术中的岸线修复相同的条件）、整个谏早湾填海造地的情形。各物种、各实例因产卵日不同而使底栖变态率出现很大变动，但是从现实的变态

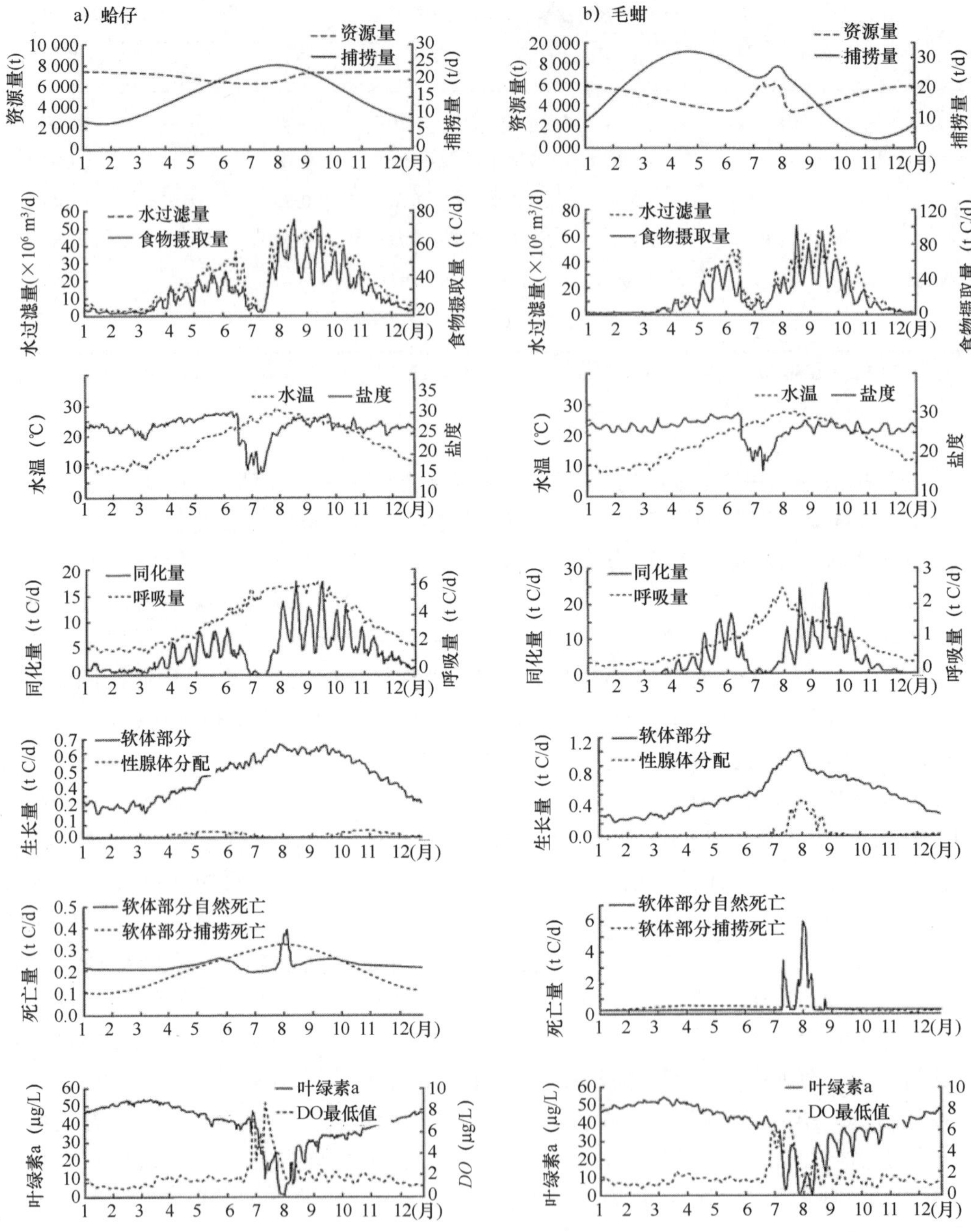

图 4.66　蛤仔、毛蚶代谢特性的季节变化（基本实例）

率来看，蛤仔为6.8%（平均8次）、毛蚶为14.2%（平均6次）、鲈鱼为0.41%（平均6次）。鲈鱼的浮游期较长，所以与其他两个物种相比变态率较低，在浮游期相同的双壳贝类中，毛蚶的变态率要比蛤仔高。

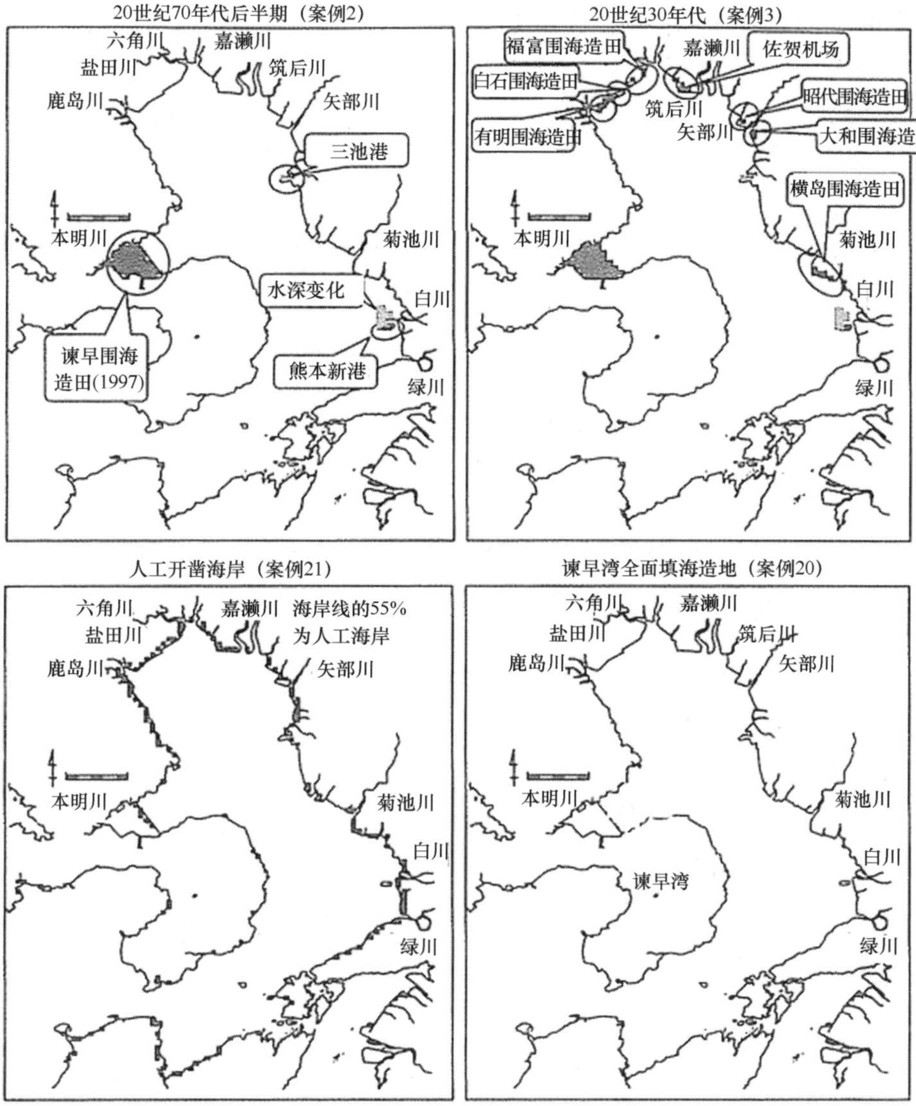

图 4.67　浮游幼体的输送/底栖变态率子模型中的地形条件

（图示 21 世纪初的地形和变化之处）

将各实例的底栖变态率变换为无效分散系数［-ln（底栖变态率）/浮游天数］，如图 4.68 所示（本书中用底栖变态率来记录）。蛤仔在盐度为 22 的水体上层浮游的时期较长，因此像在过去的地形条件下，容易流到海湾之外，底栖变态率降低。如果包括因围海造田等原因而消失的蛤仔栖息场在内，则底栖变态率与 20 世纪 70 年代相比没有变化，但 20 世纪 30 年代的底栖变态率要比现在更高。在湾顶的围海造田区域和潮间带，推测蛤仔的底栖变态率曾经很高。毛蚶在湾顶产卵，随着上层的水流从海湾中部分散到海湾之外。但是第 10 天之后就转移到底层，随北上水流返回到湾顶。因此，与蛤仔不同的是，估计在过去的地形条件下，底栖变态率较高。鲈鱼的情况与毛蚶相同。鲈鱼等有明海中的重要鱼贝类大多属于“海湾中部产卵-湾顶生长”型，所以与毛蚶的浮游期后半期的输送机制有很多共同之处。

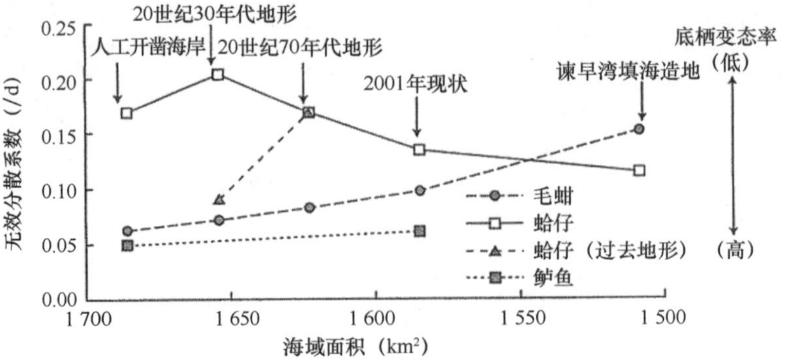

图 4. 68　随着地形变化的各种生物的无效分散系数

以毛蚶为例，预测仅改变底栖变态率时的捕捞量的结果如图 4. 69 所示。从变态转为底栖的稚贝长成可捕捞大小的第 3 年开始，捕捞量开始出现变化。预测 10 a 后的捕捞量，20 世纪 70 年代为 2. 0 倍，20 世纪 30 年代为 3. 2 倍，在人工开凿海岸地区为 4. 4 倍。另一方面，如果谏早湾消失，将无法维持毛蚶资源，水动力变化对水产资源的影响可见一斑。海域面积和无效分散系数、无效分散系数和 10 a 后的捕捞量预测结果之间存在一定的关系，如图 4. 70 所示。关于海域面积方面，即使面积相同，也会由于某些地形的改变而导致无效分散系数发生变化。

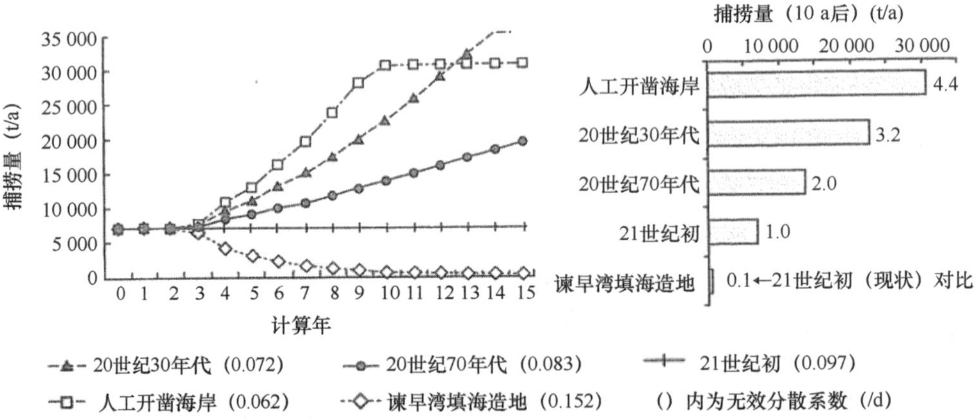

图 4. 69　随着地形变化的底栖变态率对于毛蚶捕捞量的影响预测

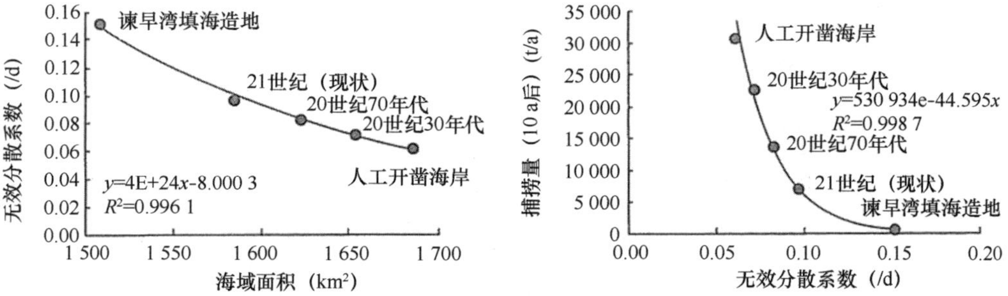

图 4.70 海域面积、毛蚶的无效分散系数、10 a 后捕捞量的关系

④渔获量的长期变动

确认渔获量及单位捕捞努力量渔获量（CPUE）的再现性时，以基本实例中设定的参数及与环境的函数关系为基础，设定 1960 年之后的边界条件。在低层次生态系统模型中，使用以前的数值实验和 2000—2006 年的重现程度的计算结果，使之与各个年代（20 世纪 60 年代使用20 世纪 30 年代的结果）相对应。无效分散系数方面，从浮游幼体的输送/底栖变态率子模型中将基于地形变化的预测结果与各个年代相对应。1999 年以前的水温还要考虑到气温的长期变化。假定无斑鹞鲼的现存量从 1995 年开始增加，蛤仔的网目按照假设过去使用过的组合来使之发生变化。

计算结果如图 4.71 所示。蛤仔在 20 世纪 70 年代急剧增加，据认为是由于单价上涨，所以渔获量较多。而 20 世纪 80 年代前半期出现了减少趋势。之所以出现这种情况，很可能是由于向日本各地提供种苗，用细小的网目（3 分）大量捕捞筛选小型个体，出现了过度捕捞的现象。而对于即使改变网目仍然出现了减少趋势的现象，有人认为，这是底质平坦化（泥沙补给、水流等）等原因造成的。但是对于这种意见并没有进行模型化研究。由于熊本县指令要求将网目扩大，所以 21 世纪初出现了恢复的迹象。但是无斑鹞鲼的影响仍然存在，所以蛤仔产量没有增加到以前的水平。毛蚶从 20 世纪 70 年代后半期到 20 世纪 80 年代前半期出现了下降趋势（因疾病等原因导致大量死亡等），这种情况在模型中无法说明。据推测，20 世纪 90 年代后半期开始出现的减少趋势是受到贫氧的影响。在鲈鱼方面，浮游动物和 SS 的变动相互抵消。但是，20 世纪 80 年代之后的减少是无效分散系数变大的结果（鲈鱼的无效分散系数是将毛蚶的无效分散系数变化增幅后赋值）。

根据上述研究结果，可以认为渔获量的变动在很多地方反映了单位捕捞努力量渔获量的变化，可在一定程度上重现以前捕捞量水平和大部分变动参数。

（堀家健司 · 竹内一浩 · 木村奈保子 · 永尾谦太郎）

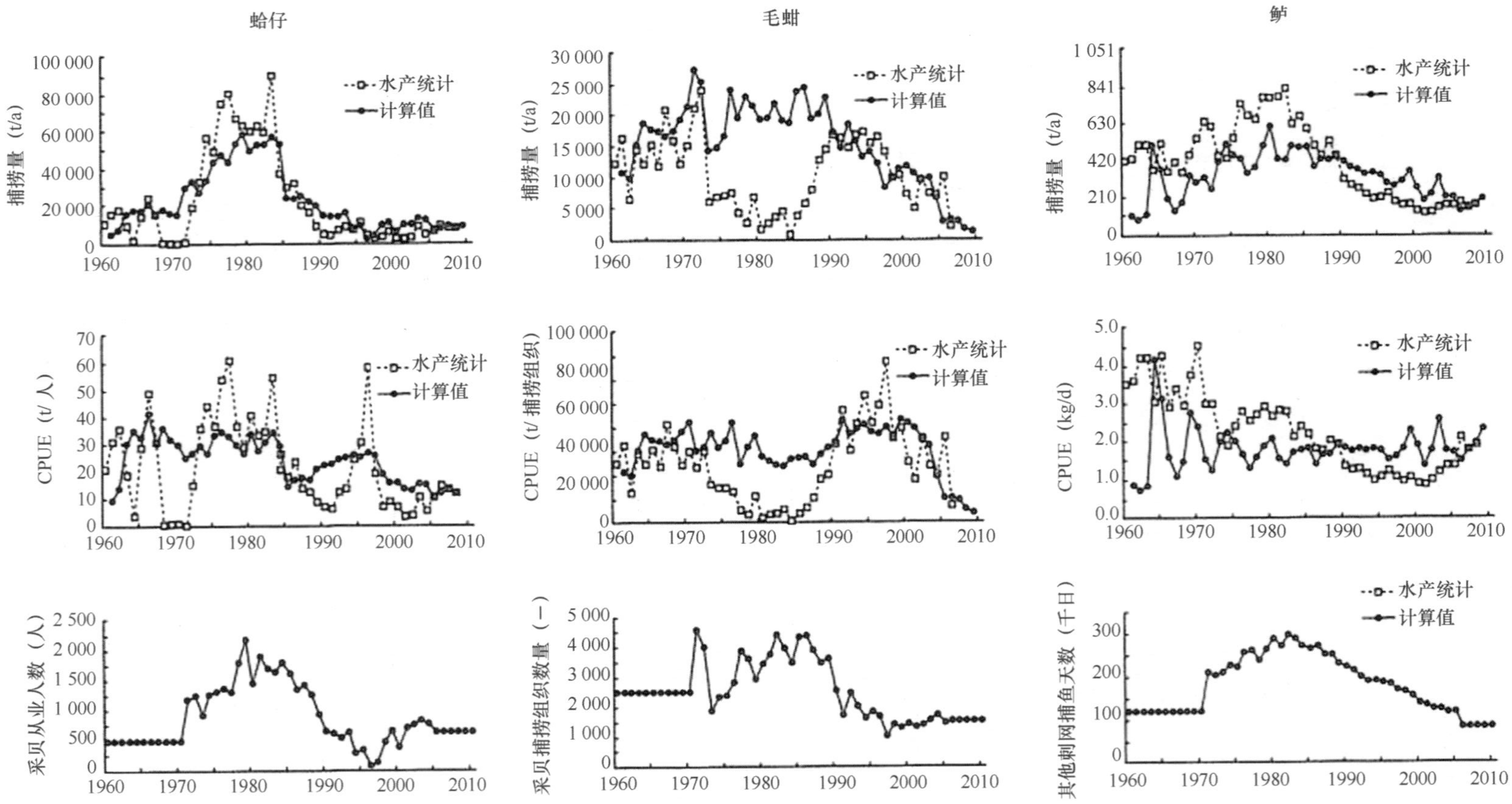

图 4.71　区域面积、指示种的长期变化重现结果

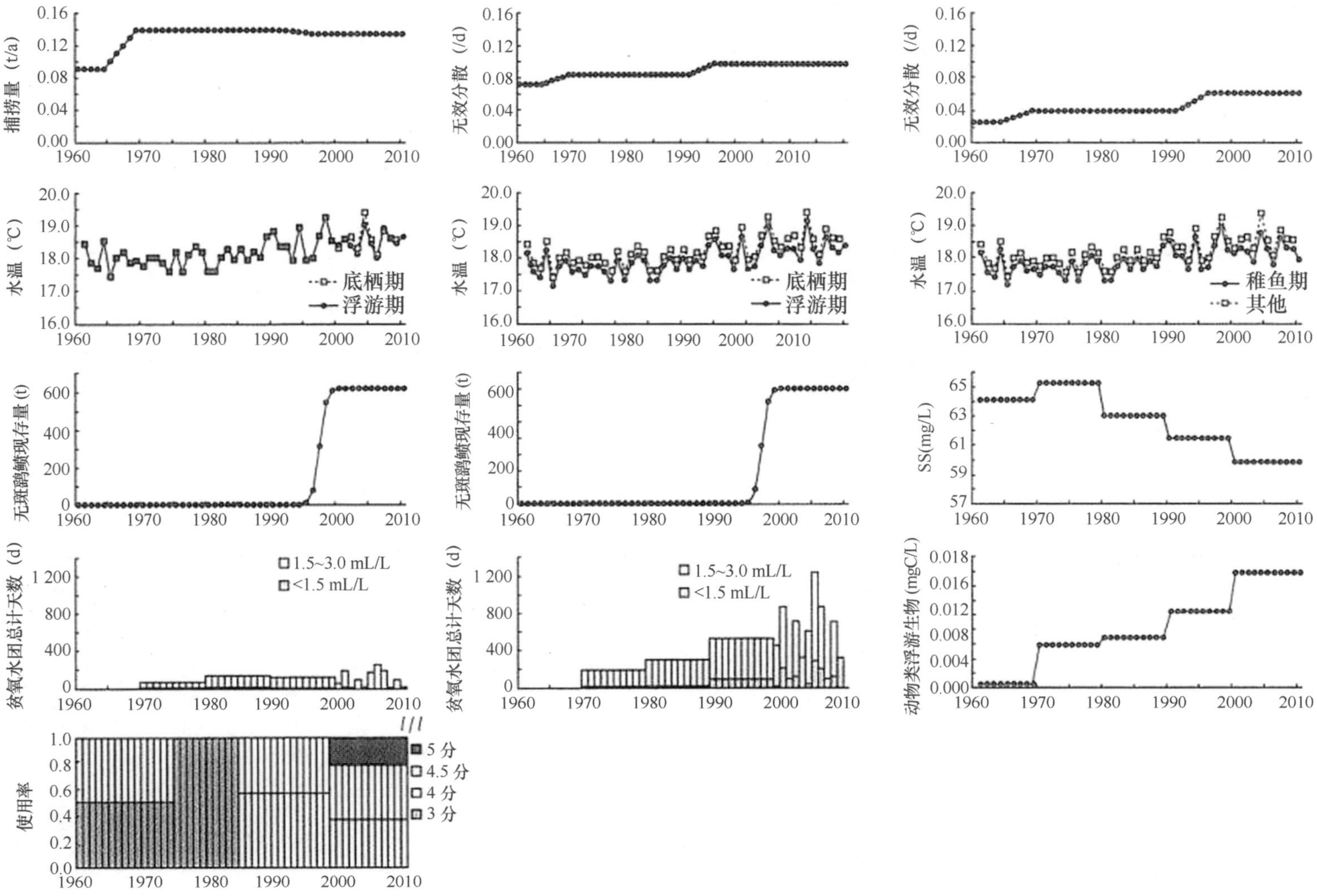

图 4.71　区域面积、指示种的长期变化重现结果（续）

文　献

1) 農林水産省水産庁・農林水産省農村振興局・経済産業省資源エネルギー庁・国土交通省河川局・国土交通省港湾局・環境省環境管理局：平成 14 年度国土総合開発事業調整費　有明海海域環境調査報告書, 2003.

2) 環境省：有明海・八代海総合調査評価委員会　委員会報告書, 2006.

3) 横山勝英：河川の土砂動態が有明海沿岸に及ぼす影響について―白川と筑後川の事例―. 応用生態工学, 8(1), 61-72(2005).

4) 横山勝英：有明海への土砂流入と底質環境, 有明海の環境変化―環境からさぐるその実態, 海洋と生物, 1, 571-576（2007).

5) 日本海洋学会編：有明海の生態系再生をめざして, 恒星社厚生閣, p12, 2005.

6) Caroline, P. Slomp *et. Al*：Nutrient inputs to the coastal ocean through submarine groundwater discharge, controls and potential impact, *Journal of Hydrology*, 295, 64-86 (2004).

7) Lee, D.R.：A device for measuring seepage flux in lake and estuaries, *Limnology and Oceanography*, 22, 140-147（1977).

8) 石飛智念・谷口真人・嶋田　純：沿岸海底湧出量測定による塩淡水境界変動と地下水流出の評価, 地下水学会誌, 49（3), 191-204（2007).

9) 堤　敦・神野健二・森　牧人・広城吉成：表流水−地下水系水循環機構の解析―九州大学新キャンパス建設地を対象として―, 土木学会論文集, 747（2-65), 29-40 (2003).

10) 岩佐　庸：生態学で, 数理モデルはどのような役割を果たせるか, 日本生態学会誌, 45（2), 163-166（1995).

11) 桜本和美：漁業管理の ABC―TAC がよくわかる本―. 成山堂書店, pp.1-200, 1998.

12) 柳　哲雄・阿部良平：有明海における 1979 年と 1999 年の窒素収支の変化, 海の研究, 15（1), 67-75（2005).

13) 瀬口昌洋・郡山益実・石谷哲寛：2 層ボックスモデルによる有明海湾奥部西岸海域における貧酸素水塊発生機構の解析, 海岸工学論文集, 55, 1016-1020（2008).

14) 磯部雅彦・鯉渕幸生：連続観測による有明海の水環境の現状把握, 沿岸海洋研究, 42（1), 27-33（2004).

15) 釘宮秀友・中田喜三郎：2000 年度, 有明海に発生した赤潮発生機構に関する一考察, 海洋理工学会誌, 11（2), 59-64（2005).

16) 農林水産省, 水産庁, 農林水産省農村振興局, 経済産業省 資源エネルギー庁, 国土交通省 河川局, 国土交通省 港湾局, 国土交通省 海上保安庁, 環境省 環境管理局：平成 13 年度国土総合開発事業調整費有明海海域環境調査報告書, 2002.

17) 農林水産省・水産庁・農林水産省 農村振興局・経済産業省資源エネルギー庁・国土交通省河川局・国土交通省港湾局・環境省環境管理局：平成 14 年度国土総合開発事業調整費有明海海域環境調査報告書, 2003.

18) Horiya,K., Hirano, Ta., Hosoda, M., and Hirano, T.：Evaluating Method of Marine Environmental Capacity for Coastal Fisheries and Its Application to Osaka Bay, Marine Pollution Bulletin, pp.253-257, 1991.

19) 堀家健司・平野拓郎・細田昌広・平野敏行：生活史モデル, 漁場環境容量（平野敏行編), 恒星社厚生閣, pp.104-118, 1992.

20) Kimura, S., Kishi, M.J., Nakata, H., and Yamashita, Y.:A numerial analysis of population dynamics of the sabd lance（Amnodytes personatus）an the eastern Seto Inland Sea, *Japan. Fish. Oceanogr.*, 1, 321-332（1992).

21) 中村義治・平山信夫・秋元義正：動的モデルによるウバガイ資源変動の解析方法. 日本水産学会誌, 55（3), 417-422（1989).

22） 堀家健司：生活史モデル，月刊海洋，27（4），204-209（1995）．
23） 田　永軍・大島　巌・高橋美昭・都築　進・広松和親：ホッキガイ生活史モデルによる港湾施設設置の影響評価，海岸工学論文集，4（2），1066-1070（1996）．
24） 田　永軍・清水　誠：環境要因を考慮した生活史モデルによるトリガイ資源の動態解析，水産海洋研究，63（3），30-37（1999）．
25） Beverton, R.J.H. and Holt, S.J.:On the dynamics of exploited fish populations,Fish. Invest., Ser.2, U.K., 19, 1957.
26） 立川康人・永谷言・宝馨：分布型洪水流出モデルにおける空間分布入力情報の有効性の評価．京都大学防災研究所年報，46（B-2），45-60（2003）．
27） 澤野真治：GIS 手法を用いた日本の森林における水資源賦存量の評価に関する研究，東京大学博士論文，2006．
28） Mellor, G. L., Hakkinen, S., Ezer, T. and Patchen, R.:A generalization of a sigma coordinate ocean model and an intercomparison of model vertical grids,In: Ocean Forecasting: Conceptual Basis and Applications, N. Pinardi and J. D. Woods (Eds.), Springer, Berlin, pp.55-72, 2002.
29） Ezer, T. and Mellor, G. L.：A generalized coordinate ocean model and a comparison of the bottom boundary layer dynamics in terrain-following and in z-level grids, *Ocean Modeling*, 6, 379-403（2004）.
30） Mellor, G.L. and Blumberg, A.F.:Modeling vertical and horizontal diffusivities with the sigma coordinate system, *Mon. Wea. Rev.*, 113, 1380-1383（1985）.
31） Oey, L.-Y.：An OGCM with movable land-sea boundaries, *Ocean Modeling*, 13, 176-195,（2006）.
32） 日本海洋学会編：有明海の生態系再生をめざして，恒星社厚生閣，pp.94-104，2009．
33） 山本浩一・吉野健児・速水祐一・笠置尚史・原田浩幸・濱田孝治・大串浩一郎・山田文彦・山口創一・横山勝英：有明海湾奥部の底質に関する研究―細粒化の解明とモデル化にむけて―，佐賀大学有明海総合研究プロジェクト成果報告集，4，2008．
34） 例えば，豊田政史・北村聡・富所五郎：諏訪湖における風波の影響を考慮した底泥の輸送解析，水工学論文集，47（2003）．
35） 田 中 仁・Aung, THU：すべての flow regime に適用可能な波・流れ共存場抵抗則，土木学会論文集，467（2-23），93-102（1993）．
36） 山本浩一・速水祐一・笠置尚史・濱田孝治・吉野健児・山口創一・片野俊也・吉田誠・大串浩一郎・山田文彦・横山勝英：有明海・諫早湾における底泥の再懸濁・沈降に関するマッピング，佐賀大学有明海総合研究プロジェクト成果報告書，5，2009．
37） （社）土木学会：水理公式集［平成 11 年度版］，p.157，1999．
38） Soetaert, K., Herman P.M.J. and Middelburg J.J.: A Model of Early Diagenetic Processes from the Shelf to Abyssal Depths, Geochimica et Cosmochimica Acta, 1996.
39） 藤永太一郎（監修）：海と湖の化学，微量元素で探る，京都大学学術出版会，2005．
40） 田中健路・滝川　清・成松　明：有明海干潟上における大気-海面-陸面間のエネルギーフラックスに関する観測，海岸工学論文集，51，1131-1135（2004）．
41） 永尾謙太郎・滝川　清・森本剣太郎・田渕幹修・芳川　忍：干潟域における熱収支過程のモデル化と現地適用性の検討，海岸工学論文集，54，1141-1145（2007）．
42） 近藤純正：地表面に近い大気の科学，理解と応用，東京大学出版会，pp. 137-165，2000．
43） Bristow, K.L. and Campbell, G.S.：Simulation of Heat and Moisture Transfer through a Surface Residue-Soil System,*Agricultural and Forest Meteorology*,

36,193-214（1986）.
44） 二瓶泰雄・綱島康雄・佐藤正也・青木康哲・佐藤慶太・灘岡和夫：現地観測に基づくマングローブ域の水温・放射環境に関する研究，海岸工学論文集，49，1206-1210（2002）.
45） 松永信博・児玉真史・福田和代・杉原祐司：干潟における熱収支の観測，海岸工学論文集，45，1056-1060（1998）.
46） 伊藤史郎：有明海における二枚貝について「主要種の漁獲量減少要因の分析」，第15回有明海・八代海総合調査評価委員会資料，2005.
47） 青山恒夫：漁業振興の立場からみた湾内水の流動と問題点Ⅰ-有明海の流動と漁業，沿岸海洋研究ノート，14（1･2），36-41（1977）.
48） 福岡県有明水試，佐賀県有明水試，長崎県水試，熊本県水試，鹿児島県水試：スズキ，東シナ海・有明海栽培漁業漁場資源生態調査とりまとめ報告書（昭和47・48年度総合版）B. 有明海海域篇，pp.44-77，1974.
49） 西日本海域栽培漁業事業化推進協議会：スズキ，東シナ海・有明海栽培漁業漁場資源生態調査とりまとめ報告書（昭和47・48・49年度総合版）B. 有明海海域篇，pp.21-38，1975.
50） 熊本県：熊本県アサリ資源管理マニュアル，2006.
51） 鳥羽光晴・深山義文：飼育アサリのサイズと成熟，産卵の関係，日本水産学会誌，60（2），173-178（1994）.
52） 伊藤史郎・江口泰蔵・吉本宗央：有明海湾奥部におけるクマサルボウの成熟と産卵，佐賀県有明水産試験場研究報告，19，17-24（1999）.
53） 日下部台次郎：サルボウの採苗とその育成に関する研究，広島大学水畜産学部紀要，2（2），183-239（1959）.
54） 畑中正吉・関野清成：スズキの生態学的研究-II スズキの成長，日本水産学会誌，28（9），857-861（1962）.
55） Secor,D.K., and 田中　克：スズキ類の河口依存性と生活史の進化，スズキと生物多様性（田中　克・木下　泉編），恒星社厚生閣，pp.140-152，2002.
56） 田中彌太郎：有明海産重要二枚貝の産卵期-I，サルボウについて，日本水産学会誌，19（12），1157-1160（1954）.
57） 相良順一郎：アサリ・ハマグリの形態，生態，生理ならびに増殖に関する基礎研究，水産庁東海区水産研究所報告，208p，1961.
58） 堤　裕昭・石沢紅子・冨重美穂・森山みどり・坂元香織・門谷　茂：緑川河口干潟における盛砂後のアサリ（Ruditapes philippinarum）の個体群動態，日本ベントス学会誌，57，177-187（2002）.
59） （社）全国沿岸漁業振興開発協会：増殖場造成計画指針―ヒラメ・アサリ編（平成8年度版），1997.
60） 田中彌太郎：有明海産重要二枚貝の産卵期-III．アサリについて，日本水産学会誌，19（12），1165-1166（1954）.
61） 日比野学：有明海産スズキの初期生活史にみられる多様性，スズキと生物多様性（田中　克・木下　泉編），恒星社厚生閣，pp.65-78，2002.
62） 日比野学・太田太郎・礒田能年・井関智明・中山耕至・田中　克：有明海におけるスズキ卵・浮遊稚魚の分布，平成16年度日本水産学会大会要旨集，p.50，2004.
63） 田中　克・松宮義晴：スズキの初期生活史，栽培技研，11（2），49-65（1982）.
64） 鳥羽光晴・深山義文：アサリ産卵誘発方法の比較，水産増殖，40（3），303-311（1992）.
65） Toba,D.R.,Thompson, D.S.,Chew, K.K., Anderson, G.J. and Miller, M.B.: Guide to Manila clam culture in Washington,Whashington Sea Grant Program, Wahington,USA,1992.
66） 木下　泉：初期生活史の多様性，スズキと生物多様性（田中　克・木下　泉編），

恒星社厚生閣，pp.79-90，2002.
67）伏見　徹：養成スズキからの性腺刺激ホルモン処理による採卵，栽培漁業技術開発研究，5（1），29-34（1976）.
68）水産庁・（社）日本水産資源保護協会：平成17年度漁場環境評価メッシュ図―有明海・八代海―資料編（漁期カレンダー），2006.
69）山口一岩：沿岸浅海域生態系の物質循環における底生微細藻類の役割，北海道大学（学位論文），2005.
70）土井長之：水産資源力学入門，日本水産資源保護協会，1975.
71）柿野　純：アサリ漁業の動向と近年の調査結果，水産海洋学会，60（3），265-268（1996）.
72）山本正昭・萩野静也・石田宏一：アサリ漁場造成計画のための物理環境調査，水工研研報，16，1-28（1995）.
73）田北　徹，山口敦子：魚類の変化，有明海の生態系再生をめざして（日本海洋学会編），恒星社厚生閣，pp.128-131，2005.
74）堤　裕昭：貝類漁業，有明海の生態系再生を目指して（日本海洋学会編），恒星社厚生閣，pp.136-151，2005.
75）梶山　実・藤森常生・野尻節郎：鼻口地先アサリへい死調査（その1），昭和57年熊本県のり研究所事業報告書，pp.197-200，1983.
76）藤森常生・堤　泰博・岩村征三郎：鼻口地先アサリへい死調査（その2），昭和57年熊本県のり研究所事業報告書，pp.201-205，1983.
77）中原康智・那須博史：主要アサリ産地からの報告―有明海熊本県沿岸，日本ベントス学会誌，57，139-144（2002）.
78）片岡千賀之：アサリ漁業の構造変化-熊本有明を事例として，地域漁業研究，42（3），27-46（2002）.
79）山口敦子：有明海のエイ類について―二枚貝の食害に関連して―，有明海の環境と生物生産，月刊海洋，35（4），241-245（2003）.
80）川原逸朗・伊藤史郎・山口敦子：有明海のタイラギ資源に及ぼすナルトビエイの影響，佐賀県有明水産試験場研究報告，22，29-33（2004）.
81）玉置昭夫：ベントスに関すること―とくにアサリ漁獲量激減に関連して，水環境学会誌，27（5），301-306（2004）.
82）Ishii,Ryo, Sekiguchi, H., Nakahara, Y., and Jinnai, Y.: Larval Recruitment of the Manila Clam Ruditapes philippinarum in Ariake Sound, *Southern Japan. Fish. Sci.*,67（4）,579-591（2001）.
83）石井　亮，関口秀夫：有明海におけるアサリの幼生加入過程と漁場形成，日本ベントス学会誌，57，151-157（2002）.
84）関口秀夫・石井　亮：有明海の環境異変有明海のアサリ漁獲量激減の原因について，海の研究，12（1），21-36（2003）.
85）Tsutsumi,H., Tsukuda, M., Yoshioka, M., Koga, M., Shinohara, R., Nomura, Y., Choi, K.S., Cho, H.S., and Hong, J.S.: Heavy Metal Contamination in the Sediment and its Effect on the Occurrence of the Most Dominant Bivalve, Ruditapes philippinarum, on the Tidal Flats of Ariake Bay in Kumamoto Prefecture,the West Coast of Kyushu, *Japan, Benthos Research*, 58（2），121-130（2003）.
86）堤　裕昭：有明海に面する熊本県の干潟で起きたアサリ漁業の著しい衰退とその原因となる環境変化，応用生態工学，8（1），83-102（2005）.
87）（独）水産総合研究センター：平成21年度環境省請負業務結果報告書―有明海貧酸素水塊発生機構実証調査，2010.
88）Yokogawa, K., Taniguchi,N., and Seki,S.:Morphological and genetic characteristics of sea bass, Lateolabrax japonicus, from the Ariake Sea, *Japan, Ichthyol Res*, 44（1），51-60（1997）.
89）横川浩治：東アジアのスズキ属，スズキと生物多様性（田中　克・木下　泉編），恒星社厚生閣，pp.114-126，2002.

90）中山耕至：有明海個体群の内部構造，スズキと生物多様性（田中　克・木下　泉編），恒星社厚生閣，pp.127-139，2002.
91）鈴木啓太：安定同位体比より見た筑後川河口域におけるスズキ当歳魚の回遊，海洋と生物，168，40-46（2007）.
92）日比野学・上田拓史・田中　克：筑後川河口域におけるカイアシ類群集とスズキ仔稚魚の摂餌，日本水産学会誌，65（6），1062-1068（1999）.
93）小路　淳・鈴木啓太・田中　克：2005年春期の筑後川河口域高濁度水塊における物理・生物環境に対する潮汐および河川流量の影響—スズキ成育場としての評価，水産海洋研究，70（1），31-38（2006）.
94）藤田真二・木下　泉・川村嘉応・青山大輔：有明海におけるスズキの初期生活史の多様性，海洋と生物，168，47-54（2007）.
95）Richards, F.J.: A flexible growth function for emipirical use, *J. Exp. Bot.*, 10,290-300（1959）.
96）赤嶺達郎：水産資源解析の基礎，恒星社厚生閣，pp.23-45，2007.
97）（社）日本水産資源保護協会：漁場の適正溶存酸素濃度の検討—漁場環境容量策定事業報告書（第1分冊），pp.931-1003，1989.
98）中村幹雄・品川　明・戸田顕史・中尾　繁：宍道湖および中海産二枚貝4種の環境耐性，水産増殖，45（2），179-185（1997）.
99）坂本市太郎，平井幸則：河口域の環境レベルに対するアサリTapes（Amyugdala）philippinarum（A.ADAMS et REEVE）の呼吸代謝応答と仔貝生残，三重大学環境科学研究紀要，9，77-90（1984）.
100）柿野　純・中田喜三郎・西沢　正・田口浩一：東京湾盤州干潟におけるアサリ稚貝の発生と渦度との関係，水産工学，28（1），2-50（1991）.
101）柿野　純・中田喜三郎・西沢　正・田口浩一：東京湾盤州干潟におけるアサリの生息と波浪との関係，水産工学，28（1），51-55（1991）.
102）相良順一郎：アサリの増殖，日本水産資源保護協会月報，234，10-17（1983）.
103）相良順一郎：貝類養殖における干潟の利用について，水産土木，13（2），17-20（1997）.
104）柳橋茂昭：アサリ幼生の着底場選択性と三河湾における分布量，水産工学，29（1），55-59（1992）.
105）山本正昭：アサリ漁場内の底質環境とその特性，水産総合研究センター研究報告，別冊第3号，pp.17-26，2005.
106）山口敦子：有明海におけるエイ類の漁獲量変動について，板鰓類研究会報，41，8-12（2005）.
107）Yamaguchi, A.,Kawahara, I. and Ito, S.:Occurrence,growth and food of longheaded eagle ray, Aetobatus flagellum, in Ariake Sound, Kyushu, *Japan. Environmental Biology of Fishes*,74，229-238（2005）.
108）石田基雄・小笠原桃子・村上知里・桃井幹夫・市川哲也・鈴木輝明：アサリ浮遊幼生の成長に伴う塩分選択行動特性の変化と鉛直移動様式再現モデル，水産海洋学会，69（2），73-82（2005）.
109）金綱紀久恵・中村義治・上月康則・村上仁士・柴田輝和：炭素収支による東京湾アサリ個体群の生物機能評価，海岸工学論文集，50，1291-1295（2003）.
110）中村義治・深町孝子・真崎邦彦・関根幹男・三村信男：有明海奥部のサルボウガイ漁場における炭素固定量の評価，海岸工学論文集，50，1111-1115（2003）.
111）山本民次：植物プランクトンのC：Chl.a比，沿岸の環境圏（平野敏行監修），フジテクノシステム，pp.156-161，1998.
112）本多忠夫・光易恒：水面に及ぼす風の作用に関する実験的研究，第27回海講論文集，pp.90-93，1980.
113）Smagorinsky, J.：General Circulation Experiments with the Primitive Equations Ⅰ ,The Basic Experiment, *Monthly Weather*

Review, 91, 99-164 (1963).

114) Mellor, G. L. and Yamada T. : Development of a turbulence closure model for geophysical fluid problems, *Rev. Geophys. Space Phys.*, 20,851-875 (1983).

115) 佐賀大学有明海総合研究プロジェクト：平成 19 年度干潟・浅海域における底質の物質循環に関する研究報告書，pp.24, 2008.

116) Westrich, J.T. and Berner,R.A.: The role of sedimentary organic matter in bacterial sulfate reduction: The G model tested, *Limnol. Oceanogr.*, 29 (2),236-249 (1984).

117) 永尾謙太郎・日比野忠史・松本英雄：広島湾における有機物の変動解析と栄養塩生成形態の把握，海岸工学論文集，52, 916-920 (2005).

118) Wijsman, J.W.M., Herman, P.M.J., Middelburg, J.J. and Soetaert, K.:A model for Earl DiageneticProcesses in Sediments of the Continental Shelf of the Black Sea, EStnuarine, *CoaStnal and Shelf Science*, 54, 403-421 (2002).

119) 楠田哲也：「有明海生物生息環境の俯瞰型再生と実証試験」産官学連携による有明海を再生させる取り組み成果報告会講演要旨集，2008.10.

120) 海上保安庁水路部：有明海，八代海海象調査報告書，1974.

121) 小田巻実・大庭幸広・柴田宣昭：有明海の潮流新旧比較観測結果について，海洋情報部研究報告，39，33-61 (2003).

122) Simpson, J. H. and Hunter, J. R. : Fronts in the Irish Sea., *Nature*, 250, 404-406(1974).

123) 速水祐一・山本浩一・大串浩一郎・濱田孝治・平川隆一・宮坂　仁・大森浩二：夏季の有明海奥部における懸濁物輸送とその水質への影響，海岸工学論文集，53, 956-960 (2006).

124) (独)森林総合研究所：森林，海洋などにおける CO_2 収支の評価の高度化，2004.

第5章　有明海生态修复技术及其评估

5.1　技术体系

5.1.1　前言

海洋环境由四部分构成，包括“地圈、水圈、气圈”这三个环境基础部分，以及环境基础部分所包含的人类在内的“生态圈”。这四个部分构成了一个复杂的体系，因此，在实现海洋环境修复时，对三个环境基础圈和生态圈进行科学性的研究讨论，研讨“在某种程度上能做些什么”是非常重要的。

从这一角度出发，对于环境明显恶化海域的修复，作为可控的事项，主要有三种可能适用的技术：①底质环境（特别是潮间带环境）的改善技术；②水质环境相关的改善技术；③人为负荷的削减技术和确保泥沙输送。

对于改善环境来说，系统性的构想是不可或缺的。将这些技术与实际情况相结合，可能会产生更好的效果。而且与修复措施相关的具体的调查研究（环境变化的机制调查、环境观测的系统整顿、要因分析/改善技术的开发等）和环境信息/学术知识的共享/交流成为重要的支撑信息。

如图5.1所示，从正确管理的角度出发，将实现海洋环境改善/修复的对策技术项目体系化。技术级别1的目的是“有明海生物栖息环境的改善/修复和维持”。相应的用于实现这一目的的级别2的个别目标是“底质环境改善”“水环境改善”“削减负荷”的技术。这些技术涉及物理、化学、生物学等领域，陆域及海域的技术目标基于系统性构想而设定。级别3是个别目标中的各自的技术，如“改良和重建”及“技术效果的评价”。

在“技术改良和重建”中，从生物栖息环境场所的恢复、改善、创造、重建、维持等角度出发的技术开发是非常重要的。另外，在“技术效果评价”中，生物栖息环境的评价和预测方法是非常重要的技术，必须进一步提升和开发数值模拟试验和HEP模型等评价方法的精度。反复研究级别2和级别3之间的技术，以实现效果更好的技术进展，这是非常关键的。而在实施各项技术时，必须选择适应海域特性的适宜技术，而且通过将多项技术组合在一起，可能会创造出最有效的改善/修复措施。　（泷川清）

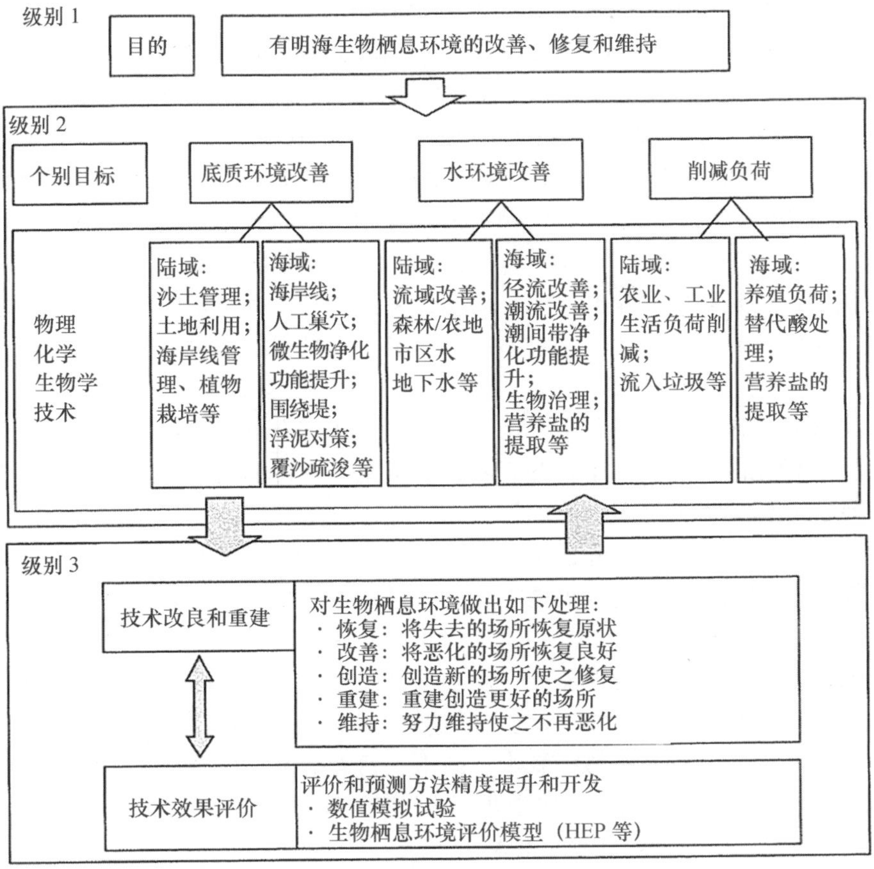

图 5.1　海域环境改善/修复技术系统和适应性管理

5.1.2　流域改善

（1）森林

国内外对森林在环境保护中所起的作用期待值都非常高[1,2]。在日本，2001 年将林业基本法修改为森林/林业基本法，从以木材生产为主体的政策向持续发挥森林的多方面功能的政策转变。在基于森林/林业基本法和森林法制订的森林计划中，占国土面积 67%的森林中，有 70%被指定为水土保持林[1]。另外，在 2008 年，为了发挥公益性功能，47%的森林被指定为限制采伐和开发的保护林（水源涵养：71%，防止水土流失：20%）[1]。2009 年，31 个县开始向居民征收森林环境税等，推进森林治理，以此来防止森林公益功能降低。如此大力推进以保护环境为目的的森林保护治理，其背景在于对森林发挥保护环境作用的认知以及日益严重的新形式的森林退化。

在日本，自古以来由于过度采伐导致森林退化，使得水灾、沙土灾害等不断发生，为了解决这些问题，开始推进治山、治水活动。但是，在第二次世界大战后，随着复兴和经济高度增长，对于木材的需求不断上升，因此实施了扩大造林，森林结构发生了很大变化。战后森林面积虽然几乎没有变化（1951 年 2 475×10^4 hm^2，2007 年 2 510×10^4 hm^2），但是无立木林地减少至原来的 1/3，人工造林增加了 1 倍，森林蓄积增加了 2.5 倍[1)]。这样一来，日本因过度采伐而导致森林退化的历史已经成为过去。但是，近年来因林业发展不景气，没有实施采伐的过密人工林不断扩大，引起了新的森林退化[1-3)]。截至 2007 年，日本的人工林面积占 41%，蓄积率占 60%，很多人工林都处于必须进行疏林的培育阶段[1)]。另外，树龄在 50 年以上的高龄人工林占全部人工林的 35%。如果保持现状，预计 10 年后将达到 67%[1)]。也就是说，在日本，自古以来因过度采伐导致的森林退化被认为是环境恶化的元凶，但是让人担忧的是近年来由于不进行采伐，导致人工林退化也将导致环境恶化。这种事态在历史上和世界上都没有先例，所以很难制定对策。

通过森林管理来保护环境非常复杂，使得主要注意力集中于森林的多用途功能，课题也呈现出多样化的特点。由于篇幅有限，本书主要介绍如何利用人工林管理来控制森林的水、沙土、营养盐类、腐殖质的流出。

来自森林的水、沙土、营养盐类、腐殖质的流出无论是过多还是过少，都会对下游区域造成损害。腐殖质是植物等被微生物分解而产生的难分解性最终生成物，作为通过形成铁和络合物来影响海域生产的物质，近年来开始受到重视。

影响森林的水、沙土、营养盐类、腐殖质流出的主要原因包括气候、地质、地形、空气质量、土壤、植被等。气候、地质、地形实际上是无法控制的，控制空气质量、土壤也是非常困难的。因此，能够控制水、沙土、营养盐类、腐殖质流出的植被管理就成为基本的森林管理方式。在人工林中进行植被管理，主要包括采伐（全部采伐、疏林）、树种转换、长伐期林业、复层林林业等。

①全部采伐

众所周知，如果将森林全部采伐，则年径流量将会增加[4)]。但是因地质不同，有时森林的有无对于径流的影响很小[5)]。将森林全部采伐掉，森林将出现裸地化，表面径流增加，受侵蚀影响导致沙土、营养盐类流出增加。因此，近年来出现了控制全部采伐的趋势。

②疏林

在树木过密的人工林中，由于树冠过于浓密，导致出现很多问题。例如：a. 照射到森林地面的日光过少，导致下层植被消失，表面径流增加，所以水、沙土、营养盐类径流增加[2,3)]；b. 遮挡蒸发，导致蒸发量降低[4)]；c. 由于树木变得细长，容易出现被风吹倒、浮木灾害等。为了防止出现这种森林退化现象，发挥公益性功能，防止地球温室化，在全国实施疏林活动。

为了减少过密人工林的水、沙土、营养盐类的流失，必须保证下层植被能够覆盖森林地面。由于通过树冠的雨滴与林内和林外的雨滴相比会更大，所以撞击地面的能量也更大[3)]。因此，如果森林地面没有被植被覆盖，则大雨滴将直接撞击土壤表面，土壤容易被侵蚀，结果形成土壤雨击层，容易造成表面径流[2,3)]。另外，森林地面如果被下层植被和落叶、落枝覆盖，不仅会缓和雨滴的冲击，而且还能提高浸透能力，所以能够抑制表面径流和土壤侵蚀的发生[3)]。为了使下层植被能够生长繁盛，通过疏林将树冠打开，理想中的相对照度（严格来说称为相对光合成有效光量子通量密度）应为 20% 以上，最低也必须保证在 10%。因此，有必要进行疏林（在棵数方面约为 50%），以确保相对照度符合要求[3]。

从树木密度和遮挡率的关系来看，预计通过疏林能够减少遮挡蒸发量，增加流量[6]。目前关于通过疏林改变蒸发量和下层蒸发散量的研究做得还不够。

③树种转换

与针叶树相比，阔叶树蒸发量较少。所以，关于通过采伐森林来增加径流量一事，一般认为针叶林径流增加更多[4]。但是，关于植被管理和径流相关的研究成果很多都出自欧美，未必适合在气候不同的日本实施[2,4]。例如，在日本西部地区，阔叶树的蒸发量与幼龄针叶树的蒸发量几乎是相同的，比高龄针叶树的蒸发量多，可见所述的一般看法不能成立[4]。另外，报告称发现地质、地形对于枯水量有影响，但是树种与枯水量的关系并不明确[7]。

④长伐期林业

人工林一般在树龄 40~50 a 时采伐，而将采伐时间延长至树龄 80~100 a 的称为长伐期林业活动。比如，杉树、日本扁柏，如果树龄较高，则树高也将变高，蒸发量随之减少，因此意味着通过长伐期林业活动可能会控制径流[4]。在长伐期林业活动中，由于高龄树种植得比较稀疏，光很容易到达森林地面，形成下层植被容易生长的环境。因此，长伐期林业活动能够抑制水、沙土、营养盐类的流出。根据对 33 个流域的多种树龄（1~87 a）的调查结果显示，全部采伐和再造林后，氮钾盐的流失较多，约 9 a 后开始稳定下来，而其他离子的流出则与树龄无关[8]。

⑤复层林林业

在人工林疏林旧地种植苗木，栽培天然的树苗，栽培由高度不同的树木构成的森林，这种林业活动被称为复层林林业活动。复层林林业活动在树林地面上生长着植被，能够缓和水、沙土、营养盐类的流出。但是随着树下植被的生长，在较早阶段下层植被即已消失，有时无法获得预期的效果。

我们对诸如通过森林植被管理来实现环境改善、保护等方法寄予很大厚望。但是，正如前文所述，也经常会出现无法获得预期效果的事例。其中，通过疏林控制下层植被来实现环境改善、保护的有效性受到广泛认识。目前，日本全国都在实施经过科学验证和试行有效的疏林办法。

在九州大学福冈试验林的管理人工林流域（以角闪岩为基岩的杉树人工林中下层植被非常繁盛）和非管理人工林流域（在以蛇纹岩为基岩的日本扁柏人工林，下层植被生长乏力，露出了土壤表面）中，从根据营养盐类（NO_3等）和荧光特性解析计算出来的腐殖质的流出浓度来看，没有发现有无管理带来的效果差别。但是，从营养盐类和腐殖质的流出随径流量增加而增加来看，非管理人工林更为敏锐，所以意味着下层植被可能会控制营养盐类和腐殖质的流出。另外，从对九州大学宫崎试验林相邻的 1 个二次林流域（落叶阔叶树/常绿针叶树混合林中下层植被繁盛）和 2 个鹿害流域（散布着低树的秃山状态）物质流出的监测结果来看，流出的 NO_3^-浓度比福冈试验林流域的浓度要小于上一位数。从三者之间的比较来看，在高温多雨的夏季，鹿害流域流出的 NO_3^-浓度是二次林流域的 2 倍左右，意味着下层植被对营养盐的流出造成了影响。

人工林的过密化导致森林退化已经成为新的环境问题，而观测数据和研究事例明显不足。因此，要注意现阶段的知识还是基于碎片化的研究成果，今后要在不同气候、地质、地形、空气、土壤、植被的情况下，进行更多的观测，必须在植被管理方面确立环境改善、保护技术。同时应特别注意，受区域气候、地质、地形、空气质量、土壤的影响大，通过植被管理来控制水、沙土、营养盐类、腐殖质流出是受限的。

（大桙恭一·东　直子·智和正明·熊谷朝臣）

（2）农地

①当地的农业

在有明海流域面积 8 420 km^2 的土地中，约 30%为农地。在土地开发利用类型方面，约 2/3 为水田，剩下的为旱地。从 2005 年的农业调查统计结果来看，约 55%农地面积用于种植商业作物，其面积约为 1 400 km^2。以低平地为中心大多种植水稻和小麦类，其次种植果树、豆类、蔬菜类。

有明海流域的农业用地存在于广大的地区，从平地到山区。其中在有明海周边地区，存在延伸到有明海海湾深处的冲积平原和围海造地区域的低平地平原水渠网地带。在低平地一带，自古以来就充斥着被称为平原水渠网的水路网。根据农业用水的水源，将其划分为白石平原地区、嘉濑川地区、筑后川地区（左右岸）及矢部川地区这四个平原水渠网农业地带（图 5.2）。2005 年，平原水渠网农业地带约 42%的面积用作商用农业用地，除种植水稻的水田外，小麦、大豆等旱田种植也非常兴盛。平原水渠网平时处于蓄水状态，用于灌溉、排水、蓄留洪水等多种用途，是当地的生活和农业生产不可或缺的水利设施[9]。

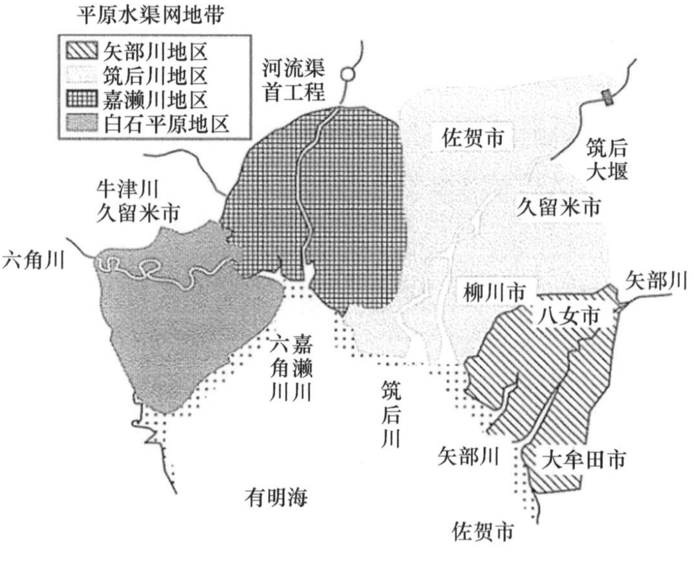

图 5.2　平原水渠网地带的位置

②来自农地的负荷

在农地施肥，有时会导致氮和磷等营养盐类从农地流出。近年来，有人认为，农地是该流域主要的面源污染负荷源（非点源污染源），正在寻找能够解决这一问题的对策。但是，由于农业地区水环境中营养盐类的动态和供给、移动过程的定量调查进展迟缓，所以对策也迟迟没有进展。这是因为来自农地的污染非常复杂。氮和磷的流出主要是由灌溉和降雨产生的农地排水产生的，水田和旱地、灌溉期和非灌溉期的水利用形态不同，流出动态非常复杂，而且受施肥量和施肥天数的极大影响。施肥标准在各个都道府县是根据当地的土地利用和条件来制定的[10]。以佐贺县代表性作物施肥标准为例，如表 5.1 所示，不仅各种作物的施肥量不同，而且种植（施肥）时间也不同，还有的农业用地一年两熟以上。由于存在多种多样的情况，所以来自农地的污染动态是极为复杂的。

表 5.1　各种植物的施肥标准（佐贺县）　　单位：kg/10 a

作物	种类	N	PO_4	K
水稻	高志水晶稻（平坦地区）	7	10	8
小麦	白银小麦（平坦地区）	14	8	10
豆	大豆（平坦肥沃地区等）	0	6	6
薯	甘蔗	5	15	20
工艺	茶	50	20	24
蔬菜	洋葱	25	20	20
	草莓	25	21	18
花木	车轮菊	25	20	22
果树	柑橘	21	13	13

注：果树为年度施肥量，其他为平均一季的施肥量。

以下为来自水田和旱地的污染排放介绍。水田在水稻种植期（灌溉期）处于蓄水状态。来自水田的表面排水以设置于水底（下游端）的堤坝溢流为主。表面排水不仅平时发生，而且在种田前和晒田前强制排水和强降雨时也经常发生。国松等人[11]在对琵琶湖沿岸的水田进行例行调查后发现，近 30% 的表面排水在种田时期发生。人见等人[12]以平原水渠网地带的水田为对象进行调查，发现灌溉期间表面排水约 70% 在降雨时发生。除表面排水外，还有因地下浸透和侧向渗透（畦渗透）而向水田外排水。有明海沿岸的平原水渠网地带的水田属于水旱轮作田，很多时候埋设有暗渠。但是，在灌溉期间，除强制排水外，暗渠都是被关闭的，所以几乎没有从暗渠排水。

其次，要考虑水田中的氮收支。水田因蓄水会出现好氧性和厌氧性，成为硝化及脱氮的适宜条件。即使是正常施肥，当灌溉水的氮浓度达到一定程度时，有时水稻栽培期间内流出的氮也会比流入的氮少。Shiratani 等人[13]以日本全国的试验农场为对象，研究发现在施加了 5.0~14.7 g/m^2 氮后，水稻栽培期水田灌溉水的氮浓度和纯排出氮量（=用水及降雨带来的供给氮量-地表排水和地下浸透引起的氮排放量）存在比例关系。另外，灌溉水的氮浓度在 1.5 mg/L 以上时，纯排出氮量变为负数。此时水田可能具有清除灌溉水和降水带来的氮的功能。关于磷方面，通过施肥供给磷之后，很多时候被土壤吸附，并与土壤一起流出；耙田时和降雨时产生的混浊水从表面流出时，从水田中带出磷。从全年来看，水田是磷负荷来源。

旱地流出包括降雨产生的地表径流流入周边水渠的表面流出以及从轮作田等旱地埋设的暗渠排水的流出。所谓轮作田，是指能够用作水田和旱地而埋设暗渠来调节排水性，以此目的进行治理将水田作为旱地来使用的田地。在土地开发利用类型上这种农地属于水田。水田作为回茬而用作旱地时也属于此类。对于来自旱地的表面径流，受土壤含水率的影响，同时前期干旱天数的影响也非常大。在轮作田，即使降雨时几乎也都是暗渠排水。随着暗渠排水，因施肥和降雨供给旱地的氮和磷作为污染负荷被排出。氮的排出机制与作物生育阶段的关联性已经被调查清楚了[14]，但是磷的排出还无法确认明确的趋势，所以其排出机制仍需进一步研究。旱地在氮、磷两方面都成为污染源。

尝试计算有明海流域农地每年排放的氮量。首先，图 5.3 表示 2005 年农业统计调查所得到的有明海流域商用作物的种植（栽培）面积，将表 5.1 所示的代表性作物的施肥标准分别与之相乘，可以计算出施肥量。其次，根据水田年度氮收支为 0 和旱地氮排放量占施肥量约 30%的研究结果为基础，根据施肥量计算出氮排放量[13]。计算结果显示，有明海流域的农业用地每年大约排放出约 3 900 t 氮。这一数值相当于利用 2002 年度国土综合开发事业调整费调查所得到的有明海流域所有氮污染负荷量（25 652.9 t）的 15%。这是一个绝对无法忽视的数值。

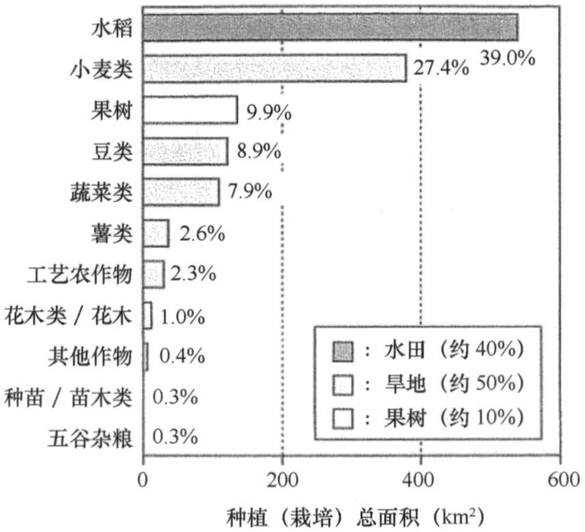

图 5.3　有明海流域的种植状况（2005 年农业统计调查）

③平原水渠网农地流域的特性

对于有明海分布较广的低平地来说，更多位于潮汐所及区域的下游地区。在潮汐所及区域的上游地区，农地污染经河流流入有明海。但是来自低平农地的排水不经河流输送，而是从排水通道直接被排放到潮汐所及区域和沿岸区域。

一般来说，日本的河流水流湍急，流路较短，如果考虑降雨时流出的污染负荷量，作为有机物污染和富营养化指标的氮、磷、化学需氧量（COD）的汇流率基本上都设为 1。但是对于有明海沿岸的平原水渠网农业地带来说，地形属于 1/10 000 的低平地，排水中污染物被蓄留在平原水渠网。蓄留水被再利用于灌溉，形成一种特殊水循环的封闭性环境。另外，关于沉积于平原水渠网的底质移动和沿岸海域排放也是重要的因素。这些河流、沿岸海域的排放特性属尚未调查清楚的事项，通过实地调查和模型解析等方法，掌握各种污染负荷量的实际情况对于流域改善是非常必要的。

④来自平原水渠网农业地域内的农地污染

对来自农地的污染进行调查时，必须进行以一个区划的水田和旱田为对象的精密调查。不过，正如前文所述，由于机制和管理非常复杂，所以要进行调查是非常困难的。因此，水田和旱田混合在一起，代表周围农地利用状况。以某一面积的农地块为对象，评价该农地块的污染量是非常有效的。基于这种构想，以位于平原水渠网地带（福冈县柳川市西部）约 11 hm^2 的农地块（图 5.4，土地利用 2006）为对象进行水利、水质调查，查明了从农地块排放污染物的特性，并公开了这一事例。排放污染负荷量为排水渠上游端（图 5.4 中 A-1、A-3 地点）和下游端（A-5 地点）通过污染负荷量的差。

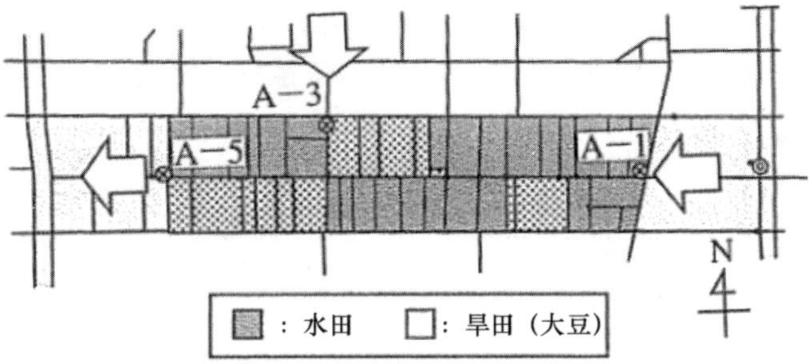

图 5.4　农地块的概要

（箭头表示排水路内的水流方向）

根据表 5.2 中的调查数据，将受到降雨影响的数据除去，从剩下的数据中计算出晴天时的排放负荷，结果如表 5.3 所示。在该调查结果中，在晒田前和晒田后的排水量和 TOC 污染量没有发现明显的变化。而 TN 含量和 TP 含量方面，晒田前比较高。

表 5.2　晴天时的排水量及污染物的平均值

	排水 (mm/d)	TN [kg/ (hm^2 · d)]	TP [kg/ (hm^2 · d)]	TOC [kg/ (hm^2 · d)]
灌溉期（晒田前）（2006 年 6 月 23 日至 7 月 13 日）	3.9	0.049	0.050	0.21
灌溉期（晒田后）（2005 年 8 月 21 日至 9 月 5 日）	4.2	0.037	0.037	0.18
非灌溉期（2007 年 5 月 24 日至 5 月 29 日）	0.6	0.009	0.005	0.14

表 5.3　观测时作为观测对象的农地块的土地利用

			水田利用 (hm^2)	旱田利用 (hm^2)	改种率 (%)	主要作物
灌溉期	晒田前	2006 年 6 月 15 日至 7 月 13 日	7.6	3.6	32	水稻+大豆
	晒田后	2005 年 8 月 21 日至 9 月 5 日	6.7	4.5	40	
非灌溉期		2007 年 5 月 24 日至 5 月 29 日	—	11.2	—	小麦

这表明施肥（基肥）一定时间后污染物有所减少。另外，在所有旱田的非灌溉期，与水田和旱田混合的灌溉期比率相比，无降雨时的污染非常小。虽然这是受限制的短时间的数据，但是其结果还是能够体现出一定的趋势。

在灌溉期（晒田前）和非灌溉期间对降雨进行观测后发现：随着降雨量的增加，排水量和污染排放量出现了增加。表 5.4 表示获得的 9 次降雨径流的状况。观测到的降雨规模大小各异，以降雨量程度相同的降雨 3（灌溉期，23 mm）和降雨 9（非灌溉期，21 mm）为例，对各次降雨的排水量和排放污染负荷进行比较，结果显示，灌溉期的排水量和 TN、TP、TOC 的排放量与非灌溉期相比要大得多。究其原因，水田的降雨径流受到田地表面水的水位和排水口的堰高（缺口高度）的差及务农状况等因素的影响，而旱田则受到前期干旱引起的含水率变化、降雨情况、雨量本身等因素的影响。另外，每次降雨的流出率都有很大不同，仅仅凭借降雨特性很难确定来自农地的污染特点。希望今后能够长期收集全年的基础数据。

表 5.4　降雨径流情况

序号	降雨量（mm）	排水量（mm）	流出率（%）	排放量			备注
				T-N（kg/hm^2）	T-P（kg/hm^2）	TOC（kg/hm^2）	
1	7	19.9	284	0.47	0.10	0.9	2006 年耙田时
2	5	25.5	510	0.77	0.09	0.6	
3	23	8.0	35	0.28	0.24	1.5	2006 年插秧时
4	32	39.3	123	0.82	0.58	3.9	
5	6	3.0	51	0.08	0.07	0.6	
6	11	0.1	1	0.00	0.00	0.0	2006 年蓄水时
7	36	16.8	47	0.35	0.40	2.6	
8	4	0.8	20	0.01	0.04	0.1	
9	21	1.7	8	0.02	0.01	0.3	2007 年非灌溉期

⑤平原水渠网农业地带的变化[15)]

对于平原水渠网农业地带来说，背后山地面积比较小，所以很难固水，是容易陷入慢性缺水的地区。下游区域一直“取淡水”，其他地区则依靠已有的中小河流和蓄水池中的水。所谓“取淡水”，是指利用有明海极大的潮位差所引发的涨潮时河流下游因海水流入导致河流水在表层流动的现象而将表层淡水用于农地的灌溉方法。但是，这种取水方法容易受到潮位和盐度浓度的影响，处于不稳定的状态。目前为在筑后川的筑后大堰、矢部川的濑高堰、嘉濑川的川上渠首工程等堤坝处取得河流水，通过管线和明渠送水，因此能够更稳定地向平原水渠网供水。另外，对于低平地特有的排水不良所导致的水涝灾害问题，政府也正费尽心机地考虑对策，自 20 世纪 70 年代之后，对中小平原水渠网不断进行分割合并，扩大断面，提高洪水暂时蓄留效果。这种治理与农地治理一并实施。目前，平原水渠网发挥调节池的功能，承担着蓄留雨水的作用，同时产生节水效果。

⑥陆地区域和沿岸区域的关系

有明海有 8 条一级河流流入，包括绿川、白川、菊池川、矢部川、筑后川、嘉濑川、六角川、本明川，泥沙等不断被带入海湾内部。从陆地河流等输送而来的营养盐、有机物及泥沙等各种物质的氮和磷养分补充，对于河口、沿岸海域的生物生产是不可或缺的。另一方面，过剩的供给又成为沿岸海域富营养化的重要原因。因此，为了维持河口、沿岸海域健全的生物生产和生态系统，控制来自陆地的营养盐类供给是非常重要的。

近年来，有研究指出，生活污水排放和来自农地的排水对平原水渠网的水质造成了影响。必须对该地区整体的污染源进行综合评价，而且要掌握从平原水渠网向沿岸海域排放的特性，从物质平衡的观点出发，研究对沿岸海域的生物生产的影响。

（中达雄 · 滨田康治）

（3）市区

在该流域中人类活动非常活跃的都市地区，从改善生活环境、保护公共用水水域的水质角度出发，已经采取了整修下水道等措施。本书以作为市区水质环境保护技术核心设施的废水处理为中心，从有明海修复的角度进行阐述。

①来自市区的污染

目前，关于有明海整个流域的污染调查研究非常少。本项目作为研究有明海流域整体情况的项目，保存了有明海各流域下水道治理综合计划[16]（以下称为“有明海综合计划”）的资料。该资料显示，在作为有明海综合计划现状标准年的 2000 年，流域内产生的 COD、TN、TP 污染物量和进入有明海的污染总量如图 5. 5 所示。利用废水处理和河流的自然净化能力，流域内产生的污染量大部分在流入有明海之前就削减了。图 5. 6 表示入海污染源的比例[16]。其中，来自市区的污染排放量分为废水处理厂、生活类、产业类，COD 为 30%，TN、TP 共占 40%左右，反映了市区废水处理效果。相对来说，来自农地和山林等的面源污染量和畜产类的污染量比例正在增加。

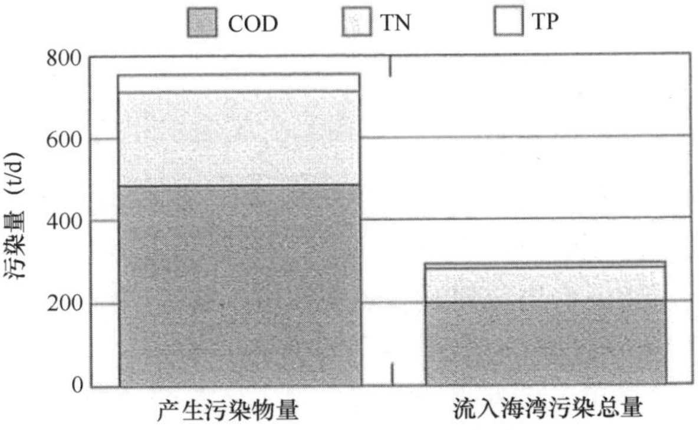

图 5. 5　产生污染物量和流入海湾污染总量

虽然已经认识到面源污染对海域的影响是非常大的，但是具体的对策比较滞后。随着都市化的进展，失去了水田和旱田所具有的雨水蓄留浸透功能，所以很容易发生水淹等所谓的都市型洪涝灾害。此外，受土地利用变化的影响，污染物排放量也发生了变

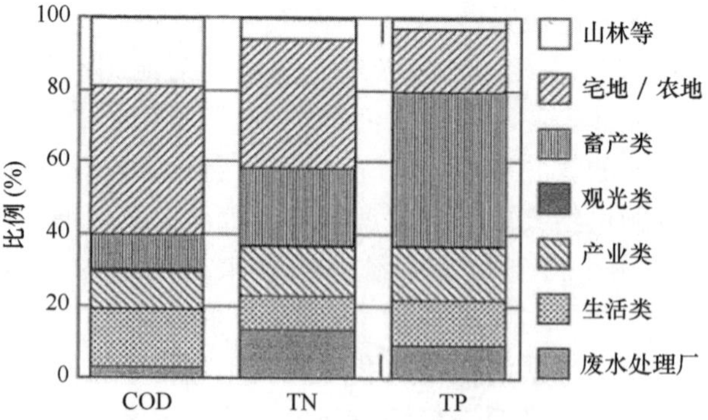

图 5.6　入海污染源比例

化。在城市地区，来自道路等面源污染的有害物质排放也是今后要研究的课题。在有明海的污染负荷削减对策中，这种面源污染和畜产类污染的削减是非常重要的。

除上述污染之外，有明海还存在有害化学物质、重金属、固体废弃物等污染问题。对于化学物质和重金属污染来说，基本上无法通过废水处理来实现削减，必须遵守化学物质和重金属制造、使用、废弃过程中的有关法律。由于有明海是浅海，封闭性较强，蓄积性较高，所以化学物质和重金属造成的影响非常严重。关于肥料和农药方面，正在削减使用量，同时加速开发、使用与此前的产品相比在自然界分解速度较快的肥料和农药。

对违法丢弃垃圾及由于风灾和洪水灾害等自然现象造成倒下的树木和流域内的固体物在降雨时大量进入有明海的现象非常重视。

②下水道和陆地水域直接净化

对于市区产生的点源污染来说，经流域内的下水道、公共下水道、单独净化槽、合并处理净化槽、屎尿处理设施、小规模废水处理装置等进行处理，然后排放到公共用水水域。其中以屎尿为对象的单独净化槽和屎尿处理设施不接受生活污水，因此生活污水被直接排放。

与封闭性较强的湖沼相同，在有明海中不仅是 SS 和 BOD（COD）污染较重，N、P 对赤潮发生和水产养殖的影响也是非常大的。图 5.7 表示包含硅藻类、绿藻类、蓝藻类的水质、生态系统模拟试验结果[17]。从图中可以看出 2000 年来自河流的污染、从底泥中溶出、早崎濑户流入的 TN、TP 增加 30%时，作为海湾深处区域所有藻类数量指标的叶绿素 a 浓度相对于现状值会出现何种程度的变动。通过该图可以了解，随着 TN、TP 的增减，特别是在夏季，叶绿素 a 浓度出现大幅度增减。

根据上述内容可以得知，在有明海海域，除了紫菜养殖期外，要求都应采取废水高度处理来削减营养盐的对策。正如图 5.6 所示，如果不采取面源污染和畜产类污染削减对策，只对来自市区的污染进行高度处理，则大幅度削减污染负荷是非常困难的。因此，必须采取第 5 章所阐述的一体化对策，包括底泥疏浚、覆沙、紫菜施肥/酸处理剂的适量化等。特别是有研究指出施肥/酸处理等在海域中的直接排放与赤潮的发生密切相关[18]。综上所述，除切实推进削减来自市区的污染问题外，关于紫菜的养殖方式也应该重新进行思考。

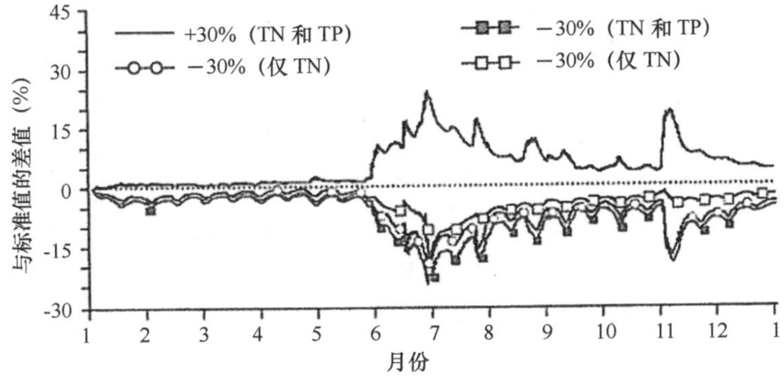

图 5.7　对营养盐污染的水质敏感度计算结果

除利用下水道治理外，还应强化水域所具有的自然净化能力、使用各种各样吸附材料的水域直接净化技术[19]。如正在开发具有强大的吸附有害重金属等特性的沸石吸附材料[20]以及具有清除营养盐功能的直接净化技术。从整个流域综合性水质管理的角度出发，下水道治理工程、削减生活污水带来的污染负荷、削减面源污染负荷的相关措施的适用性更高。

③从有明海修复的角度来看市区的污染控制

图 5.8 是来自底泥的营养盐溶出对水质影响的研究结果[21]，通过该图可以了解底泥溶出的影响非常大。

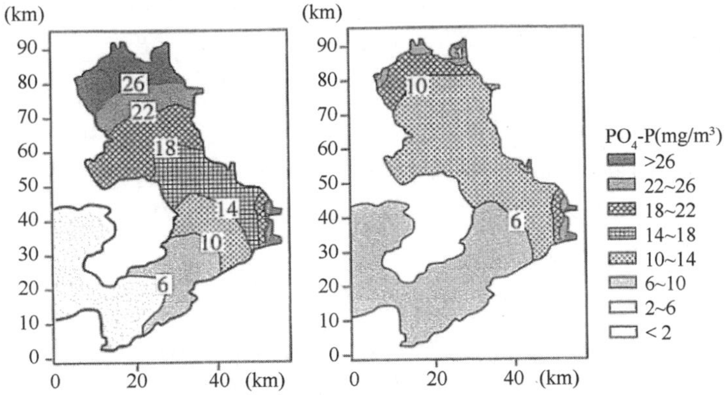

图 5.8　底泥溶出对水质的影响

（左图：有溶出；右图：无溶出）

考虑河流污染、底泥溶出、外海流入等，就 TN、TP 污染对水质的影响进行模拟试验，可以发现从湾口到湾顶，来自外海污染的影响变小，相对来说，陆地污染和底泥溶出影响变大。海湾中部、湾顶底泥溶出的污染占全部污染的三至五成。这与一直以来渔业从业者认为有明海海域来自底泥的营养盐释放较大的观点也是相符的。

另外，还有人指出，潮间带底泥具有作为食物补给来源的意义等，如湾顶潮间带附着的硅藻活跃增殖、被潮流卷起并被输送到海中所产生的营养盐供给、与无机 SS 絮凝沉降[22,23]。

这种底泥营养盐贡献很大的特性是有明海的特点之一。必须在底泥、浮泥营养盐的复杂关系、相互作用完全调查清楚的基础上，按照所确定的有明海修复目标计划，制定城市污染负荷的控制措施。

如果考虑到紫菜养殖的施肥和含有营养盐、有机酸的酸处理剂使用，以及 2004 年枯水年以供给营养盐为目的从筑后川上游水库紧急排放珍贵水资源的情况，仅削减废水处理设施中的营养盐含量是不够的，也称不上是理想的有明海水质管理方法。目前已经在佐贺市和大牟田市进行了相关试验，如图 5.7 所示，考虑到控制营养盐可引起季节性藻类消长的情况，冬季从废水处理设施排放有明海生产所必需的营养盐，夏季为控制赤潮而削减排放量。这些灵活的控制和管理方法都值得认真探索。

另外，在有明海湾口、海湾中部、湾顶，陆域污染和底泥溶出的贡献程度是不同的。因此，除前文提到的季节性削减、供给的构想外，如果各个区域采用空间性系统控制污染，也许会成为高效的、效果明显的有明海管理方法。但是，正如前文所述，仅对以市区为中心的废水进行处理是不可行的。在有明海流域，面源污染和畜产类污染的控制、海域的改善对策等是不可或缺的，应对整个流域进行综合水质管理。

（荒木宏之）

（4）泥沙的综合管理

①前言

日本所有基于生物多样性公约的国家战略，在“生物多样性”和“可持续性”等与保护生物相关的所有新的关键词基础上，正在制定以实现“与自然共生的社会”为目标的战略。其中在河流和沿岸区域的目标方向上，指出必须形成维持联系河流上下游和流域的生态系统网络，还有通过该网络进行流域内泥沙和营养盐类的输送以及沿岸区域沙滩和潮间带的形成和保持。也就是说，要确保森林、山区、河流、海洋的联系，形成将这些区域有机联系的网络，同时实现整个流域生态系统的保护和修复。

所谓“流域”，是指受降雨等影响而使雨水等流入河流的整个区域，这个区域的边界被称为流域边界。思考生态系统保护和水域保护时，为什么必须以流域（边界）为对象呢？这是因为在考虑从陆地到海洋的联系时，必须从水文学（针对水资源分布和水的流动等进行研究）方面对流域单位进行管理。实际上，欧美地区将水文学、地理学上的单位流域的水收支和连续性作为重要要素来制订行动计划。

在本节中，将水系、流域作为一体进行研究，以有明海流域为对象，对来自陆地的泥沙运移以及对有明海沿岸区域的生态系统造成的影响进行了介绍。

②有明海流域泥沙现状

据研究，1992—2001 年 10 年间每年流入有明海的河流平均径流量为 $12.7\times10^9\ m^3/a$[24]。这一数值相当于将有明海换算成平均水深约 20 m、面积约 1 700 km^2 的海域容量（约 $34\times10^9\ m^3$）的 37.4%。而且有明海的潮间带约占日本所拥有的潮间带总面积的四成（207 km^2）。

一般来说，潮间带是入海河流输送泥沙供给与河口沿岸区域的泥沙向外海运移相互平衡而形成的。在有明海湾顶，较大的潮差形成强大的潮汐流，在淡水与海水相遇的河口区域，反复卷起和沉降的悬浮泥沙，吸收了水中的有机物和细胞等各种各样的物质而形成凝聚体，在水流平缓的区域沉积下来。有明海湾顶较少受到外海的影响，因波浪导致潮间带的泥沙流出也不太多。另外，从有明海的恒定流（周期性的潮流之外的残差流的平均水流）状况来看，可以确定湾顶存在逆时针旋转的循环流[25,26]，这使沿岸区域形成的潮间带得以保持。而且流入有明海湾顶西部水域的很多中小河流的流量比较小，没有增加进入海洋的流量，即可形成维持泥质潮间带。有明海沿岸的冲积平原是从6 000年前的绳文时代前期时开始形成的，这主要是因为较大的潮差产生的强水流将底泥卷起和输送浮泥。随后人类进行填海造地和围海造田，最终形成了今天的海岸线（图5.9）。

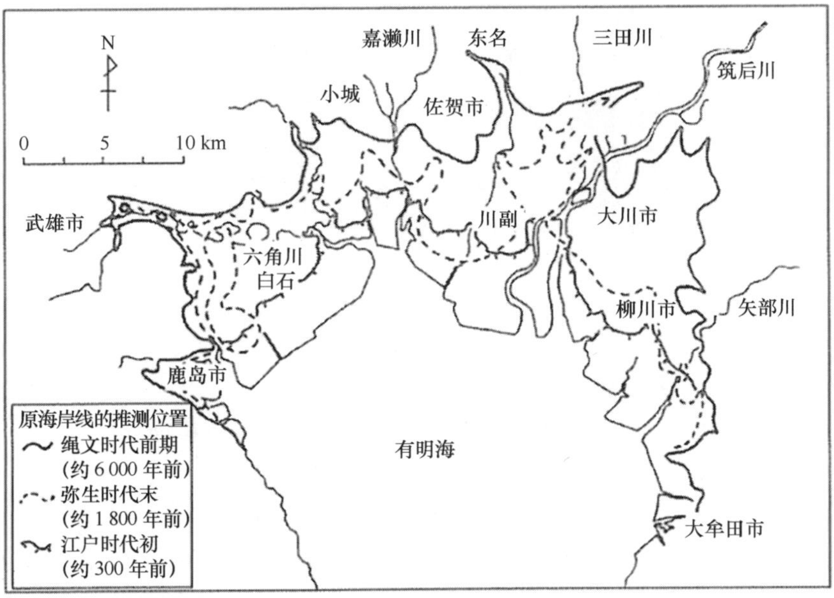

图5.9　有明海湾顶低平地区的海岸线变迁（下山，1996）

综上所述，有明海特有的较大潮差形成了大面积的潮间带，来自陆地的水、泥沙、悬浮物、营养盐以及其他与之相关的流入物进入潮间带，并产生了强烈的影响。这些流入物在水域内发生物理、化学反应，同时受到生物作用，发生内部生产和消费等相互作用，形成并维持了一个大规模的生态系统，一直持续到今天。有研究称以佐贺县海域为中心的湾顶区域的透明度有所上升[27]，也有研究认为，20世纪80年代海平面上升和因海平面上升导致潮差和潮流流速降低是原因之一[24]。有明海湾顶的特点就是存在大面积的潮间带，潮间带区域的流速较小，减弱了底泥卷起和沿岸水的搅拌作用，使得目前作为浮泥而得以存在的悬浮物在海水中很难维持，于是沉降、沉积于残差流较弱的区域。这样一来，对粒径细小的黏土粒在潮间带的沉积起到了推波助澜的作用。潮间带底质粒径出现细化的同时，也导致底质出现了质变，结果使潮间带的物理环境发生了变化，对栖息在潮间带的底栖生物造成极大的影响。实际上，底质粒径细化是有明海特产蛤蜓和栉江珧捕捞量急剧减少的一个重要原因。有明海潮间带物理环境的变化明显对潮间带生态系统造成了极大影响，原因之一就是潮流变化和来自陆域的泥沙输移特点变化，针对上述问题必须采取对策。

据国土交通省筑后川河川事务所透露，根据濑之下地点的数据显示，在有明海湾顶拥有最大流域面积的筑后川，年总径流水量约 34×10^8 t（1998—2007 年 10 年间平均值）。另外，以 2000 年紫菜歉收问题为契机，环境省根据特别措施法第 24 条设置的“有明海/八代海综合调查评价委员会”的第 13 次有明海/八代海综合调查评价委员会会议记录进行了计算，认为来自筑后川的泥沙流出量达到 32×10^4 t。而横山等人[28]根据在白川的详细调查结果指出，发生洪水时有 31×10^4 t 泥沙流出，其中有 24×10^4 t 泥沙沉积于河口潮间带，每年有 15×10^4 t 泥沙在河口—河道中往复，其中有 7.5×10^4 t 沉积在河道内（图 5.10）。

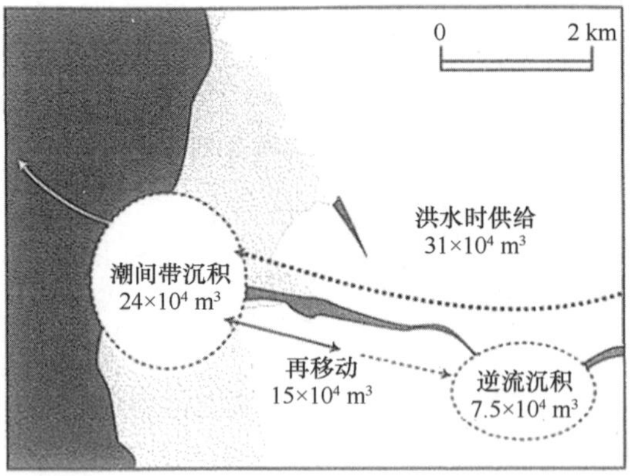

图 5.10　白川潮汐所及区域淤泥黏土成分的年度移动量[5]

从目前潮间带的分布[29]，很容易了解到，来自筑后川的泥沙供给的影响比较大，从河口向海洋一侧形成了大面积的扇形潮间带。另一方面，对于受河流流量影响较小的潮间带来说，海岸线的形成主要受潮差产生的潮流和沿岸流的影响。图 5.11 表示 1 年中的悬浮物输送量及其输送方向。这是根据设置于潮间带观测塔的自动升降型水质测定装置和多普勒式流速计长期的测定数据得出的结果[30]。根据这一结果，可以大致推算出 2006 年 1 年时间里通过潮间带固定位置的悬浮物总输送量约为 38×10^4 t，其输送方向是沿着海岸线南下。这一结果与目前潮间带沿着沿岸方向扩展的趋势是吻合的，而且与以往研究成果[25,26]所指出的有明海湾顶逆时针旋转的海流也是一致的。

来自陆地的泥沙和水的流出量，不断推动海岸线向外扩展和潮间带面积扩大，如果假定泥沙和水的流出量常年无较大变化，那么引起潮间带沉积物的质变和由此引起底质恶化的物理因素应主要是有明海潮流变化。但是，如果引起潮流流速减少不是因破坏自然环境造成的，那么作为该流域的利益相关方的相关人士，就要对这种自然造成的变化应采取何种对应措施进行充分的科学研究，并且需事先了解相关信息。

③针对潮间带生态系统保护和管理的泥沙管理

一直以来，关于泥沙管理的研究主要包括河道维护和河道改建对于生态系统的影响评价，以及从河口闭塞和海岸侵蚀等角度出发进行的研究。但实际上，立足于整个流域的调查研究一直都存在不足，无法基于科学基础指出全面的问题并提出解决措施。近年来，生物多样性急剧减少。据原环境厅[31]（即现在的环境省）透露，若将 1900 年的数值设为 1，推算物种的灭绝速度，在 1975—2000 年的 25 年间平均每年出现了 40 000 倍的灭绝。对这种生态系统内的多样性丧失、生物生产的恢复功能恶化比较明显的区域，

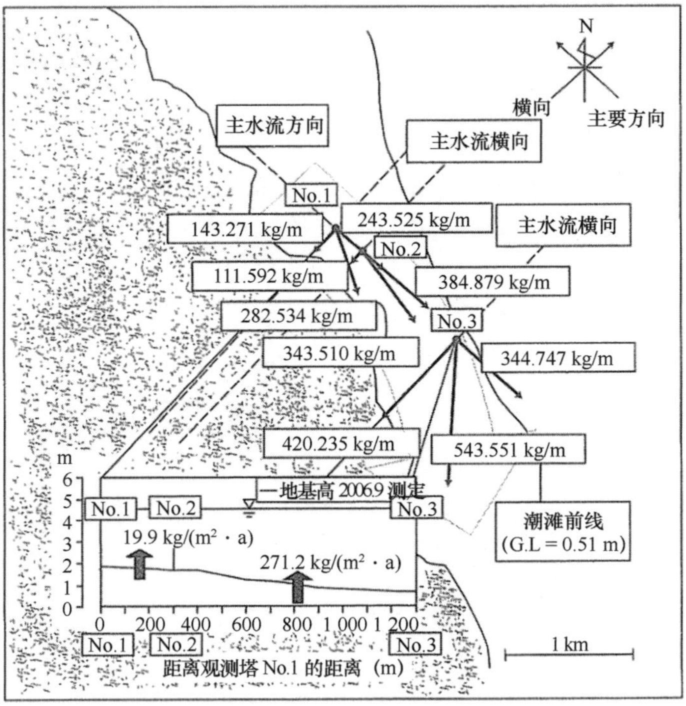

图 5. 11　每年通过各观测塔间的悬浮物输送量（2006 年）

必须研究应急解决措施。也就是说，如果存在的问题是局部的且比较单纯的，通过技术性对策即可解决，并且以此为基础，对周边环境的改善做出贡献。

一般来说，为了修复生物的栖息环境，首先要改善生物栖息场所的环境。例如，控制水流状况来改善底质环境和稚贝底栖生活的水渠工程、用于降低波浪等外部冲击力和维持建造物内的底质环境的挡土堤、促使潮间带上的细粒成分积极沉积的蓄泥工程[32,33]。

蛤蛏（*Sinonouacula constricta*）作为有明海的特有物种，其养殖曾经兴旺一时。自 1992 年之后，蛤蛏的栖息数量急剧减少。1993 年之后开始培育韩国蛤蛏[34]。在这一背景下，林等人[35]指出由底质粒径细化引起的底质环境恶化是导致蛤蛏栖息数量急剧减少的原因之一，并且以通过改善底质来实现蛤蛏修复为目的进行了实地实证试验，获得了一些有益的数据。在试验中，不使用大型结构物，而是灵活利用自然材料，采用潮差较大的有明海自古以来作为围海造田技术——梢捆围垦法，尝试积极促使水中的细粒泥沙沉降于围垦区附近，减轻周边潮间带底质的细粒化。同时对这种通过人工手段形成的空间内的水、底质环境、底栖生物的栖息环境、浮游幼体底栖生活场及底栖生物栖息场的创造可能性进行调查。所谓梢捆围垦法，是指将采伐的树枝（梢捆）捆绑成束，将数段梢捆绑在一起，曾经作为建造围海造田堤防的方法而使用。有明海沿岸区域有很多围海造田地区的地名仍然保留着“××搦（围垦）”的名称。潮间带中悬浮物的沉降量由大潮和小潮决定，山西等人[36]在有明海湾顶的泥质潮间带使用沉积阱实施沉降量观测，根据实测值，潮间带的沉降量为 1~2 kg/(m² · d)。这一数值与海上沉降量相比是非常大的，说明潮间带上悬浮物输送量非常活跃。另一方面，还存在与这一沉降量同等数量的卷起量。结果显示，实际沉积速度每年约为 10~15 cm，每天沉积量约为0.3 mm。图 5.12、图 5.13 表示佐贺县鹿岛市七浦地区泥质潮间带试验性梢捆围垦的设置以及各个梢捆围垦内的泥沙沉积厚度的变化[37]。从图中可以看出，存在因暂时性台风风暴潮对潮间带表面的冲刷作用。但是，如果除去这一作用，基本上呈现出梢捆围垦区内外沉积的趋势，沉积速度为 0.2~0.38 mm/d。而在梢捆围垦内部不仅同样促进悬浮物沉积，而且促进局部区域悬浮物沉积累积，可能会形成新的底栖生物栖息场（参照图 5.14）。

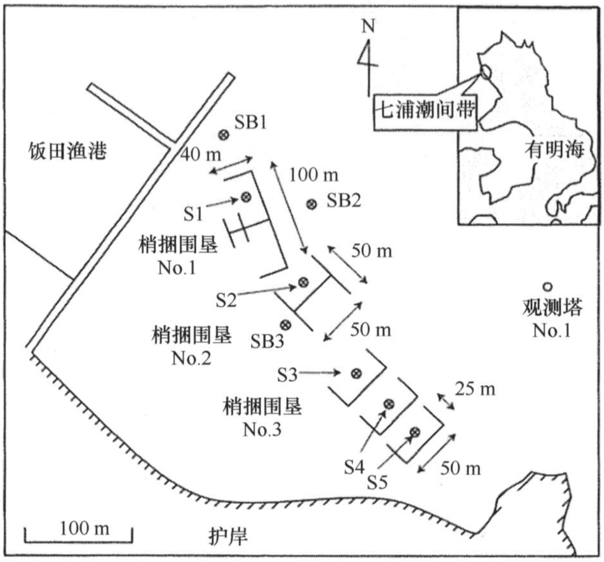

图 5.12 梢捆围垦的设置位置图

（S：底栖生物调查地点；SB：比较对照地点）

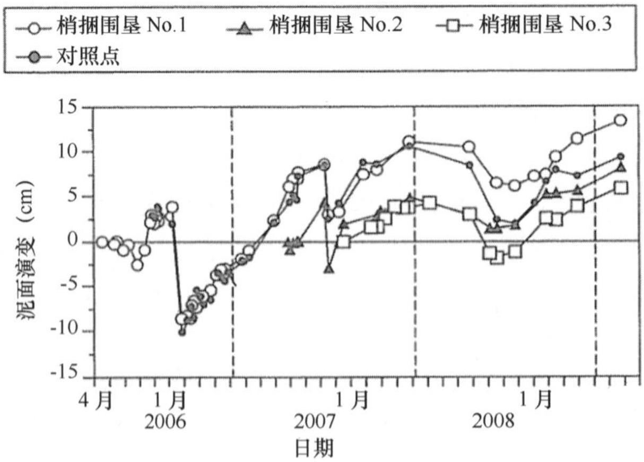

图 5.13 梢捆围垦内沉积厚度的变化（2006 年 4 月至 2009 年 2 月）

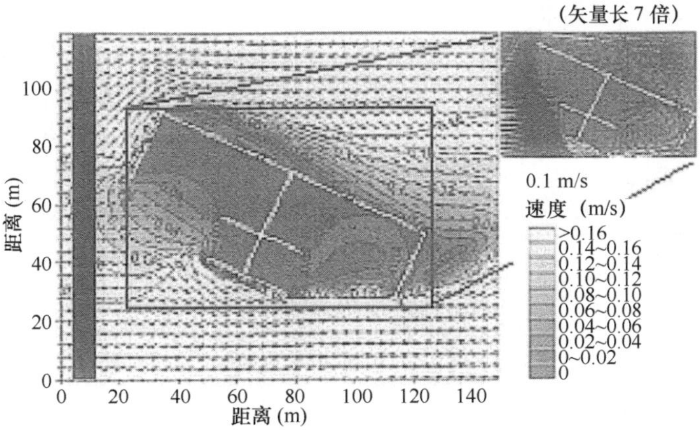

图 5.14　梢捆围垦 No. 1 周边流场的情况（落潮时数值计算结果）

正如“有明海流域泥沙现状”一节中所述，在像有明海这样潮差较大的河口/沿岸区域，因潮差产生的潮流和波浪使得底质移动，与陆域来沙相互作用，从而形成了潮间带。关于潮间带的消长，可引用与海岸线的移动相关因子有相互关系的 Swift 等[38]的公式进行计算：

$$T \sim \left(\frac{SG}{E} - \frac{R}{L}\right)$$

在这个公式中，T 表示潮间带的移动指标［扩大时（+）值，消减时（-）值］，S 表示由陆地供给的泥沙量，G 表示泥沙粒径大小（粒径），E 表示水文能源，R 表示海面水位变动量［从基准面上升时（+）值，下降时（-）值］，L 表示地形坡度。根据近年来，对有明海湾顶泥质潮间带泥沙变化趋势的观测结果[39]，可以推测，如果来自陆地的泥沙供给量没有较大变化，则 SG 将保持不变；根据流速减少可以推测出 E 将减少；根据水温上升导致海平面上升可以推测出 R 增加；根据潮间带坡度平缓可以推测出 L 比较小。另外，近年来海平面上升率平均每年均数为 5.6 mm（大浦）[40]，潮间带的地形坡度约为 1/1 000。考虑到上述因素，R/L 值比较大是不可忽视的。但是，在这种定性评价中，无法判断右侧第 1 项和第 2 项的值的大小关系，因此无法确定潮间带的移动趋势。只是在这种状态下，来自陆地的泥沙供给量一旦减少，则潮间带将出现减少趋势。如果逆向考虑，则可以发现：即存在全球规模的气候变暖带来的自然现象，也存在人类利用“注重生态系统”管理（在这里主要指泥沙管理）来实现保护潮间带环境的可能性。

（山西博幸）

（5）水利用

流入有明海的河流既是各种物质的供给源，也是流域内生活和农业以及有明海渔业等的非常重要的环境资源[41]。特别是在有明海这样的内湾，其沿岸地形、水质、底质及生物生产在很大程度上依靠河流供给的泥沙以及径流带来的物质。

本文将以与有明海有重要关系的筑后川为中心，对相关流域和平原水渠网农业地带的水利用的时代变化进行调查，并就今后流域的水利用和流域管理方法进行介绍。

①筑后川流域水利用概要

筑后川流域，整体降水量丰沛，但也经常遭受枯水影响。受地形影响降雨在短时间内就会流入有明海，对于水资源来说并不利。来自筑后川水利用许可的现状如表 5.5 所示。除发电外，取水量基数（各期最大量）中最大的是农业用水，约为 82 m^3/s。

表 5.5　筑后川水利使用许可的现状

区分	发电	上水道	矿业用水	灌溉用水	其他
使用数量或取水量（m^3/s）	97.767（平时）150.740（最大）	7.761	2.889	82.189	5.485

出处：九州地区治理局。

②筑后川水资源开发计划

在筑后川水系，为了满足北部九州地区的经济发展、中游区域农地和有明海沿岸低平农地（平原水渠网）的农业生产化及福冈市、久留米市、佐贺市等城市人口增加等方面对用水的需求，实施了跨流域的广域水利用对策。本流域于 1964 年被指定为水资源开发水系，根据 1966 年确立的“筑后川水系水资源开发基本计划”，开展综合性水资源开发和利用。现行计划制订于 2005 年 4 月（4 个计划），截至 2007 年 3 月末已完成的项目包括 6 个水库项目及 2 个水路项目。利用这些项目所开发的水量约为 15.2 m^3/s，这相当于开发总水量的 85%（目标年度：2015 年）[42)]。

特别要介绍的项目是 1979 年作为福冈引水水源而建设的寺内水库，随着筑后大堰等投入运行，项目的治理得到较大发展，为福冈市、太宰府市、筑紫野市等 9 市 9 町村提供了生活用水。在农业水利方面，以筑后大堰为水源，国营筑后川下游土地改良项目与筑后川下游用水项目同时实施，将为横跨福冈、佐贺约 35 000 hm^2 的平原水渠网农业地带提供农业用水资源，1997 年，随着取水设施筑后大堰和引水路等基础设施的完工，为筑后川两岸（左岸：筑后取水工程，右岸：佐贺取水工程）最多可提供 28.08 m^3/s的用水。

对于筑后川流域的水利用，不仅限于本流域，而且还扩大到其他流域，对于北部九州地区的水利用来说，具有极为重要的地位。通过水资源机构所开展的 4 个项目，将确保为大约 40 700 hm^2 的农地提供用水以及为约 300 万人提供自来水用水。

③筑后川的水资源利用和流域的变化

筑后川的开发始于安土桃山时代末期的 1 600 年后对中州的开拓。从江户时代开始，为在中游获得农业用水，在筑后川建设大规模的取水设施。在中游的平原地区所建造的被称为“筑后川四堰”的大石堰、惠利堰、山田堰、袋野堰（现在已被夜明水库淹没）主要是为水田提供农业用水，最大取水量约为 60 m^3/s（峰值）。但是，有60%～90%会回流到原来的河流中，在下游地区进行利用[43)]。另一方面，在中游地区的台地，受无秩序的地下泵用水的影响，地下水和泉眼水减少。为了解决这种原有的水源枯竭问题，提供补给用水，在右岸地区实施“国营两筑平原用水项目”，在左岸地区的山麓高地实施“国营耳纳山麓土地改良项目”。下游地区为平原水渠网农业地带。在濒临有明海湾顶的福冈、佐贺两县，自古以来就密布着被称为“平原水渠网（creek）”的水路网。

有明海沿岸地区平原水渠网农业地带的水利用系统和农地等面源污染的流出过程关系如图 5.15 所示。被平原水渠网包围的农地（水田、旱田、农业村落等）产生的污染，排放流入平原水渠网。平原水渠网的用水除了利用管线从筑后大堰取水外，还包括雨水和来自当地的自然界中的水流。用水通过泵和管线灌溉到农田中。对于平原水渠网内的排放量和蓄水量，用排水水闸等进行蓄留管理，降雨和必须进行农地排水时，从排水水闸和排水机站将水排放到有明海沿岸，成为海域的污染来源。

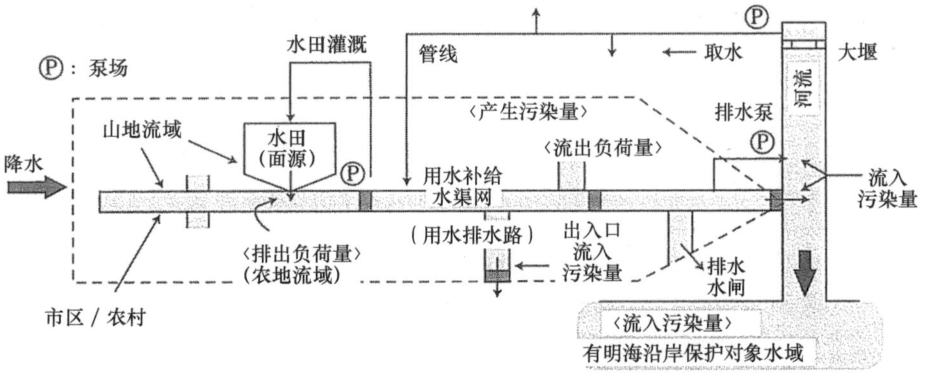

图 5.15　有明海平原水渠网农业地带的水利用系统和排放量情况

从北部九州的地下水依存率来看，在城市用水方面，相对于日本全国的平均值 25.4%，北九州占 16.3%。在农业用水方面，相对于日本全国平均值 6.0%，北九州为 5.7%[43]。

④基于流域特性的水利用和流域管理方法

从陆地经河流和排水通道流入的各种物质对河口/沿岸区域的生物生产造成很大影响[42]。在筑后川流域的上、中、下游，开展了各具特点的土地利用和社会活动。这一特性与有明海沿岸其他流域是相同的。以这些特性为基础，介绍筑后川各流域的水利用和流域管理方法。在上游流域，存在着成为水利用源头的森林和蓄水池，对于水利用供给的保护和灵活利用是非常重要的。有人认为，森林发挥着水源补给、防止水土流失、保护土壤等多方面的功能。采取保护性管理，对河流的径流情况进行调整，正确发挥保护下游水资源利用等的多方面的功能。另外，关于来自森林的其他物质供给，必须重视对于河流和沿岸区域提供补给的一面。为了能够让森林持续发挥其各方面的功能，必须考虑提升保护管理和抗灾害能力的林业活动。在行政方面要构筑森林流域管理系统，该系统要考虑到下游地区城市居民和上游地区的关系。

在提升各个水库的功能和有效运用的同时，还要建立多个蓄水池之间的综合运用机制，提高流域内外的供给及枯水期用水是非常有效的。目前，在筑后川中游流域、江川水库和寺内水库之间实施了综合运用。

在中游流域，以水田为中心从河流中取水，农业方面的水利用活动活跃。农业与森林同样拥有多方面的功能。在筑后平原的大面积水田中，使用水田的田埂暂时蓄水，能够发挥防洪水的功能，同时水田消耗的水通过地下渗透对地下水起到了补给作用。这些地下水对下游河流径流起到调节作用，能作为下游的农地和生活用水、环境用水而被再次利用。另外，农地排水在水质净化方面存在正面和负面两方面功能，今后使用环境保护型农业技术，推进水质保护工作是必需的。

下游流域存在着低平的平原水渠网农地和城镇化地域，农业用水和生活用水需求规模大，需对从筑后大堰向福冈等大城市圈进行流域外的引水系统进行调整。平原水渠网农地是本项目的研究对象，根据水利用特性制订农业水利系统计划是今后的重要课题。在城市、街区，进一步构筑节水型社会、进行将雨水作为杂用水等有效利用水源系统的技术开发和构建有效的利用系统。同时，开展城市地区通过引进雨水渗透箱和渗透性地面等来实现水利用健全化问题的研究是必要的。

（中达雄）

5.1.3 潮流改善

（1）利用人工建造物来改善水流状况

目前，提出了很多利用人工建造物等来改善沿岸区域水流状况的技术。这些技术大致可以分为促进与外海进行海水交换而改善水平方向水流状况的方法，以及分层化时在垂直方向进行水团交换（混合）的方法。前者包括利用泵和蓄水池等将外海海水引进湾内的方法和在对象海域内设置人工航道和导流堤的方法。而后者则包括生成上升流的大型海底设置构筑物的方法[44]，以及从底面进行曝气等方法[45]。但是有人认为，这些方法存在下列问题：①利用大型构筑物时，如果发生意料之外的影响，无法将构筑物迅速撤除；②使用动力方法需要人工能源（为了改善环境而排放 CO_2）；③使用大型构筑物时，存在景观上的问题；④使用大型海底构筑物时，对船舶的航行安全和渔业生产会产生负面影响。

为了避免这些问题并且促进水平方向和垂直方向的海水交换，有人提出了通过控制水流状况预制块来改善水流状况的方法[46]。在这种方法中，将大量的非对称三维形状的较小规模的预制块放置在海底（作为实例之一，使用 1/2 圆筒形预制块，如图 5.16 所示）。由于采用了非对称形状，在潮流涨潮和落潮时，对于水流的阻力是不同的。每个潮汐之间平均获得的潮汐残差流在由预制块形状决定的顺流方向生成。通过正确确定预制块的放置模式，能够在放置预制块的海域内形成任意的潮汐残差流的循环流模式。如果能够巧妙地创造出潮汐残差循环流，则可以促进水平方向的海水交换和物质输送。关于上述问题，首先对①来说，由于属于小型（高度按米计算）建造物，排列和追加放置以及撤除都很容易，所以施工后可以一边进行效果的监控，一边进行微调。对于②来说，除施工之外不需要人工能源，作为可再生能源的潮流能源就能作为驱动力。对于③来说，由于建造物规模小且淹在水下，藏在海面之下无法看到，所以不会对景观造成负面影响。对于④来说，投放高度能确保船舶航行所需要水深的预制块，如果使用圆筒形的预制块，还能够防止挂到底拖网，所以影响很小。加上这些建造物可作为人工鱼礁来使用，以期能振兴渔业。

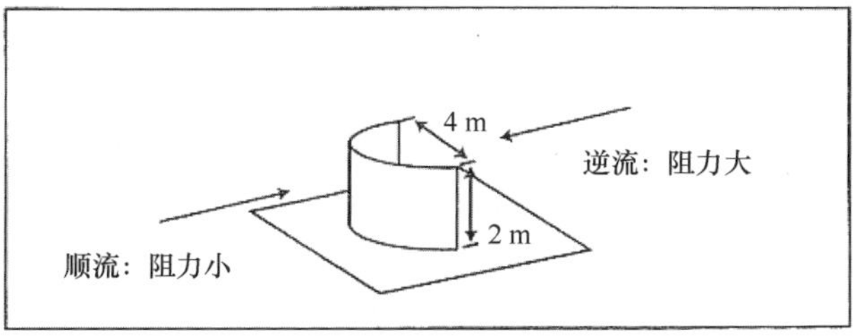

图 5.16　1/2 圆筒形水流状况预制块

2001 年在被称为“东洋第一渔港”的长崎县新长崎渔港进行了水流状况预制块的试验性施工，使用了 60 座预制块（高 4 m）。从效果来看达到了设想中的促进海水交换的目的，确认具有水质改善效果，比如夏季在港内最深处的贫氧趋势得到了缓解[47)]。

另外，2002 年在诹早湾内的小长井渔港也进行了试验性施工[48)]。将如图 5.17 所示的 6 座高 2 m、宽 4 m 的 1/2 圆筒形预制块按照图 5.18 所示布置在海中。此次试验的目的是：在有明海特有的软土层上设置小型预制块时，可能会被埋在地面之下，所以开发了防止被埋的施工方法。但根据试验结果可确认，即使不用特殊的施工方法，预制块也能保持稳定。另外，在试验过程中发现，垂直方向的水流（上升流和下降流）发生于流速变大的大潮时。这一海域在大潮时的流速最大可达到 30 cm/s，在有明海中属于水流较弱的海域，在预制块前后观测到最大约 6 cm/s 的上升流和 3 cm/s 的下降流。这一结果表明，在有明海的主体部分流速超过 1 m/s 的区域，单纯考虑比率的话，可能会生成约 20 cm/s 的上升流。自有明海中部到深处，受各种因素的影响，使流速降低，抑制垂直混合，有助于密度分层化，随着底质恶化促进贫氧水团的产生。因此，对于水流状况预制块来说，即使是在潮流本身比较弱的有明海，也可能接近于以前潮流速度较大时的垂直混合状态。关于促进有明海水平方向海水交换这一问题，矢野等人[49)]研究了如何利用带有潮汐发生装置的平面水槽进行室内实验和数值模拟试验，在连接有明海中部的有明和长州的沿线（有明海的狭窄部分）上设置预制块，在沿线北部和南部两侧的海域之间，确认能够促进海水交换和物质输送。

图 5.17　设置于诹早湾的水流状况预制块

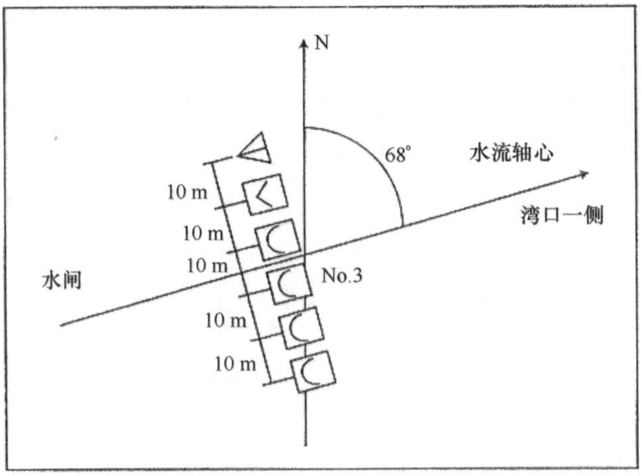

图 5. 18　小长井海域预置水流状况预制块

(2) 对于谏早湾分层化的改善

根据 2. 3. 5 节的研究，潮间带区域的流速比此前想象的更大，而对潮间带区域的波浪来说，即使是在平静时的轻微波浪，也会引起浅水区变形的情况，使得浪高变大，形成破碎波（图 5. 17）。这些波浪促进海水运动和搅乱，对于垂直混合起到了极大的推动作用。

因此，从河流流入的淡水在河口附近经过潮间带，受到潮流和增强的波浪作用，加快了与海水的混合。

谏早湾海域围海造田前，在其深处及其周边地区存在大面积潮间带，以流入谏早湾的本明川为首的中小河流在河口地区大面积的潮间带上与海水充分混合后，流入谏早湾中部和湾口。然而，在 1997 年防波堤合龙后，河流流入堤防内侧的海域，以很小流速进入调节池内，从防波堤经排水泵或南北排水口排出。堤防外侧海域与潮间带区域完全不同，被堤防挡住，流速几乎为 0，而且具有一定的深度，因此不会出现波浪的浅水变形效果，几乎不可能具有淡水和海水混合能力。换句话说，一直以来，在潮间带区域被强制混合的咸淡水汇集之后，在支路上以很小流速被输送到防波堤处，被排放到不具有混合能力的海域。这种河水流入情况的变化对于谏早湾的分层化起到了很大的促进作用。

为了防止谏早湾的分层化，要采取何种对策呢？即使淡水从调节池排出，但防波堤前面的混合能力极弱，所以，为了弥补混合能力的不足，只有将淡水输送至混合能力大的区域排水或是给予人工搅动这两种方法。

①利用海底管道排水

如图 5. 19 所示，用海底管道将淡水一直引至具有强大混合能力的谏早湾湾口区域，从海底以密度池的形式进行排水。利用这种方法，可以通过选择在涨潮时的某个时间段排水，调整排放淡水对谏早湾的影响。若只在退潮时排水，则大部分淡水将不会再次返回谏早湾内。如果仅在涨潮时排水，则大部分淡水将再次流入谏早湾内。所以可根据自然情况进行调整。

图 5.19　排水方法的改善措施（向具有强大的垂直混合作用的海域排放）

②将淡水与海水强制混合后排放

如图 5.20 所示，沿着调节池内防波堤一侧设置隔离水域，将海水引入这一水域，强制使调节池内的淡水和海水进行混合后再排出。这种方法能够根据谏早湾和有明海的情况决定混合水的盐度浓度，是一种可调整的方法。

图 5.20　排水方法的改善措施（在排水很难出现分层化的状态下向海域排放）

以上是作者们提出的两种改善排水的方法。这两种方法均可根据自然状况调整排水效果、简单而低成本的方法。自然生态系统等还存在很多未知部分，对于人类的活动所产生的作用必须持谨慎态度。但是，这种方法是由适合自然界反应的技术（Adaptive Technology）构成，最坏的情况下可以轻松恢复原状，是“能够调整、恢复原状的技术”。今后研究这类技术与自然界之间的相互关系是非常重要的。

③排水时间段的改善

对循环流区域的物质输送来说，在哪个时间段排放污染物，其所输送的物质及所经过的线路存在着很大的不同。目前，对于调节池的淡水排放，必须在截流堤内外形成水位差，涨潮时从南北水闸排水，海水从谏早湾口流入，因而占据上层的淡水水团被逼入截流堤北端的角落。随后随着涨潮流依次在谏早湾内移流、混合、扩散。因此，淡水或海水的混合呈现出在谏早湾内滞留时间变长的趋势。这种排水方法也助长了谏早湾内的分层化。所以，选择最合适的时间段进行排水也是抑制谏早湾内分层化一种有效方法。

（小松利光·矢野真一郎）

5.1.4 水质改善

（1）对水田污染排放的削减方法

①环境保护型农业和污染削减

为了削减来自水田的污染排放，可以采取两种方法：一是通过实施环境保护型农业的间接方法，二是通过净化农地排水的直接方法。本文首先介绍前者中通过农业技术的水管理来削减污染的方法。

在水田中，污染物的排出主要是随降雨流出、灌溉剩余的水、耙田和晒田等产生的。一般来说，排水中的污染物浓度因肥料的溶出、水田表面土壤中的营养盐溶出和吸附、水稻吸收等因素发生变化。对于氮来说，因微生物的脱氮和固氮反应，使蓄水中的氮发生变化。对污染浓度的变化来说，肥料种类和数量、天气、土壤的氧化还原状态、微生物的生理活性等因素起到决定性作用。另外，耙田搅动表层土壤，将肥料散布开来，也会使蓄水中的污染浓度急剧上升。

灌溉水的TN浓度如果超过2~3 mg/L，水田将发挥氮净化功能，与流入污染量相比，污染排放量变小[50)]。与此相反，灌溉水的污染物浓度较低时，来自肥料和水田表面土壤的溶出量超过净化量，水田将成为污染源。因此，为了削减来自水田的污染负荷量，减少排水量是最有效的对策。

本文举例说明如何通过水管理来控制水田的污染负荷收支。在水田中，针对水稻的生长阶段进行水田水资源管理。一般来说，除晒田期外，将挡板放入水沟中，在蓄水状态下管理水田表面的水位。因此，引入间歇灌溉方式，将水底部分的挡板高度设置得越高，就更能节约灌溉水，从而提升水田的蓄水功能，控制表面排水的发生。表5.6表示不同水田灌溉期间氮污染负荷的收支[51)]。对田地1实施惯例的水管理，田地2是实施了间歇灌溉方式。特别是在田地2中，是在设置有挡板的状态下晒田。如表5.6所示，采用间歇灌溉方式可以节约灌溉水量，同时还能削减排水量，污染排放量也降低了54%。如此一来，从水田排出的污染负荷与水稻生长过程的水管理密切相关。在水田中，耙田后的污水也经常被视为一种需要解决的问题，但是从整个过程来看，水管理的影响也是非常大的。

表5.6 水田的水管理和氮负荷的收支

田地	灌溉水量（mm）	灌溉污染负荷量（kg N/hm^2）	排水量（mm）	排放污染负荷量（kg N/hm^2）
1	913	12.5	532	2.8
2	673	9.3	145	1.3

②农田区域的水质净化

流经农田区域的水最后也都要流入海洋。有明海沿岸大面积的平原水渠网的水质恶化可能会导致有明海的水质恶化。因此，为了保护有明海的水质，保护以平原水渠网为首的农田区域的水质是一个关键问题。

对于水质净化技术，重要的是易于维护管理，并且可以低价引进。利用水生植物（植物修复）不需要设施，成本较低，对于净化平原水渠网的水质很有效。目前已确认利用蕹菜、水竹、凤眼蓝等水生植物进行水质净化的有效性。利用水生植物进行水质净化，是通过植物吸收、富集等作用实现净化，所以必须注意从现场取走的植物的综合利用和处理方法，制订引入计划。

若能确定排放源，设置水质净化装置也是非常有效的。举例介绍灵活运用木炭的水质净化技术，利用木炭表面空隙吸附污染物和通过附着于木炭表面的微生物分解有机物可净化水质，特别适合除去有机物。一般来说，不仅是活性炭，用疏林采伐的木材生产的再生资源炭、用植物体生产的炭化物也具有水质净化能力。木炭根据原料和制作方法可以分为很多种，所以必须根据目的选择木炭。作为农田区域，推荐利用再生资源炭屑来净化水田排水的装置[52]（图 5.21）。

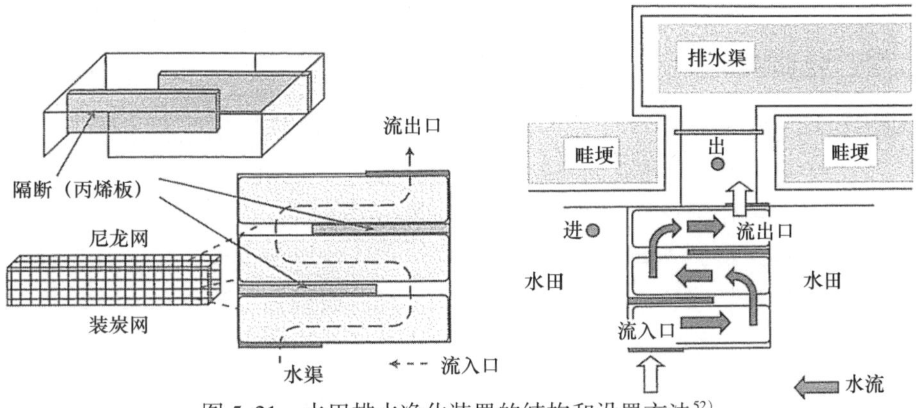

图 5.21　水田排水净化装置的结构和设置方法[52]

③农田区域污染负荷削减对策的评价方法

在有明海沿岸地区，直到今天仍有很多地方采用灌排两用渠道的平原水渠网进行循环、反复灌溉。这种方式有助于削减来自农田区域排放的污染负荷，但是，受水域滞留性的影响，有机污染和富营养化容易呈现出加剧趋势。尽管近年来已经减少施肥量和采取水质改善措施，但是水质环境并没有改善，甚至有恶化趋势[53]。因此，在有明海沿岸的农田区域，既要维持高度的生产性又要削减农地排放的污染负荷，还要努力保护海域水环境，是目前急需解决的问题。根据流域内水、物质产生和排放的网格模型、将负责汇流的平原水渠网模型组合起来的流域水质模型[54]，可以尝试去定量评价上述污染负荷削减对策对流域水质或者排放到有明海的污染负荷的影响。

整个模型的概念如图 5.22 所示。在网格模型中，根据水、土地利用信息，展现水、物质的产生和排放过程。对于单位网格的排水量和污染负荷量，以点源为单位，利用水箱模型和各种土地利用的污染负荷流出模型计算出面源。另一方面，在平原水渠网模型中，通过一维水流差分模型计算水、物质的汇流过程。

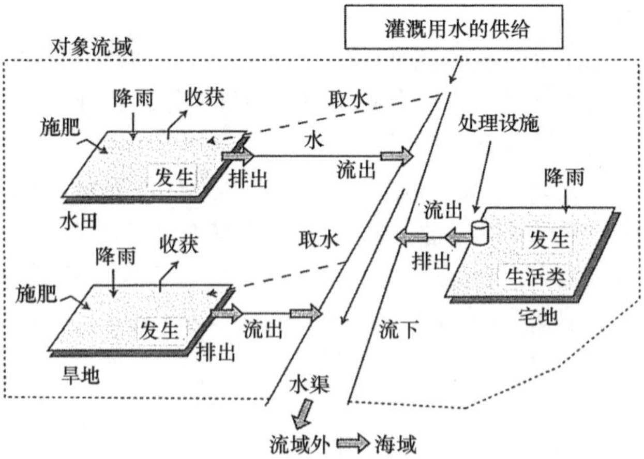

图 5.22　流域水质模型的概念

在这些模型中，对于流域水质的水、物质动态变化，人为影响的最大表现是水田灌溉的水管理。对于水田的水管理来说，因该地域的种植体系、当年的气象条件和水资源状况等因素而有所不同，所以必须在对研究地区的实际情况充分调查的基础上来设定条件。在引入前文所述的环境保护型的水管理时，不仅水田的灌溉方法，而且来自水箱模型的排放机制也必须与实际的水管理相符合。关于水田施肥，与水管理一样要在对该地区的实际情况进行调查的基础上来设定投入量、投入时间。考虑水田内的水质变化，将脱氮、磷吸附、有机物分解等污染负荷衰减和土壤、肥料溶出的扣减进行模型化。

水、物质动态变化受该区域的降水、土壤等自然条件和水利用、土地利用、农业活动等人为影响而存在很大不同。所以，为了使流域水质模型能够正确表征现状，必须对模型进行调整。以下是以位于福冈县柳川市东南部的有明海沿岸平原水渠网地带为对象进行模拟的具体实例（图 5.23）。

图 5.23　模型地区

对于模拟地区来说，北侧为 443 号国道，东侧为矢部川，西侧为盐冢川，南侧为有明海。在模型的网格方面，以国土数值信息的第 3 次网格的 1/10 为基础，设定 100 m× 100 m 的 2 659 个正方形网格。土地利用分为农地和宅地，农地占模拟地区的 84%，对于其利用状况来说，以近年的改种率为参考，灌溉期设定水田为 56%、旱田（大豆种植）为 44%，非灌溉期设定旱田为 100%（小麦种植）。高度分布方面，从 1/10 000 城市计划图中读取海拔值，通过内插来求出海拔分布值。在平原水渠网模型方面，从国营事业概要书及国土地理院的 1/25 000 地形图中读取数据，将其划分为约 100 m 的长度来制作模型。平原水渠网各处的水闸根据实地调查来设定位置。另外，根据实地观测的水文、水质数据来验证所建立的流域水质模型的重现性。

④水质净化计划及其效果

为了评价各种污染负荷削减对策的综合性效果，采取下列措施。

a. 为了大幅度削减灌溉期的表面排水，在灌溉期间保持一定的水田缺口高度，同时灌水时蓄水深度不要低于例行管理水位的 1/2 以下，以促进降雨在水田的蓄积。

b. 为了削减旱地因降雨流出的污染负荷，将旱地的化学肥料削减目标设为五成，预计将 L-Q 公式确定的排放污染负荷量减少至目前的 1/2。

c. 将利用木炭的水质净化装置引入水田，考虑表面排水的污染负荷削减可能的最大值，按削减 20%考虑。

将上述措施组合在一起进行综合对策研究，结果如下。

考虑到水田的灌溉期及降雨较多的季节，计算期间设定为 2006 年 4—9 月共 6 个月时间。将污染浓度的输出点设为图 5. 23 的 A 点时，关于氮化合物（TN）的模拟试验的结果如图 5. 24 所示。从图中可以看出，通过削减措施，在灌溉期和非灌溉期，对于降雨流出的污染浓度的峰值都能起到相当大的抑制作用。

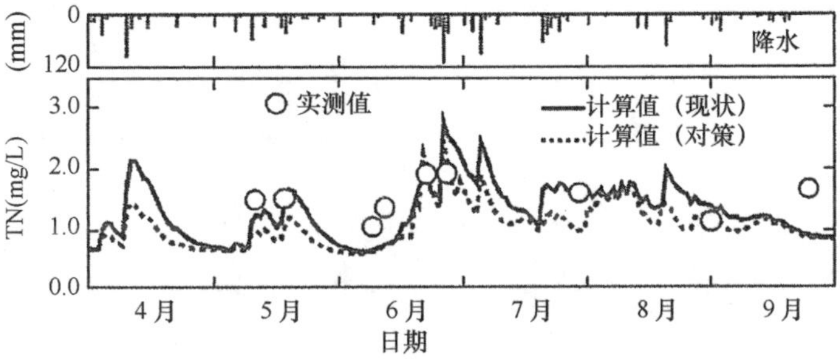

图 5. 24　削减污染负荷模拟试验的结果

根据上述结果可以了解，为了改善研究地区的水环境，水田的间歇灌溉等节水型管理、削减化学肥料等改善施肥方法的组合措施是非常有效的。为了改善有明海沿岸平原水渠网农业地带的水环境，必须考虑研究地区的土地利用及水利用的特点，采取将节水措施和各种削减措施组合在一起的综合措施。

（高木强治 · 滨田康治）

（2）潮间带区域的水质净化功能促进措施

潮间带环境恶化的主要原因是有机物的流入量和潮间带区域有机物分解能力不均衡，引发贫氧化，从而产生硫化氢，使生物死亡。若将潮间带的水质及底质环境变为好氧性，提高了好氧性微生物的作用，将提高有机物分解能力。有研究认为这种净化功能促进措施是有效的。本文主要介绍将潮间带水质环境变为好氧性的方法中的耕耘和水压利用型强制水循环方法，利用分子生物学的方法促进微生物相的变化。也就是说，在潮间带耕耘试验前后或者从强制水循环的试验区直接筛选的 total DNA，用于了解微生物整体情况的 16S rRNA 基因的 DGGE 解析及纯株解析，以及着眼于蛋白质编码功能性基因。这种蛋白质编码功能性基因是用于反映潮间带厌氧/好氧环境的代谢反应类的硫代谢及氮代谢的关键。

①耕耘对净化功能的促进

从进行耕耘的地点筛选标本，从标本样本中筛选出 DNA，进行以真正细菌的 16S rRNA 基因为目标的 PCR-DGGE 解析，结果如图 5.25 所示。结果显示，在耕耘之后的样本和其他样本之间，黑色花纺的 DNA 碎片的染色体带型呈现出明显的差异。这意味着耕耘之后微生物相出现了很大变动，另外，在耕耘结束 3 d 之后，将会再次恢复为耕耘前的微生物相。另一方面，没有发现上、中、下层的不同深度染色体带型差异现象。

从凝胶中获取耕耘前及耕耘后通过 DGGE 解析获取的主要 DNA 带型（图 5.25 中带白线的 DNA 带型），菌株解析的结果如图 5.26 所示。在耕耘前和耕耘后，16S rRNA 基因的系统位置出现了极大的变化。对于从耕耘前的样本获得的菌株来说，以红色硫黄细菌 *Allochromatium* 属近缘的物种和与硫酸盐还原细菌 *Desulfobacter* 属近缘的物种为主。另一方面，对于从耕耘后的样本中获得的菌株来说，是与 *Arthrobacter* 属、*Bacillus* 属、*Staphylococcus* 属等好氧性从属营养细菌近缘物种为主。这意味着：通过耕耘使好氧性细菌占据优势，从而促进净化功能。

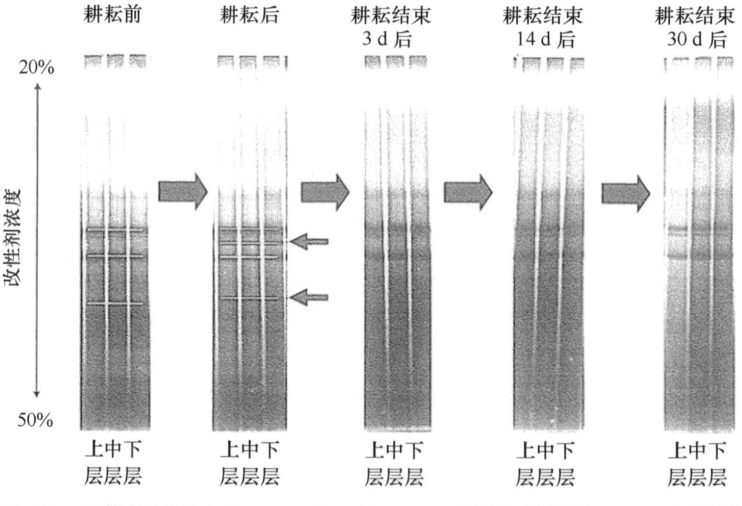

图 5.25　以耕耘试验中 Bacteria 的 16S rRNA 基因为目标的 DGGE 解析结果

在硫代谢中，针对关键性的蛋白质编码的 apsA 基因，仅检测出具有硫代谢性能的细菌。从其构成的调查结果显示，在耕耘前、耕耘后，尽管标本筛选位置的深度不同，但是在所有的样本中都获得了与 *Allochromatium uinosum* 的 apsA 基因近缘的菌株。虽然菌株数较少，但是还检测出了 *Thiobacillus denitrificans* 及 *Desulfovibrio indonensis* 近缘的 apsA 菌株。而对于与氮代谢有关的氨氧化细菌（硝化细菌）特有的 *amoA* 基因和脱氮

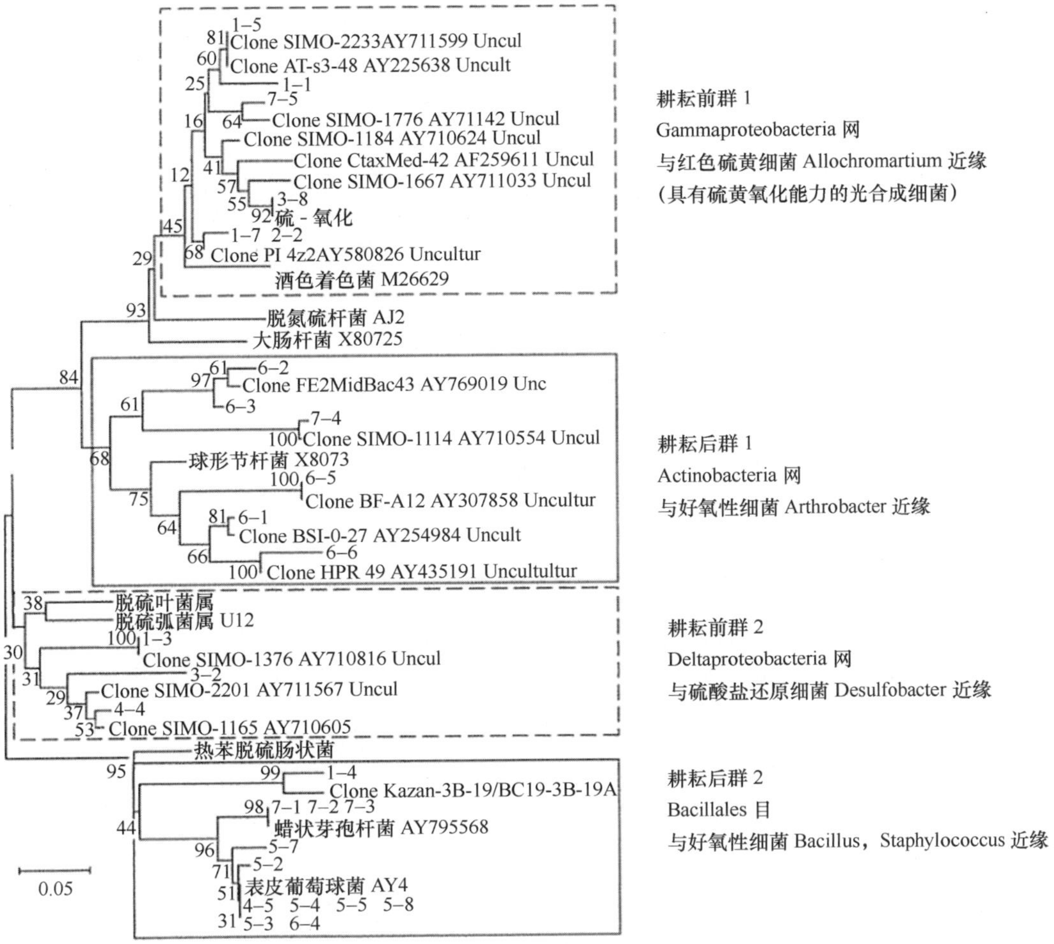

图 5. 26　利用分子系统树进行 16S rRNA 纯株分类

细菌特有的 *nirS*、*nirK* 基因，只检测出氮代谢相关的细菌。结果显示，在以 *amoA* 基因领域为目标的菌株中，在潮间带底质中，不管深度如何，也不管是在耕耘前还是在耕耘后，氨氧化细菌的作用都会促使其不断从 NH_4^+到 NO_2^-的变换。另外，以 *nirS*、*nirK* 基因领域为目标的纯株解析的结果显示，对于潮间带等海域底质的脱氮细菌来说，拥有 *nirS* 型的亚硝酸还原酶的物种占据优势。而且耕耘后的纯株中有很多与 *Thiobacillus denitrificans* 的 nirS 近缘，所以对于 *Thiobacillus* 属的细菌来说，如果是好氧环境则以硫黄氧化为电子受体，如果是厌氧环境则以硝酸和亚硝酸为电子受体进行硫化物的氧化（硫脱氮），可能一直存在于潮间带底泥中，发挥着主要作用。

根据上述研究结果，推测耕耘前后潮间带中的微生物相如图 5. 27 所示呈现出动态变化。因此，为了促进潮间带的净化功能，作为好氧化方法来说，耕耘是一种比较优秀的方法。但是，为了维持好氧环境，必须频繁地进行耕耘。

②通过水压利用型强制水循环来促进净化功能

在利用有明海特有的潮差产生的水位差和潮流将上层水输送至沉积物中的“人工巢穴”方面，由泷川等人[55]开发出了一些方法。通过人工巢穴来改善底质的技术，是

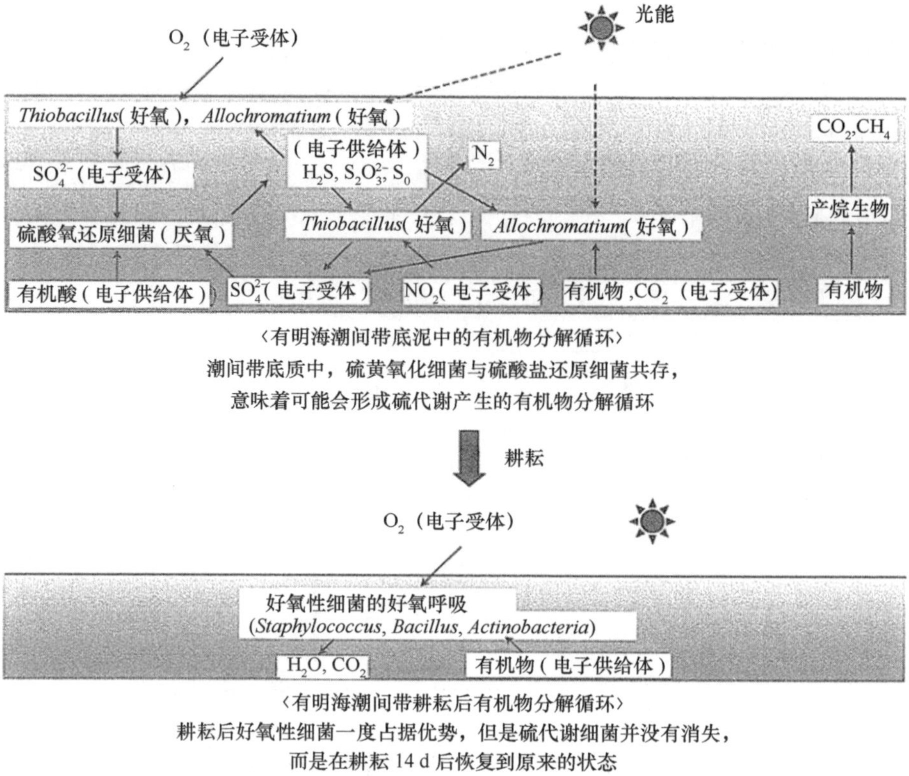

图 5. 27　耕耘前后潮间带底质中的有机物分解的变化（推测）

指通过人工方式重现土中部分有很多孔的通水管（巢穴），在退潮时露出的潮间带区域利用水位差、在未露出的海域利用潮流将上层水输送至底质内，将人工巢穴周边的底质改善为好氧环境。

通过间歇式及连续式水压利用型强制水循环装置来改变人工巢穴周边环境。下面介绍研究环境的变化状况。取网格型的 30 cm 左右的蛇纹管，将其穿过制作好的丙烯管（该丙烯管从下方 10 cm 左右的地方开始按高 25 mm 的间隔开孔），在距离下方40 cm处用黏合剂黏合、固定后，间歇式（图 5. 28）供给天然海水，连续式（图 5. 29）供给人工海水。在运转前、运转 1 d 后、1 周后、2 周后、1 个月后、3 个月后、运转结束 1 个月后，分别对水层和底质的上层（深 10~15 cm）及中层（深 20~25 cm）的底泥进行采样，从栖息于样本中的微生物中筛选 DNA，在 *dsr* 基因的 DGGE 解析中，使用引物 DSRp2060F 和 DSR4R，利用 PCR 增加 DSR 基因碎片[56]。从解析结果来看，并没有发现因时间变化及各层的差异而使菌群出现差异的现象。这一结果意味着即使强制供给含有 DGGE 的海水，底质中的硫酸还原细菌群也没有发生变化。另外，在连续 3 个月间歇性地、连续地供给 ORP 为 200~300 的海水后发现，ORP 变化值一直保持在误差范围内，但是没有发现底质的 ORP 有明确升高的迹象。

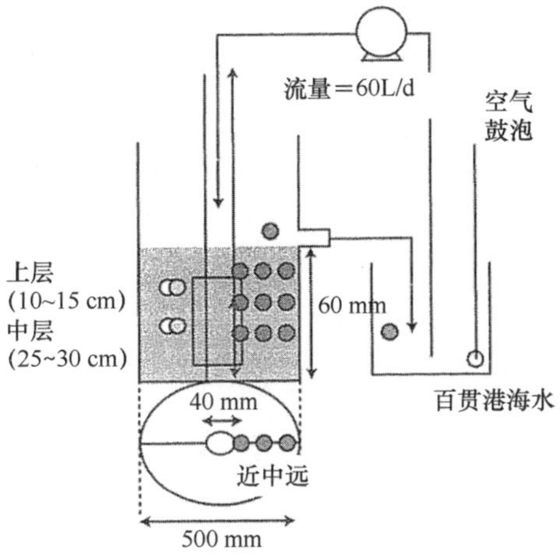

图 5.28　室内人工巢穴试验装置（间歇式）

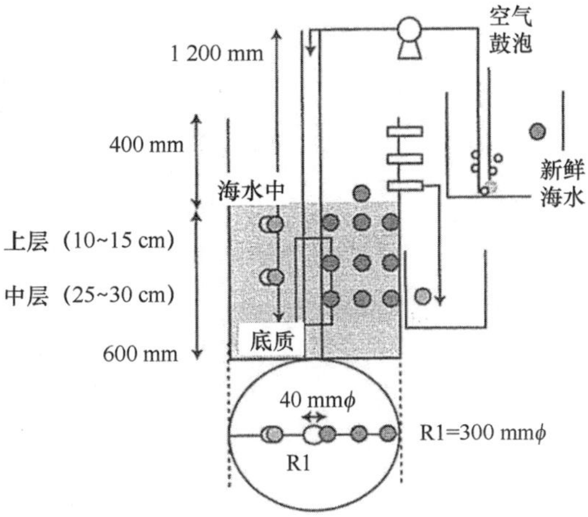

图 5.29　室内人工巢穴试验装置（连续式）

但是，正如后文所述，在设置了人工巢穴的实地测试中，在以硫酸盐还原细菌为指标的评价中显示出好氧化的特点。作为不需要太多能源和成本即能促进潮间带净化的方法，这是一种值得期待的技术。

（森村茂 · 木田建次）

（3）利用牡蛎改善水质

①利用生物修复原则

一般来说，通常有多个因素造成沿岸海域的环境恶化，农药和有害化学物质对于海洋污染的影响就是造成环境恶化的主要原因之一。根据此前对有明海沿岸的环境调查显示，从大牟田川河口的贝类体内检测出了高浓度的化学物质[57]。例如有报告称，栖息于大牟田川的弹涂鱼受化学物质影响导致内分泌系统发生了变化[58]。一般来说，在从水环境中回收化学物质，进行无害化处理时，会采用疏浚受污染的沉积物并通过热化学进行分解的方法。但是，在进行疏浚时，需要巨额处理费用，消耗掉大量能源，而且还会破坏现有的生态系统，其不利影响很大。而利用生物来净化环境的生物修复方式虽然处理时间长，能力受限，但是价格较低，对环境保护也非常有利。

贝类在污染水域蓄积、浓缩有害物质，而在非污染区域将其排出体外。过去利用贝类净化污染的研究，主要是针对营养盐和重金属[59]，对环境中难分解、对生物具有较强毒性的有机化学物质不在研究之列。

本文将介绍利用牡蛎对特殊化学物质的蓄积，回收、清除水环境中有害化学物质，这些新技术开发的实证试验结果（图 5.30）。

研究的化学物质包括引发食用油中毒事件（KANEMI 油病事件）的多氯联（二）苯（PCB），以及汽车尾气等废气中所包含有致癌性的多环芳烃（PAH）。

②调查内容

试验目的是通过室内试验推测牡蛎对于 PCB、PAH 的蓄积/排放及底质净化能力，以及通过实地实证试验评价牡蛎的底质净化功能。

首先，在有明海沿岸污染较严重的水域（天草市）于冬季（10—12 月）和夏季

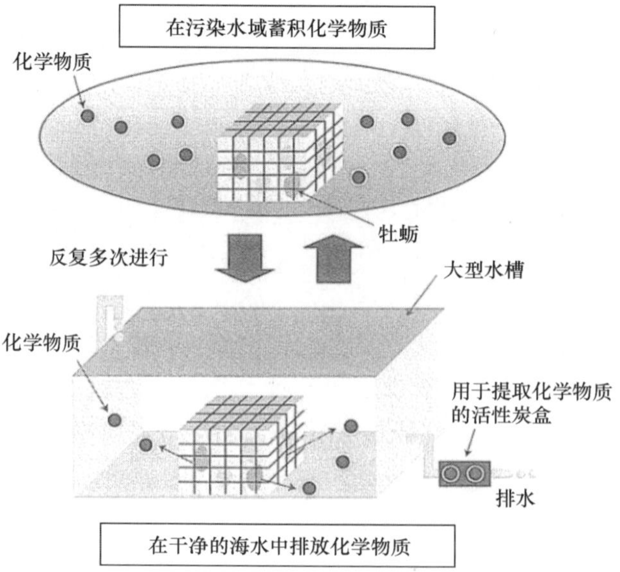

图 5.30　牡蛎净化水环境的机制

（5—8 月），捕捞牡蛎（160 个）放入塑料笼子中，移植到实验区（大牟田川河口）和对照区（熊本县唐人川河口），分别饲养 4~6 周（图 5.31）。将这些牡蛎分为 2 组（每组各 80 个），在装满干净的天然海水或人工海水的水槽中饲养 4~6 周，将体内的化学物质排放出去。在这期间每周用 3 个牡蛎进行 PCB 和 PAH 分析。

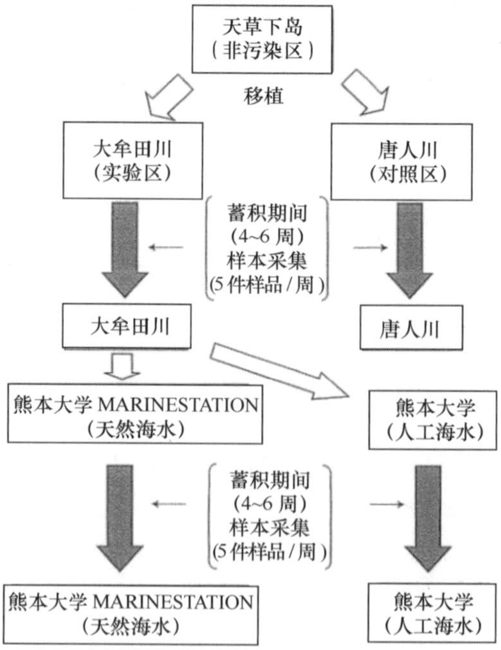

图 5.31　牡蛎对污染物质蓄积、排放实验概要

另外，在大牟田川的潮间带底质上设置边长 170 cm 的正方形聚氯乙烯树脂制架台，将从非污染水域采集的约 1 500 个牡蛎在架台上饲养 1 个月时间。在实验实施前后，从牡蛎架台正下方的 5 个地点（图 5.32）采集表层约 1 cm 以内的底质，测定 PAH 浓度，对牡蛎的底质净化能力进行定量评价。

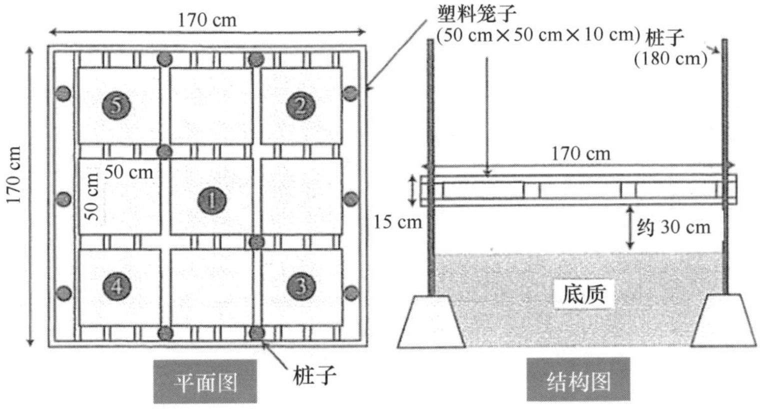

图 5.32　牡蛎底质净化功能的实证试验概要

③实验结果

分析结果显示，从所有的牡蛎样本体内都检测出了 PCB。在冬季进行的实验中，实验开始时牡蛎的 PCB 浓度为 4.3 ng/g（相当于湿重）。在大牟田川饲养 4 周后，PCB 浓度上升至 16 ng/g（图 5.33）。随后将大牟田川饲养的牡蛎移至干净的天然海水和人工海水中饲养 4 周后，PCB 浓度分别降至 1.1 ng/g 和 3.2 ng/g。在夏季实验中，将蓄积和排放期间分别延长至 6 周，也得到了类似的结果。

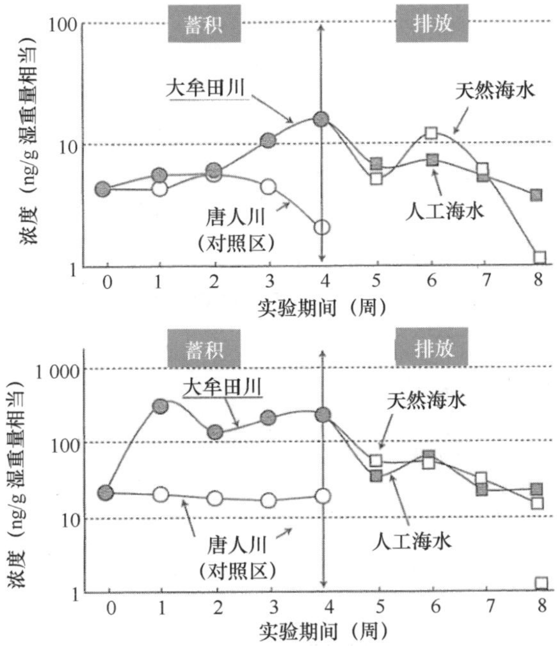

图 5.33　牡蛎的 PCB（上图）和 PAH（下图）的蓄积/排放趋势

从分析的全部牡蛎体内都检测出了 PAH。实验开始时牡蛎的 PAH 浓度为 19 ng/g。在大牟田川饲养 1 周后上升至 310 ng/g，随后直到第 4 周一直保持一定的数值。而且，若将大牟田川饲养的牡蛎在天然或人工海水中饲养，则 1 周后会分别急剧减少至 36 ng/g和 56 ng/g，随后缓慢降低。

上述结果显示，牡蛎起到了浓缩泵的作用，即吸收/排放大牟田川水环境中的 PCB 和 PAH。另外，在人工海水中也可以饲养，与海水的水质虽然存在不同，但是化学物质的排放速度并没有太大差别。而且，实验期间牡蛎的存活率在 90%以上，化学物质的蓄积、排放趋势在冬季和夏季几乎都是类似的。所以本技术可以一年四季利用。

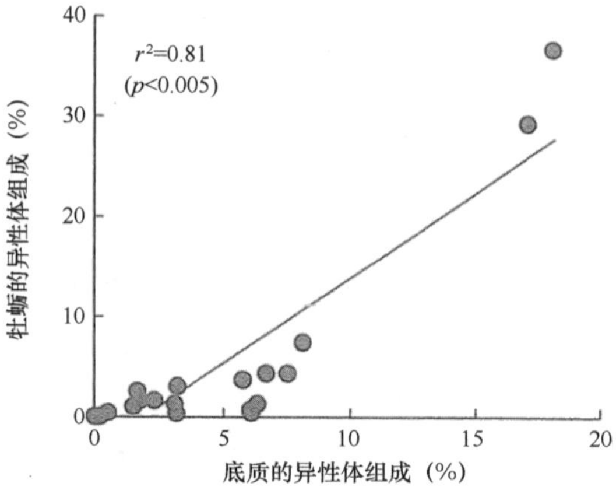

图 5.34　底质和牡蛎的 PAH 组成比例的关系

牡蛎将对水中浮游的悬浮物质在体内过滤，然后作为食物摄取，所以假设牡蛎体内蓄积的化学物质主要是吸附于被潮流卷上来的底质细微粒子上。为了确认这一点，对大牟田川底质中的 PAH 进行组分分析，将各成分占总浓度的存在比例（%）与牡蛎体内的各成分进行比较，结果显示两者之间密切相关（图 5.34）。也就是说，牡蛎的净化对象是底质粒子。

这些实验的结果显示，牡蛎对有害物质污染的水环境有净化作用。因此，以牡蛎壳内湿质量为 20 g、一次饲养 1 500 个样本为条件，扩大实证试验，定量测算牡蛎清除化学物质的能力。

计算结果显示，牡蛎 1 个月里可净化的 PAH 量预计为 6. 2~6. 4 mg（图 5. 35）。可净化 PCB 则为 0. 53~0. 56 mg。

在大牟田川饲养 4 周后的 PAH 浓度 — 在天然海水和人工海水中饲养 4 周后 PAH 浓度

天然海水：227－21.3＝205.7（ng/g 湿重量平均值）

人工海水：227－14.3＝212.7（ng/g 湿重量平均值）

· 牡蛎壳内平均重量：20 g

· 装入饲养用塑料笼子的牡蛎个数：100 个

· 次实验中在大牟田川设定的笼子个数：15 个

PAH 清除总量（天然海水时）：

205.7×20×100×15＝6.2 mg

PAH 清除总量（人工海水时）：

212.7×20×100×15＝6.4 mg

图 5. 35　牡蛎可净化的 PAH 量的计算

为了确认这些测算值的准确性，进行了实地实证试验。在大牟田川的底质上设置径长 170 cm 的正方形的聚氯乙烯树脂制架台，将从非污染区域捕捞的约 1 500 个牡蛎放在架台上。饲养 1 个月后，在实验实施前后，从牡蛎架台正下方的 5 个地点采集表层底质，分析 PAH。结果显示，平均浓度值从 3 490 ng/g（湿重）变为 2 510 ng/g，减少了约 28%。这一结果表明，牡蛎将吸附在架台正下方的底质粒子上的 PAH 在体内蓄积、排放，有助于大牟田川的环境净化。而且，在大牟田川牡蛎实际净化的 PAH 量，可以根据实验前后底质中 PAH 的浓度差和架台正下方的表层底质质量的积计算出来（图 5. 36）。

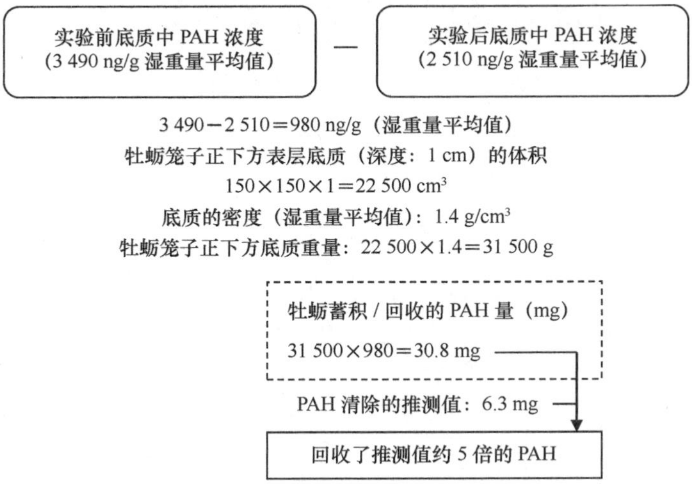

图 5. 36　牡蛎净化底质中的 PAH 量的估算

实验前后底质中 PAH 浓度（湿重量平均值）的差为 980 ng/g。根据架台正下方的表层底质的体积（22 500 cm^3）和底质的密度（1. 4 g/cm^3）计算出底质重量，然后与 PAH 浓度差相乘计算出牡蛎回收的 PAH 量为 30. 8 mg。

在图 5. 35 中，用 1 500 个牡蛎实施饲养实验时的 PAH 回收量预计为 6. 2~6. 4 mg。另外，还进行了实地实证试验，以实际的底质 PAH 浓度变化为基础计算出的值为 30. 8 mg，与预计值相比高出约 5 倍。牡蛎具有从底质回收超过预想的 PAH 量的能力，作为一种有助于净化污染环境的新方法，有望今后能够实现实用化。

（中田晴彦）

（4）酸处理剂的替代

有明海的紫菜养殖高居日本全国第 1 位，是佐贺县的骨干产业之一。但是，每年养殖紫菜过程中发生的病害赤腐病已经成为一个严重的问题（图 5. 37）。

紫菜赤腐病是由属于真菌类卵菌目的紫菜腐霉引起的病害，在养殖现场，为了预防和消除这种病害，主要进行酸处理。但是，大量的酸处理导致有明海环境污染已经被视为严重的问题。据了解，酸处理也是近年来有明海紫菜褪色现象和贝类大量死亡等异变发生的原因之一。因此，需要有新的赤腐病防治对策，以代替导致有明海环境异变原因之一的酸处理法。作为替代方法之一，提出了使用酶来分解引发赤腐病的真菌构成多糖

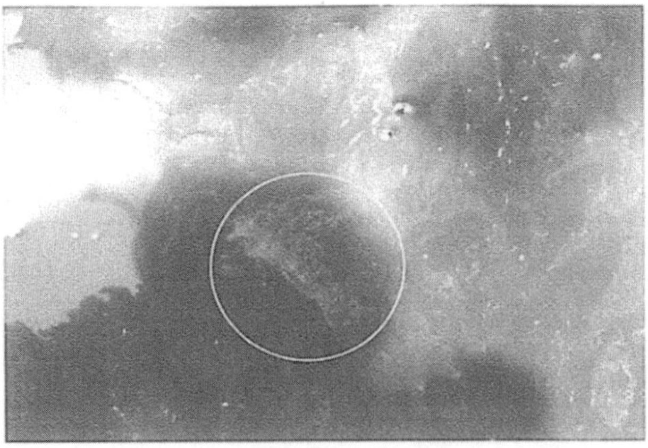

图 5.37　紫菜养殖过程中发生的赤腐病

来作防治方法。希望使用这种酶能够代替酸处理法，成为有明海环境保护型的新的紫菜赤腐病防治方法。

作为能够代替酸处理法的有效的赤腐病防治对策之一，目前以确立、育种引入了对抗紫菜腐霉的抗真菌性基因的耐病性紫菜种苗为目的，探索能够分解紫菜腐霉细胞壁构成多糖的酶，以及能够创造出使用重组体紫菜细胞壁分解酶的有效的紫菜原生质体酶。在这些研究成果中，从有明海紫菜养殖环境中找到了能够产生对紫菜腐霉具有抗真菌活性的分离海洋细菌 *Streptomyces* sp. AP77 株的抗真菌蛋白。此外，还查明了该蛋白的抗真菌活性作用机理，同时发现了很多能够产生作为紫菜腐霉细胞壁构成多糖分解酶的 β-1、3-葡聚糖酶的海洋细菌[60-64)]。在这些研究中，作为探索新的抗真菌性蛋白的研究成果之一，发现了能够特殊分解作为紫菜腐霉细胞壁构成多糖之一的 β-1、3-葡聚糖的酶 β-1、3-葡聚糖酶。因此，希望能够用 β-1、3-葡聚糖酶代替酸处理法，作为强有力的紫菜赤腐病防治对策而实现应用。本文主要介绍以下研究结果：a. 分离海洋细菌 *Streptomyces* sp. AP77 株所产生的紫菜腐霉细胞壁分配酶 β-1、3-葡聚糖酶产生相关的最合适的条件；b. 根据这一培养条件，从培养澄清液中获得的 β-1、3-葡聚糖酶粗酶分解 P. *porphyrae* 的主要细胞壁构成多糖 β-1、3-葡聚糖的最合适反应时间及最合适反应温度；c. 以 P. *porphyrae* 菌类分解情况的长时间观察结果为基础的 β-1、3-葡聚糖酶防治紫菜赤腐病的方法。

①β-1、3-葡聚糖酶的最佳培养时间

将 *Streptomyces* sp. AP77 株接种到包含 0.1%凝结多糖（β-1、3-葡聚糖）的 10 L 的低浓度蛋白胨 ZoBe112216E 改变液培养基，在 15 L 的生物反应器中进行 120 rpm 搅拌，进行 5 L/分增氧，在 25℃的温度条件下培养 10 d。从结果来看，在培养第 4 天产生的菌数达到最大。在培养第 10 天，几乎没有发现生菌数降低（图 5.38）。

②β-1、3-葡聚糖酶的最佳反应时间

在 25℃的温度条件下培养 5 d，利用超滤等方法从培养澄清液中调整浓缩至 100 倍的粗酶，向 45 μL 的 0.5%凝结多糖添加 5 μL 的粗酶，在 5℃、10℃、15℃及 25℃的温度条件下使其发生反应。结果显示，该酶在 25℃条件下发生反应时，在反应 30 min 时

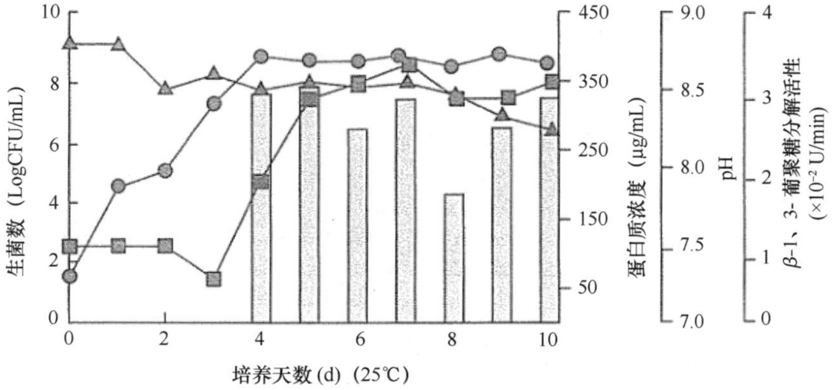

图 5.38 Streptomyces sp. AP77 株在 15L 的生物反应器中的增殖和酶活性

能够最有效地分解β-1、3-葡聚糖（图 5.39），即使只反应 1 min，也能确认出现了分解活性（图 5.40）。

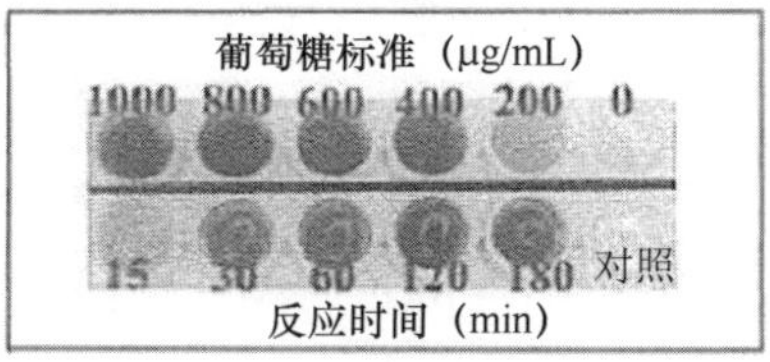

反应时间（min）	还原糖（μg/mL）	活性（U）
15	97	3.6×10^{-2}
30	484	9.0×10^{-2}
60	583	5.4×10^{-2}
180	676	2.1×10^{-2}

图 5.39 在 25℃条件下β-1、3-葡聚糖酶对β-1、3-葡聚糖 3 h 的分解活性

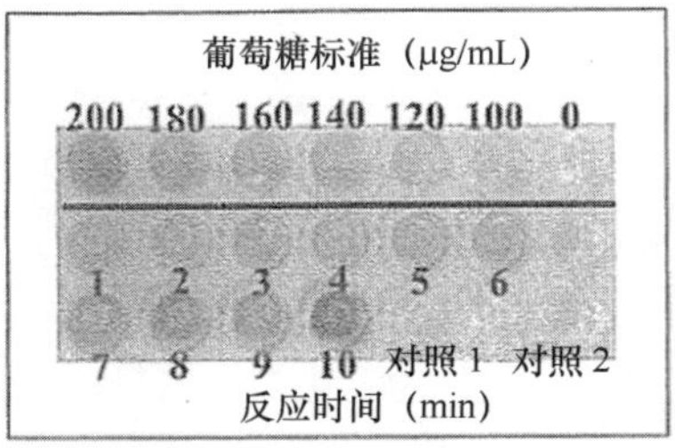

反应时间（min）	还原糖（μg/mL）	活性（U）
1	35	1.9×10^{-2}
3	69	1.9×10^{-2}
5	96	1.1×10^{-2}
8	185	1.3×10^{-2}

图 5.40 在 25℃条件下β-1、3-葡聚糖酶对β-1、3-葡聚糖每分钟的分解活性

③β-1、3-葡聚糖酶的最佳反应温度

将反应温度从 15℃开始依次减小 5℃，观察该酶的分解活性。在反应温度降低的同时，分解活性略有减少。但是，即使是 5℃的低温，在反应时间达到 5 min 以上时也观察到了分解活性，证明它属于低温酶（图 5.41）。

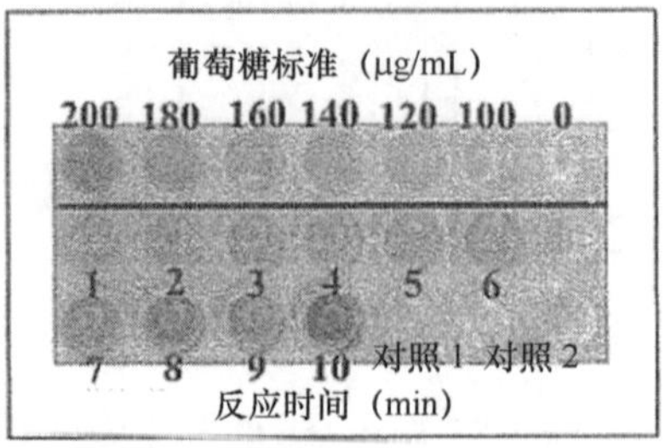

反应时间（min）	还原糖（μg/mL）	活性（U）
1	35	1.9×10^{-2}
3	69	1.9×10^{-2}
5	96	1.1×10^{-2}
8	185	1.3×10^{-2}

图 5.41　在 5℃条件下 β-1、3-葡聚糖酶对 β-1、3-葡聚糖每分钟的分解活性

④紫菜病霉（P. *porphyrae*）溶解活性的长时间显微镜观察

对 P. *porphyrae* 进行液体培养，让通过 35 μm 网格过滤调制而成的菌类悬浮液与等量的 β-1、3-葡聚糖酶粗酶发生反应，使用高灵敏度实时成像系统（TMU-100K-U，尼康），在 25℃条件下长时间监控 P. *porphyrae* 菌类的形态，确认即使是 30 min 这样较短的时间也出现了分解 P. *porphyrae* 菌类的情况，通过 4 h 的反应，几乎完全将菌类溶解（图 5.42）。

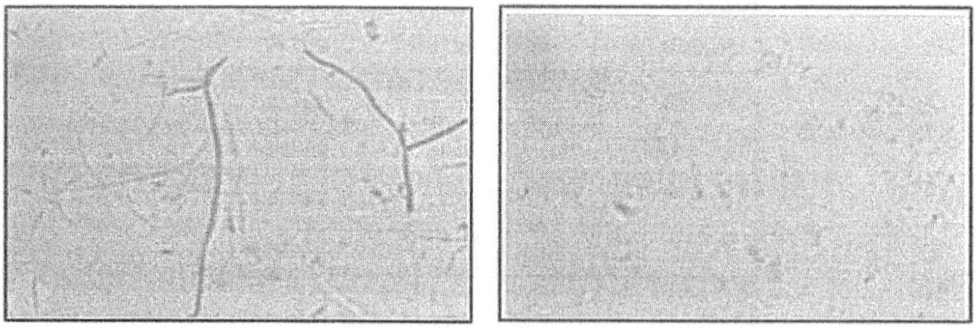

5 min后　　　　4 h后

图 5.42　25℃条件下 β-1，3-葡聚糖酶对病霉菌类的溶解活性

⑤β-1、3-葡聚糖分解产物的解析

关于 β-1、3-葡聚糖的分解物解析，向 45 μL 的 0.5%的凝结多糖中，添加 5 μL 的粗酶，在 25℃条件下长时间反应后，利用 LC/TOF-MS（1100 系列，Agilent）进行低聚糖解析，根据 β-1、3-葡聚糖酶型及 EXO 型分解形状判断是否分解了 β-1、3-葡聚糖。

结果显示，利用β-1、3-葡聚糖酶对β-1、3-葡聚糖进行3 h以上的分解后，只检测出了作为单糖的葡萄糖和作为二糖的昆布二糖（图5.43）。据此可以确认，β-1、3-葡聚糖酶利用从β-1、3-葡聚糖内侧开始在昆布二糖间逐次分解的ENDO型分解，将β-1、3-葡聚糖分解。

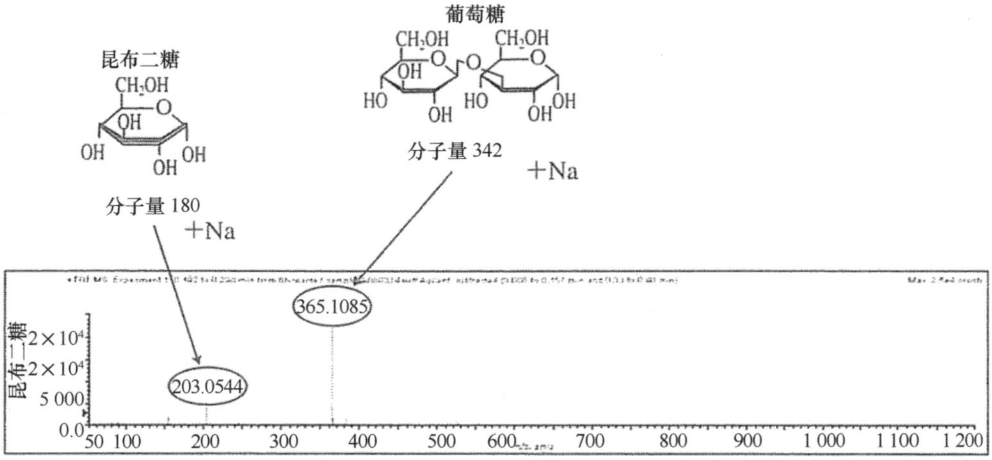

图5.43　利用β-1、3-葡聚糖酶在25℃条件下进行6 h处理的β-1、3-葡聚糖的分解产物的TOF-MS解析

上述试验结果表明：首先，为了研究用于产生*Streptomyces* sp. AP77株的β-1、3-葡聚糖酶的最佳培养时间，以培养澄清液中的β-1、3-葡聚糖的分解活性为指标，研究最佳培养时间。结果显示，在25℃条件下培养5 d时间时，β-1、3-葡聚糖酶的活性最大。因此，最佳培养时间应该是5 d。从培养澄清液中利用超滤进行浓缩、硫酸铵盐析以及透析处理，调制出浓缩至100倍的β-1、3-葡聚糖酶粗酶。利用Somogyi-Nelson法的呈色反应，评价对P. *porphyrae*主要的细胞壁构成多糖β-1、3-葡聚糖的分解活性。关于对β-1、3-葡聚糖的最佳反应时间和最佳反应温度进行了研究，结果显示，这种酶在25℃下发生反应并且反应时间为30 min时能够最有效的分解β-1、3-葡聚糖。即使只反应1 min，也能确认产生了分解活性。对于这种酶来说，从反应温度15℃开始，逐次下降5℃，也能观察到分解活性。在反应温度降低的同时分解活性也略有减少。但是，即使是在5℃的低温条件下，如果反应时间达到5 min以上，也能观察到分解活性，从而确认它属于低温酶。另外，对于β-1、3-葡聚糖分解物进行分析，结果显示，只检测出作为单糖的葡萄糖和二糖的昆布二糖。因此可以确认，β-1、3-葡聚糖酶利用从β-1、3-葡聚糖内侧开始在昆布二糖间逐次分解的ENDO型分解，将β-1、3-葡聚糖分解。

根据上述结果可以得知，*Streptomyces* sp. AP77株产生的β-1、3-葡聚糖酶即使是在低温下较短时间内，也能够将作为P. *porphyrae*的细胞壁构成多糖的β-1、3-葡聚糖分解至二糖以下。因此，即使是在有明海的冬季低温环境下进行紫菜养殖，也具备有效的抗病霉活性。

（龟井勇统）

5.1.5 底质改善

（1）物理性质方面的改善

为了解有明海的底质改善技术，特别是物理性改善，必须了解占日本潮间带总面积约四成的有明海的潮间带底质是如何形成/发展的，并且还要了解被称为“混浊而健康之海”的有明海出现混浊的原因。在本书中介绍了有明海流域的自然和环境，在本节中将从与这两章稍有不同的角度出发，简要说明流域特性和底质、地表的发展史、混浊之海的真面目和底栖生物的多样性，并对湾顶区域底质的物理性变化实际情况进行介绍。其次，介绍传统的底质改善措施，并作为新的底质改善措施之一，就“梢捆围垦法”的概要和实证实验的调查结果进行说明。

对于底质的物理性变化和改善来说，与化学性、生物性因素是密不可分的。如果不研究、实施总体上的改善措施，则物理性改善的效果在环境方面和时间方面都是极有限的，将会得出没有效果的评价。

①有明海的流域特性和佐贺—筑紫平原的发展

有明海流域汇流面积约为 8 400 km^2，几乎相当于有明海面积的 5 倍。在上游分布着很多像阿苏山和云仙岳等至今仍继续活动的火山。这些火山比较年轻，喷出大量火山灰和熔岩，并在山区、上游地区以未固结、弱熔结的状态沉积下来。另一方面，在九州北部、中部地区，梅雨季节和台风季节日降雨量很多时候会超过 200 mm，经常造成暴雨灾害。同时年降水量也达到 1 800~2 400 mm。每年该流域约 137×10^8 m^3的降水渗透到地下，同时随着以筑后川为首的大小 108 条河流一起流入有明海。该流域的总降水量相当于约 2 年半时间将有明海的全部水量替换一遍。有明海是封闭性较高的海湾，因此与外海相比，形成了盐度较低的海域。另外，未固结和风化的火山灰质土被降雨侵蚀、搬运，暴雨时以大量泥沙的形式和河水一起流入有明海。位于佐贺低平地的绳文时代的贝冢分布线受到绳文海侵/海退的影响，最深处位于距离现在的海岸线约 20 km 的位置。另外，受流入泥沙引起的自然淤积和于平安时代开始的围海造田等因素的影响，佐贺—筑紫平原的陆地化速度在平面距离上达到了每年平均 4~10 m。在某种意义上来说，有明海是正在被埋没的海，将会自然淤积成陆的海。

②有明海混浊的真相和底栖生物的多样性

从火山质山地流出的包含火山灰质细颗粒、黏土矿物和腐殖质等腐殖物质的细微颗粒（特别是 40 μm 以下）沿河流流动，在河口的半咸水水域与 Na^+和 Mg^{2+}相遇，产生了絮凝化。而 40 μm 以上的粗淤泥、细砂、粗砂和砂砾成分在河流洪水流和潮汐流及海湾流等水流作用下而分级，形成了砂砾质底质、淤泥质砂质潮间带及泥质潮间带等多种多样的潮间带底质。在有明海区域，这种独特的地质、气象特性产生了海域中火山灰质有机质细微颗粒成分的絮凝化和浮泥，形成混浊之海、光线无法到达之海，尽管营养盐较多，但浮游植物的增殖受到了抑制。对于有明海多种多样的底质来说，栖息数百种以上的多种多样的底栖生物。仅有经济价值的贝类就包括蛤仔、栉江珧、缢蛏、毛蚶等 10 种以上。这些贝类既包括喜欢砂质、砾质底质的贝，也包括能够只栖息在淤泥质和细粒黏土质底质的贝。另外，还有被称为“活化石”的贝和只栖息在有明海的贝，形成了极为独特的生物圈。即使是多种多样的底质构成和分布等发生变化时，在有明海海域，底栖生物和贝类也可以改变栖息场所，使栖息数量发生变化，继续存活下去。从某种意义上来说，这是一片极为顽强的海域。这种“混浊之海”的真相和底栖生物的多样性的概念如图 5.44 所示。

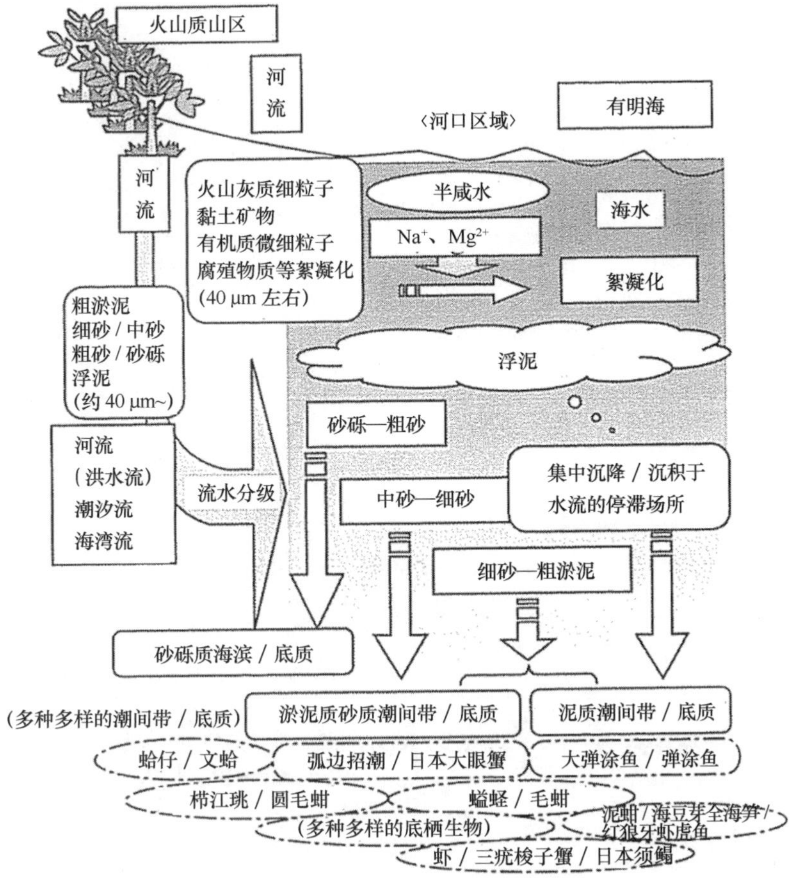

图 5.44　有明海中絮凝化/浮泥、多种多样的底质和底栖生物的概念图

③湾顶区域的底质变化

对比 1988 年和 2000 年的调查结果，分析有明海湾顶西北海域底质的细粒化和栉江珧栖息数量的变化（图 5.45）。根据这一结果可以确认，湾顶底质呈现出细粒化趋势。换言之，正在出现底质的衰退和均质化。关于这一趋势，据认为主要原因是，尽管流入泥沙量变化不大，但是海域的泥沙输送能力正在减弱。某些酸处理剂大量含有“磷酸钠”类作为防止絮凝化的分散剂发挥出强大的效果[65)]。一般认为，泥沙输送能力减弱的主要原因是人为活动等导致暴雨时与泥沙一起流入有明海的径流、洪水流减少，使日本最大的潮位差形成的海湾流及潮汐流的势头减弱。具体来说，主要包括下列内容：a. 谏早围海造田（海湾的围海造田和防波堤）；b. 河流上的水库和河口堤坝；c. 海岸线的单一化；d. 牡蛎礁破坏和海底地形的改变；e. 超过分水岭的水利用等。

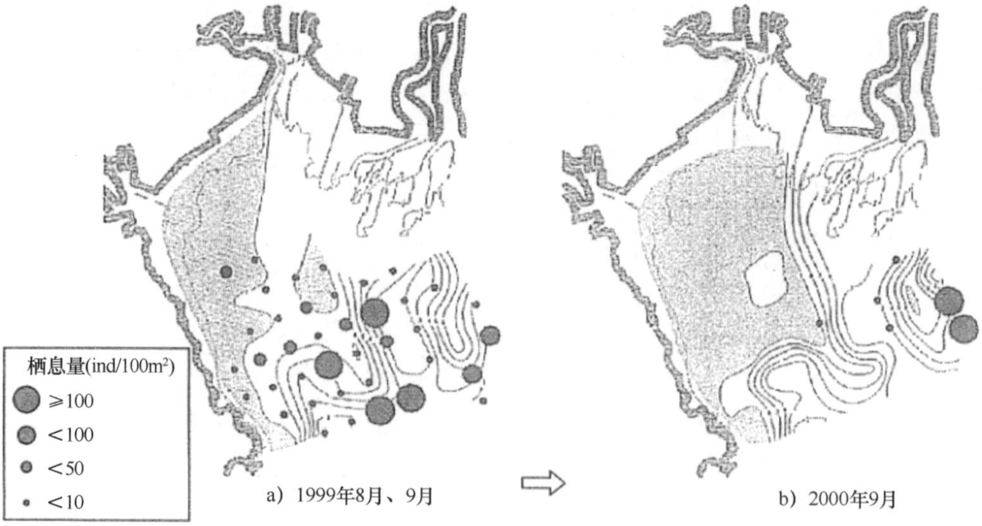

图 5.45　1988 年和 2000 年湾顶西北海域的底质中值粒径的分布和栉江珧栖息量的分布
（佐贺县有明水产振兴中心提供）

④新的永久性底质修复措施

为了改善前文所述的河流、海湾流和潮汐流势头减弱引发泥沙输送能力降低的问题，此前所考虑的永久性底质改善措施如图 5.46 所示。

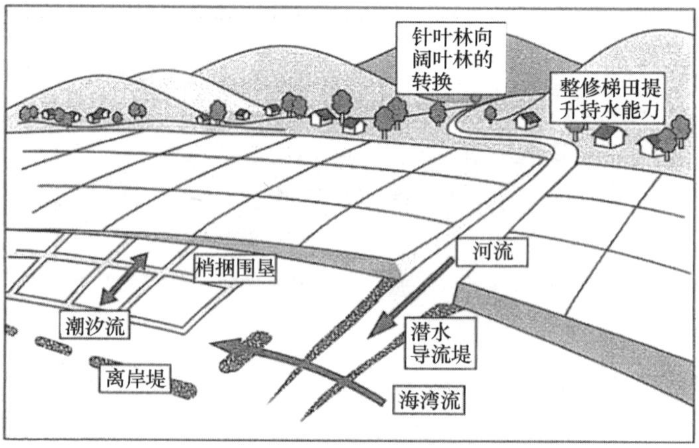

图 5.46　永久性“底质改善措施”的说明

“潜水导流堤”在洪水时保持河流的流动势头，同时能将泥沙中的沙子和砂砾等粗颗粒成分输送到海湾中部。“离岸堤”能增强或减弱海湾流和潮汐流所产生的潮流流速，促进入海泥沙的细颗粒成分的沉降和分级。今天仍然存在着“大授搦”和“昭和搦”等地名，这些地方应是采用“梢捆围垦”进行围海造田形成的。也就是说，古时候实施围海造田时，在围海造田的预定位置，首先使用木桩和梢捆等设置“围垦区”，使得细粒子成分沉降堆积，在数年至十几年底栖生物移动至适宜区域后，再铺设石头、木头、梢捆及木桩，筑起围海造田堤坝。

⑤新的底质改善措施——“梢捆围垦”

“梢捆围垦”方法是阻挡有明海悬浮泥沙并控制湾顶区域底质的细颗粒化和均质化的物理性底质改善措施之一，采用“梢捆围垦”的区域有望成为蝤蛑浮游幼体的变态转底栖生活地点。对于实际设置的梢捆围垦来说，为了确认最合适的条件，需对平面形状和方向、构造及材料等进行改变。梢捆围垦使用的材料的照片及平面形状的概要如图 5.47 所示。

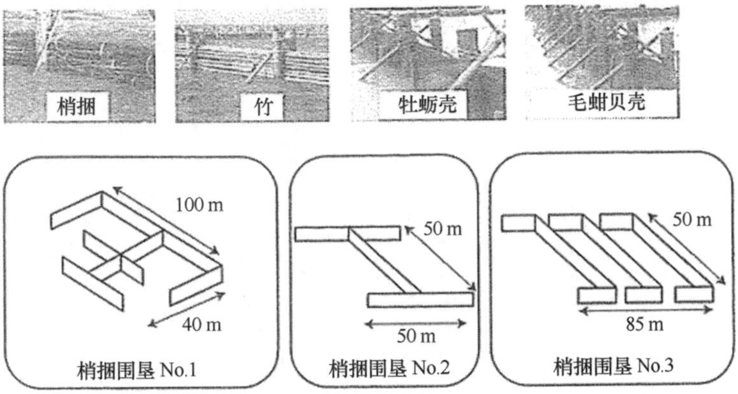

图 5.47 “梢捆围垦”所使用的材料和平面形状

⑥“梢捆围垦”的调查结果

2005 年夏季至 2007 年度建造的梢捆围垦区（No. 1 至 No. 3）内外的沉降通量及沉积底泥量的观测结果如图 5.48、图 5.49 所示[66]。该区域的潮间带表面底泥沉积速度为每日 0.3~0.5 mm，已表明该方法促进了梢捆围垦的周边地区产生局部沉积。

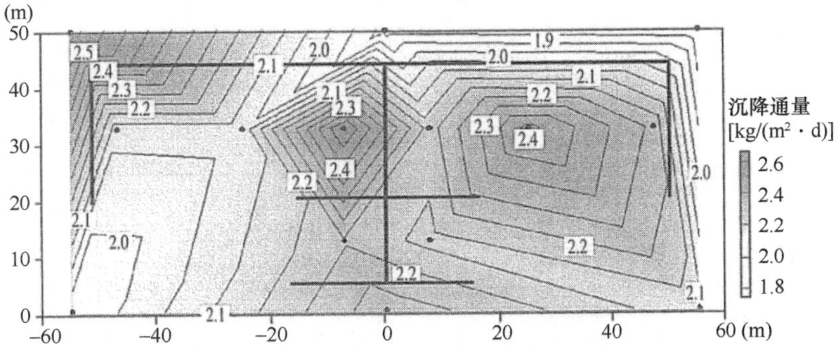

图 5.48 梢捆围垦 No. 1 的沉降通量［2008 年 11 月 28 日至 29 日（大潮）］

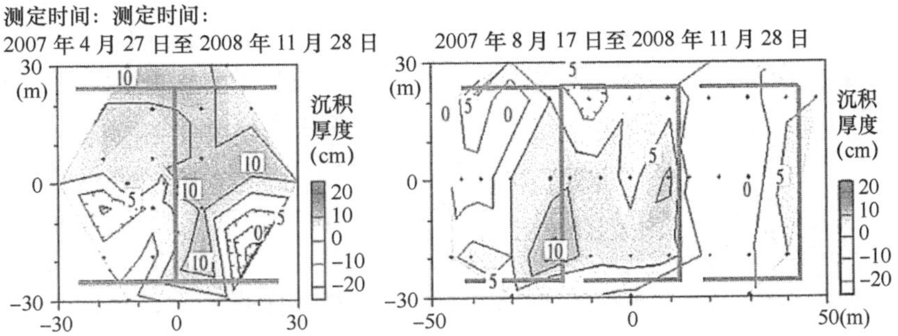

图 5.49 梢捆围垦的沉积底泥层厚度分布

单一直立建造物（高 0.5 m）梢捆围垦周边的流速、悬浮物（SS）浓度分布、底面剪应力 τ_b 及沉降通量 D 的计算结果,[67] 见图 5.50。为了实现简单化，假定在一定水深（1.5 m）保持稳定状态。从计算结果来看，模仿梢捆围垦的突起部底面附近的 SS 浓度上升，突起部前面流速衰减，背后部分产生了旋涡。另外，图中的底面剪应力 τ_b 在卷起临界底面剪断强度 τ_{ce} 以下，所以不会出现卷起现象，沉降将会顺利进行。特别是沉降通量 D 在模型突起物前面 1~2 m 至背面 5 m 的范围内都要比流入前的沉降通量 D 大，最大上升了约 5.0%。这些结果都表明，梢捆围垦具有改善区域水流和促进悬浮物沉降的功能。

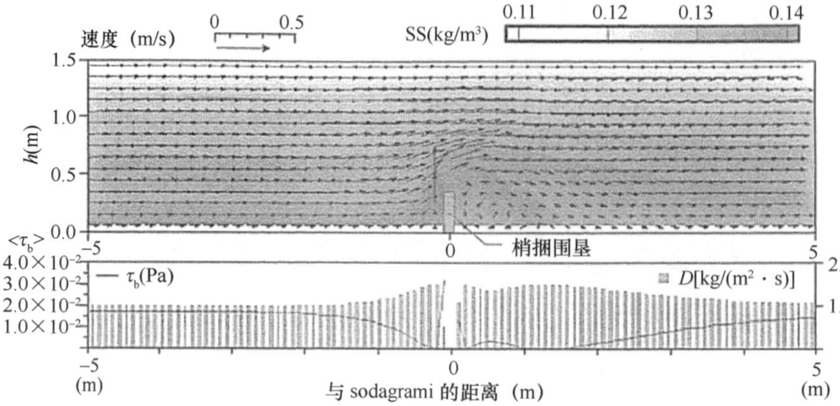

图 5.50　梢捆围垦模型和计算结果实例

下面列举一个调查结果的实例，用来说明设置梢捆围垦后物理环境变化对栖息生物的影响。图 5.51（卷首彩色插图）表示，2006 年 9 月至 2008 年 10 月在梢捆围垦内外各种浮游生物个体数随着时间变化而产生的变化。从图中可以看出，在梢捆围垦内部及比较对照点，浮游生物个体数的季节变化几乎完全相同，但在梢捆围垦所包围的区域变动幅度较小，说明通过梢捆围垦能够维持区域水流的稳定。另外，软体动物类的个体数较多，从初秋到冬季的季节变动也呈现出增大的趋势。梢捆围垦内节足动物的比例呈现出较高趋势。浮游生物的种类数量在 5~20 种变动，没有观察到因场所不同而出现明显差异。图 5.52 表示对约 3 a 时间里梢捆围垦内栖息状况进行调查所获得的各场所的多样性指数。设置梢捆围垦后的 1 a 时间里多样性指数明显增加，但是在与对照点进行比较时，并不具有非常大的效果。在撤除梢捆围垦后（2009 年 8 月之后），撤除工程导致现场出现搅动，同时撤除梢捆围垦引发物理环境再次发生变化，呈现出数值略有降低的趋势。在 3~4a 的潮间带区生物调查期间，其变动很大，很难表明梢捆围垦显著改善栖息场的优势性。另一方面，作为梢捆围垦材料的竹、树枝及贝壳在设置建造物之外发现有很多生物附着于其上（参照图 5.53），明显看到周边区域出现浅滩土的沉积。这一事实表明，对于人工建造物引发的潮间带生态系统的反应来说，必须进行更长期的局部监控。但根据从事“钓钩捕捞大弹涂鱼”的渔民所说，他们在梢捆围垦和环绕堤等底质改善区域的周边潮间带捕捉到了虾虎鱼。这也证明了周边海域的底质环境的改善效果。

根据在设置和撤除梢捆围垦后所做的调查工作及其他研究结果来看，梢捆围垦具有捕捉细颗粒成分的效果和对底栖生物栖息环境的修复效果。但是，沉积于梢捆围垦区域

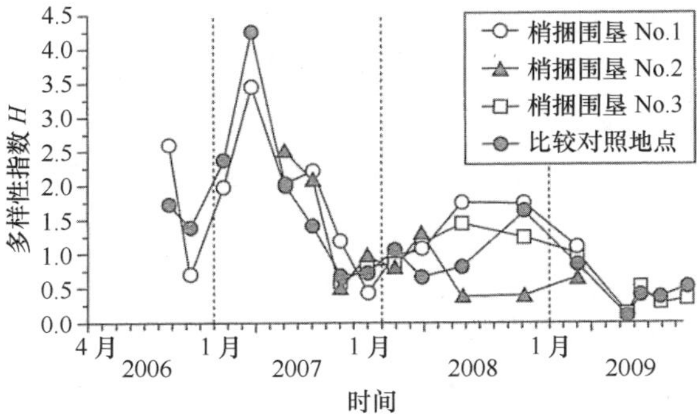

图 5.52　多样性指数的研究

图 5.53　附着在梢捆围垦材料（竹）上的生物

及其周边区域的底泥非常松软，在此次的实证试验期间，对于自然状态下的自重压密测试没有充裕的时间，所以无法确认蛤蛏幼体触底状况。在梢捆围垦内，浮泥长期（5 a 以上）沉积，如果采用大气压密法［参照 5. 1. 5（3）节］降低含水比，则很可能创造出浮游幼体的栖息场所。（林重德 · 山西博幸）

（2）化学性改善

①前言

正如 5. 1. 3（2）节中所述，作为潮间带环境改善措施，利用水质和底质好氧化来促进微生物学上的净化能力是非常有效的。在本节中，将介绍 5. 1. 3（2）节中所述的耕耘和水压利用型强制水循环中的人工巢穴来改善底质的研究结果。在评价改善效果时，以能够直接反映氧化还原级别（厌氧/好氧状态）变化的硫酸盐还原细菌为对象，从分子生物学方面解析底质中的微生物相。这种方法能够灵敏地检测出环境变化。另外，通过采用不需要培养法的方式，简单、迅速地监控潮间带底泥中复杂多样的微生物相变化，对于掌握潮间带的环境状态是非常有效的。

本文主要介绍在熊本市的百贯港进行的人工巢穴实地试验中，使用排水型、MAX 排水型、U 字形共三种人工巢穴所实施的试验的研究结果。

②通过微生物相解析评价人工巢穴设置效果

为了从微生物学方面调查人工巢穴[68]的实施效果，在设置人工巢穴的场所和没有设置的对照区，针对表层（0～1 cm）、上层（7～13 cm）、中层（17～23 cm）、下层（27～33 cm）四种深度，在人工巢穴设置前，设置后，设置2周后、3个月后、6个月后、8个月后、9个月后分别布设标本。从选取的样本中筛选出DNA，所获得的DNA作为模板被用于PCR增幅。作为分子生物学的分析方法，采用调查微生物相分布的克隆分析、调查微生物相的定性变化的DGGE分析、定量调查微生物相变化的定量PCR分析这三种分析方法。图5.54表示以硫酸盐还原细菌特有的功能性基因之一的dsrB为目标的DGGE分析结果。

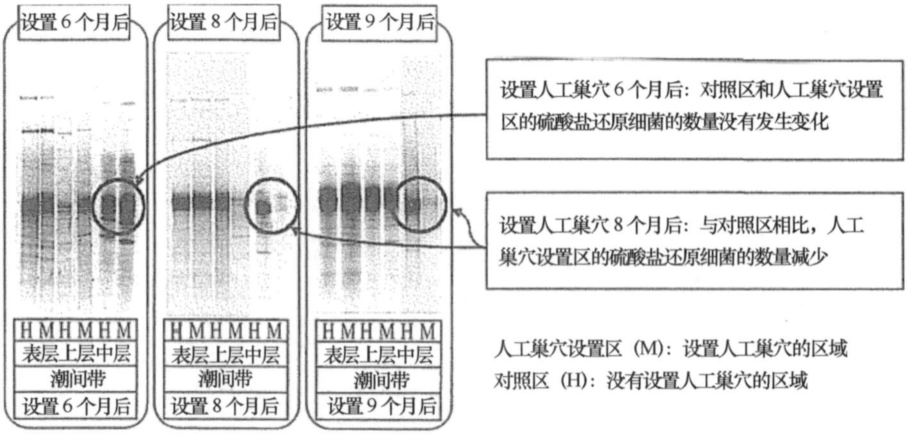

图5.54 设置人工巢穴6个月后、8个月后、9个月后的dsrB-DGGE分析结果

关于黑色条纹的DNA带型，在设置人工巢穴6个月后，人工巢穴设置区和对照区没有出现明显差异，但是在设置8个月后及9个月后，DNA带型的浓度在中层变得特别薄，在人工巢穴设置区硫酸盐还原细菌数减少了。图5.55表示使用设置8个月后的MAX排水型人工巢穴及对照区的表层、上层、中层的样本，以对全Bacteria的16S rRNA基因为目标进行菌株解析的结果。使用从人工巢穴设置区和对照区的表层、上层、中层筛选出来的DNA构筑的菌株库中各自随机抽取约20菌株并进行分析。结果如图5.55所示，对于人工巢穴设置的有无和底质的深度来说存在微生物相的差异。在没有设置人工巢穴的对照区，Gamma Proteobacteria纲的微生物占据优势。与此相对，在设置区中Chloroflexi类的微生物占据优势，这表明微生物相发生了变化。在好氧或厌氧条件下很多分解有机物微生物的Chloroflexi类克隆系统发育树分析中，对于获得的菌株，确认广泛分布于Chloroflexi门的四个亚门中，意味着通过设置人工巢穴能够提高好氧、厌氧两个条件下底质的有机物分解能力。另外，在Delta Proteobacteria中，被分类为属于厌氧性细菌的硫酸还原细菌菌株的比例，没有设置人工巢穴的对照区为16.1%，而人工巢穴设置区则减少到9.1%。而且在对照区中以不具有耐氧性的硫酸盐还原细菌为主，而在人工巢穴设置区中则变化为具有耐氧性的硫酸盐还原细菌。在Gamma Proteobacteria中，用H_2S代替H_2O作为电子供给体进行光合作用，在对照区的表层和上层检测出了不产生O_2的厌氧性光合成细菌的光合成硫黄氧化细菌近缘菌株。与此相反，

在人工巢穴设置区几乎没有检测出来。上述菌株分析的结果意味着在设置人工巢穴 8 个月后，设置区变为比对照区更好氧的环境。

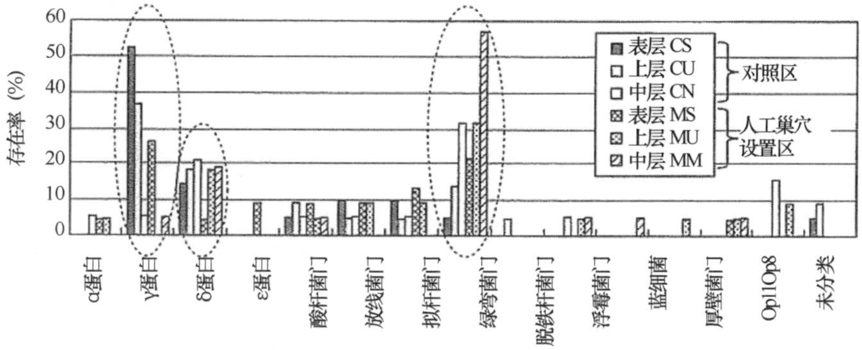

图 5.55　设置人工巢穴 8 个月后样本中的菌株分析结果

另外，还对人工巢穴设置效果进行了定量评价。从潮间带底泥筛选出的 DNA 样本中存在大量对 PCR 反应的抑制物质，因此定量 PCR 分析中存在影响定量性的危险。在不考虑抑制物质的普通条件下进行 PCR，使用以 16S rRNA 为目的的全 Bacteria 的引物时，在所有样本上都出现了 DNA 碎片的增幅。但是，在使用硫酸盐还原细菌 16S rRNA 基因及 dsrA 基因的引物[69]时，发现了很多无法确认的 DNA 碎片增幅的样本。据认为，存在于潮间带底泥样本中的腐殖酸等物质抑制了 DNA 的增幅，所以添加了在报告中认为具有缓和腐殖酸抑制 PCR 效果的 T4gene32protein[70]，使用有增幅的 dsrA 基因的引物进行 PCR。此时将 T4gene32protein 添加到 PCR 反应液中，确认能够实现依存模板 DNA 浓度的目标 DNA 碎片的增幅。

在根据各种条件研究所确定的最终条件下，添加 T4gene32protein，使用从对照区和人工巢穴设置区设置 2 周后至 9 个月后中层样本中筛选出的 DNA，进行全 Bacteria 和硫酸盐还原细菌 16S rRNA 基因及硫酸盐还原细菌 dsrA 基因的定量 PCR，以此调查细菌数的长时间变化。结果如图 5.56 所示。在以全细菌的 16S rRNA 为目标的定量 PCR 中，无论是人工巢穴设置区还是对照区，6 个月、8 个月、9 个月期间都没有发现 1 位数以上的基因数的变动。所以，即使微生物的种类随着环境的变化出现增减，细菌的总数也没有发生较大变化。另一方面，以硫酸盐还原细菌 16S rRNA 为目标的定量 PCR 结果显示，与对照区相比，人工巢穴设置区在设置 8 个月后和 9 个月后，硫酸盐还原细菌数量减少。同样，在以硫酸盐还原细菌特有的功能性基因之一的 dsrA 基因为目标的定量 PCR 反应中，与对照区相比，人工巢穴设置区从设置 8 个月后硫酸盐还原细菌减少至约 1/10。这些结果表明，设置了人工巢穴的底质变为好氧性，作为厌氧性细菌的硫酸盐还原细菌数减少了。

③结语

通过以硫酸盐还原细菌的 dsrB 基因领域为目的的 DGGE 分析可发现，至人工巢穴设置 6 个月后，不管是否设置了人工巢穴及所设置的巢穴属何种类型，带型和带强度都没有发生变化。但是在设置 8 个月后，在中层及下层，排水型和 MAX 排水型设置区的带型比对照区要薄，硫酸盐还原细菌数量减少。另外，在使用设置人工巢穴 8 个月后的

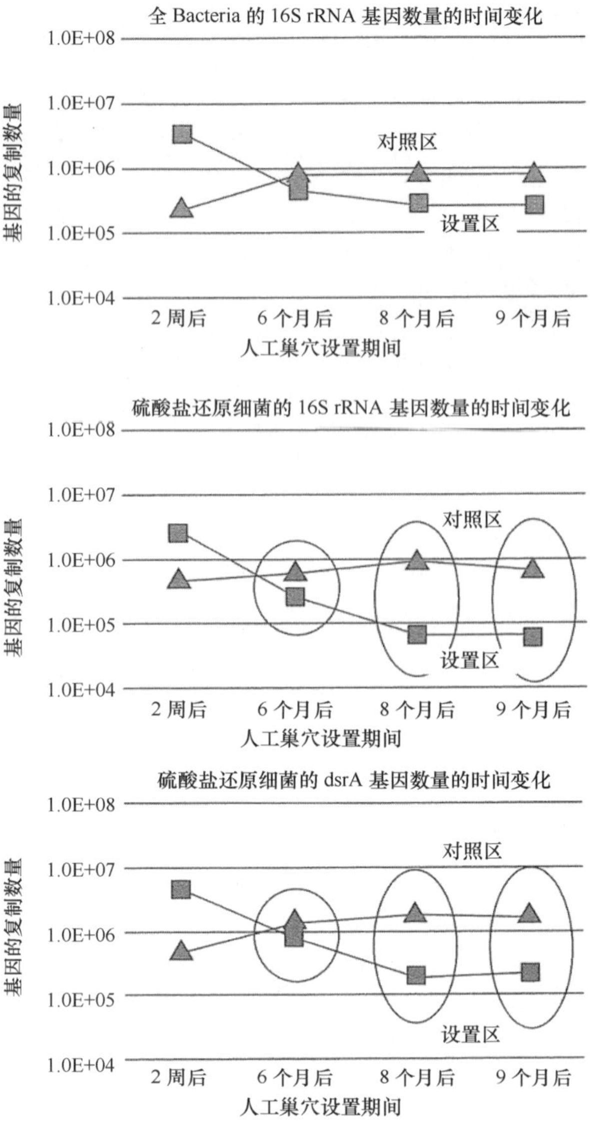

图 5.56　全 Bacteria 和硫酸盐还原细菌的 16S rRNA 基因及硫酸盐还原细菌的功能性基因 dsrA 的定量 PCR 分析的时间变化

样本进行的菌株分析中，设置区变为好氧环境，如硫酸盐还原细菌的比率减少等。而且，在设置人工巢穴后 2 周至 9 个月的定量 PCR 分析中，对作为硫酸盐还原细菌的功能性基因的 dsrA 基因及硫酸盐还原细菌的 16S rRNA 基因分析，发现在设置 8 个月后，与对照区相比，设置区的硫酸盐还原细菌的数量减少。

根据上述结果可以确认，通过设置人工巢穴，潮间带底质环境变为好氧环境，短期内虽然没有出现明显效果，但是如果长期设置，将会发挥改善效果。另外，这种效果不是暂时性的，而是能够长期持续的。

（森村茂 · 木田建次）

（3）生物方面的改善

①前言

沙蚕和蟹等大多数底栖生物在底泥中建有洞穴，可将与底泥表面同样的固体液体接触界面扩大到底泥内部，通过生物扰动作用可维持固体液体接触界面。这种固体液体接触界面是氧化层和还原层的交界面，以有机物的分解和硝化、脱氮为代表的物质循环进行得非常活跃（图 5. 57）。但是，底质环境恶化使生物无法栖息，由于没有洞穴，自净作用衰弱，慢慢变为厌氧状态，并陷入恶性循环。

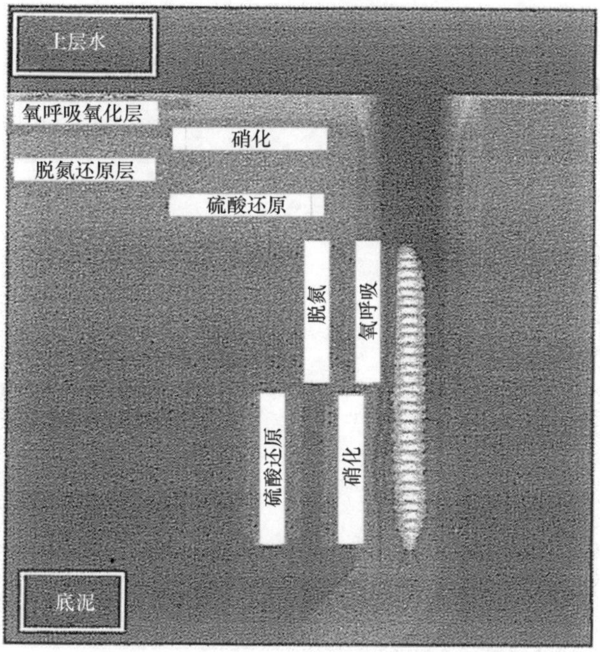

图 5. 57　巢穴周围的氧化还原状况

对于本节所介绍的“人工巢穴”来说，其目的在于人工重现底栖生物的巢穴，在退潮时露出底质的潮间带，利用水位差、在未露出底质的海域利用潮流将上层水输送到底泥中，从而创造出好氧环境（图 5. 58）。

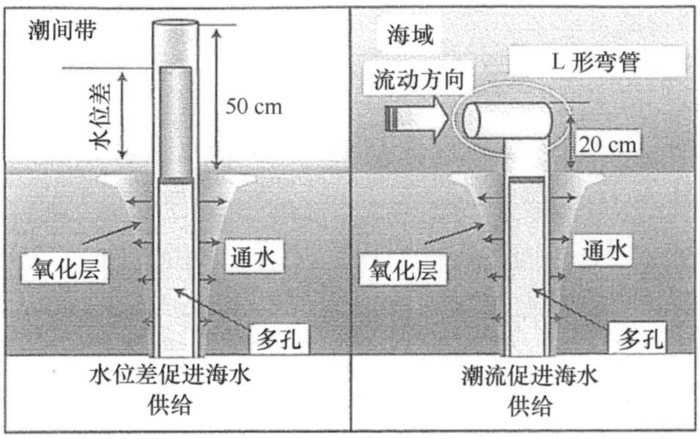

图 5. 58　人工巢穴

②实地试验概要

为了检验人工巢穴的实地适用性，泷川等人[71]从2006年2月起在熊本县百贯港海域及潮间带进行实地试验。试验区域位于坪井川河口，涨潮等情况下泥沙沉积非常明显，底质环境慢慢恶化。用于试验的人工巢穴共7种8个类型（图5.59），以50 cm至100 cm的间隔设置于现场。

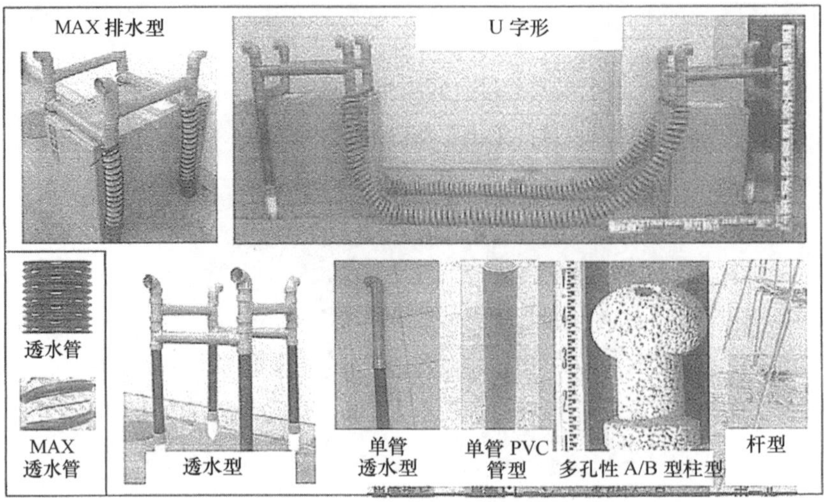

图5.59 各种人工巢穴

为了掌握人工巢穴的底质改善效果，实施了底质调查（粒度组成、含水率、硫化物、ORP、COD_{sed}/强热减量、pH值、湿重量）及底栖生物调查（大型底栖生物的种类、个体数、湿重）。在调查中利用泥深约40 cm的岩芯取样对表层（0~1 cm）、上层（7~13 cm）、中层（17~23 cm）、下层（27~33 cm）进行了底质分析、测定。在底栖生物调查中，在潮间带用25 cm×25 cm的定量框进行两次采泥（0.125 m^2），在海中用15 cm×15 cm的底质取样器，通过潜水进行6次采泥（0.135 m^2）。然后将这些采集到的泥经过网眼为1 mm筛子，获取、鉴定剩下的底栖生物。

③实地试验结果

作为利用人工巢穴实现底质改善效果的一个实例，岩尾等人[72]将人工巢穴（透水型）的海域（图5.60）及潮间带（图5.61）表层的硫化物和硫化物产生的COD_{sed}随时间的变化与对照点进行比较。

在海域中，对照点和透水型设置点的COD_{sed}之间没有发现明确的差异。但是，在设置3个月后、6个月后及24个月后，对照点硫化物的量分别为0.37 mg/g-dry、0.49 mg/g-dry、0.43 mg/g-dry，显示出了比较高的值。在透水型设置点分别为0.08 mg/g-dry、0.13 mg/g-dry、0.24 mg/g-dry，显示出了比较低的值。

在潮间带，对于COD_{sed}来说，在设置21个月后和24个月后，对照点分别为28.0 mg/g-dry和14.0 mg/g-dry，透水型设置点分别为5.8 mg/g-dry、8.3 mg/g-dry，与对照点相比要低。硫化物方面，24个月后在对照点为0.27 mg/g-dry，而在透水型设置点为0.08 mg/g-dry，显示出比对照地点更低的值。

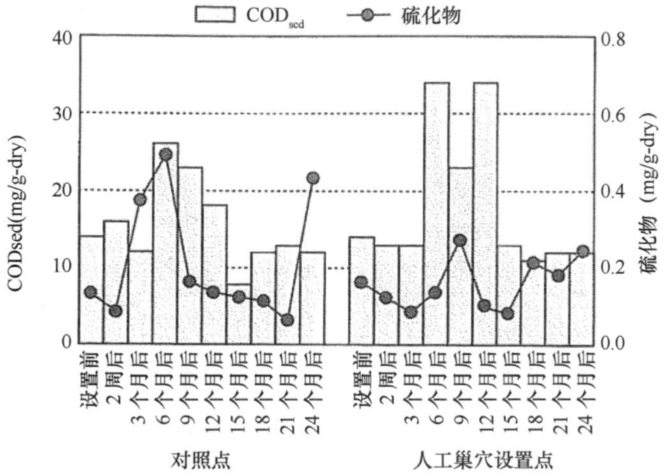

图 5.60　海域中的人工巢穴（透水型）引起的底质变化

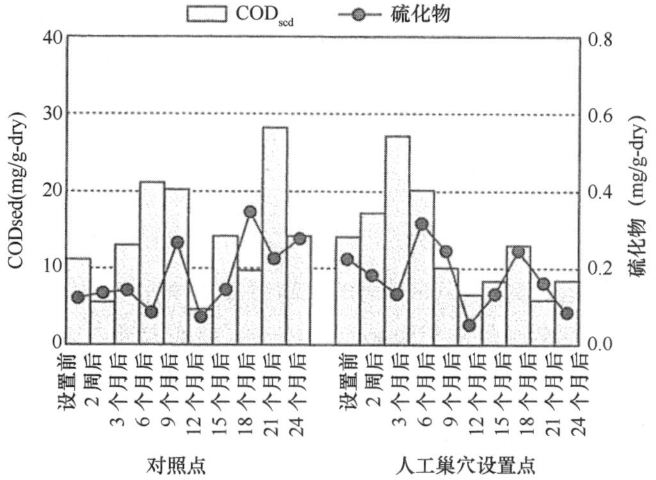

图 5.61　潮间带中的人工巢穴（透水型）引起的底质变化

从这些结果来看，通过设置人工巢穴（透水型），在 3~6 个月后发挥出上层水渗透效果，有助于减少硫化物。但是随后在对照点和透水型设置点都没有出现较大的差异，浮泥沉积在巢穴内部，其效果很小。另一方面，在海域中和潮间带，以人工巢穴设置点在 24 个月后硫化物再次降低为理由，岩尾等人[72]对生物量、生物扰乱进行了调查。

在海域中，对照点和透水型设置点生物个体数相同或是对照点的生物个体数超过了透水型设置点。在生物湿重方面，透水型设置点与对照点相同或是超过对照点（图 5.62）。据分析，这是由于对照点出现了沙蚕等小型底栖生物；在透水型设置点则出现了毛蚶（设置 9 个月后确认稚贝 90 个/0.135 m^2）和大型沙蚕等大型底栖生物。

在潮间带，生物个体数比较分散，但是在对照点和透水型设置点大体上显示出相同的值。生物湿重方面，透水型设置地点在 6 个月后超过了对照点（图 5.63），据分析，这是由于在透水型设置点出现了很多蛤仔等大型底栖生物。

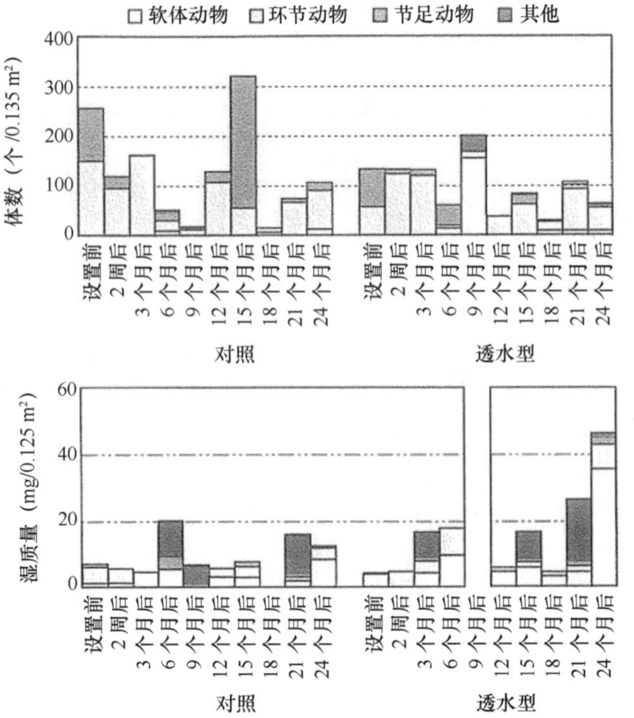

图 5.62　海上人工巢穴周边的生物个体数和生物湿重的变化

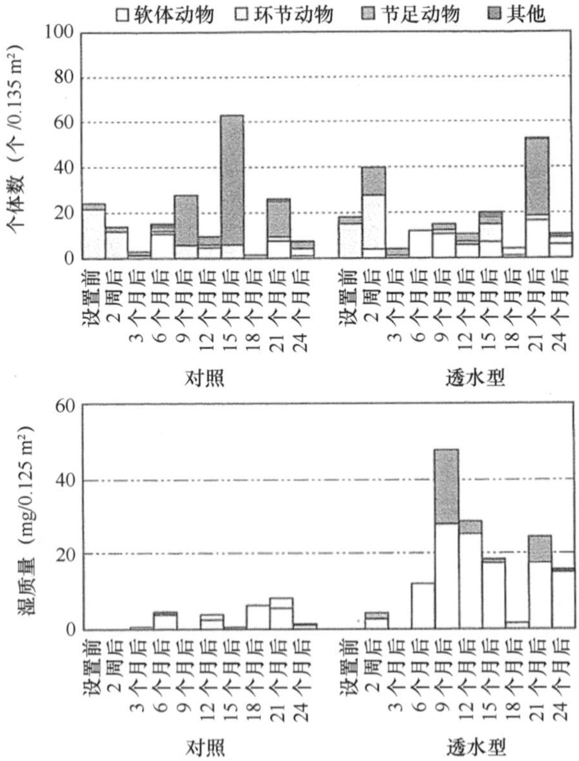

图 5.63　潮间带人工巢穴周边的生物个体数和生物湿重的变化

根据上述内容，在海上及潮间带的透水构筑物型设置点，在设置 24 个月后硫化物减少。报告认为，这是由于大型底栖生物的固定及随之产生的生物扰乱对底质改善所发挥的作用。

那么，在人工巢穴的设置地点出现了在对照点几乎没有出现过的蛤仔和毛蚶等大型生物栖息现象的理由是什么呢？据认为，这是人工巢穴发挥作为生物触底地基的效果而产生的作用。实际上，从设置人工巢穴 6 个月后开始，不仅是毛蚶和蛤仔，还有各种各样的生物在设置地点出现。

增田等人[73]及丸山等人[74]确认在海上的设置地点存在海藻和红螺、在潮间带的设置地点出现了藤壶和牡蛎等附着生物，并间隙栖息着蟹和沙蚕等，还附着着蟹和沙蚕等的卵。在海上的设置地点内确认存在稚仔鱼的鱼群。因此，报告称存在人工巢穴成为鱼贝类的产卵、栖息场的附属性效果。

④结语

人工巢穴对于底质的改善效果主要包括：a. 上层水渗透带来的改善效果；b. 生物扰乱作用带来的改善效果。另外，在人工巢穴设置点附近，发现产生了冲刷影响[74]，希望对于目前的地面能够产生抑制浮泥沉积效果。

另一方面，本技术还需探讨的问题主要包括：a. 在上层水渗透产生的改善效果的持续时间方面，限定为设置后 3~6 个月，因此，为了使改善效果长期持续下去，研究抑制浮泥在人工巢穴内部沉积的方法是必需的；b. 在上层水渗透带来的改善效果的影响范围方面，仅限于人工巢穴表层非常近的范围[74]。所以要掌握定量的影响范围，以期继续开发能够改善更大范围的技术。

（五十岚学·森本剑太郎）

5.1.6 环绕堤所带来的浅海域底质修复

（1）湾顶区域的底质修复研究

佐贺大学低平地研究中心从 2001 年 7 月起，依托（独）农业/生物类特定产业技术开发机构提供的竞争性研究资金项目“为创造生物类产业不同领域融合研究支援事业”，开始实施地区联盟项目“有明海底质改善和底栖生物恢复技术开发”的研究工作。这项研究由当地的产业、政府、学校等 5 个机构联合实施，一直持续至 2006 年 3 月，共用了 5 年时间，获得了很多重要的数据和成果[75]。以这些成果为基础，在 2005 年 4 月至 2010 年 3 月的 5 年时间里，实施了由科学技术振兴调整费、重要课题解决型研究的推进项目——“有明海生物栖息空间的全面修复和实证试验”，并且报告了这些研究的主要成果——湾顶区域泥质潮间带“通过环绕堤和覆沙、耕耘混合进行的底质修复实证试验”的结果。

作为开始地区联盟研究项目的预备调查，在湾顶潮间带底质恶化最为严重的饭田海岸滩涂进行了底质改善的实证实验。对当时奇迹般地发现存在自然生长的蛏蛭，并被指定为渔业保护区的东与贺海岸也进行了底质调查，并且对其差异进行了比较检验。另外，从饭田海岸至东与贺海岸设置了 4 条测量断面，在测量断面上布设 4~5 个测量点，连续 9 年实施调查。实证实验场和测量断面、测量点如图 5.64 所示。另外，截至 2002

年 11 月，饭田海岸和东与贺海岸的潮间带表面状况如图 5.65a)、b) 所示。饭田海岸滩涂 a) 完全没有发现巢穴等生物痕迹，挖掘时发觉强烈的异味（腐烂的卵的臭味），黑灰色的泥土沾满铁锹和手。而在东与贺潮间带 b) 则发现了很多巢穴和弧边招潮、大弹涂鱼等，还发现存在很多捕食弧边招潮和大弹涂鱼等生物的鸟的足迹。正如照片上所看到的那样，将铁锹插入滩涂中完全没有异味，灰白—蓝灰色的滩涂底泥就像切豆腐和布丁时一样，能够保持完整的形状。

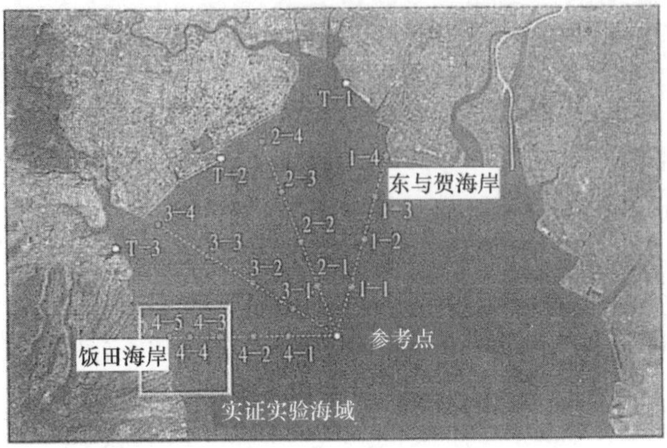

图 5.64　实证实验海域和调查断面占测量点

图 5.65　2002 年实验海域滩涂底质状况的比较

（2）湾顶区域的底质调查

①调查方法和 2002 年调查结果

底质调查方法如图 5.66 所示。将不锈钢模子（Φ 20 cm×H 20 cm）和薄管取样器（Φ 7.0 cm×H 90 cm）插入底泥中，各自采集深 20 cm 和约 70 cm 的未搅乱样本，在现场及实验室实施规定深度测定和试验。

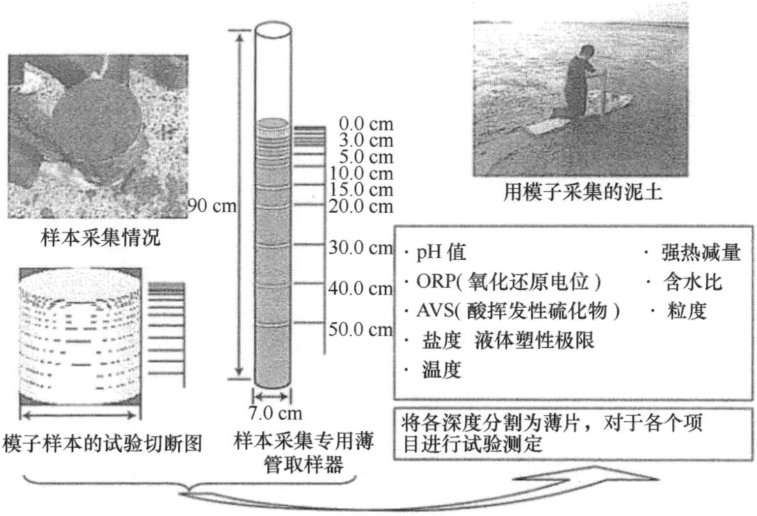

图 5.66　调查方法

对于底质调查的结果，根据地区联盟审查员（水产学专家）的建议，以使用检测管测定的 AVS 值（酸挥发性硫化物）为基础进行研讨。而且，对于利用这种方法测出的 AVS 值来说，与硫化氢一起，同时测定与金属缓慢结合的硫化物。游离的硫化物以 H_2S、HS^- 及 S_2^- 的形态存在，其比例与 pH 值密切相关。因此，在测定 AVS 时，经常要测定 pH 值及盐度。在 AVS 值方面，0.2 mg/g dry-mud 是表示水产生物栖息环境良好的水产标准值，AVS 值 0.5 mg/g dry-mud 是有经济价值生物的栖息限值。

在湾顶区域的 4 个测量断面、18 个测量点每 3 个月进行一次调查，一年进行 4 次，基本上连续实施了 9 年。调查结果显示，2002 年 5 月，湾顶区域的底质恶化非常严重。特别是在测量断面 4 的 4-2、4-3、4-4 测量点的底质 AVS 值远远超过了生物栖息限值 0.5 mg/g dry-mud。调查结果显示，当时的湾顶区域底质对于底栖生物来说，是极为严峻的环境。

在饭田海岸潮间带，从 2002 年 5 月至 2004 年 1 月，几乎每个月都对底质进行测定。底质调查结果（AVS）如图 5.67 所示。在饭田海岸潮间带底质中，从 4 cm 左右直到约 20 cm 深度，AVS 值全年都远远超过了生物栖息的极限值。特别是夏季，潮间带表面附近都呈现出很高的值，有的月份深度达到 40 cm，该海域底质几乎没有生物能够栖息。这证明了图 5.65a）的状况。但是，对于饭田海岸潮间带的底质改善来说，最低也必须实施到约 50 cm 的深度。另一方面，东与贺海岸潮间带底质 AVS 值比水产标准值低的深度达到 11 cm 左右，再深处 AVS 值处于栖息极限值以下，因此确认属于生物栖息的良好底质环境。湾顶区域的饭田海岸和东与贺海岸，潮间带底质调查几乎在 9 年里的每个月都会实施。

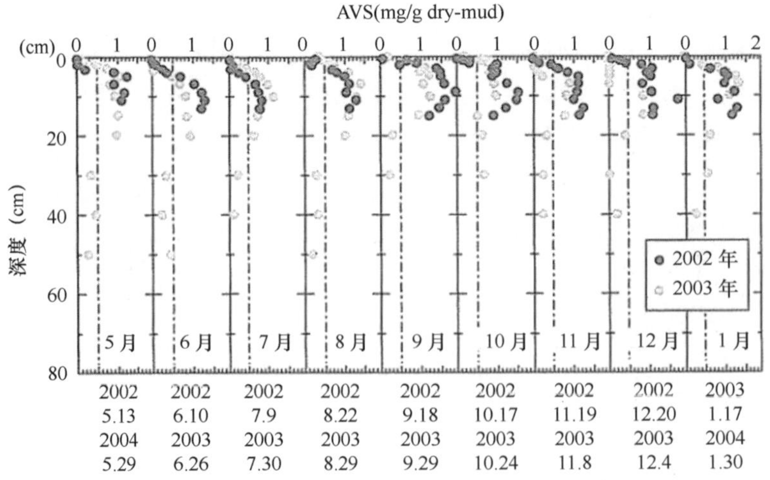

图 5.67　饭田海岸潮间带的 AVS 值每月深度分布

②底质 10 cm 深度的 AVS 的常年变化（2002 年 5 月至 2005 年 10 月）

在饭田海岸和东与贺海岸潮间带及改善区，从 2002 年 5 月至 2005 年 10 月，每月测定底质 10 cm 深度的 AVS 值的常年变化如图 5.68 所示。对于 10 cm 深度的底泥来说，没有受到平时的波浪和潮汐等的扰动和降雨等的影响，所以适合掌握底质环境的长期变化。根据实际测定的 AVS 值变化来看，饭田海岸的底质作为生物栖息环境来说仍然处于严峻状态，但是到观测期末（2005 年 10 月）为止，已呈现出明显的改善趋势。关于出现这种改善趋势的理由，将在后文（5）中说明。另外，在东与贺海岸潮间带的底质及底质改善区，这一期间一直维持着良好的环境。

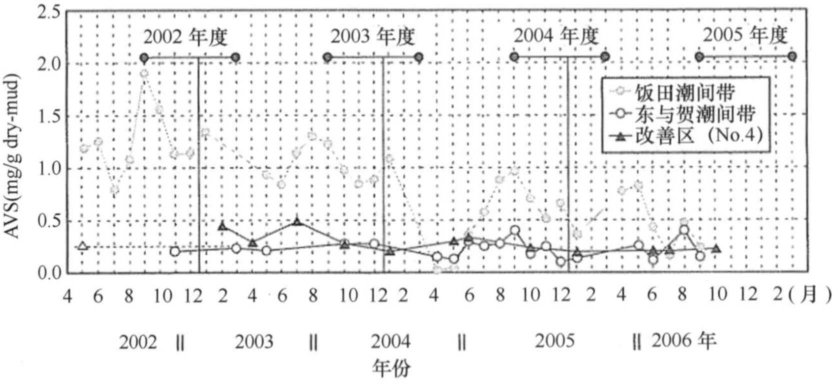

图 5.68　AVS 值的常年变化

（3）环绕堤和覆沙、耕耘混合的“底质改善系统方法”的开发

研究的具体目标之一是在底质明显恶化的饭田海岸潮间带实施“底质改善”，实现底栖生物赖以生存的环境修复，特别是要开发让该海域特产的“蛤蜓”复活的技术。事先调查的结果显示：a. 饭田海岸潮间带底质数十厘米深度都出现了明显的厌氧化现

象；b. 以前实施的覆沙、耕耘、疏浚等的效果并没有得到持续；c. 在湾顶区域的潮间带，底泥的细颗粒化不断加强。因此，在相关潮间带为了实施“底质改善”，首先要用装有恶化了的底泥的大型土袋构筑环绕堤，其次是在环绕堤内部铺设底质改善材料，与底质一起耕耘、混合，根据底质的恶化状况和蛤蛏的潜泥深度要求确定铺设厚度，建造比周边高出一些的土丘。为了检验这种“底质改善系统施工方法”的效果，由县有明水产中心投放蛤蛏并调查存活率和生长、成熟度[76]。

①日本建设技术株式公社已开发出利用红酒酒瓶和有色玻璃等难以再利用的废玻璃制造比重为0.4~0.8的发泡玻璃技术。这种发泡玻璃材料可以作为水耕栽培和屋顶绿化的土壤来使用，且如果铺设在金鱼水槽中用砂砾层盖住，则发挥出强大的水质净化功能，水槽里的水全年都不需要更换。但是，为了在海上作为底质改善材料使用，要求具有能够成为微生物住处的间隙结构，而且在海水中不能上浮，所以要求开发制造比重为1.5~1.7的发泡玻璃材料的技术。经过反复试验，最后采用佐贺县陶瓷器制造厂生产的瓷器废材，开发出比重为1.5的发泡玻璃材料的技术。这项研究开发的流程如图5.69所示。而且，为了将AVS值为1.2 mg/g dry-mud的恶化的底泥改善到栖息限值以下，研究并选择了改善材料（发泡玻璃+沙子）的配合比例。

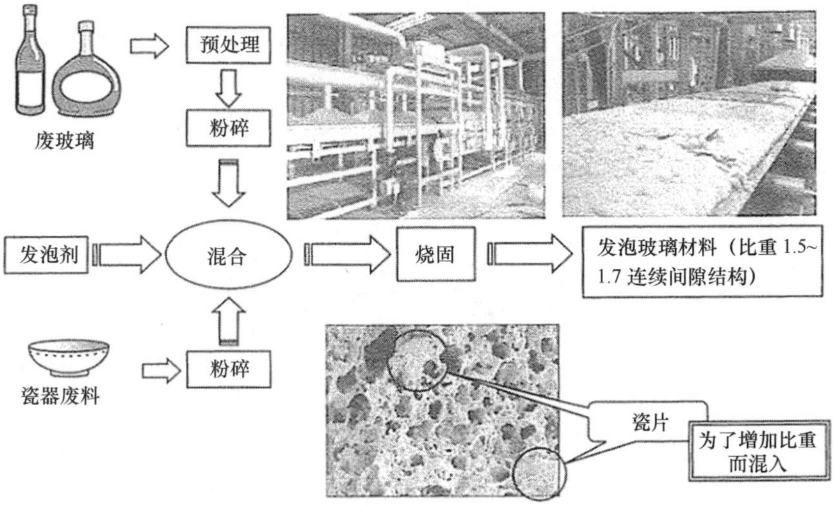

图5.69　比重为1.5~1.7的底质改善材料（发泡玻璃）制造工艺流程

②固结底质层的耕耘混合设备的开发。如前文所述，在底质恶化明显的饭田海岸潮间带，有的季节AVS值超过了生物栖息限值的深度达到30~40 cm。另一方面，此前渔业从业人员用于潮间带耕耘的旋转式耕耘机只能耕耘底质表面以下15~20 cm的土层，因此在耕耘的土层之下残留着AVS值较高的底质。而且作为研究对象的蛤蛏，其成年贝（7~9 cm）所挖掘的巢穴接近壳长的10~12倍，因此改善底质时深度要达到约1 m，才能维持良好的环境。另外，在耕耘混合时，所采用的方法必须能极力避免对栖息在此地的贝和底栖生物类造成伤害，所以将黏土和沙子均衡混合并不容易。为了克服这些问题，考察、开发的耕耘、混合设备是如图5.70所示的“开孔螺旋钻”。如图中所示，通过探井时的混合试验，确认其处于良好的混合状态。

③构筑环绕堤和覆沙、耕耘混合的施工技术。在饭田海岸潮间带，穿着胶皮连脚裤

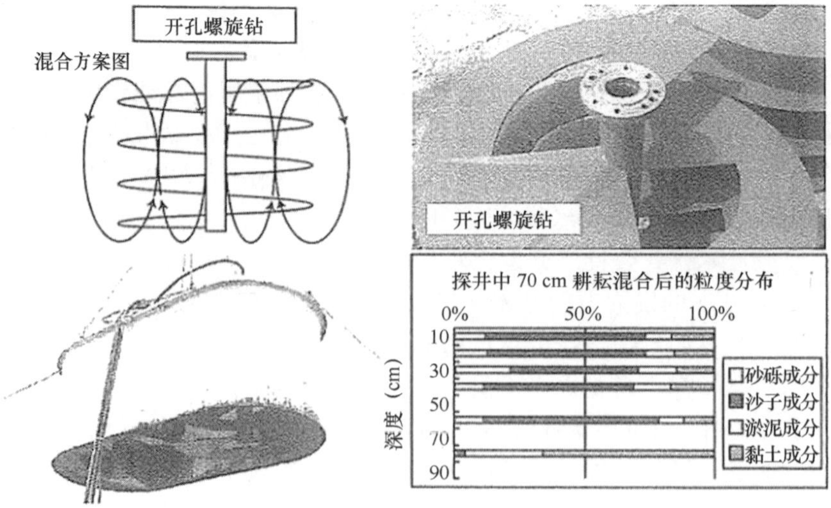

图 5.70　底质耕耘混合设备的开发

注：可以有效地将铺设于环绕堤内的底质改善材料固结深度达 1.50 m 的底质层及黏土层耕耘混合。

进入滩涂也会下沉 50 cm 至 1 m，只能用滩涂泥橇和潮间带行走机才能移动，进行环绕堤和底质改善区施工是极为困难的。所以研究设计了能够使用构筑环绕堤，专门开发的改善材料铺设、覆沙及开发耕耘混合设备相结合的施工系统技术。潮间带中“底质改善区”的施工状况如图 5.71 所示。

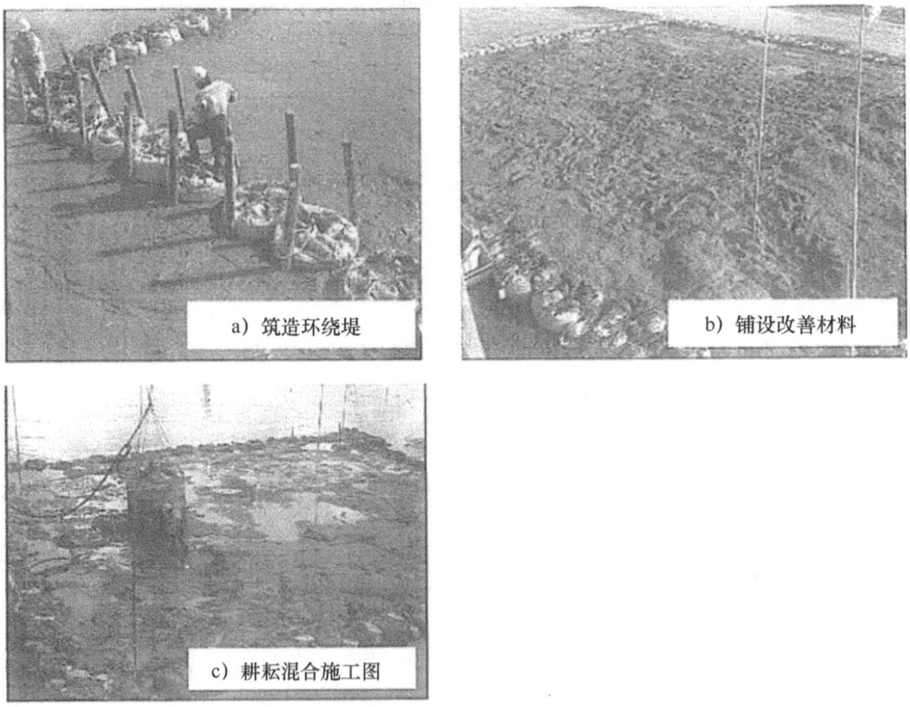

图 5.71　底质改善施工

④“底质改善系统施工方法”和改善效果持续性的确认。在有无环绕堤及底质改善区和非改善（无处理）区域对“底质改善”施工 3 a 后的不同深度 AVS 值的分布进行了比较，结果显示底质改善区材料不同和环绕堤的有无都会导致改善效果的持续性出现差异，从而确认了环绕堤及底质改善材料的效果。另外，图 5.68 说明了底质 10 cm 深度的 AVS 值的常年变化情况。据此可知，在 AVS 值超过 1.2 mg/g Dry-mud 的底质恶化明显的潮间带施工的“底质改善区”，其 AVS 值在施工后立即降低至栖息极限以下，在施工后 4 年半以上的长时间内，AVS 值一直维持在栖息极限值以下。按照上述介绍开发的“底质改善系统施工方法”的基本构成及环绕堤的作用和效果等的概要如图 5.72 所示。

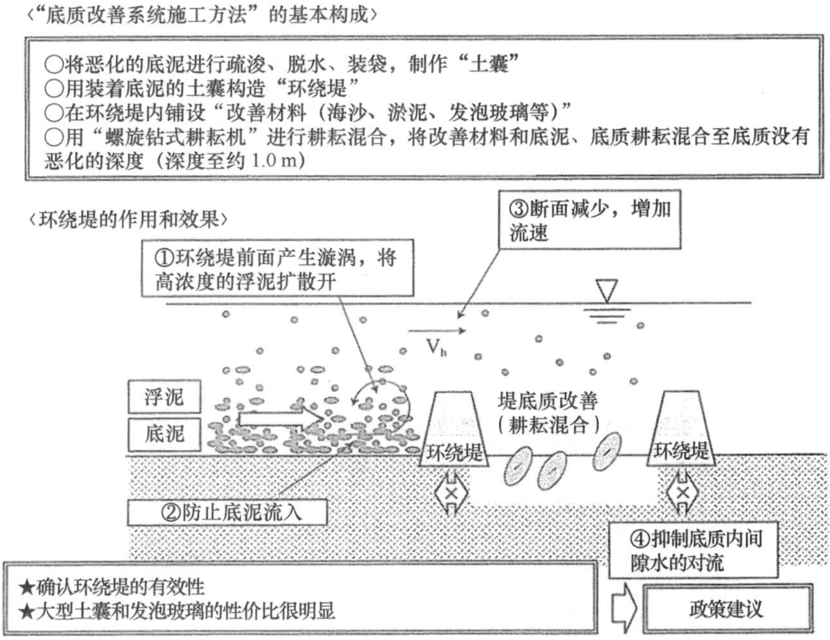

图 5.72　底质改善系统施工方法的总结

⑤底质改善区的进一步改良—真空压密施工方法带来的含水比降低。在底质改善区，如图 5.68 所示，确认施工后 AVS 值立即降低，而且长期维持着这一效果。另外，在覆沙、耕耘混合后的底质粒度分布方面，确认其适合作为蛤蛏的栖息地。但是，因耕耘混合导致表层部分附近的含水比提高了 350%~430%，作为蛤蛏养殖场时，对维持蛤蛏巢孔的孔壁存在影响。另外，台风和季节风所引发的波浪导致泥沙分级和细粒成分的流失，从而形成了沙层，对蛤蛏潜入泥中造成了障碍。通过使用真空压密施工方法，降低了表层部分的含水比，从而解决了上述问题。

（4）投放蛤蛏稚贝的生长

2005 年和 2007 年 3 月投放在底质改善区的蛤蛏稚贝的存活率（发现率）如图 5.73 所示。对于当时饭田海岸潮间带的底质（非改善区）来说，AVS 值约为 1.0 mg/g dry-mud，仍然处于较高状态。但是，确认投放在 AVS 值降低的改善区的成年贝在 4 个月后的存活率为 40%~50%，9 月中旬成熟，11 月前后产卵。特别是在 2007 年利用真空压

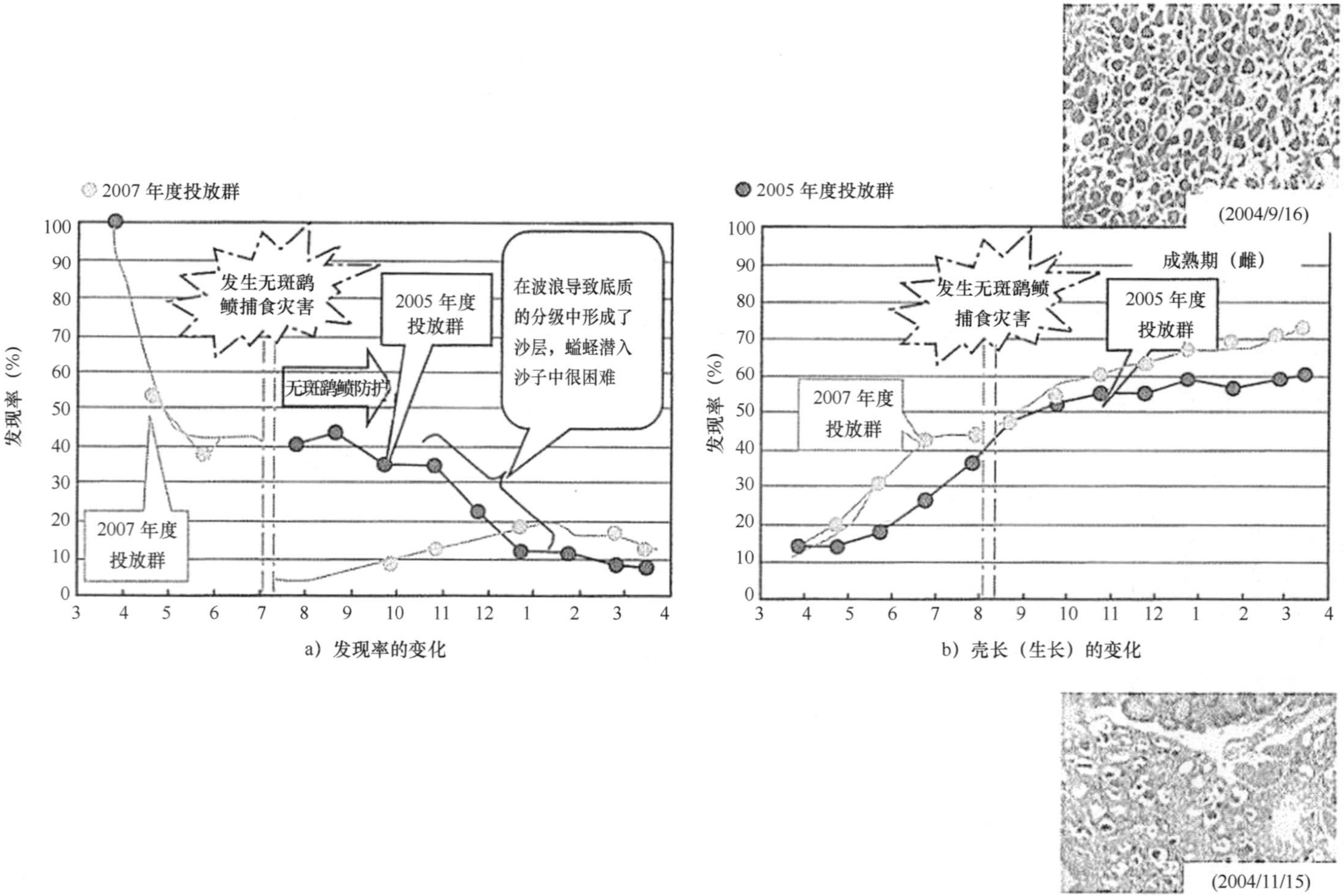

投放期（雌）
卵巢在显微镜下的照片

图 5.73　投放在大气压密施工区（2007 年度）及非施工区（2005 年度）的蝓蛏稚贝的存活和生长的比较（2008 年 7 月 15 日：津城）

密方法进行改良的改善区，生长较快，虽然受到无斑鹞鲼捕食的影响，但是在约 1 年后仍确认有 15%左右得以存活。在底质恶化最为明显的潮间带底质改善区，投放的蛤蛏稚贝成长、产卵，而且经过 1 年以上时间仍然能够存活，意味着“改良的底质”创造了蛤蛏养殖场的这种技术得到了实际验证。

（5）湾顶区域潮间带底质长期监控的结果

①2006 年 12 月之后底质再次恶化

在 2002 年 5 月至 2010 年 1 月约 8 年时间里，饭田海岸和东与贺海岸底质 10 cm 深度的 AVS 值和 pH 值的常年变化如图 5. 74 所示。从调查开始时至 2006 年 1 月，AVS 浓度反复出现季节性变动，同时呈现出明显的下降趋势，至 2006 年 12 月左右，基本上呈现稳定状态。但是，2007 年 1 月之后 AVS 值转为上升（再次恶化）状态。

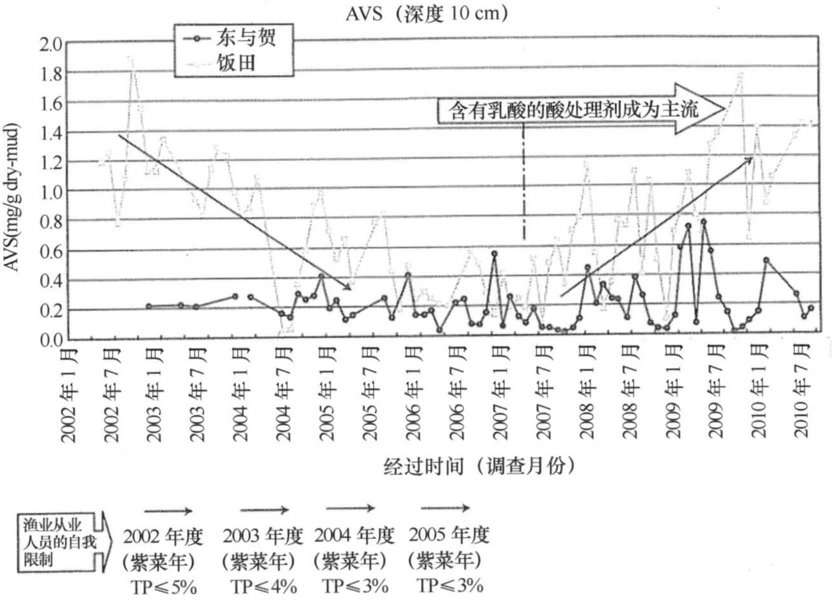

图 5. 74　长期监控的结果

②底质再次恶化的原因分析

采用旁证论方法分析 AVS 值的常年变化的原因。从 2002 年至 2005 年 AVS 值呈现出下降趋势，见图 5. 74。这与以下事实吻合：受紫菜渔业相关人士的自我控制，对 2001 年 TP 含有率超过 10%的酸处理剂，从 2002 年度至 2006 年度，依次削减至 5%、4%、3%以下。另外，对于 2006 年 12 月左右开始出现的底质、海域的再次恶化来说，这与以“乳酸”为主要成分的新型酸处理剂被大量使用的时间几乎完全一致。关于以“乳酸”为主要成分的酸处理剂，环境科学专家严厉指出，其对环境的影响非常大。从使用方法的实际情况可以确认，紫菜的酸处理剂几乎是不可能回收的，所以必须注意。

（6）如何实现浅海海域的底质修复（有明海修复）

2002 年，在湾顶区域的浅海海域，底质恶化最为严重的潮间带开始开发“利用环绕堤和覆沙、耕耘混合的底质修复技术”。在施工开始之后，AVS 立即明显降低（底质改善），并且实际验证在其后的 4 年半时间里一直维持着这一效果。但是，无论是多优秀的底质改善技术、施工方法，只要反复出现让海域增加赤潮（夏季的褐胞藻及冬季的硅藻浮游生物）、导致底质恶化的行为，其效果就不可能长期持续下去，无法实现“有明海复活”。只有将数年间引发有明海环境恶化的物质清除掉，才会成为充分自愈的海域。

（林重德·末次大辅）

5.1.7 岸线修复

（1）岸线的定义及其作用

滩涂和盐沼是来自陆地的泥沙受潮汐、潮流、波浪等的影响后长年反复侵蚀和沉积而形成的。由于是陆地与海洋的分界线，所以作为陆地和海洋生态系统的群落交错地带，是生物多样性极其丰富的区域。将从存在于陆地与海洋分界线的地表海拔较高的潮上带至海水边的连续地形所包含的区域称为岸线。

岸线是具有非常高初级生产力的场所。底栖生物、鱼类、鸟类等多种多样的生物在此区域栖息或来到此区域，将这里作为产卵、捕食、稚仔鱼的生育场所。在上述生物活动的影响下，海域的物质循环通过食物链维持着平衡状态，并具有高度的净化功能。

（2）实地实证试验结果[77-79]

为了让潮间带生态系统所具有的自我修复功能（净化功能）得到恢复（复原），如图 5.75 所示，进行了以人工方式促使原本存在于海岸线的功能得到恢复，并进行了实地试验。

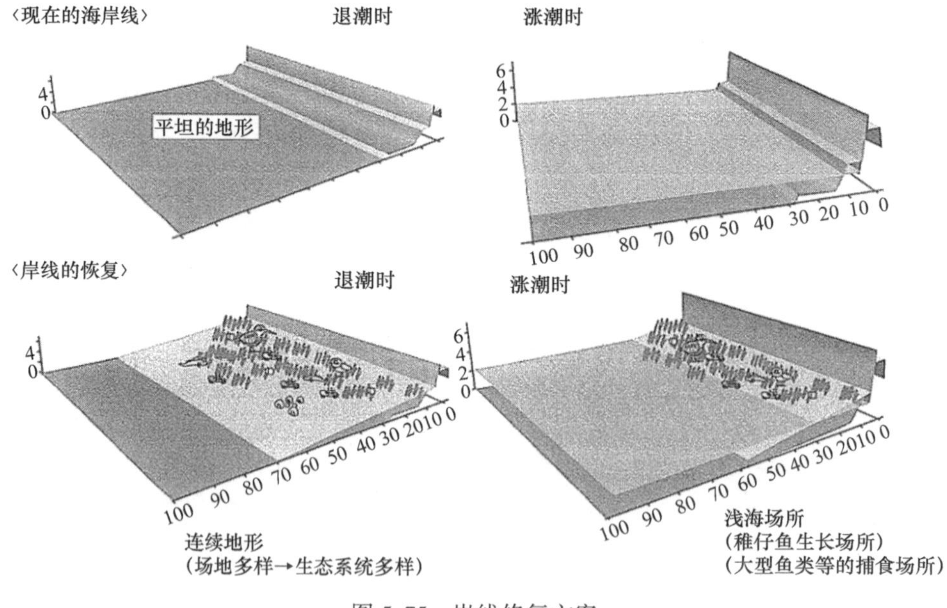

图 5.75　岸线修复方案

①试验地点

岸线修复技术实验场位于有明海海湾中部的熊本港，东侧建造了“东岸线”，北侧建造了“北岸线”。另外，在位于熊本港东侧的冲新海岸建造了“改良型岸线（阶梯式生态护岸）”。所建造的岸线位置和照片如图 5.76 所示，结构和规模如表 5.7 所示。在下文中，将介绍这些实证试验结果。

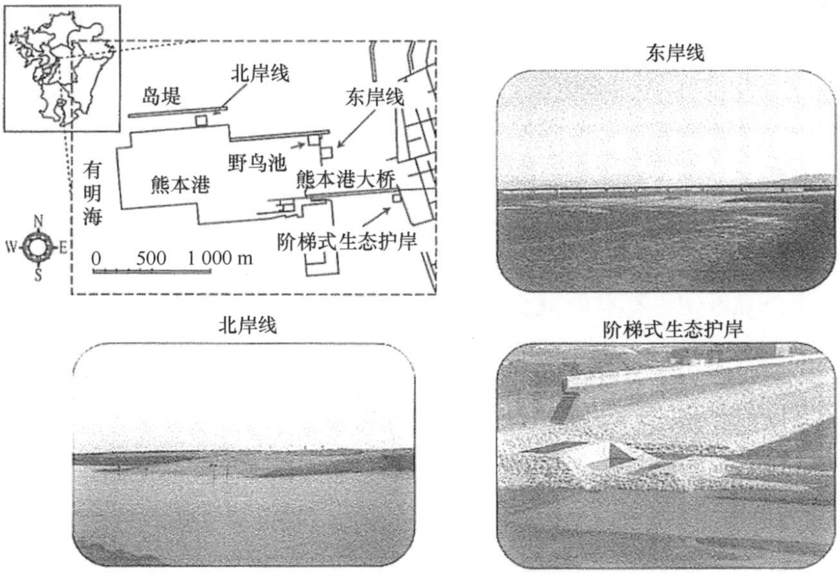

图 5.76 “岸线修复”实地实证试验场位置和照片

表 5.7 建造的岸线的结构和规模

名称	东岸线	北岸线	阶梯式生态护岸
建造完成年份	2005 年 10 月	2006 年 9 月	2007 年 9 月
底质	砂质	砂泥质	砂质、泥质
宽×进深	100 m×100 m	40 m×60 m	10 m×20 m
地基高度（T. P.）	±0. 0 m ~ +2. 0 m	−2. 0 m ~ +2. 0 m	−0. 2 m ~ +2. 0 m
坡度	1/30	1/12	—
特点	为了创造自然潮间带和连续地形及生态系统，设置用于防止覆沙流出的弧形潜堤，呈锯齿状布置在前滩潮间带	有效利用熊本港旁边航道疏浚时产生的疏浚泥建造的前滩潮间带。波浪作用强，建造于退潮时的岸线附近，与东岸线条件不同	上层阶地潮间带设定为适合盐沼植物生长的高度，中层设为潮池，使稚鱼等能够逃进潮池中。下层放入粒度组成各不相同的沙土

②熊本港“东岸线”

建造东岸线的熊本港东护岸前面是地基高约 T. P. ±0. 00 m、中值粒径约为 0. 06 mm 的泥质潮间带，平坦的潮间带一直延伸至对岸的围海造田地区。在这个区域，从 H. W. L 到现场地基的 T. P. ±0. 00 m，在 100 m×100 m（宽×进深）的范围内，设置了弧形潜堤，呈锯齿状设置。该处用中值粒径约 0. 79 mm 的有明海海沙进行覆沙，坡度约为 1/30。护岸前面设置了两条防沙堤，用来防止潮上带附近的覆沙流出，中部配置了 3 处岛堤，让生物的栖息环境呈现出多样性。

如图 5. 77 所示，在东岸线发现的底栖生物包括在锯齿状潜堤内侧（东岸线内）、外侧（东岸线外）、内侧和外侧都出现的物种数、在调查区域出现的总鉴定物种及熊本县红色名录（2004）和环境省红皮书等所记录的关注物种的物种数。在建造岸线之前的 2005 年 8 月进行的调查中，确认存在 9 种物种，包括红秀织纹螺、彩虹明樱蛤、沙蚕纲的一种、日本大眼蟹、弹涂鱼等。在建造完成后的 2006 年 4 月的调查中，确认物种数为 14 种，远远超过了建造前的物种数。随后至建造完成 1 年后（2006 年 10 月），在 15 种左右变化。在建造完成 1 年半之后的 2007 年 5 月的调查中，通过强化的定量调查又新发现了很多物种。包括在环境省红皮书中被确认为准濒危灭亡物种的朽叶蛤和纹斑棱蛤等双壳贝纲在内的物种。而且在建造完成 2 年后的 2007 年 10 月的调查中，确认东岸线内有 29 种物种，这也是当年调查中数量最多的一次。但是在 2008 年 1 月的调查中，东岸线内外确认物种都有所减少。据认为，这是因冬季生物活动能力降低所致。在随后于 2008 年 5 月所进行的调查中，物种数恢复到与 2007 年 10 月相同的程度。在建造完成 3 年后的 2008 年 10 月的调查中，在东岸线内确认有 30 种物种，是所有调查中物种数量最多的一次。

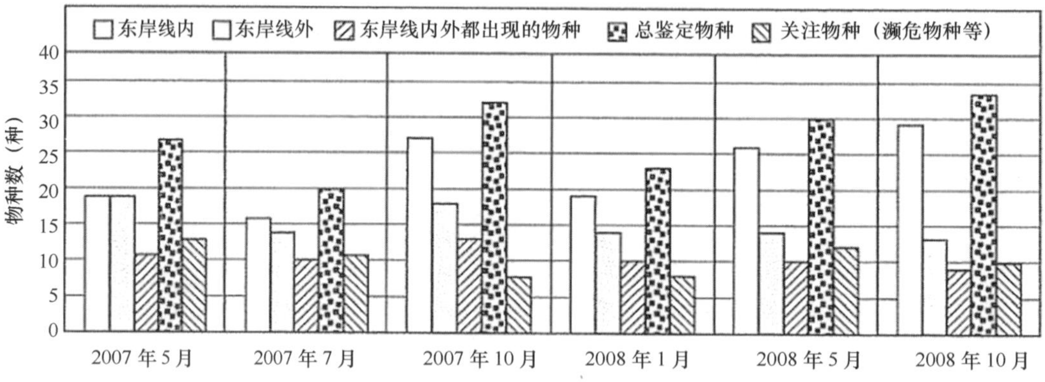

图 5. 77　在调查区域中发现的总物种数和关注物种的物种数

在东岸线建造完成后 3 年时间的调查中，确认共存在 87 个物种。其中，包括腹足类纲 13 种、双壳贝纲 18 种、沙蚕纲 12 种、软甲纲 33 种、硬骨鱼纲等其他物种共 11 种。其中，包括被列入熊本县红色名录的透明美丽蛤和清白招潮等 18 种珍稀物种。

③熊本港“北岸线”

建造北岸线的熊本港北护岸前面是地基高约 T. P. −2. 00 m、中值粒径约为 0. 04 mm 的泥质潮间带，在距离 100 m 左右的海上设置离岸堤。在这个区域，从 H. W. L 到现场地基的 T. P. −2. 00 m，以 40 m 的间隔设置了两条长 50 m 的防沙堤，用来防止泥沙流失。在其间设置 3 层结构。下层是用中值粒径约为 0. 02 mm 的熊本港附近航道线疏浚时产生的疏浚泥（从实地地基到 T. P. −1. 50 m）；中层是用疏浚土和中值粒径约为 0. 18 mm 的海沙各 50%混合而成的沙土；表层只用海沙（厚度为 0. 5m）。坡度约为 1/12，为了防止松软的疏浚沙土流出，在距离护岸约 40 m 的海域中设置了中间隔离堤。

在北岸线，生物种数也和东岸线一样出现了慢慢增加的趋势。在建造完成后 2 年时间的调查中，确认共有 80 种物种。其中，包括腹足类纲 13 种、双壳贝纲 15 种、沙蚕纲 16 种、软甲纲 27 种、海参纲等其他物种共 9 种。其中，包括被列入熊本县红色名录的似长麦螺和微黄镰玉螺（福氏玉螺，*Laguncula pulchella*）等 12 种珍稀物种。另外，北岸线与东岸线相比，地基海拔要低 2 m 左右，因此蛤仔等双壳贝占据优势[80]。而且，在建造完成 1 年半之后的 2008 年 4 月，调查发现栉江珧栖息密度为 9 个/m^2，图 5.78 所示的栉江珧栖息较多的地方，现在仍在继续增长。

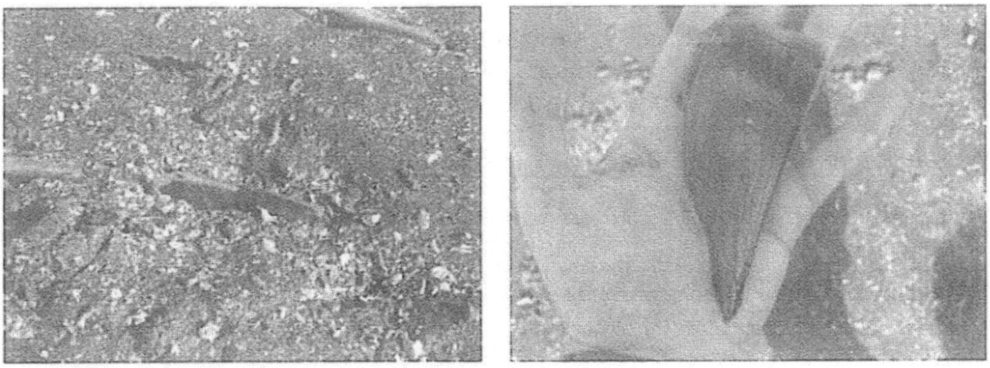

图 5.78　在北岸线确认的栉江珧

④阶梯式生态护岸

阶梯式生态护岸建造于熊本港东侧海域的冲新海岸，其作为饱讬海岸线防治风暴潮的部分岸段，于 1958 年开始，利用海岸保护设施项目经费建筑了高约 T. P. +7. 00m 的护岸堤坝。护岸前面为高约 T. P. −0. 20 m、中值粒径约为 0. 06 mm 的泥质潮间带。

在这个护岸堤坝前面，为了重建生物栖息地，将宽 9. 5 m、进深 2. 5 m 的混凝土制侧沟按照阶梯状（台阶状）排列成 3 层，2007 年 9 月建造完成（图 5. 79）。上层放入前面的泥中之后，在顶端高水位（T. P. +2. 05 m），栽种生长于熊本县沿岸的海滨碱蓬、滨藜、四棱补血草、牧野蒿、糙叶苔草五种盐沼植物。另外，海滨碱蓬和四棱补血草等一年生草和二年生草通过种子繁殖，潮汐等将种子带走，扩大了它们的分布，所以种子的滞留性与物种的延续有极大的关联。为了留住种子，种植后要撒上一些碎石。中层在距堤坝顶部设 T. P. +0. 75 m 的潮池，侧沟的壁面使用多孔质壁板。另外，将多孔质块放入潮池中，可以创造出生物藏身之所。下层将顶端设定为 T. P. +0. 75 m，分割成四等份后，将前面的潮间带底泥和中值粒径约为 0. 17 mm 的海沙分别放入不同分区中，形成粒度组成不同的阶梯式潮间带。

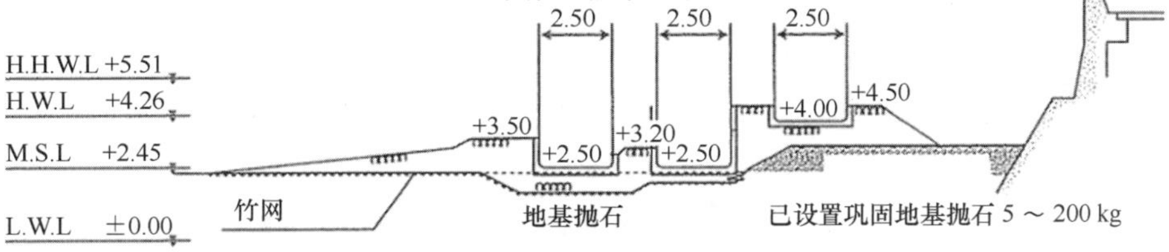

图 5. 79　阶梯式生态护岸的横截面

植树台地的状况如图 5.80 所示。种植的盐沼植物为一年生草和二年生草，在种植 2 个月后的 2007 年 12 月全部枯萎了。四棱补血草和牧野蒿等二年生草及通过地下茎繁殖的糙叶苔草枯萎的原因可能是底质标高和底泥不适宜的原因。随后，在种植半年后的春季，对于撒过碎石和没有撒碎石的场所进行比较，确认海滨碱蓬种子很多都留存下来，在种植 1 年后的 2008 年 9 月重新变得繁茂起来。2009 年 2 月，撒过碎石的场所发出了新芽。

图 5.80　植树台地的状况

建造完成之后即确认有东方长臂虾和虾虎鱼栖息于潮池中。其后随着季节变化，物种的组成各有变化，但是全年都有生物栖息，至建造完成第一年，确认共有 20 种物种存在于此，包括鲻鱼的稚鱼和纹缟虾虎鱼等鱼类、三疣梭子蟹和周氏新对虾等虾蟹类生物。

在泥质阶梯式潮间带建设完成后，其前面的潮间带底泥就栖息了日本大眼蟹和六齿猴面蟹，建造 1 年后也没有大的变化。在建造完成半年后，确认砂质阶梯式潮间带存在圆球股窗蟹和清白招潮的稚蟹。建造完成 1 年后，在泥质、砂质阶梯式潮间带共计确认有 18 种生物。

有明海的海岸堤防前面设置有镇压层，主要是用来防止堤基失稳、堤身滑动变形，使生物的栖息地丧失。但是，在植树台地、阶梯式潮间带，生物栖息地已经恢复，在潮池中创造了鱼类和虾类的新的栖息环境。

（3）今后所要开展的工作

为了预测、评估"岸线修复"效果和维护管理的时间等，利用环境评估方法之一的生境评价程序（HEP，Habitat Evaluation Procedure）中的栖息地适宜性指数（HIS，Habitat Suitability Index），推进岸线修复带来的栖息生物物种及生物数量预测方法的分析/验证[81,82]。另外，熊本县以扩大环境学习和潮间带赶海等交流机会、保护和改善海域环境为目的，在位于熊本港北侧的百贯港正在进行岸线的重建。

综上所述，岸线修复作为有明海生物栖息环境修复技术正在逐步实现实用化。实践已经证明，有明海只要存在生物的栖息地，就会有适合的生物栖息于此，具有丰富的生态系统修复的潜力，因此希望今后继续积极地推进岸线修复。

（泷川清·增田龙哉）

5.1.8 利用生物清除系统内营养盐的效果

（1）营养盐循环

以从河流流入的氮和磷为首的营养盐，经过作为生产者的浮游植物和海草按照一次消费者、二次消费者的食物链顺序构成循环。从河流流入的营养盐变形为海草、鱼贝，由人和鸟将其带出有明海，再次被运送到上游。在长期作为“丰饶之海”而为人们的生活提供支持的有明海，这种营养盐的输入和通过生物生产、捕捞，将其带到有明海之外（系外取出）的循环构成了绝妙的平衡。但是，受人类活动的影响，海岸线发生了改变，营养盐浓度也发生了变化，自然现象引起的水动力也有改变，这些都给有明海的生物栖息环境造成了很大的影响[83]。

（2）渔业形态变化对营养盐循环的影响

现在有明海最为人们所熟知的水产品是紫菜。紫菜生产规模很大，占据了有明海渔业生产的八成以上，而且占日本紫菜生产的四成。紫菜养殖在有明海并非具有悠久的历史，而是从 20 世纪 70 年代急速扩大。紫菜处于初级生产者的位置，为了生长而吸收营养盐。对于紫菜养殖的扩大来说，按照浮游植物→浮游动物→高级生物的营养盐流动过程将营养盐带出有明海，本来是理所当然的事情，但是原本的食物链却产生了偏差。另外，在有明海中，为了防止紫菜褪色而施用氮肥，为了预防紫菜疾病而使用酸处理剂。有人指出，这种酸处理剂可能会给环境造成影响，已经到了要查明环境保护和水产业关系的地步。

在紫菜养殖崛起的 20 世纪 80 年代之前，蛤仔、缢蛏、毛蚶、栉江珧、牡蛎等双壳贝几乎占了有明海捕捞量的全部。特别是在牡蛎方面，在佐贺县，沿着水路布设竹枝捕捞牡蛎稚贝，然后将牡蛎稚贝散布到众多的牡蛎礁上。利用这种极为简单的捕捞方法却实现了规模盛大的养殖，生产额一度占据了佐贺县内渔业生产总额的 60%~80%。加上牡蛎是过滤捕食浮游生物和有机物的滤食动物（Filter feeder），所以在有明海生态系统中具有极为重要的作用。但是，仅仅在 20~30 a 里，这种优势地位就转移到了紫菜养殖方面。受此影响，佐贺海域的牡蛎礁几乎全部被破坏而消失掉了。

（3）牡蛎礁上的牡蛎栖息状况

现在的牡蛎栖息状况与过去有很大不同。从现状来看，牡蛎礁包括目前仍继续进行牡蛎捕捞的鹿岛海域的牡蛎礁（Stn. 1，图 5. 81）和不属于牡蛎捕捞对象且未使用过的牡蛎礁（Stn. 2，图 5. 82）。在 Stn. 1 为了避免无斑鹞鲼等的捕食，在牡蛎礁周边设置竹子和聚氯乙烯管。各个牡蛎礁的牡蛎栖息密度、垂直分布如图 5. 83、图 5. 84 所示。Stn. 1 有两个分布高峰，出生时间不同的牡蛎能够共存，而 Stn. 2 有 1 个分布高峰。这表明牡蛎稚贝没有与 Stn. 1 一样出现同步附着，或是牡蛎在附着后死亡了。对于 Stn. 1 和 Stn. 2 来说，调查区域极近，据渔协相关人士透露，牡蛎稚贝的触底状况没有较大差别，因此 Stn. 1 和 Stn. 2 的差别据认为是受到无斑鹞鲼等捕食的影响。另外，生存在牡蛎礁上的牡蛎从表层至 5 cm 占了 95%以上，在有明海的潮间带没有发现牡蛎在垂直方向生长得比较好的现象。这是因为牡蛎在垂直方向生长之前，受牡蛎礁表面立体结构的影响，局部流速降低，细微悬浮物质沉积在牡蛎礁的缝隙之间，导致其没有移动能力而窒息死亡，这也是细微悬浮物较多的有明海所特有的牡蛎分布形态[84)]。

图 5.81　Stn. 1 实施管理的牡蛎礁

图 5.82　Stn. 2 未进行管理的牡蛎礁

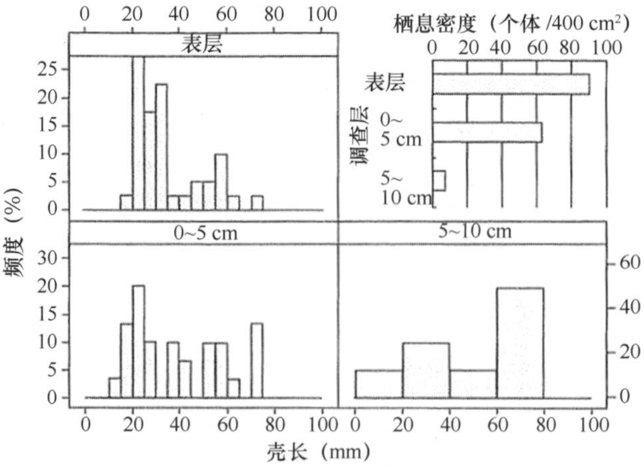

图 5.83　Stn. 1 中的壳长分布

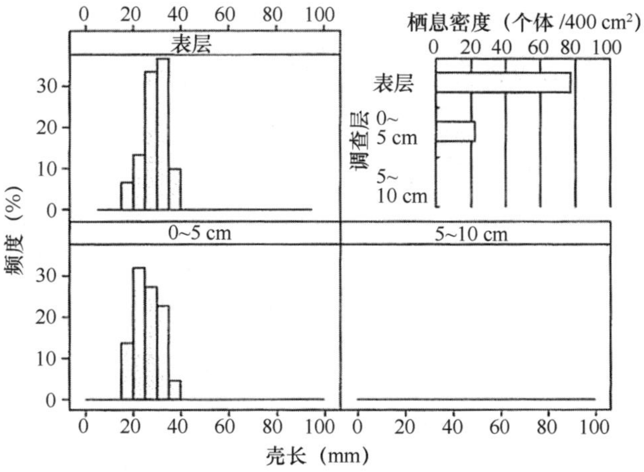

图 5.84　Stn. 2 中的壳长分布

（4）通过航空照片了解有明海湾顶区域的牡蛎礁分布

2008 年 3 月 21 日拍摄的航空照片显示，有明海湾顶区域牡蛎礁的面积约为 416 hm^2。与 1978 年的牡蛎礁面积约 937 hm^2 相比减少了一半（图 5. 85）。鹿岛川河口的牡蛎礁与过去相比分布几乎没有变化。但是，受 20 世纪 90 年代大规模渔场建设的影响，六角川、嘉濑川与渔场重合的海域中有很多牡蛎礁被撤除，变为容易立起紫菜枝条的平坦的泥质潮滩。

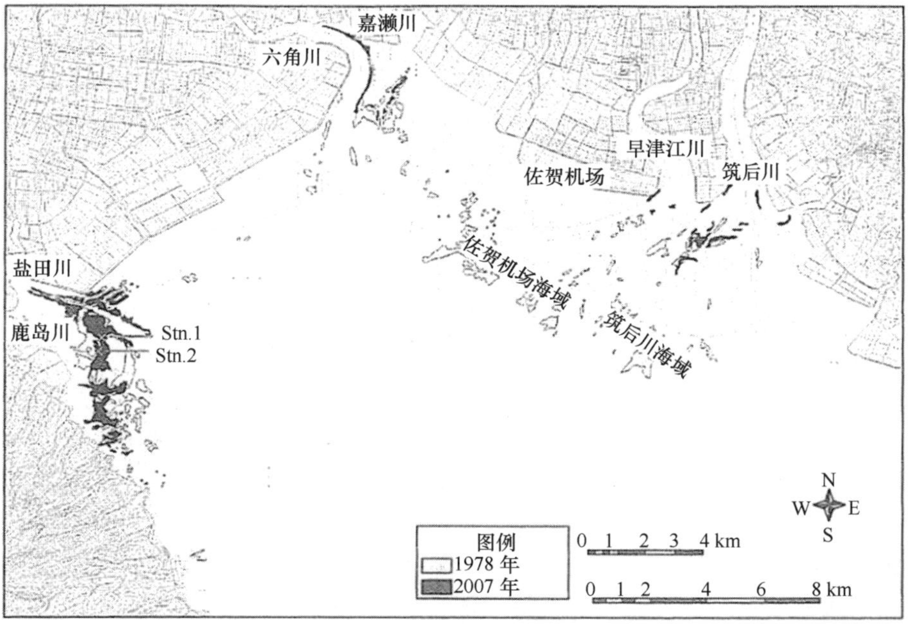

图 5. 85　湾顶区域牡蛎礁分布

（5）牡蛎生长的模型化[85-87]

此前已经有很多研究者对牡蛎的生理特性（图 5. 86）进行了研究。受地区和环境的影响，牡蛎的生理特性差异极大。因此，作为能够代表有明海湾顶区域的生物，选择了佐贺县鹿岛市滨川河口的牡蛎，调查牡蛎的水过滤量（过滤水的量）、排泄量、呼吸的消耗量（基础代谢量），并对实验结果及利用该结果制定的牡蛎生长公式进行了总结，具体内容如下。

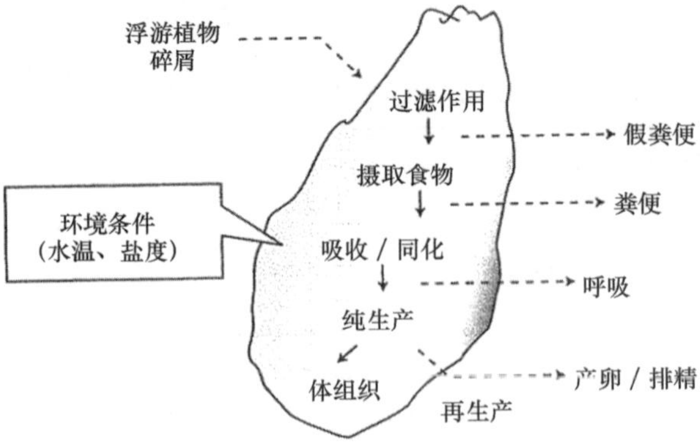

图 5.86　牡蛎的代谢过程

用碳量表示牡蛎可食用部分的重量、呼吸量、摄取食物量、排泄物量。根据食物密度及水温、盐度等环境条件计算出牡蛎重量（W_c）的牡蛎生长模型公式如下所示。此时假定：

a. 被摄取的有机物（浮游生物）全都是食物。

b. 被摄取的食物部分作为假粪便、粪便被排出体外，剩余的被身体吸收［同化量（A：assimilation）］。

c. 被摄取的有机物中，除呼吸产生的消耗（R：respiration）外其余均为纯生产（NP：net production），作为体组织（T：tissue）及再生产组织（RP：reproduction）变为卵子和精子。

d. 纯生产用于体组织和再生产组织的增加及产卵、排精中的消耗（$1-r$）：按 r 的比例分配。

e. 滤水量是水温、盐度、牡蛎本身大小、食物密度的函数。

以上述假定为基础，将牡蛎的纯生产量设为同化量和呼吸量的差，将产卵/排精的消耗设为 E，则得到公式（5-1）：

$$A-R=NP=(1-r)\ NP+rNP=\mathrm{d}T/\mathrm{d}t+\mathrm{d}RP/\mathrm{d}t+E=\mathrm{d}W_c/\mathrm{d}t+E \tag{5-1}$$

将同化量、呼吸量、提供给再生产的分配率及产卵条件赋予该公式，则可以计算出牡蛎的生长。

①关于同化量

牡蛎所摄取的食物量方面，将粪便和假粪便排泄的同化效率 e 与水过滤速度 F 和食物密度 C 的积相乘即可，各单位时间的同化量 A 如公式（5-2）所示。

$$A=e\cdot F\cdot C=e\cdot F(w)\cdot f(T)\cdot f(S)\cdot C \tag{5-2}$$

在这个公式中，F（w）表示在标准状态下由牡蛎的组织量所决定的水过滤速度，f（T）和 f（S）分别为表示水温和盐度影响的无因次函数，在标准状态下为 1。关于 F（w）、f（T）和 f（S），使用在佐贺县鹿岛市滨川河口捕捞的牡蛎，根据下面的实验确定其值。

a. 水过滤速度相关实验

选用75个软体部分湿重为12.9~51.3 g（干燥质量为0.7~2.8 g）的牡蛎，将牡蛎一个一个地静置于浓度已知的放有硅藻的实验水槽中（盐度25，水温25℃），根据浮游生物的浓度变化来推定水过滤量（图5.87）。

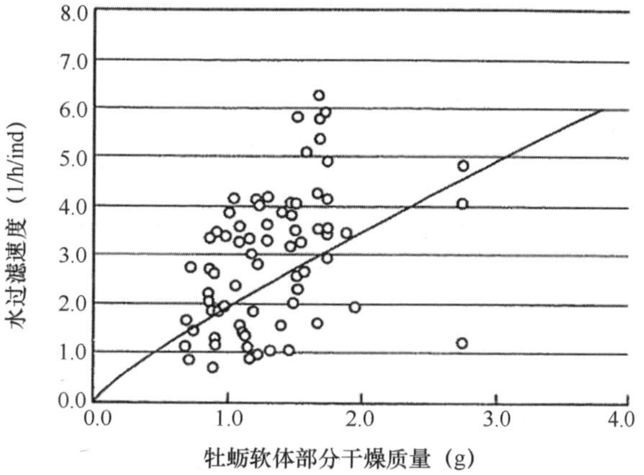

图5.87 牡蛎质量-水过滤速度的关系

b. 水温对水过滤速度的影响

关于水温的影响，在一定盐度（25）的基础上，让水温按照10℃、15℃、20℃、25℃、30℃阶段性变化，测定各温度下的水过滤速度。根据获得的实验结果，求出在各个水温条件下的平均水过滤速度。将25℃时的平均水过滤速度设为1，确定水温与水过滤速度的关系（图5.88）。

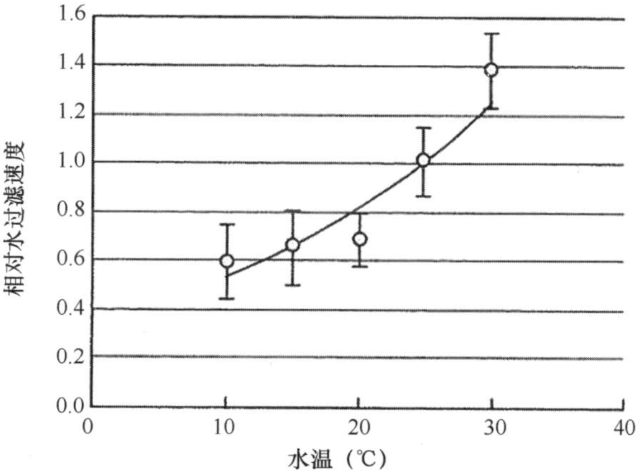

图5.88 水温-相对水过滤速度的关系

c. 盐度对水过滤速度的影响

在一定的水温（25℃）条件下，将盐度按照15、20、25、30、33变化，测定各个盐度条件下水过滤量，求出各盐度条件下平均水过滤速度。将盐度为25时的平均水过滤速度设为1，确定了盐度与过滤速度的关系（图5.89）。

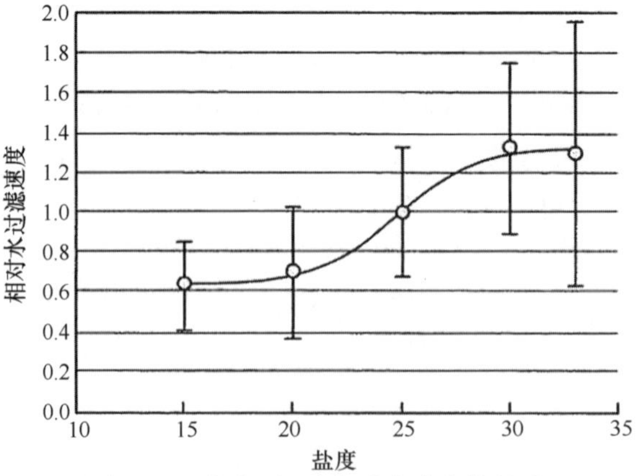

图 5. 89　盐度-相对水过滤速度的关系

d. 关于同化率

报告指出，作为滤食者的双壳贝存在着食物密度较高时同化率变低的趋势，因此采用了马氏珍珠贝的同化效率作为食物密度函数的文献值。

②关于基础代谢量

关于基础代谢量，采用测定装满水并密封的海水容器中的溶解氧（DO）换算成呼吸消耗的碳量的方法，按照牡蛎的大小及水温求出氧消耗速度-干燥质量、氧消耗速度-盐度、氧消耗速度-水温的关系（图 5. 90）。

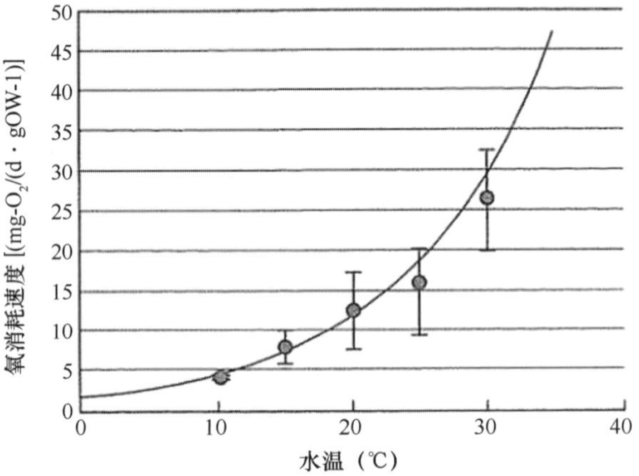

图 5. 90　水温-氧消耗速度的关系

③关于再生产

关于产卵，以已有的报告为基础，产卵期为 20℃ 以上的时期，累积水温达到 600℃/d 时和此后精巢、卵巢质量超过总体重的 20%，接着再累积增加温度 300℃/d 以上时，才发生产卵及排精。

④有明海牡蛎生长情况的重现计算

使用上述①至③的试验结果及文献中有关牡蛎生长的模型公式，利用鹿岛及天草的水温、盐度、食物量（Chla）的数据，进行牡蛎生长的重现计算。湾顶区域（鹿岛海域）、湾口部分（松岛地区）的生长量试验结果全部都得到重现（图 5. 91）。

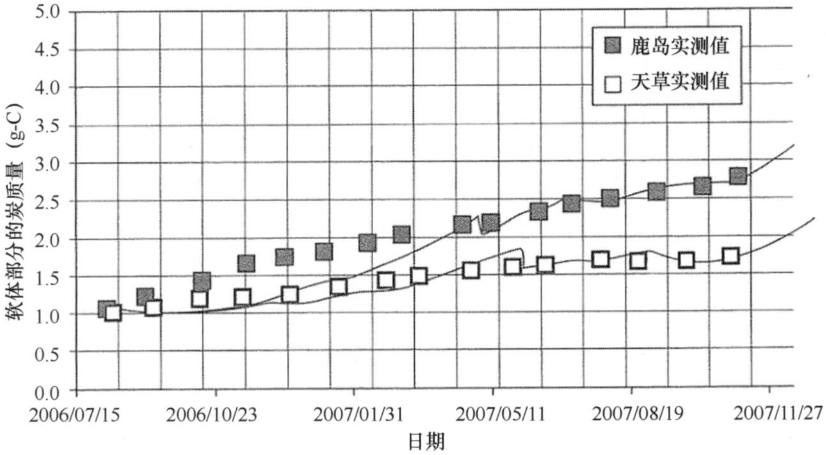

图 5.91　生长量试验结果和模型中的生长曲线

（6）栖息于有明海牡蛎礁上的牡蛎环境净化能力

在现在的有明海地区，利用牡蛎礁养殖牡蛎的渔业从业人员极少，像 Stn. 1 这样被管理的牡蛎礁也极为稀少，所以，海湾深处区域的牡蛎礁几乎都处于和 Stn. 2 一样的状况。1978 年还没有发现无斑鹞鲼等食害时，所有的牡蛎礁都处于与 Stn. 1 同样的状况。使用有明海的牡蛎生物量与水过滤能力的关系及壳长与干燥质量的关系来估算牡蛎的水过滤量，则 Stn. 2 的单位面积牡蛎的平均水过滤速度与 Stn. 1 相比约为其 1/5。考虑到 2008 年湾顶区域牡蛎礁的面积与 1978 年相比减少至约 1/2，所以栖息于湾顶区域牡蛎礁上的牡蛎的水过滤能力如表 5.8 所示，约为 1978 年的 1/10，可以确认牡蛎礁对悬浮物的过滤能力大幅度减少了。

表 5.8　栖息于湾顶牡蛎礁上的牡蛎水过滤能力估算

	假定	单位面积平均的水过滤速度［$m^3/(d \cdot m^2)$］	湾顶区域的牡蛎礁面积（km^2）	湾顶区域牡蛎礁上的牡蛎的水过滤量（km^3/d）
1978 年	所有的牡蛎都处于与 Stn. 1 同样的状况	171. 57	9. 37	1. 61
2008 年	所有的牡蛎都处于与 Stn. 2 同样的状况	34. 01	4. 17	0. 14

以牡蛎为首的双壳贝的减少导致有明海清除悬浮物的能力急剧降低，所以牡蛎礁的修复促进环境改善的可能性很高。但是在紫菜养殖势头良好的今天，让渔业从业人员转向牡蛎养殖并不容易。从改善环境出发，通过增加牡蛎生物量增加悬浮物质清除能力，有助于有明海的环境改善。为了实现这一目标，必须通过品牌化等措施来提升有明海出产的牡蛎价值。目前，如果能够针对作为双壳贝天敌的无斑鹞鲼等食害采取某种对策，则将有助于双壳贝资源的恢复，可能会大幅度恢复有明海过滤悬浮物的能力。

（伊豫冈宏树）

5.1.9　有害赤潮的控制

迄今为止，鱼类死亡多数与赤潮异湾藻所引发的赤潮有关。最近血红哈卡藻所引发的赤潮也在紫菜捕捞期发生，让人担心会引发紫菜褪色灾害。但是，给鱼贝类造成严重灾害的是褐胞藻赤潮。在有明海控制这些赤潮是特别重要的。目前开发了濑户内海播磨滩褐胞藻赤潮发生的预测和灾害防治的各项技术。预测赤潮发生与控制赤潮发生有非常大的关系，以积累的经验和大量数据为基础首次开发了相应技术。本文将对有明海的调查和在濑户内海获得的数据进行整理，就流速降低和贫氧水团的形成、播磨滩的中长期赤潮发生的预测、浮游植物物种之间的植化相克（化感作用）、利用光控制硅藻类增殖引起的赤潮等进行介绍。

（1）流速降低和贫氧水团的形成

赤潮发生于赤潮生物的增殖速度超过损失速度的海域，因此，在流速较快的海域，赤潮发生次数非常少。另外，正如前文所述（参照第 2 章 2.7 节赤潮），褐胞藻快速增殖，需有高浓度的溶解态铁。海水中几乎不含有溶解态铁，但是如果底泥进行还原化，则铁将会溶出，一部分会到正上方的贫氧水团中。同样，氨和磷也会溶出，蓄留于贫氧水团中。含有较多铁的贫氧水团的形成及随后分解促进了褐胞藻的增殖，同时又提供了氮和磷，所以与赤潮的发生密切相关。

以收集的 1970 年至 2006 年佐贺县数据为基础，对大潮时贫氧水团的形成进行分析。结果显示，从 1970 年后半期有明海湾顶区域国营福富围海造田完成后，贫氧水团开始形成。褐胞藻赤潮在贫氧水团形成数年后开始发生，随后连续发生（图 5.92）。这一趋势反映了受围海造田中建筑的垂直护岸的影响，潮流速度降低，增殖的细胞在该海域停滞下来。也意味着贫氧化导致底泥中溶出的氮、磷、铁等营养物质直接被褐胞藻利用，从而导致赤潮的发生。另一方面，在谏早湾防波堤建造完成后，海域被隔断，潮流速度明显降低（图 5.93）。而且在谏早湾也开始形成新的贫氧水团，进而形成了褐胞藻赤潮。为了控制这种赤潮，最重要的是，提高有明海湾顶和谏早湾的潮流速度，消除形成的贫氧水团。

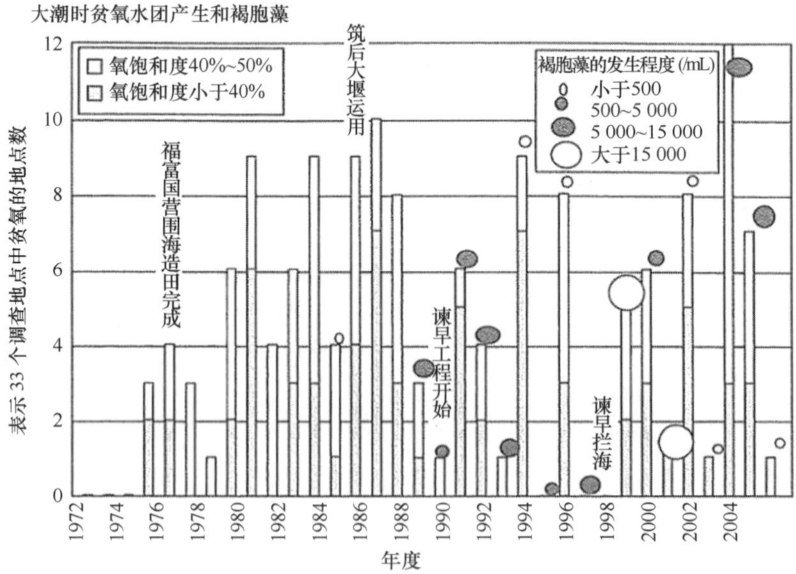

图 5.92　有明海湾顶区域贫氧水团的形成及褐胞藻的产生

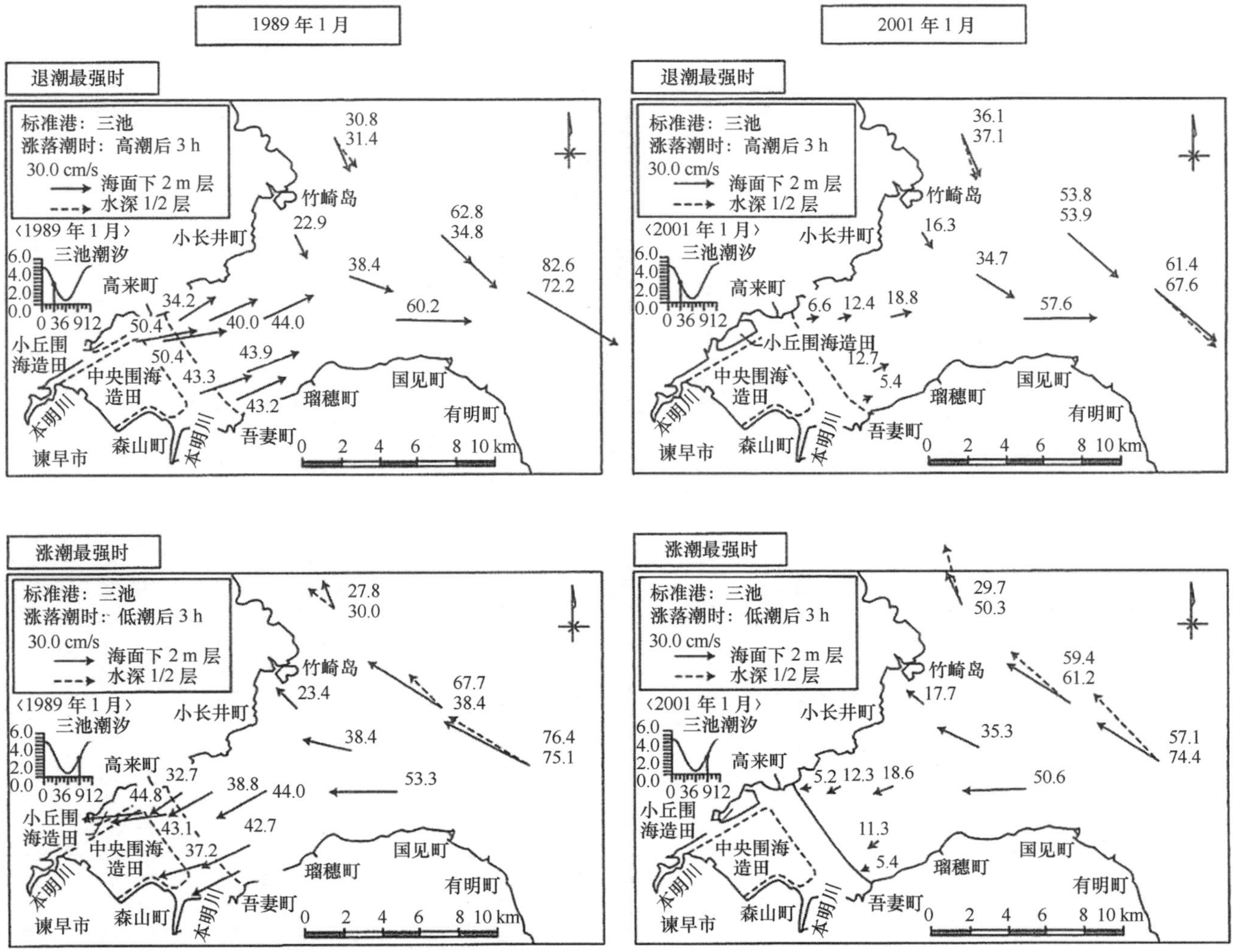

图 5.93　谏早湾防波堤完成前后潮流流速的变化

（2）褐胞藻赤潮发生预测

为了预测播磨滩褐胞藻赤潮的发生，开发出五种技术，对这些技术进行综合判断，确立了准确率非常高的预测方法（图 5.94）。下面对这五种技术逐一进行介绍。

	年度																准确率
	1971	1972	1973	1974	1975	1976	1977	1978	1979	1980	1981	1982	1983	1984	1985	1986	（%）
赤潮的发生		●					●	●	●			●	●				
（方法）																	
西风指数 / 黑潮流路	○	●	●	○	○	Δ	●	●	●	Δ	○	Δ	●	○	Δ	○	81
等值线类型	○	●	●	○	○	Δ	●	●	●	○	○	Δ	●	○	○	○	88
明石的水温 / 盐度	○	●	○	○	○	○	●	●	●	○	○	●	○	○	○	○	94
垂直稳定度 / 底层水温	○	●	●	○	○	●	●	●	●	○	○	●	●	○	○	○	88
纪伊水道水温分布	○	●	○	○	○	○	●	●	●	○	○	●	○	○	○	○	94
发生指数	0	5	3	0	0	2	5	5	5	0.5	0	4	3	0	0.5	0	

●：预测为赤潮发生年或可能性较高准确性 1.0，发生指数 1.0
○：预测为非赤潮发生年准确性 1.0，发生指数 0.0
Δ：预测赤潮发生的可能性比较小准确性 0.5，发生指数 0.5

图 5.94 播磨滩褐胞藻赤潮的发生预测方法

通过西风指数和黑潮流路进行预测：福冈和大阪 11 月至翌年 1 月的月平均气压差不足 1.6 hPa，当年 11 月至翌年 3 月距离室户岬和潮岬的流轴的平均距离即黑潮流路离岸时为赤潮发生年。

通过明石的水温、盐度进行判断：4 月中旬至 5 月中旬的水温、盐度与正常年度值相比为高温高盐时为赤潮发生年。

濑户内海 20 m 水深盐度等值线类型：1 月至 4 月盐度最低的海域位于香川县播磨滩定点 4 西侧时为赤潮发生年。

通过纪伊水道 50 m 水深水温的水平类型进行判断：在赤潮发生的年份，7 月纪伊水道的北纬 33°附近出现暖水团水域，赤潮未发生的年份这一地点出现冷水水域。

通过垂直稳定度、底层水温进行判断：根据滩中部 2 月至 7 月的底层水温平均常年偏差和 7 月份垂直密度差的关系，垂直密度差较小，底层水温比常年要高；或是 3 月滩中部的底层水温超过 9℃，或是即使是 8℃，但是随后水温急速上升的年份时，7 月的垂直稳定度变小，所以也是赤潮发生年。

在上述各种方法中，判断为赤潮发生年的可能性非常高时给 1 分，有可能性时给 0.5 分，非发生年时给 0 分，将这五种技术的分数合计进行判断。判断为满分 5 分的年份在播磨滩全都发生了褐胞藻赤潮，综合判断的准确率非常高，达到 9 成以上。

综合这五种发生预测技术所显示的内容，可以认为“冬季风比较弱，黑潮暖流流入，在暖冬时一直到初春时低盐水都不会混合，到初夏的水温和盐度较高，7 月份时高盐高温的外海海水流入，7 月份滩中部的水温较高，垂直密度差较小，这样的年份将发生赤潮”。褐胞藻赤潮发生前（1 个月至半年前）的海况条件特点开始显露出来。出现这种气象、海相时，播磨滩很容易形成褐胞藻赤潮发生的环境，可以认为这隐藏着开发控制有明海中该种赤潮的技术。多数发生预测方法是自然现象，因此直接控制非常困难，以播磨滩的研究成果为启发，调查有明海的环境，希望能够找到控制赤潮发生技术的线索。

（3）浮游植物物种之间的化感作用

植物化感作用（allelopathy）的狭义定义为：某种植物通过释放化学物质到水中，使其他植物的生长受到促进或抑制的现象。在发生机制方面，正如前文所述，硅藻类和鞭毛藻类之间存在密切的化感作用关系。针对硅藻中肋骨条藻对鞭毛藻赤潮异弯藻的增殖有抑制效果，尝试去进行中肋骨条藻产生的相克物质的提纯及分子量的推断。关于在八代海频繁发生的褐胞藻及在有明海时有发生的旋沟藻的增殖抑制效果的研究介绍如下。

随着培养时间的增加，中肋骨条藻的培养滤液对于赤潮异弯藻的增殖抑制效果就越强，中肋骨条藻死亡期的培养滤液显示出让赤潮异弯藻细胞解体的最强增殖抑制效果。用透析分子量 3 500 以下的物质膜进行处理时，抑制物质的分子量在 3 500 以下。其次在使用 Oasis HLB Extraction Cartridge 的固相筛选中，固相吸附划分显示出强大的增殖抑制效果（图 5.95）。通过液-液质筛选将固相吸附部分进一步分割，将得到的部分再供给生物鉴定，结果显示，在三氯甲烷层具有强大的增殖抑制效果。将通过液-液筛选获得含有三氯甲烷的部分供给薄层层析（TLC），结果显示 R_f 值为 0.60 的谱带含有有效成分（图 5.96）。将这种谱带成分提供给反向高效液相色谱（HPLC），结果检测出两个峰值（图 5.97），在 37 min 溶离的部分对赤潮异弯藻具有强大的增殖抑制效果。

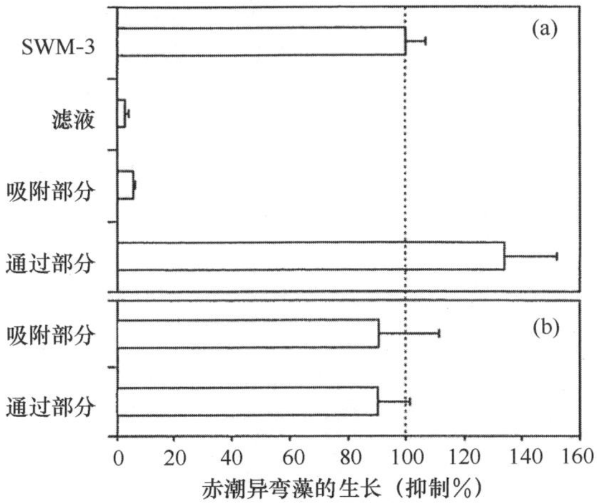

图 5.95　中肋骨条藻培养液中包含的赤潮异弯藻增殖抑制物质的固相筛选

将这种物质加入褐胞藻和旋沟藻，调查增殖情况，结果与赤潮异弯藻不同，在稀释于原来的培养滤液浓度的样本中没有出现影响。但是在 10 倍浓度时，褐胞藻和旋沟藻的增殖明显受到抑制。将通过 HPLC 获得的用 37 min 分离的部分提供给 electrospray ionization-Mass Spectrometry（ESI-MS），结果推测至少有 2 种物质（分子量 268 及 514）的混合物。这种疏水性较高的物质在中肋骨条藻赤潮结束时被大量排放到海水中，据此

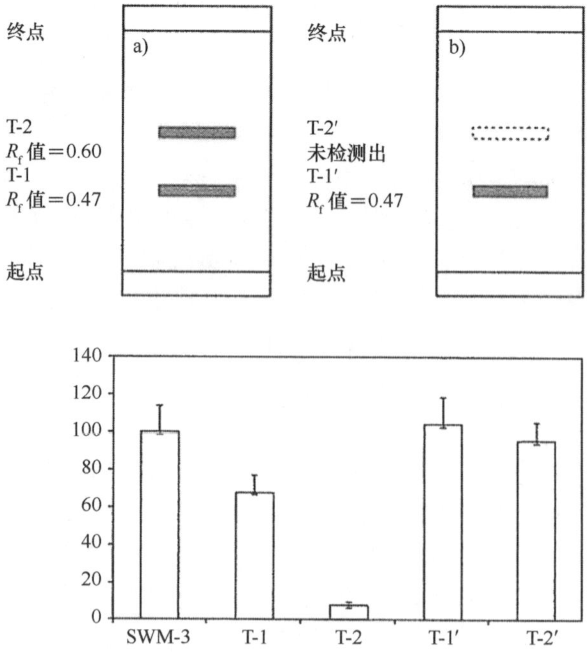

图 5.96　通过液-液筛选获得的三氯甲烷部分的薄层层析

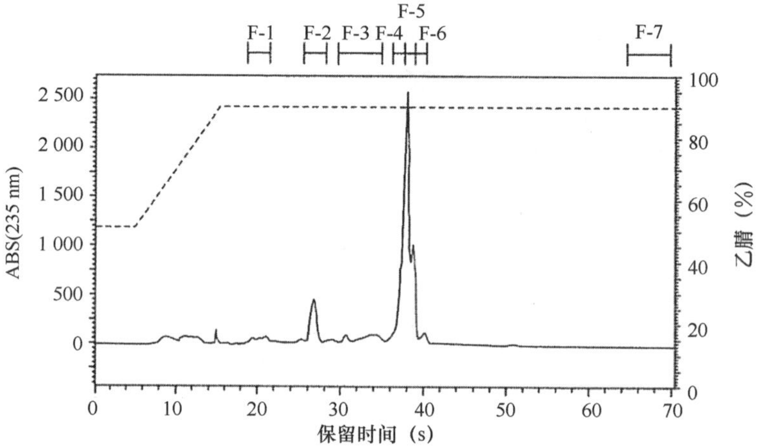

图 5.97　赤潮异弯藻的增殖抑制物质的反向高效液相色谱分析

可以判断向海水中散播扩散该物质的话，应该不会产生社会性和健康方面的影响。如果在不久的将来能够查清化学结构，实现化学合成，则有望能够将其作为有害赤潮发生的防止剂。

（4）利用光对浮游植物的增殖控制

小型硅藻类和血红哈卡藻之间存在依赖于相互细胞密度的强大的化感作用关系。另外，沉积在底泥中的硅藻类休眠期细胞发芽需要有光。通过向底泥提供光照，可以人为地让硅藻类的休眠期细胞发芽，助长硅藻类的增殖，这样可能会降低导致鱼贝类死亡的血红哈卡藻赤潮的发生频率。在有明海和博多湾，血红哈卡藻赤潮发生于紫菜捕捞初期的晚秋时节，有时会持续很长时间。但是目前还没有确认这一物种对于紫菜的生长会有何种影响。另一方面，小型硅藻类可作为鱼贝类生产的初次食物，即使发生赤潮也会在较短时间内结束，只会暂时对紫菜褪色造成影响。

最近利用发光二极管（LED）调查各种波长的光对于硅藻类和鞭毛藻类的增殖造成的影响。向博多湾的底泥样本照射各种波长的光，发现中肋骨条藻、角毛藻等4种硅藻类从泥水中萌发（第2章图2.27）。了解到紫色光照射对这种硅藻类休眠期细胞萌发有极强的作用，而且萌发后的存活情况良好。其他颜色的光照射下的萌发存活效率较低。另外在紫色光照射下增殖速度最快，但是与休眠期细胞不同的是，萌发之后的营养细胞可以利用近红外光以外波长的可视光。特别是蓝色波长光照射下的增殖速度与紫色波长光几乎完全相同。血红哈卡藻在紫色波长光照射下增殖情况最好，在蓝色波长光下增殖率降至一半以下。紫色波长光进入海中后容易衰减，为了让休眠期细胞发芽，必须让其从底泥中悬浮到海水里。因此，在硅藻休眠期细胞大量沉积的海域，一边搅拌泥一边连续照射紫色波长光，可以有效地让小型硅藻类的休眠期细胞萌发，使营养细胞增殖。据研究，这样做可以使增殖速度快的小型硅藻类生长茂盛，抑制血红哈卡藻赤潮的发生[88]。

（本城凡夫·岛崎洋平·山崎康裕·松原贤·紫加田知幸·
川村嘉应·吉田幸史·久野胜利·长副聪·大岛雄治）

5.2 改善技术的评估

5.2.1 基于生物栖息模型的修复技术评估方法

对适用于有明海项目中的实地实证修复技术，预测其生物栖息环境的变化（低级生态系统模型），并对指示种的资源增大（生活史模型）进行评价。采用的技术包括用于底质改善的环绕堤的设置（投放蛤蛭）、覆沙、海底耕耘、岸线修复、捕捉细微悬浮物的梢捆围垦技术、利用水产生物将营养盐排出的牡蛎礁修复技术及紫菜养殖的适当管理，设置施工规模各异的2个场景。这些是湾顶区域环境改善的主要措施。对环绕堤、岸线修复（直立护岸的缓坡化）、梢捆围垦、牡蛎礁及紫菜养殖方面设置或削减设施，覆沙和海底耕耘于2001年1月1日施工。

对于各项技术的评估，在2001年的环境条件（非恒定）下，对包括反映贫氧化的降低效果（底层DO）、赤潮发生率的降低效果（Chl. a）、透明度上升的抑制效果（SS）等各项指标在内的环境变化及其带来的对指示种的影响，并通过捕捞量的变化进行评估。另外，对于这些指标，每年都把相对于2001年的环境变化情况作为设定条件，计算出15年的变化。

5.2.2 计算条件设定

各项措施的施工场所如图5.98所示，施工面积如表5.9所示，对于个别措施计算条件的设定如下所示。

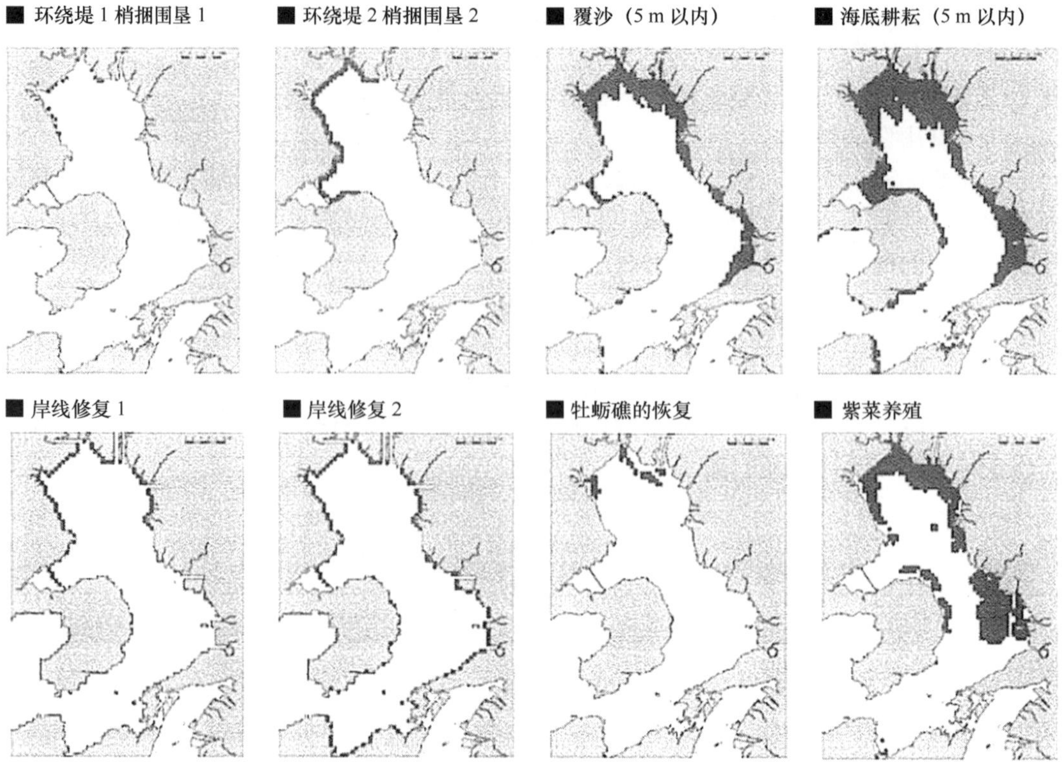

图 5.98　修复措施等的施工场所

表 5.9　对象海域修复措施和施工面积

序号	再生措施	对象海域	网格数	面积（km^2）		备注
1	环绕堤 1	湾顶以前的蛤蛭渔场	15	12	0.8%	
2	环绕堤 2	湾顶及谏早湾沿岸全域	92	75	4.7%	
3	覆沙 1	5 m 以内海域	370	300	18.9%	
4	覆沙 2	5 m 以内海域	370	300	18.9%	将蛤仔设为 5 倍
5	海底耕耘 1	10 m 以内海域	676	548	34.5%	将底泥氧消耗量设为 3/4
6	海底耕耘 2	10 m 以内海域	676	548	34.5%	将底泥氧消耗量设为 1/2
7	岸线修复 1	人工海岸（仅限湾顶、谏早湾）	62	50	3.2%	
8	岸线修复 2	人工海岸	123	100	6.3%	
9	梢捆围垦 1	湾顶沿岸的一部分	15	12	0.8%	
10	梢捆围垦 2	湾顶和谏早湾沿岸全域	92	75	4.7%	
11	牡蛎礁复原 1	1977 年的牡蛎礁	48	39	2.5%	1977 年的牡蛎现存量
12	牡蛎礁复原 2	1977 年的牡蛎礁	48	39	2.5%	上述的 5 倍
13	紫菜养殖 1	现在的紫菜养殖场	493	399	25.2%	将紫菜养殖设为 1/2
14	紫菜养殖 2	现在的紫菜养殖场	493	399	25.2%	将紫菜养殖设为 0
		有明海	1 957	1 585	100.0%	

注：各项措施都设定 2 个场景，场景 2 的修复规模比场景 1 要大。

（1）环绕堤的设置和蚴蛏的增产

经实地研究，如果设置环绕堤并进行覆沙，则 AVS 将降低，生物的物种数和现存量将会得到恢复。因此，在底质子模型中，通过强制函数赋予 AVS 抑制效果。另外，在实地试验中发现，如果投放蚴蛏，则生长率、存活率都良好。

①设定条件

在初始值方面，将底泥有机物量设为 0，间隙水浓度设为正上方水浓度，蚴蛏的投放密度设为 0.25 gC/m^2，蚴蛏的生物扰动作用设定为达到泥深 1 m。在计算事例 1 中，以历史上蚴蛏渔场为实施区域；在计算事例 2 中，从湾顶至谏早湾的沿岸区域全都作为实施区域。

②影响传递

生物扰动作用促进沉积物中有机物的扩散、降低氧消耗、提高底层 DO、对实施区域的底层进行净化（假定进行覆沙），使底泥的氧消耗、营养盐的溶出量降低，同时使被卷起的底质中的有机物浓度降低，促使水中的氧消耗量也降低。另外，由于蚴蛏增产，清除水中的悬浮有机物的能力增强，同时蚴蛏的生物扰乱作用（搅乱底泥效果），将氧供给底泥内，降低还原物的溶出量。在低级生态系统模型中，假设这些效果都得到发挥，能够减轻贫氧化和降低初级生产量。

（2）覆沙

有研究已经确认，如果在蛤仔渔场覆沙的话，将会降低蛤仔初期减耗，底栖生物的物种数、现存量将会增加[89,91]。所以，要用强制函数赋予底质粒度变化相关的生物化学反应。

①设定条件

在 5 m 以浅的海域，在初始值方面，将底泥有机物量设为 0、间隙水浓度设为 0，增加的捕食悬浮物的物种 80%被捕捞。在计算事例 1 中，假定捕食悬浮物的物种现存量与现状比较没有变化；而在计算事例 2 中，假定通过覆沙使蛤仔资源得到恢复，蛤仔现存量设为现状的 5 倍，捕捞 80%。

②影响传递

与上述环绕堤的设置蚴蛏增产相同。

（3）海底耕耘

在可以进行海底耕耘的 10 m 以浅的海域，假定底泥导致的氧消耗量减少，预测持续时间。而且对于耕耘后的生物量的恢复来说，由于恢复机制尚不了解，所以无法处理。

①设定条件

在 10 m 以浅的海域，将底泥的氧消耗量分别设为 3/4（计算事例 1）、1/2（计算事例 2）。

②影响传送

在低级生态系统模型中，来自底泥的氧消耗量及还原物质的溶出量下降，假定贫氧化程度减轻。

（4）岸线修复

有明海人工海岸的比例相当于海岸线全长的 55%（海岸网格数），多位于湾顶和东部海域。本模型划分 900 m 网格，为了准确表现缓坡化的地形条件而设有边界。但是在缓坡的情况下，产生了与海岸成直角的流速。具体来说，在人工海岸的陆地一侧增加 1 个网格。据此水域面积的增加在模型上是 120 km^2，约为 20 世纪 30 年代地形差（53 km^2）的 2 倍。另外，预计自然海岸比人工海岸生物资源更为丰富，人工岸线的生物量也将增加，这一点已经在实地得到了证实，这与底质改善内容吻合，所以在本节中就水动力变化进行介绍。

①设定条件

人工海岸的陆地一侧增加 1 个网格，增加的网格的底质进行覆沙（底泥有机物量为 0，间隙水浓度为 0）。将与前面网格相同的现存量作为底栖生物的初始值。在计算事例 1 中，将湾顶区域和谏早湾设定为人工海岸，在计算事例 2 中将有明海全域设为人工海岸。

②影响传递

潮流流速增大带来 M_2 分潮振幅（大浦）、振幅增幅率（大浦/口之津）、截面流量、分层强度的变化，海域面积增加使得潮流发生变化。通过截面流量增加和减少分层强度，向贫氧化明显的海域增加水平、垂直溶解氧的供给量。另外，随着潮流流速的增加，底泥的卷起量增加，使得水中的 SS 浓度上升，成为影响浮游植物生产的限制因素。在有明海湾顶区域的潮流滞留时间变短，从陆地流入的营养盐和以营养盐为生的浮游植物在湾顶区域的累积量变小。根据这些因素，在低级生态系统模型中，预计湾顶区域贫氧化程度得到了减轻。

（5）梢捆围垦

梢捆围垦是传统的围海造田技术之一。梢捆围起来的水域水流安静平稳，涨潮时流入海水中的悬浮物沉降；退潮时输入海水的细小悬浮物减少。另外，梢困围垦内细微颗粒沉积，发挥生物栖息地作用。评估结果认为，梢捆围垦内的沉降速度得到了增长。

①设定条件

细颗粒成分（黏土、淤泥）的沉降速度达到 1.56 倍[92)]，不会产生卷起。底质及底栖生物与现状相同。计算事例 1、事例 2 的场所设置与环绕堤相同。

②影响传递

通过增加细微悬浮物的沉降速度，可以降低水体中悬浮物浓度（SS），从而降低氧消耗，提升底层 DO，促使悬浮于水中的有机物沉降于海岸线附近。这些沉降的有机物会被底栖生物利用，从而让湾顶区域的氧消耗形态发生变化。利用梢捆围垦，将此前促进贫氧化的浮游生物残体和有机能（碎屑）汇集到底栖生物栖息量较多，而且与溶解氧接触的机会较多的海岸线附近，假设以此来减轻湾顶的贫氧化程度。

（6）牡蛎礁的复原

在有明海湾顶的潮间带和河口区域曾经养殖过熊本牡蛎和有明牡蛎，在 20 世纪 70 年代天然牡蛎的捕捞量非常多（图 5.99）。熊本牡蛎是有明海的特产物种，有明牡蛎是准特产物种。拟通过复原 1977 年的牡蛎礁，获得牡蛎的高度水净化能力。牡蛎礁已经被变为紫菜养殖场，所以要进行复原就必须对紫菜养殖进行调整，而且也必须进行包括环境修复效果和经济评估在内的综合判断。牡蛎礁不仅有助于水质净化，而且重叠的立体空间还能提供鱼贝类的产卵场和仔稚鱼的栖息场。另外，由于牡蛎礁海域水体较浑浊，可发挥作为仔稚鱼遭遇天敌捕食时避难所的作用。而且，牡蛎的假粪便成为鱼的食物也能发挥支撑食物链的作用。但是，本模型中没有加入这些效果。

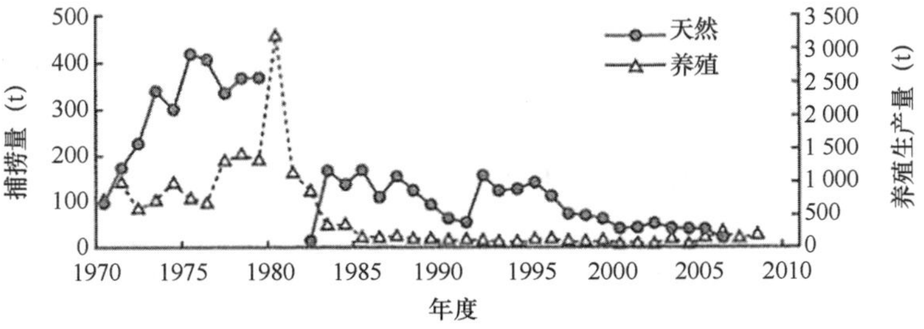

图 5.99　有明海牡蛎捕捞量和养殖生产量的变化（根据水产统计编写）

①设定条件

复原 1977 年时的牡蛎礁。在计算事例 1 中设定 1977 年的牡蛎现存量；在计算事例 2 中设定 5 倍的现存量。

②影响传递

对细颗粒悬浮物的沉降速度改变作用与梢捆围垦相同，同时，还具有通过捕捞牡蛎实现清除营养盐和有机物的效果。在低级生态系统模型中，目前将促进贫氧化的初次生产量（碎屑）作为牡蛎的生物量，可通过清除到海域之外来减轻贫氧化。

（7）紫菜的正确管理

有明海的紫菜养殖始于大正时代，至 20 世纪 60 年代急剧增加，联合销售逐渐增加到 21 世纪初（图 5.100）。据水产统计，紫菜养殖生产量在 21 世纪初（2000—2008 年）平均每年为 144 000 t，达到渔船捕捞业的 6.5 倍。这种大规模的基础生产改变了有明海原本的食物链，因此，被紫菜吸收的营养盐转移给浮游植物、浮游动物、鱼类等。恢复多种多样的食物链可能对恢复有明海原本的生态系统起到推动作用。另外，紫菜养殖过程中投放的酸处理剂和施肥没有全部被紫菜吸收而排入海中，所以增加了局部负荷。

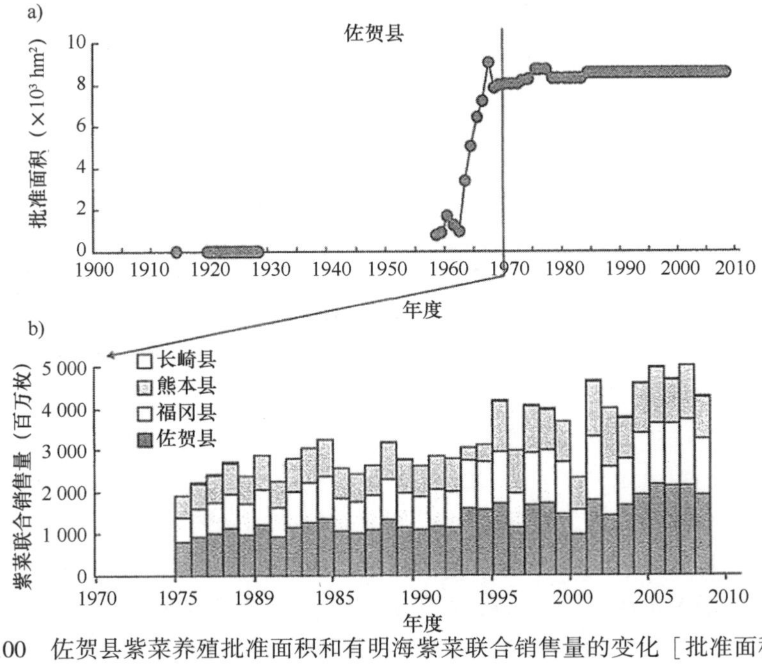

图 5.100　佐贺县紫菜养殖批准面积和有明海紫菜联合销售量的变化［批准面积根据佐贺县渔业调整委员会史（1988）编写，联合销售数量根据有明海四个县的资料编写］

①设定条件

削减紫菜养殖，与之相伴的养殖筏的流体阻力、酸处理剂、施肥量也随着发生变化。在计算事例 1 中将紫菜养殖设为现状的 1/2，在计算事例 2 中设为 0。酸处理剂、施肥量根据各县提供的数据来进行设定。

②影响传递

紫菜摄取的营养盐被转移给浮游植物、浮游动物。河口周边海域的浮游动物如果增加，则将促进鲈鱼稚鱼生长、存活，渔业生产将提高，假定这一结果有助于复原有明海原本的食物链，保护生物多样性。在紫菜养殖实施期（冬季），紫菜网对水流的阻力消失，海湾内的海水交换顺利进行，加上酸处理剂、施肥量减少，降低了氧消耗量，形成高混浊度的海水。但是鲈鱼稚鱼在河口区域、浅海区域生长的冬季至春季，用低级生态系统模型无法表现浮游动物的增加和 SS 的增大。

5.2.3 低级生态系统模型对修复技术的预测结果

由于各项技术的适用场所和规模不同，所以无法单纯地进行比较。不过，贫氧容积的降低效果、湾顶区域的初级生产量的降低效果如图 5.101 所示。这些都是表 5.9 所示的计算条件下的预测结果。

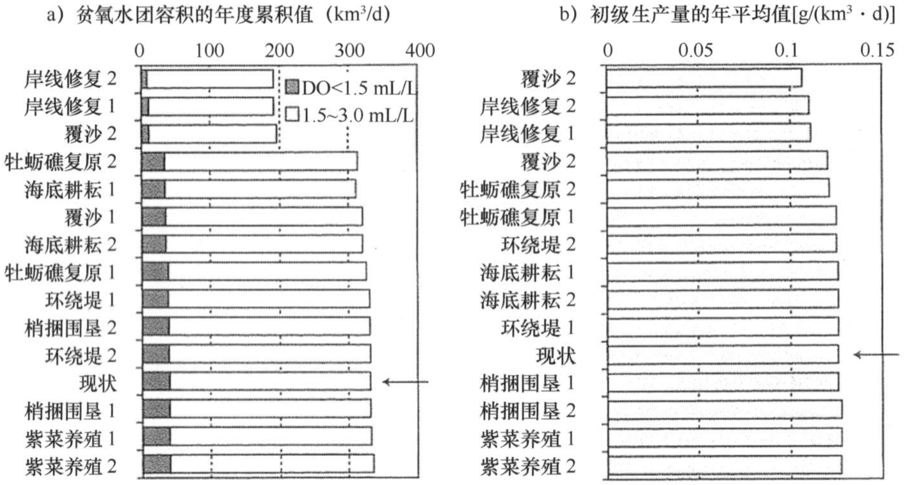

图 5.101 各项修复措施下的预测值

a）贫氧水团容积年度累积值；b）湾顶区域的年平均初级生产量

实施岸线修复措施，能够改变湾顶区域的地形（增加海域面积），改善潮流场，对于消除贫氧化和抑制赤潮发生具有一定的效果。如前文所述，改善潮流场增大对底层溶解氧的供给量，同时具有降低浮游生物残体及有机碎屑降解所消耗的水中溶解氧量，更是一种能够有效解决贫氧化的方法。希望通过改善潮流场，能够减少贫氧化、恢复毛蚶等双壳贝资源、增大水质净化量，使“解决贫氧化”的流程螺旋上升。

另一方面，可通过覆沙（事例 2）和牡蛎礁修复使悬浮物捕食者有所增加，以便清除水中的悬浮有机物。据预测，这种修复方法可有效消除贫氧化和抑制赤潮的发生。如前文所述，初级生产者有机物的主要分解者的氧消耗大约占水柱全部氧消耗的50%，所以，如果确定能有效清除悬浮有机物的技术，则会成为一种有效的修复措施。但是，要使用这种技术，必须与紫菜养殖者达成一致意见。这些修复措施的有效性已经得到了证明，潮间带覆沙区域与非覆沙区域相比，蛤仔稚贝的存活率更高。根据这一事实可以确认，从陆地持续提供充足的泥沙供给和作为应急措施的覆沙是有效的方法。

利用低级生态系统模型对修复措施的实施效果进行定量预测，其计算条件及其结果概要如表 5.10 所示。

表 5.10　预测修复措施效果时所设定的主要计算条件和结果概要

个别技术	措施名称	预测时设定的主要计算条件	预测结果
底质改善技术	覆沙	• 在有明海水深 5 m 以浅的海域实施覆沙 • 将底质中有机物、间隙水中溶解物质的初始浓度设为 0	• 关于覆沙会有何改善效果，可假设其改善效果，包括覆沙本身的底质净化效果和底栖生物的净化效果。从预测结果来看，后者的净化效果更有利于贫氧化的改善
		• 在实施覆沙的地方，假设悬浮物捕食者增加，增加设定的悬浮物捕食者的初始现存量	• 关于覆沙本身的底质净化效果，贫氧水团的容积与现状相比缩小了大约 10%
		• 假设增加的悬浮物捕食者有八成通过捕捞等被带到区域之外	• 在上述底栖生物的净化效果的基础上，假设悬浮物捕食者因覆沙使得栖息量达到现状的 5 倍。此时观察到贫氧水团缩小了大约 70%
	海底耕耘	• 在有明海 10 m 以浅的海域实施海底耕耘 • 假设来自底泥的耗氧量和还原物质的溶出量始终降低	• 假设来自底泥的氧消耗量、还原物质的溶出量为现状的一半，此时预测贫氧水团的容积缩小大约 12% • 对于氧消耗来说，水中的氧消耗处于支配地位。因此，底质改善措施所具有的贫氧化直接改善效果相对较小
	建造环绕堤	• 在有明海湾顶沿岸区域建筑环绕堤	• 建造环绕堤、蛐蛏增产直接对贫氧水团的发生规模造成的影响很小，预测贫氧水团的容积将缩小大约 2%
	蛐蛏的增产	• 将底质中的粒子状有机物、间隙水中溶解物质的初始浓度设为 0 • 在环绕堤的建造场地让蛐蛏增产，增加设定的悬浮物捕食者的初始现存量	• 根据预测时建造规模不同，改善效果也会发生变化。但是，与其他预测条件相比，务必注意，此次设定的环绕堤建造规模很小
细粒成分捕捉技术	梢捆围垦	• 在有明海湾顶沿岸区域实施梢捆围垦 • 在梢捆围垦的实施场所，假设悬浮物（SS、有机物、浮游生物残体）的沉降速度为周边海域的 1.56 倍	• 在梢捆围垦实施场所，预测表层 SS 浓度的年平均值可以减少约 10 mg/L • 梢捆围垦直接产生的贫氧化改善效果很小，贫氧水团的容积变化预测缩小了 1%

续表

个别技术	措施名称	预测时设定的主要计算条件	预测结果
岸线修复技术	人工海岸（直立护岸）的平缓斜坡化及半自然海岸化	• 在有明海的海岸线实施修复技术 • 利用岸线修复技术，假设陆地上的 900 m×900 m 的网格变成新海域 • 在变成新海域的网格中，将底质中的有机物、间隙水中溶解物质的初始浓度设为 0 • 在变成新海域的网格中，假设栖息着与相邻网格同等的底栖生物量	• 预测在本项研究中设想的岸线修复所改善的贫氧水团的容积大幅度缩小约 75% • 表层 SS 年平均浓度在海湾深处将上升约 20 mg/L • 受表层 SS 浓度上升、海水交换性提高等因素的影响，湾顶的初级生产量比现状降低约 10% • 贫氧化非常明显的湾顶区域的建设（地形变化）对于贫氧化的改善是有效的。而在熊本县沿岸的实施对于贫氧化的改善效果来说，直接效果很小
利用水产生物将营养盐带到外部的技术	牡蛎礁的修复	• 在有明海海湾深处的海域修复牡蛎礁 • 在设定牡蛎礁修复的网格中增加牡蛎的初始现存量 • 增产的牡蛎全部通过捕捞被带到区域之外	• 通过牡蛎将海湾深处区域的初次生产起源的有机物清除至区域外，预测可使贫氧水团的容积缩小 4%~15% • 根据预测时设定的牡蛎礁的建造规模，假设改善效果有很大变化。与其他预测条件比较，务必注意，此次假设的牡蛎礁的修复规模很小 • 复原 1977 年时的牡蛎礁，预测贫氧水团的容积将缩小约 4%
渔业管理	紫菜养殖量的控制	• 限制紫菜养殖量 • 假设紫菜养殖场没有变化，改变养殖场的紫菜网对于水流的阻力和紫菜养殖量、酸处理和施肥量	• 冬季实施的紫菜养殖量的变化预计直接给贫氧水团发生规模造成的影响很小 • 随着紫菜养殖的缩小，预计初级生产量比现状将上升约 1% • 此次使用的酸处理剂的使用量及浓度以相关各县的资料为准。但是，并非一定正确表现了实际浓度。务必注意，关于酸处理剂带给海域的污染量，存在设定得过少的可能性（佐贺大学林教授私信）

5.2.4 应用指示种评估模型对修复技术的预测结果

实施各项技术时对于环境的影响不仅是减少贫氧化，而且还会改变水动力、水温和盐度、SS 通量、初级生产力、悬浮有机物和生物栖息环境等。本文通过生活史模型中采用的指示种的环境变化，以培养的捕捞量为指标，综合评估各项修复措施对于生物栖息环境改善的效果。另外，由于各项修复措施的适用场所和规模不同，所以务必注意，不能进行单纯的对比。评估方法方面，在 2001 年的环境条件下，维持蛤仔 5 600 t、毛蚶 7 000 t、鲈鱼 150 t 的捕捞量，采用低级生态系统模型预测实施对策后 15 a 的环境变化（日变化）情况。其结果如图 5.102 所示。在 7 种（14 个事例）修复措施中，使水动力环境（水温、盐度）变化的原因是岸线修复及紫菜养殖的削减促使地形变化，对于其他修复措施来说，假设水文动力环境不发生变化。对于岸线修复来说，作为计算条件在陆地一侧新设海域，受浅水域水温的影响，夏季高冬季低。为了避免高估这种水温变化，在修复岸线时，采用水温的现状值进行处理。关于紫菜养殖方面，由于减少了水流阻力，所以流速变快，水温也发生了变化。其差别对鲈鱼影响较大，在蛤仔方面较小。在图 5. 102 中，捕捞量以鲈鱼、毛蚶、蛤仔的先后顺序发生变化。这是由于在高温期时，鲈鱼的生长比其他物种要快，所以捕捞量在早期也增加较多。毛蚶的捕捞量在第 7 年至第 8 年增加到最高，这表明海域存在一定环境承载能力（捕捞量约为 32 000 t）。

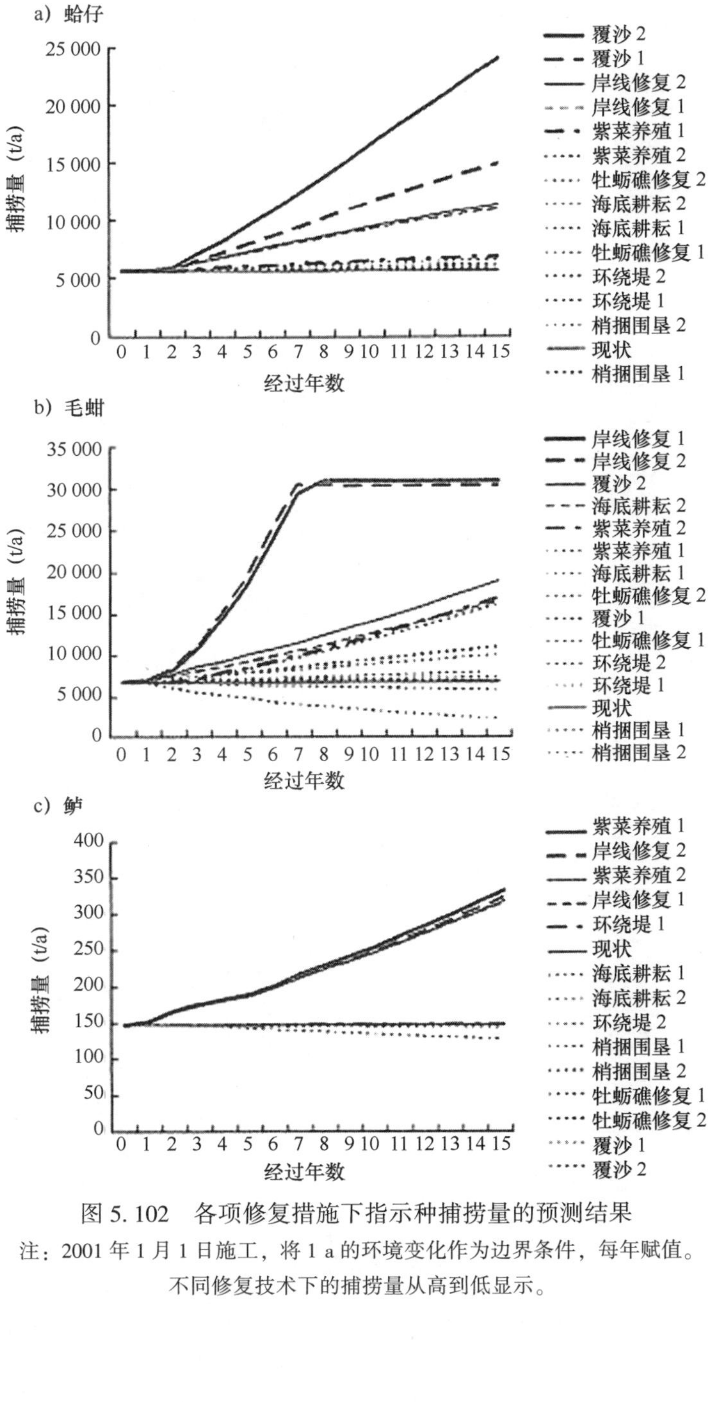

图 5. 102　各项修复措施下指示种捕捞量的预测结果

注：2001 年 1 月 1 日施工，将 1 a 的环境变化作为边界条件，每年赋值。
不同修复技术下的捕捞量从高到低显示。

为了能让各种修复效果简单易懂，用图 5. 103 来表示第 10 年的捕捞量及环境因素变化情况。对于岸线修复和紫菜养殖削减来说，水温发生变化，而其他修复措施的水温没有变化，在图 5. 103 中也表现出区别水温影响的结果（括号内的修复措施方面只有水温使用现状值）。修复效果较大的有覆沙、岸线修复、海底耕耘（蛤仔、毛蚶）及紫菜养殖（鲈），图 5. 104 表示在现状实例中只改变主要的环境因素时 10 a 后的捕捞量。

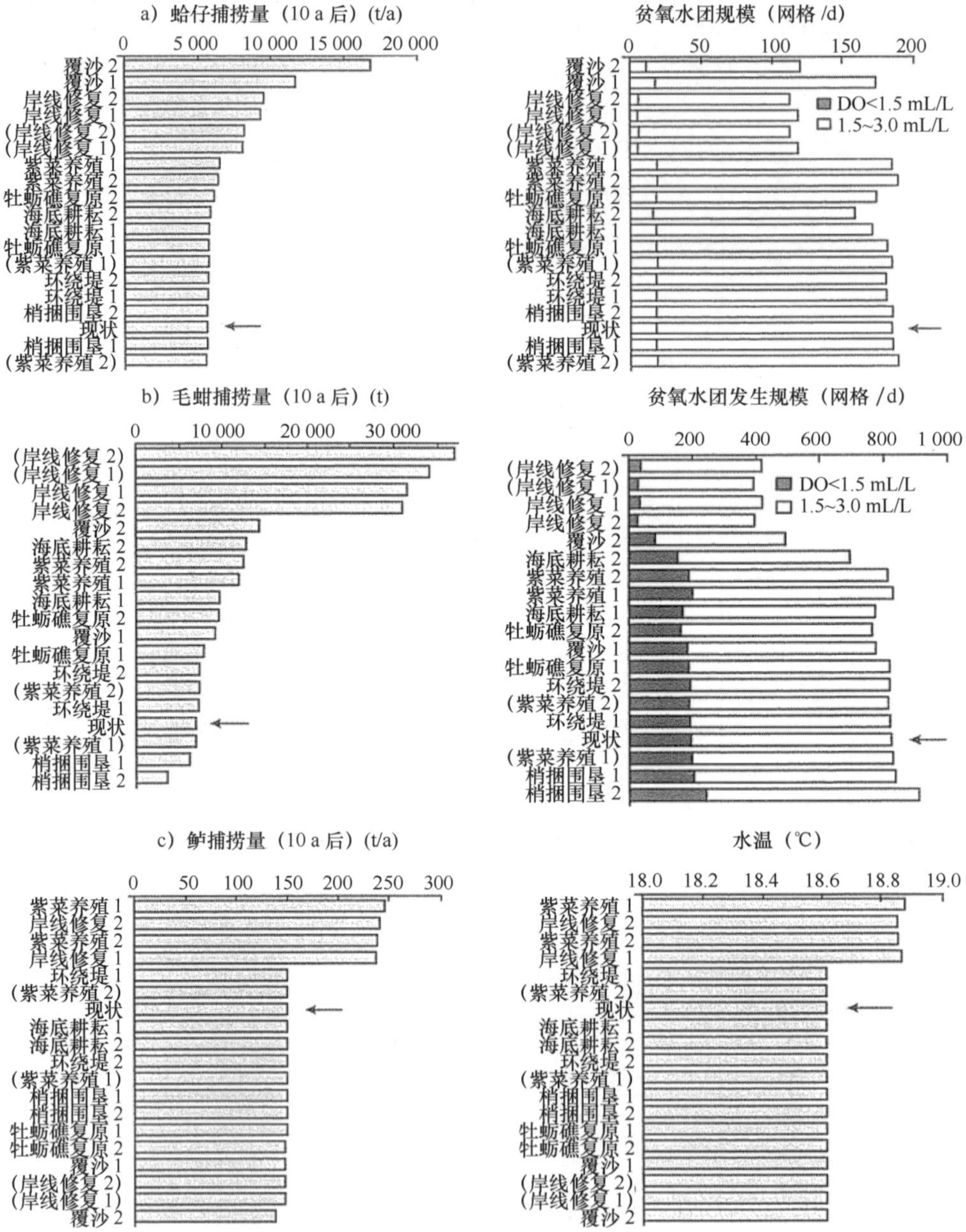

图 5. 103　各项修复措施下指示种 10 a 后捕捞量的预测结果和环境因素

注：括号内的修复措施只有水温使用现状值计算。

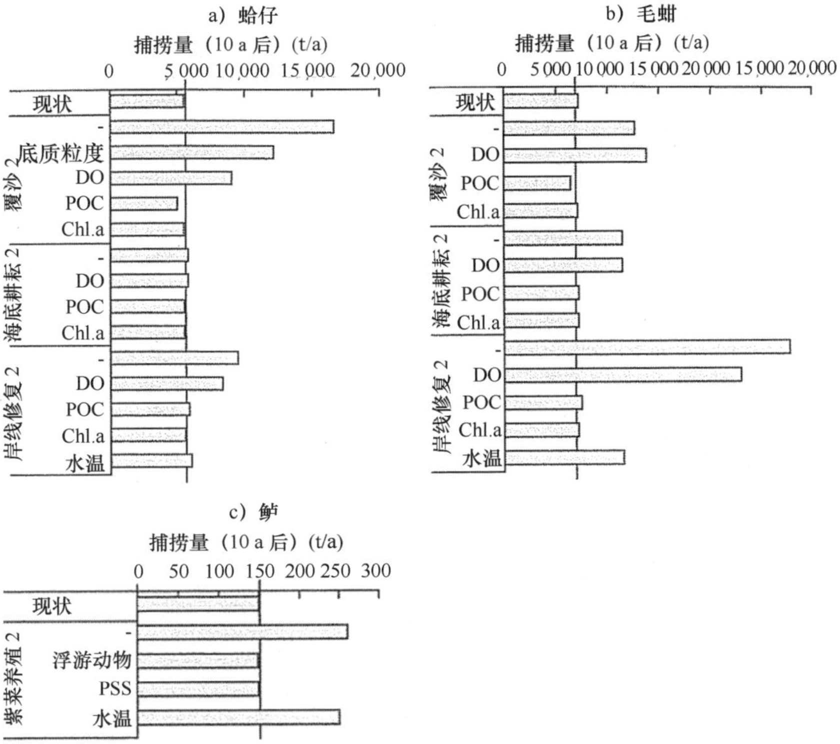

图 5. 104　主要修复措施的敏感度解析结果

注：表示 10 a 后的捕捞量，现状实例只让各环境因素变化。

对蛤仔来说，覆沙应该是最有成效的。将现场试验的底质换成沙子，显示因底质细颗粒化导致的埋没死亡减少。另外，在低级生态系统模型中，考虑覆沙使蛤仔现存量增大（5 倍）的事例 2 中，贫氧水团的发生频度降低，使得蛤仔的捕捞量增加。在生活史模型中增加的蛤仔和毛蚶没有被反映到低级生态系统模型中，所以没有体现出环境和生物自我支配的体系。贫氧化和蛤仔、毛蚶资源的关系可以从图 5. 103 中看出。另一方面，覆沙抑制了底泥的氧消耗和营养盐的溶出，使初级生产量降低，以浮游期的叶绿素 a及底栖期的悬浮有机物 POC 为指标的食物资源减少，浮游期蛤仔、毛蚶饥饿死亡增加，底栖期生长速度迟缓，覆沙对食物资源有一定负面效果（图 5. 104）。但是，稚贝的埋没死亡降低，与贫氧化消除和食物资源减少相互抵消，贝类资源反而增加。在有大量鲈鱼稚鱼栖息的筑后川、六角川等河口区域，浮游动物较多，形成了高混浊区域，从而维持了有明海的生物多样性[89,90]。适度削减紫菜养殖，将紫菜摄取的营养盐转送给高级生物，以此尝试恢复多样性的食物链系统。但是，预测结果显示，作为饵料生物的浮游动物和为被捕食生物提供避难所所需的 SS 没有增加。然而，因撤除养殖筏而使得水流发生变化，水温上升，使蛤仔、毛蚶生长情况变好，捕捞量反而增加。

岸线修复对蛤仔来说其效果仅次于覆沙，对毛蚶来说最有效果。在湾顶区域假设改变地形，例如开凿很多人工海岸或建成缓坡，以此让水动力环境恢复原状，消除贫氧化现象，结果促进了蛤仔、毛蚶的资源恢复。特别是对栖息于湾顶浅海海域的毛蚶恢复效果很大。这表明，贫氧化成为底栖鱼贝类的栖息环境重要影响因素之一。另外，岸线修复具有提高底层 DO 的效果，加上底层的悬浮有机物（POC）也随之升高，预测随着食物资源的增加将产生资源增大的效果。受削减紫菜养殖的影响，蛤仔、毛蚶的捕捞量增大，但这是因水温上升而使得生长变好的结果。除水温外，这两物种的栖息环境没有大的变化。在岸线修复中，仍然出现了水温的影响。在生活史模型中，水温通过影响生物整个生长周期而使资源发生变化，所以表明水温变化已成为栖息环境重要的影响因素之一。

预测结果显示，海底耕耘和牡蛎礁修复对于蛤仔、毛蚶的资源恢复也有一定的效果。环绕堤及梢捆围垦的效果是有限的。在梢捆围垦中，受细微悬浮物增多的影响，毛蚶的食物资源（POC）减少，导致捕捞量减少。

据估计，覆沙和海底耕耘对于生物之外的环境改善效果的持续性是有限的。海底耕耘使得底栖生物量增加，底泥内的有机物减少。但是，通过实地调查确认其效果只能持续约 3 个月左右[91]。另外，在低级生态系统模型中，1 月 1 日向底泥内供给氧的计算结果显示，底泥内的 DO 及硫化氢浓度在 1~3 个月后恢复为氧供给前的浓度。也就是说，如果不评估生物的恢复，即使搅拌底泥，其效果也只有几个月左右。覆沙比海底耕耘持续的时间长，但是，只要泥沙供给和水动力不发生变化，最后都会恢复为原来的状态。覆沙和海底耕耘的计算条件方面，设定 2001 年 1 月 1 日实施，以 1 a 的环境变化为边界条件，每年赋值给生活史模型。按照 1 a、2 a、3 a 持续进行覆沙及海底耕耘（1 a、2 a、3 a 的 1 月 1 日施工），随后在现状事例的环境条件下进行计算，结果如图 5. 105 所示。修复后的捕捞量峰值方面，蛤仔出现于 5~6 a 之后，而毛蚶则要比蛤仔提前，在 2~4 a 出现峰值。在蛤仔方面，稚贝的死亡系数降低会给资源造成极大影响，因此，可通过覆沙让稚贝生长到适合捕捞的尺寸，以便提高捕捞量。DO 上升对毛蚶的影响非常大，在模型中随着毛蚶不断生长，贫氧耐性变大。但是，根据底栖期的各个发育阶段来看，早期捕捞量会增大。两个物种在不同年龄的捕捞比例方面都是 2 岁贝时最大。其次蛤仔 1 岁贝时比较大，毛蚶 3 岁贝时比较大。

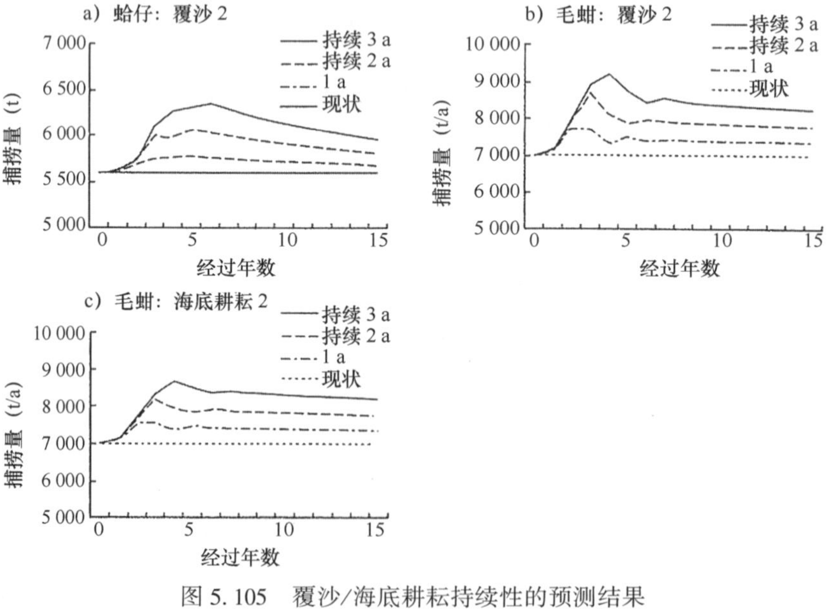

图 5. 105　覆沙/海底耕耘持续性的预测结果

注：覆沙/海底耕耘（全部为实例 2）反复实施 1~3 a 之后，按照现状的环境进行计算。

从图 5. 105 中可以看出，覆沙、海底耕耘 1~3 a 后，环境即使恢复原状，增加的资源也将进行再生产，生物至少在 15 a 时间里能够得到维持。如果用生物量的增加评估生态修复效果，则效果很好。为了证明这一观点，可以参考水过滤量变化情况，见图 5. 106。蛤仔（壳长 1. 3 cm 以上）和毛蚶（壳长 1. 5 cm）的水过滤量在现状条件下推算合计为全年 140×10^{8} m^{3}，几乎相当于来自有明海整个流域的淡水流入量（2000—2006 年平均）。据预测，水过滤量受岸线修复（事例 2）的影响，将是现状的 3. 3 倍；受覆沙（事例 2）的影响将是现状的 2. 3 倍。双壳贝使得水过滤量增大，与呼吸引发的耗氧量相抵消，使得氧消耗物质减少，从而对贫氧化的消除产生极大的效果。这是假设在双壳贝过去现存量的情况下，对贫氧水团长期变动因素分析的结果。从图 5. 106 也可以看出，作为渔业生产的经济效果的生产额，蛤仔比毛蚶的单价高，所以受覆沙（事例 2）的影响，产值是现状的 2. 8 倍；受岸线修复（事例 2）的影响，产值是现状的 2. 1 倍。

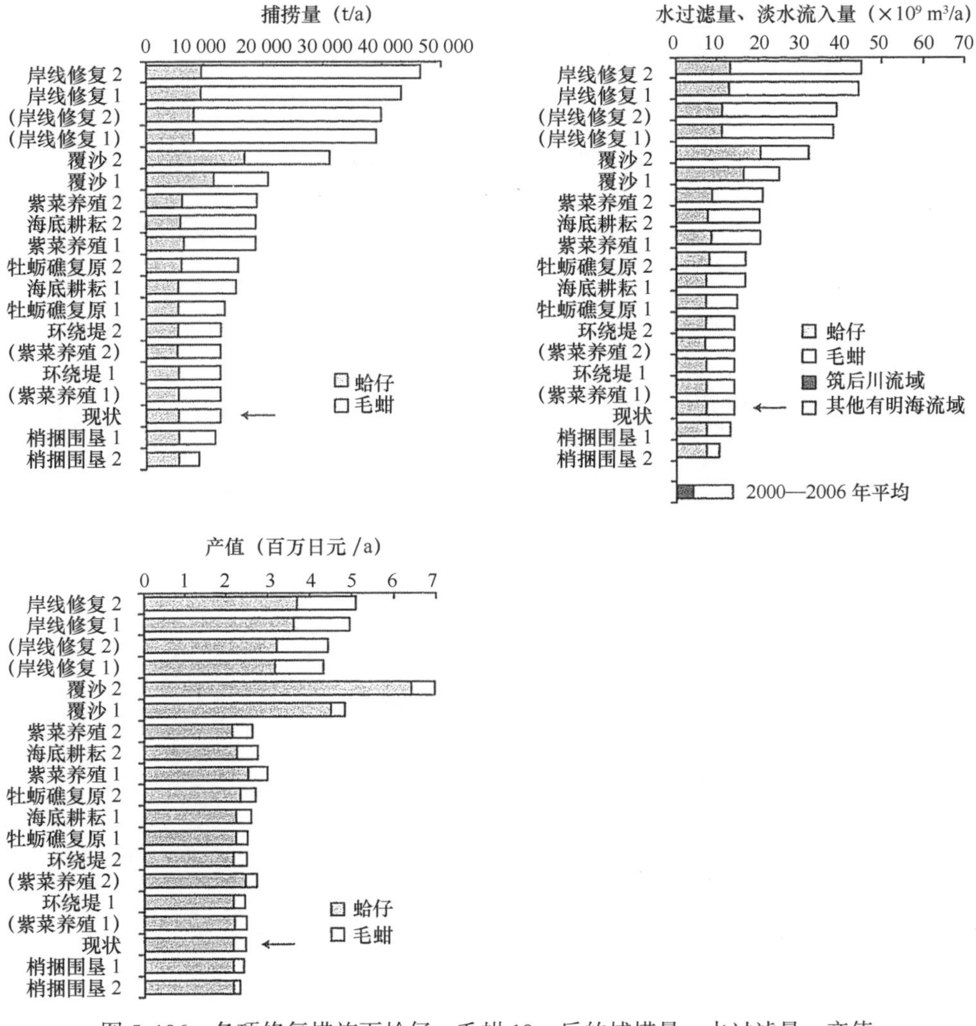

图 5. 106　各项修复措施下蛤仔、毛蚶 10 a 后的捕捞量、水过滤量、产值

注：括号内的修复措施只有水温使用现状值（←为现状值）计算。

以上都是对总捕捞量的比较。为了解某个海域实施环境修复会对资源增大有推动作用，各计算网格（多个）的结果如图 5.107 所示。毛蚶在很多地点受到贫氧化降低的影响而使得捕捞量增加。但是，在谏早湾（蛤仔）、大浦/鹿岛海域（毛蚶），即使进行岸线修复和覆沙，贫氧化问题也没有解决。为了解决这些海域的贫氧化问题，根据 20 世纪 30 年代没有形成贫氧水团这一信息，将当时的环境条件作为解决问题的一个线索。

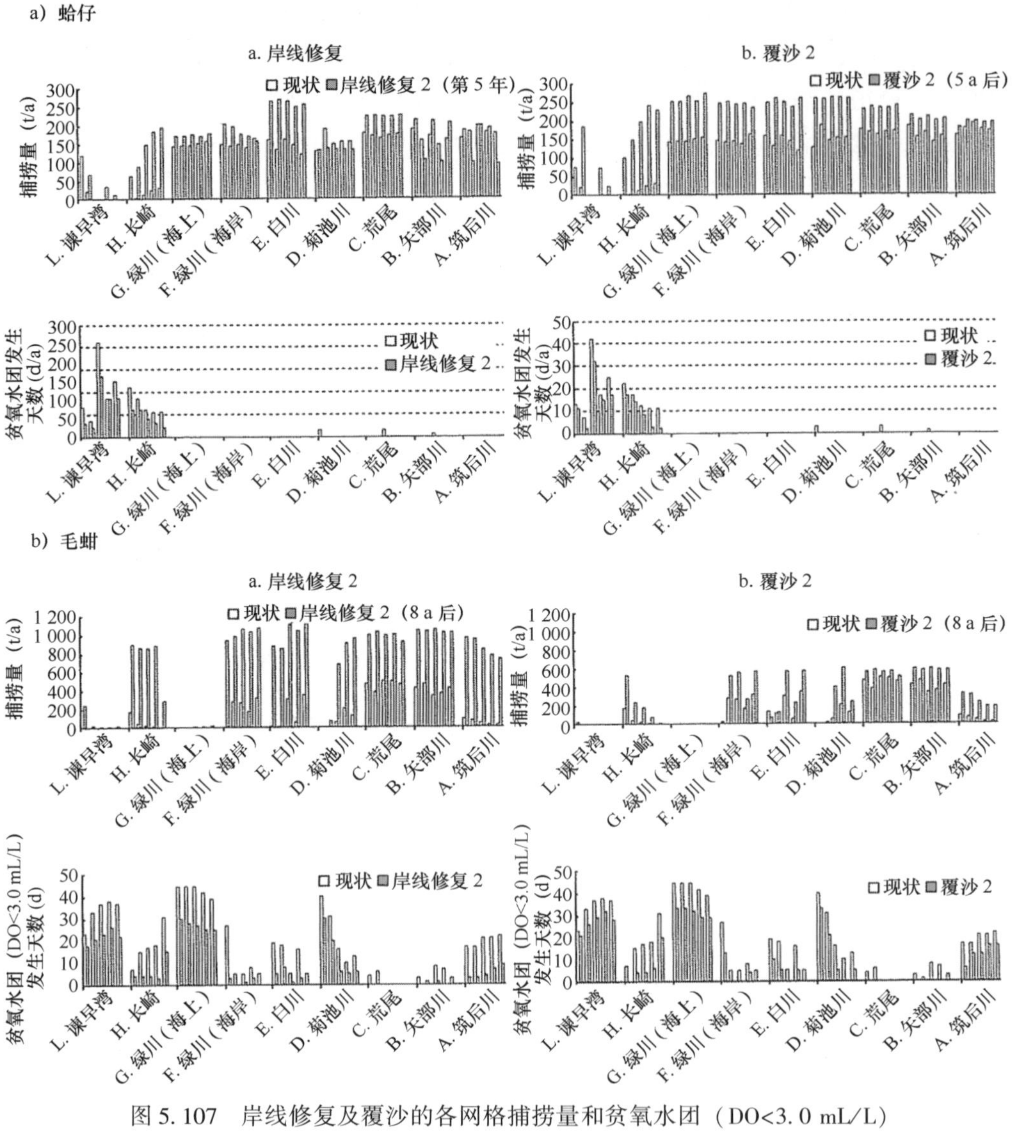

图 5.107　岸线修复及覆沙的各网格捕捞量和贫氧水团（DO<3.0 mL/L）发生天数的比较（地点参照图 2.1）

除了上述环境改善措施之外，渔业管理也是恢复资源的重要方法之一。熊本县[93]为了恢复蛤仔资源，致力于指导捕捞尺寸的大型化。网目使用 3 分、4 分、4.5 分、5 分（1 分等于 3.03 mm），在现状实例中使用 3 分以外的网目，按照平均 13.1 mm（4.3 分）计算。使用 3 分、4 分、4.5 分、4.5 分+5 分（各自使用 1/2）、5 分时的捕捞量的变化和第 10 年的年龄组成如图 5.108 所示，网目和 10 a 后的捕捞量、水过滤量、产值的关系如图 5.109 所示。使用比现状小的网目时，最初捕捞量比较多，不久捕捞量就开始减少。网目越大，则高龄贝的比例就越多，待其产很多卵后再捕捞，所以捕捞量增大。另外，由于按照壳长来设定单价，所以，捕捞尺寸越大，产值就越高，在经济方面也就越有利。例如，将 4.5 分和 5 分提高 1/2 时，预测 10 a 后捕捞量增加 31%，产值增加 36%，水过滤量增加 43%。另一方面，如果按照 3 分继续捕捞，资源水平将大幅度降低，处于过度捕捞状态。因此，对于生长成熟之后再捕捞的明智型渔业活动来说，捕捞量、产值额增大，提高渔业经营平稳性，而且水过滤增大将更好地发挥环境保护引擎的功能，担负起海域环境保护功能的一部分工作。

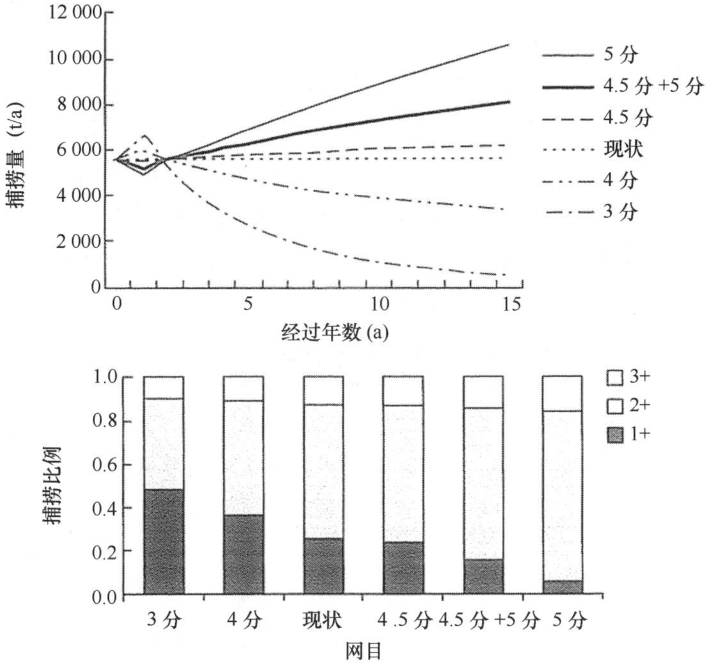

图 5.108　改变蛤仔网目时的捕捞量变化和年龄组成（10 a 后）（现状相当于 4.3 分）

5.2.5　以有明海修复为目标的系统性措施

对于有明海的生物栖息环境来说，贫氧水团的发生扩大、赤潮的发生（夏季的有毒赤潮、冬季的硅藻赤潮）、透明度上升、底质变化（细粒化）等对其影响非常重大。通过实地实证各修复措施对于整个有明海的贫氧化减轻及指示种资源增大的效果如表 5.11 所示。贫氧化是“氧供给小于氧消耗”的结果，定量分析表明，因恢复潮流场而

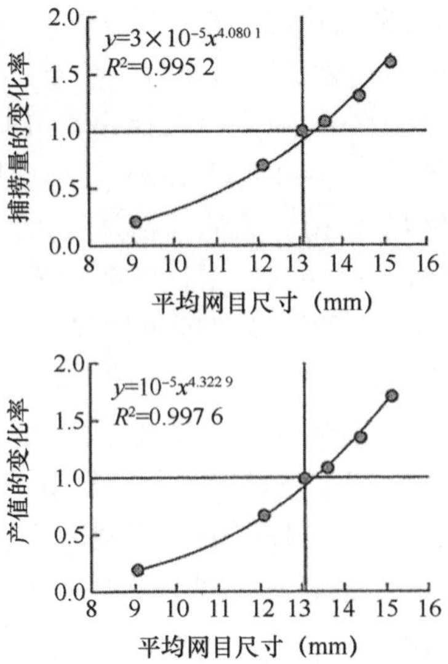

图 5.109　蛤仔的网目和捕捞量、水过滤量、产值的关系（10 a 后）

增加氧供给的岸线修复与减少底泥和水中氧消耗的覆沙措施效果很大。另外，用于减少氧消耗的牡蛎礁修复和海底耕耘也是效果很好的修复措施。更重要的是，可通过这些措施使毛蚶和蛤仔增加，摄食悬浮有机物，以此来促进氧消耗的减少。如果换一个角度来看，则贫氧化对渔场的捕捞量造成了影响。图 5.110 是修复措施对生物栖息环境及指示种的影响传递路线。大型双壳贝类的栖息环境修复和贫氧化的消除是双向关系，所以引进螺旋式上升的修复技术组合是非常有效的。

表 5.11　修复措施的效果预测（汇总）

序号	修复措施	整个有明海贫氧化降低	蛤仔	毛蚶	鲈
1	环绕堤 1	△	–	△	–
2	环绕堤 2	△	–	△	–
3	覆沙 1	○	◎	○	–
4	覆沙 2	◎	◎	◎	×
5	海底耕耘 1	○	△	○	–
6	海底耕耘 2	○	△	○	–
7	岸线修复 1	◎	○	◎	–
8	岸线修复 2	◎	○	◎	–
9	梢捆围垦 1	–	–	–	–
10	梢捆围垦 2	△	–	×	–
11	牡蛎礁复原 1	○	△	○	–
12	牡蛎礁复原 2	○	△	○	–
13	紫菜养殖 2	–	○	○	○
14	紫菜养殖 1	–	○	○	○

注：◎表示效果非常大；○表示效果大；△表示有一定的效果；–表示没有大的变化；×表示与修复相反的效果。

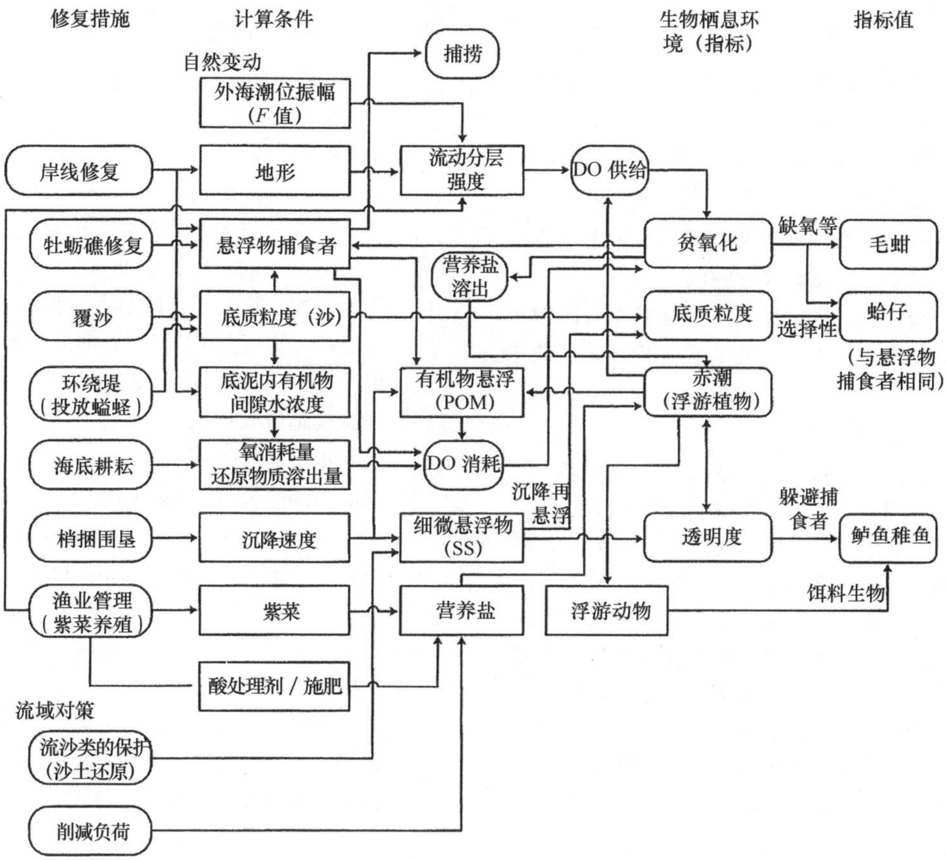

图 5.110　各项修复措施从生物栖息环境到指示种的主要影响传递路线

从有明海湾顶区域和谏早湾的泥质潮滩、浅海海域到东部沿岸的砂质潮间带，生态梯度很大，所以，环境修复如果不针对各个地区的特性来实施，将无法持续下去。在容易发生贫氧水团的湾顶区域和谏早湾，改善水动力、密度分层和降低氧消耗较大的POM是非常重要的。曾经在湾顶潮间带区域生存有蛏蛏，在其前面生存有牡蛎礁。它们的水质净化能力都很高，所以，通过灵活利用这些因素来促进环境修复也不失为一种好办法。东部沿岸区域形成了日本最大的蛤仔渔场，这一海域没有贫氧化，蛤仔资源恢复对策大多采用覆沙法。事实证明了覆沙对于蛤仔资源恢复有一定的效果。对于覆沙的效果分析有几种说法，而这些说法的共同之处就是：新鲜泥沙的供给以及地形起伏的多样性促进了稚贝变态转为底栖生活。因此，作为该海域的紧急对策，覆沙和疏浚是有效的，但流域不断供给泥沙是不可或缺的。在湾顶区域和岛原沿岸的蛤仔渔场被暴露在贫氧水中，降低贫氧化是重要的修复目标。另外，为了恢复蛤仔资源，同时采用提高捕捞尺寸的渔业管理和驱除无斑鹞鲼措施更加有效。

（堀家健司・楠田哲也）

文　献

1) 林野庁：森林・林業白書，日本林業協会，2009.

2) 森林水文学編集委員会編：森林水文学，森北出版，2007.

3) 恩田裕一編：人工林荒廃と水・土砂流出の実態，岩波書店，2008.

4) 小松　光・久米朋宣・大槻恭一：流域水収支データの現代的意義―森林蒸発散を考えるために―，日本森林学会誌，87，346-359（2007）.

5) 藏本康平・篠原慶規・小松　光・大槻恭一：森林回復が流出に及ぼす影響―地質が異なる2流域における検討―，水文・水資源学会誌，23，印刷中，2010.

6) 小松　光・久米朋宣・大槻恭一：針葉樹人工林の間伐が年遮断蒸発量に与える影響―予測モデルの検証―，日本森林学会誌，91，94-103（2009）.

7) 志水俊夫：山地流域における渇水量と表層地質・傾斜・植生との関係，林試研報，310，109-128（1980）.

8) 福島慶太郎，徳地直子：皆伐・再造林施業が渓流水質に与える影響，日本森林学会誌，90，6-16（2008）.

9) 濵田康治・皆川明子・髙木強治・中　達雄：有明海沿岸クリーク地帯でのクリーク水質の年間変動および年次変動の解明，農村工学研究所技報，207，63-80（2008）.

10) 國松孝男・杉本好崇・駒井幸雄：環境こだわり農業の評価と農林地研究の課題，第9回日本水環境学会シンポジウム講演集，pp.123-124，2006.

11) 人見忠良：水管理による水田からの排出負荷の削減方策，平成19年度農村工学研究所研究会農村環境研究部会講演集，pp.33-38，2008.

12) 農林水産省：都道府県施肥基準等，http://www.maff.go.jp/sehikijun/top.html.

13) Shiratani, E., Yoshinaga, I. and Hitomi, T.: Water Environmental Roles of Cultivated Fields in the Coastal Area of Ariake Bay, *Ecology & Civil Engineering*, 8（1），73-81（2005）.

14) 原口暢朗：転換畑における栄養塩流出事例と流出削減方策について～，平成19年度農村工学研究所研究会農村環境研究部会講演集，pp.41-49，2008.

15) 正木裕美：佐賀平野における歴史的形態を留めるクリークの保全と活用，農土誌，65（12），1157-1163（1997）.

16) 国土交通省九州地方整備局：有明海流域別下水道整備総合計画，2005.

17) Minh Hang N. T., Araki H., Cao Don N., Yamanishi H. and Koga K.: Hydrodynamics and Water Quality Modelling for the Ecosystem of the Ariake Sea, Kyushu, Japan, *Jour. of Coastal Research*, SI-50, 800-804（2007）.

18) 林　重徳：低平地研究センター16年間の回顧と反省（定年退職に際して），低平地研究，No.19，2010.

19) 松尾保成・荒木宏之・田中健太：河川の直接浄化法の現況と経済的評価，用水と廃水，48（12），52-59（2006）.

20) 田中健太・荒木宏之・山西博幸・松尾保成・安高　進・松下　睦・三島悠一郎：機能性発泡廃ガラスの水質浄化特性に関する基礎的研究，環境工学研究論文集，43，373-382（2006）.

21) Minh Hang N. T.: Development and Application of an Ecosystem Model for Water Environmental Management in the Ariake Sea of Japan, Ph. D. thesis, Saga University, 2007.

22) Koh C. H., Khim J. S., Araki H., Yamanishi H., Mogi H. and Koga K.: Tidal Resuspension of Microphytobenthic Chlorophyll-a in a Nanaura Mudflat, Saga, Ariake Sea, Japan; Flood-ebb and Spring-neap Variations, *Marine Ecology Progress Series*, 312, 85-100（2006）.

23) 山西博幸・荒木宏之・古賀康之・日村健一・

大石京子：自動昇降型水質測定装置を用いた有明海湾奥部の干潟における懸濁物輸送と水質変動に関する現地調査，環境工学研究論文集，42，297-304（2005）．
24）楠田哲也・堀家健司：森・川・海の自然連鎖計を重視した有明海・八代海の再生，応用生態工学，8（1），41-49（2005）．
25）海上保安庁水路部：有明海，八代海海象調査報告書，p.39，1974.
26）瀧岡和夫：有明海の潮汐・流動・水質変化と諫早湾締め切りの影響，第5回ジョントシンポジウム・有明海の環境システムを考える（第51回理論応用力学講演会別刷資料集），pp.27-30，2002.
27）伊藤史郎：有明海における水産資源の現状と再生，佐賀県有明水産振興センター研究報告，20，69-80（2004）．
28）横山勝英・宇野誠高・森下和志・河野史郎：超音波流速計による浮遊土砂量の推定方法，海岸工学論文集，49，1486-1490（2002）．
29）下山正一：有明海北岸低平地の成因と海岸線の変遷，文明のクロスワード Museum Kyshu，14，25-34（1996）．
30）山西博幸・大田 孝：長期水質観測による有明海湾奥西部水域の水環境特性に関する研究，土木学会第64回年次学術講演会講演概要集，II-128，pp.255-256，2009.
31）環境庁編：図で見る環境白書（昭和63年），ウェブ版 http://www.env.go.jp/policy/hakusyo/zu/eav17/eav170000000000.html#1_1_1_1，1990.
32）中村 充：水産土木学—漁場造成・海岸環境エンジニアリングー，工業時事通信社，508p.，1979.
33）中村 充：漁場工学（水産土木）入門，水産の研究（6），緑書房，pp.68-72，1983.
34）吉本宗央：アゲマキの生態IX—国内産貝と韓国産の形態的比較—，佐有水研報，16，15-24（1994）．
35）林 重徳・末次大輔・社延軍・田中 誠・牛原裕司：有明海における底生生物の生息環境改善を目的とした底質改善工法，第7回地盤改良シンポジウム論文集，pp.201-204，2006.
36）山西博幸・日村健一・古賀康之・前田 葵・大石京子・徳永貴久・荒木宏之：泥質干潟域における懸濁物質の沈降特性に関する研究，環境工学研究論文集，43，527-534（2006）．
37）山西博幸・黒木圭介・坂田智昭：粗朶搦工による懸濁物捕捉効果と底生生物の生息場創出に関する研究，海洋開発論文集，25，347-352（2009）．
38）Swift，D.J.P.，Kofoed，J.W.，Saulsbury，F.P. and Sears，P.: Holocene evolution of the shelf surface，central and southern Atlantic shelf of north america. In: Swift，D.J.P，Duane，D.B.，Pilkey，O.H.（Eds.），Shelf Sediment Transport: Process and Pattern，Dowden，Hutchinson & Ross，Stroudsburg，PA，Chapter 23，pp.499-574，1972.
39）大嶋和男：4.1 沿岸海域開発をめぐる諸問題，河口沿岸域の生態学とエコロジー（栗原 康編著），東海大学出版会，pp.175-182，1988.
40）福岡管区気象台・長崎海洋気象台：異常気象レポート 九州・山口県版2006（概要），p.15，2007.
41）横山勝英・五十嵐麻美：有明海への土砂流出と海域環境，第13回ジョイントシンポジウム，海域環境から見た陸域流出の問題とその構造，沿岸環境関連学会連絡協議会，pp.14-20，2005.
42）国土交通省：平成19年版日本の水資源について，2007.
43）山下 洋・田中 克編，恒星社厚生閣：森川海のつながりと河口・沿岸域の生物生産，日本水産学会監修，2008.
44）高橋正征・鈴木達雄（編）：総特集 海底構造物による海域の肥沃化，月刊海洋，32（7），425-487（2000）．
45）堀口孝男：空気混層流による水質改善の現地実験とその解析，海岸工学講演会論文集，29，599-603（1982）．
46）小松利光・矢野真一郎・鞠承淇・小橋乃子：方向性を持つ底面粗度を用いた潮汐残差流の創造と制御，水工学論文集，41，323-328（1997）．
47）Yano，S.，Tada，A.，Nakamura，T.，Nonaka，H.，Nishinokubi，H.，Kohashi，N.，Kouyama，Y.，Yada，T.，Todoroki，S. and Komatsu，T.: Improvement of Water Quality in a Small Port by Control of Tidal Current,

Proc. of 30th Congress of IAHR, A, pp.163-170, 2003.
48） 矢野真一郎・齋田倫範・大原正寛・石村忠昭・西ノ首英之・小松利光：現地試験による流況制御ブロックの湧昇流発生効果の検証，海洋開発論文集，20，881-886（2004）.
49） 矢野真一郎・田井　明・千葉　賢・神山　泰・藤田和夫・小松利光：有明海における流況制御ブロックを用いた海水交換促進効果の検討，水工学論文集，49，1273-1278（2005）.
50） 三好　洋：水質汚濁と農地，農業技術，33，390-395（1978）.
51） 人見忠良・吉永育生・三浦　麻・濵田康治・髙木強治：水管理の異なる水田における表面排水量の調査事例，19年度農業農村工学会大会講要，pp.680-681，2007.
52） 三浦　麻・吉永育生・人見忠良・濵田康治・髙木強治・白谷栄作：木炭による有機物除去機能について，平成18年度農業土木学会大会講演要旨集，pp.122-123，2006.
53） 濵田康治・皆川明子・髙木強治・中　達雄：有明海沿岸クリーク地帯でのクリーク水質の年間変動および年次変動の解明，農村工学研究所技報，207，2008.
54） 宗像義之・白谷栄作・高橋順二・長谷部均・吉永育生・三浦　麻・人見忠良：農業水利の影響解析のための分布型水文水質モデルの開発，水環境学会誌，29（12），815-822（2006）.
55） 滝川　清・増田龍哉・森本剣太郎・松本安弘・大久保貴仁：有明海における干潟海域環境の回復・維持へ向けた対策工法の実証試験，海岸工学論文集，53，1206-1210（2006）.
56） Joke, G., Brigitte, B., Ludo, D., Dirk, S., Jaco, V., Daniel, L., and Karolien V.: *DsrB* gene-based DGGE for community and diversity surveys of sulfate-reducing bacteria, *J. Microbiol. Methods*, 66, 194-205（2006）.
57） 中田晴彦ら：有明海沿岸の貝類を用いた有機塩素化合物，多環芳香族炭化水素および有機スズ化合物の汚染モニタリングとトリブチルスズによる巻貝生殖器官への影響，日本水産学会誌，70，555-566（2004）.
58） 征矢野清ら：有明海の環境ホルモン汚染，月刊海洋，35，276-281（2003）.
59） Gifford S., Dunstan R.D., O'Connor W., Koller C.E., MacFarlane G.R.: Aquatic zooremediation, developing animals to remediate contaminated aquatic environments Trends , *Biotechnology*, 25, 60-65（2006）.
60） Kitamura, E., H. Myouga, and Kamei Y. : Polysaccharolytic activities of bacterial enzymes which degrade the cell walls of *Pythium porphyrae*, a causative fungus of red rot disease in *Porphyra yezoensis*, *Fisheries Sci.*, 68, 436-445（2002）.
61） Woo, J. H., E. Kitamura, Myouga, H. and Kamei Y.: An antifungal protein from the marine bacterium *Streptomyces* sp. strain AP77 is specific for *Pythium porphyrae*, a causative agent of red rot disease in *Porphyra* spp., *Appl. Environ. Microbiol.*, 68, 2666-2675（2002）.
62） Kitamura, E. and Kamei Y. : Molecular cloning, sequencing and expression of the gene encoding a novel chitinase A from a marine bacterium, *Pseudomonas* sp. PE2 and its domain structure, *Appl. Microbiol. Biotechnol.*, 61, 140-149（2003）.
63） Woo, J. H. and Kamei Y. : Antifungal mechanism of an anti-*Pythium* protein（SAP）from the marine bacterium *Streptomyces* sp. strain AP77 is specific for *Pythium porphyrae*, a causative agent of red rot disease in *Porphyra* spp., *Appl. Microbiol. Biotechnol.*, 62, 407-413（2003）.
64） Kitamura, E. and Kamei Y.:Molecular cloning of the gene encoding β-1, 3(4)-glucanase A, that is essential enzyme for degradation of *Pythium porphyrae* cell walls

from *Pseudomonas* sp. PE2., *Appl. Microbiol. Biotechnol.*, 71, 630-637 (2006).
65) 土質工学会編：土質試験法，土質工学会，pp.92-95，1979.
66) 佐賀大学低平地研究センター・佐賀県有明水産振興センター・日本建設技術(株)・(株)ワイビーエム・松尾建設(株)：(独)農業・生物系特定産業技術研究機構・生研センター異分野融合型研究・地域コンソーシアム「有明海における底質改善と底生生物回復のための技術開発」研究成果概要，pp.1-29，2006.
67) 山西博幸・黒木圭介・坂田智昭：粗朶搦工による懸濁物捕捉効果と底生生物の生息場創出に関する研究，海洋開発論文集，25，347-352 (2009).
68) 滝川　清・増田龍哉・森本剣太郎・松本安弘・大久保貴仁：有明海における干潟海域環境の回復・維持へ向けた対策工法の実証試験，海岸工学論文集，53，1206-1210 (2006).
69) Webstar, G., Parkes, R. J., Cragg, B. A., Newberry, C. J., Weightman, A. J., and Fry, J. C.: Prokaryotic community composition and biogeochemical processes in deep subseafloor sediments from the Peru Margin, *FEMS Microbiol. Ecol.*, 58, 65-85 (2006).
70) Ioulia, R., Kiran, P., Richard, L. K., and Mark C. W.: Theory of electrostatically regulated binding of T4 gene 32 protein to single- and double-stranded DNA, *Biophys. J.*, 89, 1941-1956 (2005).
71) 滝川　清・増田龍哉・森本剣太郎・松本安弘・大久保貴仁：有明海における干潟海域環境の回復・維持へ向けた対策工法の実証試験，海岸工学論文集，53，1206-1210 (2006).
72) 岩尾大輔・五十嵐学・増田龍哉・滝川　清・森本剣太郎：有明海における人工巣穴による干潟海域環境改善効果の評価，海洋開発論文集，25，293-298 (2009).
73) 増田龍哉・滝川　清・森本剣太郎・丸山繁・木田建次・大久保貴仁：有明海干潟海域環境改善へ向けた人工巣穴による底質改善技術の現地実証試験，海岸工学論文集，54，1131-1135 (2007).
74) 丸山　繁・滝川　清・増田龍哉・森本剣太郎：有明海の再生に向けた人工巣穴による底質及び生物生息環境改善効果，海洋開発論文集，24，711-716 (2008).
75) 佐賀大学低平地研究センター他：生物系産業創出のための異分野融合研究支援事業（異分野融合型研究開発型）「有明海における底質改善と底生生物回復のための技術開発」研究成果報告書，2006.3.
76) 佐賀大学低平地研究センター他：佐賀グループ研究課題「湾奥部干潟域における生物生息環境の再生実証実験」研究成果報告書，2010.3.
77) 増田龍哉・滝川　清・森本剣太郎・前田恭子・柏原裕彦・島田康光：有明海熊本港周辺における「なぎさ線の回復」現地試験による生態系構築過程に関する研究，海洋開発論文集，23，525-530 (2007).
78) 増田龍哉・滝川　清・森本剣太郎・畑田紀和・新井雅士：熊本港に造成された「なぎさ線」における生物生息環境の空間分布特性，海洋開発論文集，24，717-722 (2008).
79) 滝川　清・増田龍哉・五十嵐学・五明美智男・森本剣太郎：有明海沿岸干潟域における生物生息場の「回復」・「創成」・「工夫」による自然再生へ向けた取り組み，海洋開発論文集，25，317-322 (2009).
80) 増田龍哉・五十嵐学・滝川　清・森田将任・甲斐秀就・森本剣太郎：熊本港の人工干潟におけるアサリの生息条件把握に向けた基礎的研究，海洋開発論文集，25，305-310 (2009).
81) 倉原義之介・森本剣太郎・増田龍哉・鐘ヶ江潤也・古川恵太・滝川　清：干潟環境再生に向けた生物生息環境評価モデルの活用に関する検討，海岸工学論文集，54，

1401-1405（2007）.

82）増田龍哉・倉原義之介・五十嵐学・五明美智男・滝川　清・森本剣太郎：有明海における「なぎさ線の回復」効果の予測手法に関する研究有明海における「なぎさ線の回復」効果の予測手法に関する研究，海岸工学論文集，56，1206-1210（2009）.

83）松田　治：有明海問題の所在とその歴史的経緯，沿岸海洋研究，42，5-10（2004）.

84）山口正市：佐賀県有明海に於ける「スミノエカキ」養殖事業について，佐賀水産試験場資料.

85）Powell，E.N，Hoffman E.E.，Klink J.M. and Ray S.M.：Modeling oyster populations I. A commentary on filtration rate. Is faster always better?，*J. Shellfish Res.*，11，387-398（1992）.

86）阿保勝之：アコヤガイの生理と餌料環境に基づく養殖密度評価モデル，水産海洋研究，65（4），135-144（2001）.

87）田中邦一・宮崎和生・沢村佳治：有明海におけるカキの分布調査，写真測量とリモートセンシング，特集号Ⅱ，4-11（1981）.

88）Oh，S. J.，Kim D. I.，Sajima T.，Shimasaki Y.，Matsuyama Y.，Oshima Y.，Honjo T. and Yang H. S.: Effects of irradiance of various wavelengths from light-emitting diodes on the growth of the harmful dinoflagellate *Heterocapsa circularisquama* and the diatom *Skeletonema costatum*, *Fisheries Science*. 74, 137-145（2008）.

89）小路　淳・鈴木啓太・田中　克：2005年春期の筑後川河口域高濁度水塊における物理・生物環境に対する潮汐および河川流量の影響―スズキ成育場としての評価．水産海洋研究，70（1），31-38（2006）.

90）日比野学：有明海産スズキの初期生活史にみられる多様性，スズキと生物多様性（田中　克・木下　泉編），恒星社厚生閣，pp.65-78，2002.

91）滝川　清・秋元和實・吉武弘之・渡辺　枢：有明海大浦沖における海底攪拌の効果，海岸工学論文集，52，1141-1145（2005）.

92）山西博幸，私信.

93）熊本県：熊本県アサリ資源管理マニュアルⅡ，2007.

第6章　有明海生态修复策略

——实现社会的可持续发展

6.1　调查、分析、研究体制

有明海作为受保护、被有效利用的对象，无论是在自然环境方面还是水产业方面都具有极高的价值。尽管如此，但在法律上不存在实施一体化管理的主体，所以处于半管理半自然状态。虽然设置了有明海环境保护相关的知事会议，但是却没有发挥功能。虽然开展过单一目的调查并取得了相关数据，但是却没有从总体上对整个有明海进行综合性的有计划的调查，也不存在对调查结果进行分析的主体。这是迟迟无法了解有明海的原因之一。

通过议员立法确立了关于有明海及八代海修复的特别措施法，并于2002年正式施行。该法律第4条规定：主管大臣必须制定有明海及八代海修复的基本方针，其目的在于针对有明海及八代海的海域特性，实施海洋环境保护与改善、推进海域水产资源的恢复等振兴渔业的相关措施。第5条规定：相关各县根据基本方针，针对各县区域内的指定地区，制订具体的实施措施计划。这些措施包括针对有明海及八代海的海域特性，实施海洋环境保护与改善、推进海域水产资源的恢复等振兴渔业的相关措施。第5条还规定，在县制订的计划中主要包括下列事项：针对有明海及八代海的海域特性，实施海洋环境保护与改善、推进水产资源恢复等振兴渔业的相关方针；水质保护相关事项；维持及提高潮间带等净化功能的相关事项；河流水流状况的调整及泥沙正确管理相关事项；河流、海岸、港湾及渔港的治理相关事项；提高森林功能相关事项；增进渔场生产力的相关事项；推进水产动植物的增殖及养殖的相关事项；驱除有害动植物的相关事项；下水道、净化槽等排水处理设置的治理相关事项；海域环境保护与改善相关事项；河流、海岸、港湾、渔港及森林的治理相关事项；渔场保护及治理相关事项；渔业相关设施的治理相关事项等。但是，附则中规定：本法律施行之日起五年内可根据施行状况及综合调查的结果进行必要的修改。根据这一规定，截至2011年8月，该法律仍有不健全的情况（随后实施法律修改）。

而与有明海相关的调查研究方面，由文部科学省从2005年至2009年实施的“有明海生物栖息空间的全面修复和实证试验”综合研究结束之后，除大学独立进行的特别研究之外，没再实施类似的大型研究，并且研究者的研究课题与有明海逐渐脱离关系。另外，对于与自然保护相关的研究和以生物栖息现场为对象的研究来说，形成论文并不容易，因此作为研究课题给予研究者的刺激不强。

另外，在大学里存在通过论文数量来判断业绩的趋势，所以，难发论文的研究以及需要较长时间和面临很多困难的研究很少有人去做。

为了克服这些制度上、学术研究上的问题，设置了像有明海这样的内湾、半咸水水域的专门研究所，可长期实施研究，在正确评估高度创造性研究和获取数据基础性研究的基础上，希望能够实施包括从自然科学到社会科学的研究，并灵活利用研究所获得的成果。

6.2 技术策略和评估

为减少人为影响对海域生态系统的破坏，提出了很多海域修复技术，也提出了许多替代技术。但是对于这些修复技术和替代技术，仍需要进一步进行技术开发和实地验证，所以必须确保有充足的研究经费。

技术开发可由相关个体自行实施，但是在实际应用技术时，则需要预测包括生态系统在内的环境的相互影响，并在此基础上进行影响评估。目前，利用模拟实验还无法对这些技术短期的和长期的影响做出预测，所以对于敏感度解析（即间接产生影响的项目）的评估暂时无法进行，只能研究直接产生作用而使之发生变化的影响。为了提升研究水平，必须提升计算机性能。也必须调查清楚相关生物的生活史，以及生活史各阶段的选择性、死亡率、捕食等在内的各种特性。另外，当对受气象影响强烈的沿岸区域的生物栖息环境进行评价时，存在无法预测未来气象的基本性问题。在有明海地区，台风频发，海域环境发生很大变化。将气象条件作为概率密度函数或周期函数，根据多次的计算结果，实现概率性预测也并非不可能，但是，在精度上还存在问题。

即使能够得出答案，正如第 5 章 5.2 节所述，优先开展哪一个事项，其受益者不同，所以要获得全体渔民的一致同意并不容易。

6.3 社会性策略和评估

为了修复有明海，除了保护非水产养殖对象的生物外，更重要的是确保渔业从业人员的收益。目前，渔业从业者人数持续减少，平均年龄不断上升。在这种状况下，为了让渔业持续下去，必须有新的从业人员参与进来。为了实现这一目的，渔业从业人员的收入必须与公司白领持平，以吸引一些有希望从事相关工作的人员。从这一观点来看，目前县一级的渔业振兴措施还仅停留在维持现状的程度，看上去其目的并不是实现渔业可持续发展的目标。为了摆脱这种状况，作为提升渔业魅力的一种尝试，正在考虑建立发挥个人能力的渔业权的供给体制和销售体制。为此，捕捞产品的市场调查、消费者的选择性调查、进口动向调查也是不可或缺的。另外，人口减少导致的消费问题的动向调查也是必需的。无论如何都需要设立专门的研究机构研究上述事项，并将研究结果传达给渔业从业人员。

另外，对于非水产养殖对象中的珍稀物种保护，可以设立水族馆，让市民加深了解，并积极举办市民可以参加的活动。

6.4 今后的活动计划

以有明海修复为目标，中央政府和各县合为一体，建立以修复为目标的组织，在渔业从业人员的参与和努力下，着手实施修复计划。研究机构也要发挥作用，继续进行调查研究。通过渔业从业人员亲身参与销售活动来努力唤起需求，给高品质的商品添加更高的附加值进行销售。目前已经到了实现被这种市场开拓支持的渔业活动的时代。进一步来说，以公司形式开展渔业活动也不是梦想。另外，还必须设立避免渔业从业人员负担风险过大的体制。目前的组织体制并不固定，消费者与生产者之间缺乏关联性。在日本确保国民食物来源的方法中，意料之外的事情和现象过多。如果能坚定不移地实施确保动物性蛋白供给的政策，有明海修复的速度一定会更快速。

（楠田哲也）

结束语

本书介绍了有明海的现状、有明海修复所必需的技术以及可适用技术的评估。对这些技术的评估，不是通过评价其本身来获得，而是通过评价其使用时对环境的影响来确认。评价这些技术应用后的影响，需要对环境进行系统性解析，必须考虑到各要素之间的相互作用。目前我们还没有珍稀生物的价值与捕捞鱼类价值的比较方法。许多方面虽然不缺少修复技术，但是仅凭修复技术，并不能实现修复的目的。捕捞量虽然有所增加，但是如果销售额不增加，则经济价值也不会增加。即使经济价值增加，但是从业人员不坚持下去，就会失去水产养殖业的价值，距离建设可持续型社会的道路就会越来越远。开展从自然科学到社会科学的各个领域的研究是必要的，如气候和气象等自然条件，人为因素发挥很大作用的泥沙输送、水产养殖业的结构组成、鱼贝类的消费结构、与进口商品的竞争条件等。本书无法解决上述所有问题，作为今后的研究课题，留给以后的研究人员来完成。

鸣　谢

本书是对获得日本科学技术推进机构 JST 的重要问题解决型研究经费支持的研究项目“有明海生物栖息空间的全面修复和实证试验”成果的总结。对为 5 年研究提供支持的 JST 事务局的各位人士、担任项目负责 PO 长达 5 年的广岛大学教授西岛涉为首的各位人士深表谢意。同时对在研究方面按照设定的研究方向尽心竭力的各位研究人员表示感谢。

“有明海生物栖息空间的全面修复和实证试验”项目代表人

楠田哲也

2011 年 8 月